国家科学技术学术著作出版基金资助出版
“十三五”国家重点出版物出版规划项目
地球观测与导航技术丛书

北斗卫星导航系统原理及其应用

周建华　陈俊平　胡小工　著

科学出版社
北　京

内 容 简 介

北斗系统是我国独立自主建设的卫星导航系统，采用了混合星座、星间链路等诸多创新技术，实现了国际先进的导航、定位和授时服务能力。本书主要介绍北斗卫星导航系统各业务处理的原理及方法。全书分为9章，分别介绍了时间同步、精密定轨、星历拟合、电离层建模、星基增强等导航系统业务处理以及用户应用原理。

本书的大部分内容是北斗系统建设中相关科学原理的总结，可作为卫星导航研究领域教师和工程技术人员的参考书，也可作为研究生教材。

审图号：GS（2020）5597号

图书在版编目（CIP）数据

北斗卫星导航系统原理及其应用/周建华，陈俊平，胡小工著. —北京：科学出版社, 2020.12

（地球观测与导航技术丛书）

ISBN 978-7-03-052227-6

Ⅰ. ①北… Ⅱ. ①周… ②陈… ③胡… Ⅲ. ①卫星导航–全球定位系统–介绍–中国 Ⅳ. ①P228.4

中国版本图书馆CIP数据核字(2017)第055004号

责任编辑：朱 丽 董 墨 / 责任校对：何艳萍
责任印制：吴兆东 / 封面设计：图阅社

科学出版社 出版
北京东黄城根北街16号
邮政编码：100717
http://www.sciencep.com
北京虎彩文化传播有限公司 印刷
科学出版社发行 各地新华书店经销
*
2020年12月第 一 版 开本：787×1092 1/16
2023年 1 月第三次印刷 印张：16
字数：384 000
定价：148.00元

(如有印装质量问题，我社负责调换)

“地球观测与导航技术丛书”编委会

“地球观测与导航技术丛书”编写说明

地球空间信息科学与生物科学和纳米技术三者被认为是当今世界上最重要、发展最快的三大领域。地球观测与导航技术是获得地球空间信息的重要手段，而与之相关的理论与技术是地球空间信息科学的基础。

随着遥感、地理信息、导航定位等空间技术的快速发展和航天、通信和信息科学的有力支撑，地球观测与导航技术相关领域的研究在国家科研中的地位不断提高。我国科技发展中长期规划将高分辨率对地观测系统与新一代卫星导航定位系统列入国家重大专项；国家有关部门高度重视这一领域的发展，国家发展和改革委员会设立产业化专项支持卫星导航产业的发展；工业和信息化部、科学技术部也启动了多个项目支持技术标准化和产业示范；国家高技术研究发展计划(863 计划)将早期的信息获取与处理技术(308、103)主题，首次设立为“地球观测与导航技术”领域。

目前，“十一五”规划正在积极向前推进，“地球观测与导航技术领域”作为 863 计划领域的第一个五年计划也将进入科研成果的收获期。在这种情况下，把地球观测与导航技术领域相关的创新成果编著成书，集中发布，以整体面貌推出，当具有重要意义。它既能展示 973 计划和 863 计划主题的丰硕成果，又能促进领域内相关成果传播和交流，并指导未来学科的发展，同时也对地球观测与导航技术领域在我国科学界中地位的提升具有重要的促进作用。

为了适应中国地球观测与导航技术领域的发展，科学出版社依托有关的知名专家支持，凭借科学出版社在学术出版界的品牌启动了《地球观测与导航技术丛书》。

丛书中每一本书的选择标准要求作者具有深厚的科学研究功底、实践经验，主持或参加 863 计划地球观测与导航技术领域的项目、973 计划相关项目以及其他国家重大相关项目，或者所著图书为其在已有科研或教学成果的基础上高水平的原创性总结，或者是相关领域国外经典专著的翻译。

我们相信，通过丛书编委会和全国地球观测与导航技术领域专家、科学出版社的通力合作，将会有一大批反映我国地球观测与导航技术领域最新研究成果和实践水平的著作面世，成为我国地球空间信息科学中的一个亮点，以推动我国地球空间信息科学的健康和快速发展！

李德仁

2009 年 10 月

前　言

自从1967年美国的子午卫星导航系统TRANSIT投入民用以来，卫星导航系统（GNSS，global navigation satellite system）以其全天候、全球性、实时性以及高精度的优势，得到了飞速发展。卫星导航系统是国家重要的信息基础设施，对国家安全和经济社会发展起着重要的支撑作用。因此，世界大国无不关心卫星导航系统的建设及其技术的发展。尤其是近几年，世界卫星导航系统的建设都有很大进展。美国的GPS系统增加了新的民用信号L2C和L5；俄罗斯的GLONASS系统重新开始了其满星座服务；欧洲的伽利略系统也于2016年12月开始了初始服务；我国的北斗卫星导航系统近几年也得到了快速发展，2020年7月31日，习近平主席宣布北斗三号全球卫星导航系统正式开通，向全球提供服务。

北斗导航系统是世界首个由混合星座构成的卫星导航系统，存在诸多从前认识不到、机理不清的问题，要实现复杂星座的精确控制，并提供性能优良的空间信号精度，面临很多技术难点，特别是在中国电离层变化复杂、区域监测控制的条件下，深入开展卫星轨道和卫星钟差的精确测定与预报、电离层精确探测与修正、星基增强等理论与方法的研究具有重要的现实意义。

本书针对卫星导航所涉及的核心时空参数信息处理关键业务展开。系统介绍卫星导航系统基本原理、增强系统及用户终端算法，重点研究和介绍卫星导航系统信息处理的理论与方法，包括精密定轨、电文拟合、时间同步、电离层建模、广域差分与精密定位等。对提出的相关计算模型和算法经过了大量的实际观测资料的验证。

全书共分9章，第1章～第2章论述卫星导航系统的基本组成以及时空基准。第3章～第7章给出卫星导航系统信息处理系统各个组成部分的原理和关键技术。第8、9章分别给出卫星导航地面接收机抗多径技术以及用户定位算法等。

本书相关的研究工作得到了国家高技术研究发展计划（863计划）项目（编号：2013AA122402，2014AA123102）和国家自然科学基金项目（编号：11673050，11273046）的资助。北斗地面运控团队成员赵鹤、朱伟刚、刘萧、周善石、曹月玲、刘利、何峰、郭睿、李晓杰、王彬等博士，以及研究生董恩强、张益泽、王君刚、杨赛男、巩秀强、陈倩、王彬、段兵兵、王阿昊、孟令东、柳培钊、侯阳飞、刘姣、董志华、严宇、孟鑫、白天阳、于超、丁君生、唐文杰、崔洁等进行了大量的试验验证，为本书的撰写提供了宝贵的素材，在这里我们对他们以及其他为此书的出版付出辛勤工作的学者和同事们表示深深的谢意！

作　者

2020年8月

目　录

第1章 绪 论

1.1 卫星导航系统概述

卫星导航系统以其全天候、高精度的独特优势为整个地球空间提供导航定位和授时服务，是极其重要的空间信息基础设施。目前全球有四大卫星导航系统：美国的 GPS 系统、俄罗斯的 GLONASS 系统、欧洲的 Galileo 系统以及我国的北斗系统。前三个系统都属于中轨道（medium earth orbits，MEO）卫星系统，而北斗卫星导航系统包含了地球静止轨道（geosynchronous earth orbit，GEO）卫星、倾斜轨道（inclined geosynchronous orbit，IGSO）卫星以及 MEO 卫星，形成了独特的混合星座。

1.1.1 GPS 卫星导航系统

作为最早发展的全球卫星导航系统，GPS 于 1993 年提出并在 1995 年投入全面运行。GPS 星座计划由 24 颗均匀覆盖在距离地面高度约 20200km 的中轨卫星 MEO 组成，其卫星轨道倾角为 55°，运行周期为 11h58min2s（GPS ICD，2012）。为了更全面覆盖全球区域，GPS 实际卫星数超过 24 颗。

GPS 发展至今一共经历了 Block Ⅰ、Block Ⅱ、Block ⅡA、Block ⅡR、Block ⅡR-M、Block ⅡF 等不同类型卫星（图 1.1）。截至 2019 年 4 月，GPS 在轨运行工作的卫星共有 31 颗，其中包含 1 颗 Block ⅡA、11 颗 Block ⅡR、7 颗 Block ⅡR-M、12 颗 Block ⅡF 卫星。除此之外还有一颗 2018 年底发射的正处于在轨测试中的第七代 GPS Ⅲ卫星，计划在 2023 年完成剩余 9 颗第七代的 GPS Ⅲ卫星的发射。GPS Block ⅡR 之前的卫星频率主要为 L1 和 L2，Block ⅡR-M 卫星增加了第二代信号 L2C；Block ⅡF 增加了第三代信号 L5，并搭载了新型原子钟；新一代 GPS Ⅲ卫星新增第四代信号 L1C 以便与 Galileo 等系统兼容互操作，GPS ⅢF 上搭载激光反射器增加星间链路，能够独立于卫星无线电信号进行轨道跟踪。

GPS 系统采用码分多址（code division multiple access，CDMA）编码调制技术，包含粗码和精码。精码或 P 码由两个码长互素的伪随机码组成的复码，码速率为 10.23Mb/s，相应波长约为 30m，周期为 266 天 9 小时 46 分。每个 GPS 卫星分配 P 码中各不相同的一星期长度的部分段。粗捕获码也称粗码或 C/A 码，是一种短码，码速率为 1.023Mb/s，波长约为 300m，周期为 1ms。每个 GPS 卫星分配不同的 C/A 码。C/A 码长度极短，易于捕获，通过捕获 C/A 码可以进一步辅助捕获 P 码。

GPS 系统在设计之初，发射信号有 L1 和 L2 两种频率（频率分别为 1575.42 MHz，1227.6 MHz），C/A 码只调制在 L1 上。伴随着 GPS 在民用市场上的巨大应用，美国在 1999 年启动了 GPS 现代化项目。GPS 现代化包含两个阶段：首先，在原有 L1、L2 频率上，调制新的军用码 M 码，该码与原有的 C/A 码、P 码不重叠。除此之外，L1 上调

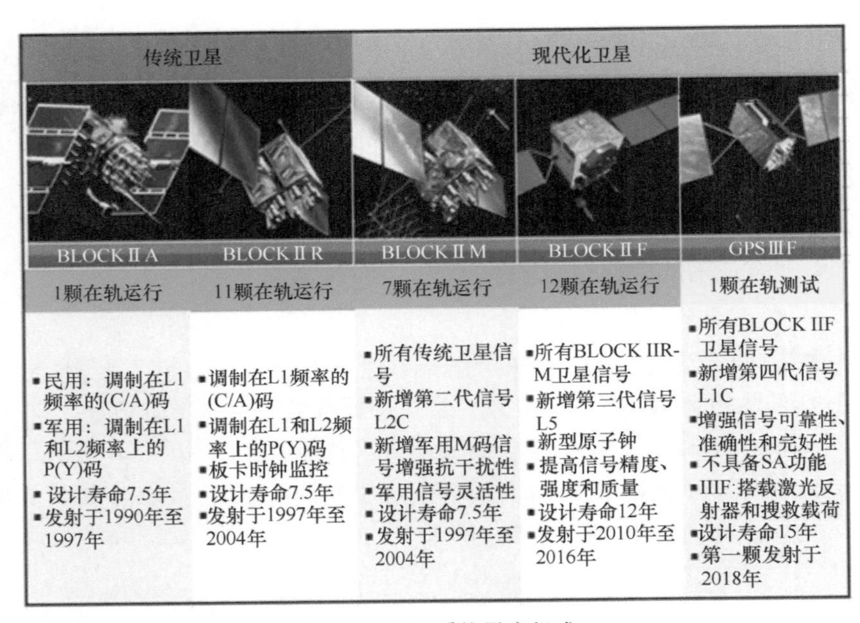

图 1.1　GPS 系统星座组成

资料来源：https：//www.gps.gov/systems/gps/space/

制民用码的基础上，增加两个民用频率：第一个为 L2C，调制在 L2 载波上；第二个为 L5（频率为 1176.45 MHz），一方面将增强 GPS 定位的精度及可靠性，另一方面可应用于 GPS 精密增强系统。通过地球同步卫星（GEO）同时播发两个频率（L1、L5）的改正信息，实现无基站精密定位，同时还可以对接收机进行自主完好性检验（RAIM）。

1.1.2　GLONASS 全球卫星导航系统

GLONASS 系统是苏联为了应对美国 GPS 系统而建立的一个全球卫星定位导航系统。GLONASS 系统的星座由 24 颗卫星组成，均匀分布在 3 个近圆形的轨道平面上，每个轨道面均匀分布 8 颗卫星，轨道高度 19100km，运行周期 11h15min，轨道倾角约为 65°（GLONASS ICD，2008）。

GLONASS 每颗卫星通过两个频率发射导航信号。与美国 GPS 系统不同，GLONASS 系统采用频分多址（frequency division multiple access，FDMA）编码调制技术，根据频率来区分不同卫星。每颗 GLONASS 卫星两种信号频率分别为 $L1=1602+0.5625\times k$（MHz）和 $L2=1246+0.4375\times k$（MHz），其中 $k=1\sim24$ 为每颗卫星的频率编号。

第一颗 GLONASS 卫星于 1982 年发射，但是 GLONASS 系统直到 1993 年才宣布进入工作状态，1995 年年底整个系统初步建成。由于苏联的解体和经济原因，GLONASS 在其后几年里无法得到星座更新和补充，导致 2001 年年底卫星数量锐减到 6 颗，且只有 4 颗能提供正常导航信号。为扭转局面，俄罗斯政府积极推进“GLONASS 系统 2002～2011 年发展计划”，推进 GLONASS 现代化进程。截至 2019 年 4 月，GLONASS 系统卫星数量一共有 26 颗，其中有 24 颗 GLONASS-M 卫星在轨运行工作，1 颗退役卫星用于测试，1 颗 GLONASS-K 在轨测试。

GLONASS 现代化包括 3 个阶段。第一阶段为补充新卫星以满足 GLONASS 系统正常运行的最低要求。第二阶段为 GLONASS-M 计划，研制新的 GLONASS-M 卫星。新的 GLONASS-M 卫星搭载了铯钟，增强了信号的稳定性，改善了信号结构，卫星寿命也由原来的 3 年延长至 7～8 年；该阶段计划达到 18 颗在轨运行卫星（包括 GLONASS 卫星和 GLONASS-M 卫星）。第三阶段计划发射第三代卫星 GLONASS-K，GLONASS-K 卫星增加了第三个民用信号 L3（1164～1215MHz），在星载预留负荷上增加了搜索和救援载荷，卫星寿命增加到 10 年；在该阶段 GLONASS 系统计划达到 24 颗在轨工作卫星（包括 GLONASS-K 卫星和 GLONASS-M 卫星）满星座运行。

1.1.3 Galileo 卫星导航系统

Galileo 系统由欧盟建设，由欧洲航空局（European Space Agency，ESA）负责 Galileo 的部署、设计、开发，于 2016 年 12 月 15 日宣布提供初始服务。卫星星座由 30 颗均匀分布在 3 个轨道高度为 23222km 的轨道面上的 MEO 卫星组成，轨道倾角为 56°，轨道运行周期为 14h4min45s，其卫星频率信号分为 E1、E6、E5、E5a、E5b 五种（Galileo ICD，2015）。

Galileo 系统发展经历了 3 个阶段：第一阶段于 2005 年和 2008 年发射了 GIOVE-A 卫星和 GIOVE-B 卫星，卫星设计寿命为 2 年，两颗卫星发播的导航信号并不包含导航电文，只是为验证卫星信号性能及对环境监测，其均已退役。第二阶段是在轨验证阶段，于 2011 年至 2012 年发射了 4 颗 IOV（in-orbit validation）卫星，在 E1、E5、E6 频段调制播发导航电文，卫星上搭载 2 颗铷钟和 2 颗氢钟，并装有激光反射器和搜救载荷。第三阶段从 2014 年开始为实现全面运行阶段，发射的完全运行能力（full operational capability，FOC）卫星，设计寿命为 12 年。截至 2019 年 4 月，在轨运行工作的卫星数量为 22 颗（3IOV+19FOC），此外还有 2 颗 FOC 卫星专门用于测试。

1.1.4 北斗卫星导航系统

北斗卫星导航系统（简称北斗系统，BeiDou Navigation Satellite System，BDS）是中国出于国家安全、经济社会发展的需要以及为提升大国地位和国际竞争力，自主研发建立的卫星导航系统。

北斗系统采取了“三步走”发展战略。第一步是 2000 年年底，建成北斗一号系统。采用有源定位体制，实现卫星无线电测定业务（radio determination satellite service，RDSS）服务，向中国地区提供约束地面高程的二维定位、授时、广域差分和短报文服务。第二步是 2012 年年底，建成北斗二号系统。采用 5 颗地球静止轨道卫星、5 颗倾斜地球同步轨道卫星和 4 颗中圆地球轨道卫星的混合星座。其中，GEO 卫星轨道高度为 35786km，分别定点于 58.75°E、80°E、110.5°E、140°E 和 160°E；MEO 卫星轨道高度 21528km，轨道倾角 55°；IGSO 卫星轨道高度 35786 千米，轨道倾角 55°（BDS ICD，2019）。北斗二号系统采用无源定位体制，向亚太地区提供无线电导航业务（radio navigation satellite service，RNSS）服务，同时保留了无线电测定业务服务和短报文报告的功能。第三步计划在 2020 年建成北斗全球系统。2018 年年底已完成 19 颗卫星组网，并于 2018 年 12 月 27 日宣布建成北斗三号基本系统并向全球提供服务，截至 2020 年 6 月底，北斗三号已完成所有卫星发射，组成了 3GEO+3IGSO+24MEO 星座。北斗三号系统保留了北斗二号 B1I、B3I/Q 信号，同时播发 B1A/C、B2a/b、B3A 信号。通过提高星载原子钟性能、增加星间链路等，实现全球服务性能提升及与国际上其他 GNSS 系统的兼容互操作。截至 2020 年 4 月，北斗系统在轨运行的卫星共有 34 颗。图 1.2 是 2019 年 5 月 26 日北斗时 2 点各卫星的星下点轨迹。

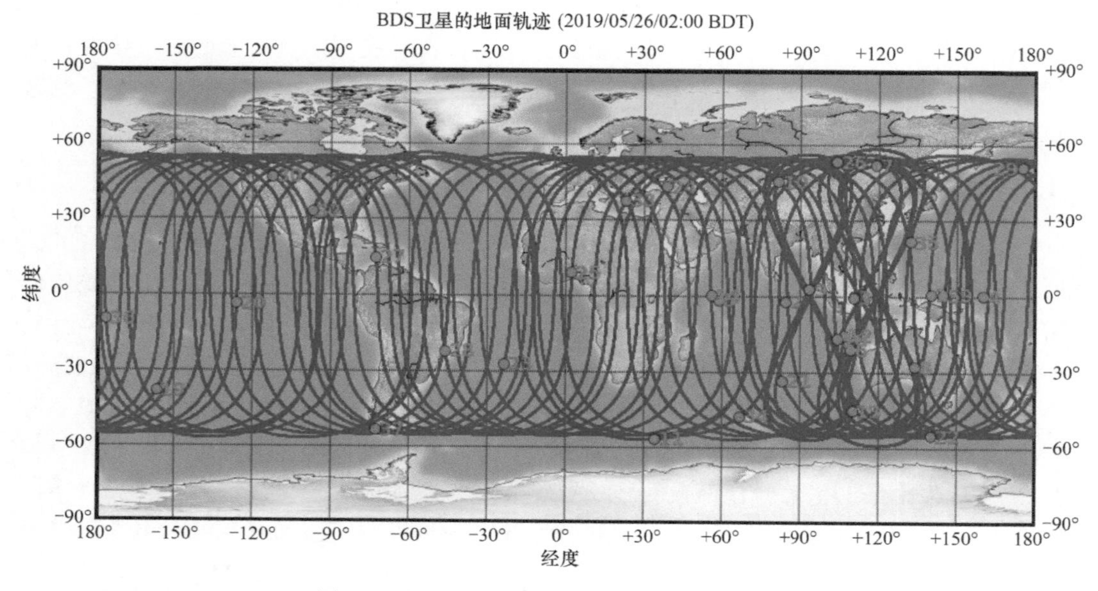

图 1.2　北斗系统在轨卫星星下点轨迹示意图

图中数字代表卫星编号（北斗官方网站 http：//beidou.gov.cn/xt/xlxz/）

图 1.3 对比了增加北斗三代卫星前后全球范围内的可见卫星数量，整个亚太地区可见卫星的数量由 8～10 颗增加到了 14 颗以上。

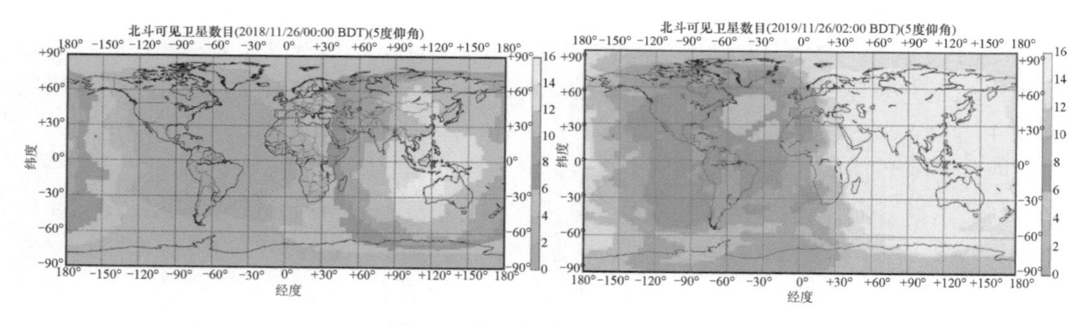

图 1.3　北斗全球可见卫星数量

左：2018.11.26，右：2019.11.26（北斗官方网站 http：//beidou.gov.cn/xt/xlxz/）

1.1.5　其他区域卫星导航系统

1）IRNSS（印度）

IRNSS 是印度政府建设的区域卫星导航系统，又称为 NavIC（Navigation Indian Constellation），其主要目的是为印度及其周边国家提供更可靠的定位、导航、授时（Positioning navigation and timing，PNT）服务。

IRNSS 第 1 颗发射卫星于 2013 年 7 月 2 日，第 7 颗卫星于 2016 年 4 月 28 日发射，正式宣告 IRNSS 系统的全面建成。IRNSS 由三颗分布在 32.5°E、83°E、131.5°E 的 GEO

卫星和四颗分布在 55°E 和 111.75°E 的 GSO（geosynchronous orbit）卫星组成（图 1.4）。IRNSS 采用频率为 L5（1176.45MHz）和 S 波段（2492.028MHz）（IRNSS ICD，2016）。

GSO-6
GEO-4
GSO-1
GEO-3
GSO-2
GEO-5
GSO-7
0
30
60
90
120
150
180

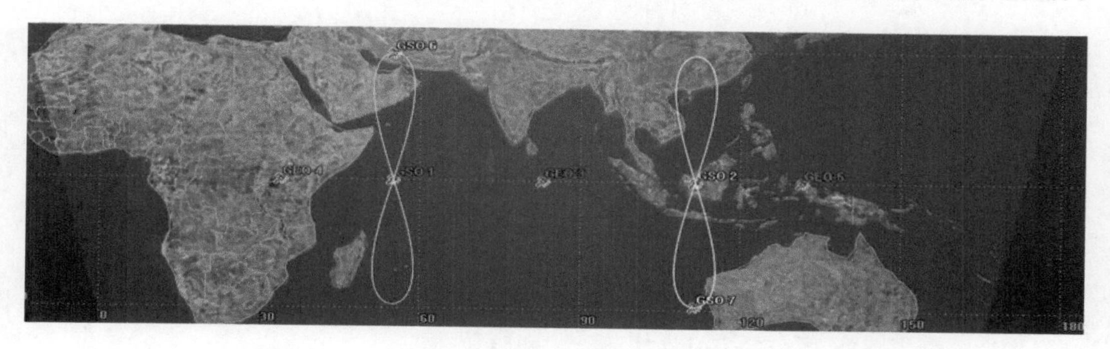

图 1.4　IRNSS 星座分布

图中显示了 GEO 和 GSO 卫星的星下点轨迹（http：//irnss.isro.gov.in/）

2）QZSS（日本）

QZSS 是日本政府建设的区域卫星导航系统，由 JAXA（Japan Aerospace Exploration Agency）负责实施。QZSS 首颗卫星 QZO（quazi-zenith satellite orbit）卫星 Michibiki 于 2010 年 9 月发射。图 1.5 为 QZSS 系统的发展计划，并计划在 2022 年之后实现共 7 颗卫星的区域卫星导航系统。

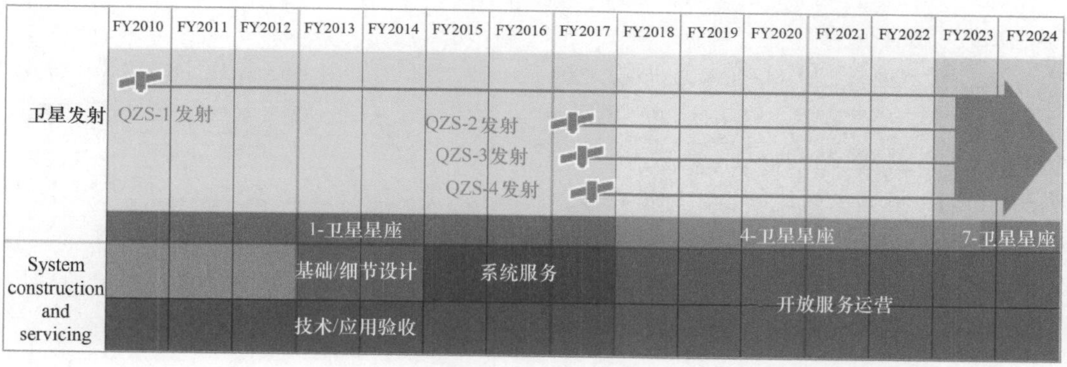

FY2010
FY2011
FY2012
FY2013
FY2014
FY2015
FY2016
FY2017
FY2018
FY2019
FY2020
FY2021
FY2022
FY2023
FY2024
卫星发射
QZS-1 发射
QZS-2 发射
QZS-3 发射
QZS-4 发射
1-卫星星座
4-卫星星座
7-卫星星座
System construction and servicing
基础/细节设计
系统服务
开放服务运营
技术/应用验收

图 1.5　QZSS 发展计划

目前已完成 QZS-1 至 QZS-4 的发射，未来陆续发射 QZS-5 至 QZS-7（http：//qzss.go.jp/en/overview/services/sv01_what.html）

与 IRNSS 不同，QZSS 更多是对 GPS 的补充，以提高日本及其周边地区的可用卫星数。QZSS 传输的信号除了与 GPS 相同的 L1、L2、L5 外，还包括 L6 信号用于增强定位服务。

1.2　卫星导航运行控制系统

1.2.1　GPS 地面运行控制系统

GPS 地面运控系统由运行管理系统、运行支持系统与任务操作支持中心、高保真仿真系统及 GPS 支持设施组成。为适应不断增长的用户需求，提高 GPS 系统综合性能，

GPS 地面运行控制系统进行了多次升级改造，主要包括：精度改进计划、体系演进计划和正在进行的 GPS III 计划。

1）地面运控系统的精度改进和体系演进

为了提升系统服务性能，美国 GPS 联合项目办公室及国家地球空间情报局（NGA）和空军第 50 中队（the 50th Space Wing）等 GPS 团队于 2004 年提出了一项重大改进计划，即“系统精度改进计划”（legacy accuracy improvement initiative，L-AII）。

按照该计划，GPS 系统的地面运控系统（OCS）在 2004 年年底增加了 6 个全球分布的监测站，到 2006 年又增加了 5 个监测站；从而 GPS 的地面监测站达到 16 个。通过 L–AII 计划，对任意一颗 GPS 卫星任意时刻至少有 3 个监测站对其进行跟踪监视，从而大幅提高了 GPS 系统的完好性探测能力和时效性。

在主控站方面，为实现对新型卫星 BLOCK-IIF 的支持和新技术的集成验证，制定了 AEP 计划（体系演进计划）。AEP 计划对 GPS 主控站的软硬件进行全面更换，把主控站大型计算机集中处理的主架构更改为基于分布式网络的开放架构；在升级操作期间具有无缝转换和可逆回退特点。同时 GPS 系统增加了全功能的备份主控站，以提高系统的可靠性。

2）地面运控系统的 GPS III 计划

作为更长远的规划，GPS III 地面部分的概念论证工作于 2003 年启动，并于 2007 年进入开发研制阶段。

下一代地面控制段（OCX）是 GPS III 的一部分，是面向 Block III 卫星的下一代地面运控系统，用以替代现有的地面运控系统。为与现在 GPS 地面运控系统兼容，OCX 仍然保留旧的体系结构特征。

GPS III 将提供高速的上下行链路和高带宽指向性星间链路，使 GPS 卫星管理发生革命性变化。当一颗 Block III 卫星从地平线升起时，高速地面天线与其建立连接，该卫星将作为所有上行和下行信息的通道，而其他所有 Block III 卫星通过高速星间链路连接起来，实现“一点接触，全网联通（Contact One Contact All）”，其结构如图 1.6 所示。

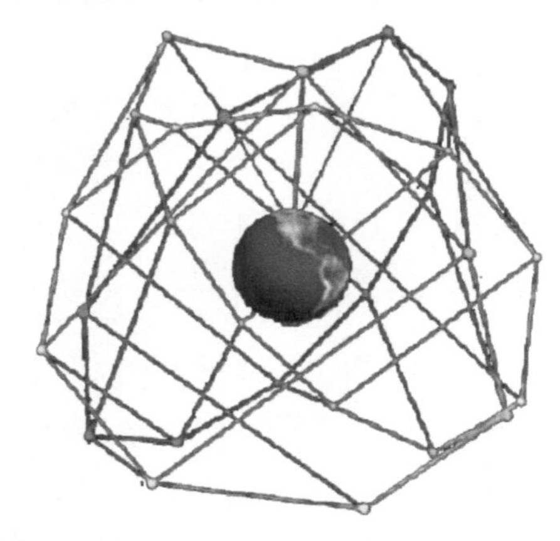

图 1.6　GPS III“Contact One Contact All”示意图

为保证足够的系统冗余，预计至少建立 3 个高速地面天线站，保证上下行链路实现“断开前连接”。当高速地面天线与星间链路的现有连接断开前，其他高速地面天线与另外的卫星建立连接，保证上下行链路的无缝切换。主控站的自动计划软件将设计高速地面天线的连接计划以确保星地连接的连续性。高速地面天线站都将位于美国本土，以提高其物理安全性并减少维持经费和后勤负担。

OCX 将提供更多的外部接口支持和服务，将对精密定位用户与主控站之间的接口进行改进。OCX 还将支持多种外部接口，增加与其他 GPS 信息提供方的互动，辅助完成异常探测与处理。此外，OCX 将支持新的任务型服务（点波束），军事用户可以与 OCX 交互提出特定的服务。一旦请求被受理，用户设备将确认何时及如何搜寻点波束信号而不是低功率的覆球信号。

1.2.2 GLONASS 地面运控系统

与 GPS 系统类似，GLONASS 地面控制系统监测 GLONASS 卫星状态，生成卫星广播星历信息，并将导航电文上传至卫星。

GLONASS 地面运控系统由一个系统控制中心（system control centre，SCC）、五个遥测测控站（telemetry，tracking and command，TT&C）、三个注入站、两个卫星激光站（laser station，LS）以及四个监测站（monitoring station，MS）组成。SSC 位于莫斯科的 Krasnoznamensk，负责搜集、处理 GLONASS 卫星的轨道和钟差信息，并向每颗卫星发射控制指令和导航信息。

GLONASS 地面跟踪控制站全部布设在俄罗斯国土范围之内，五个遥测测控站分别为 Schelkovo、Komsomoisk、圣彼得堡（St-Peteburg）、Ussuriysk 以及 Yenisseisk，其中 Yenisseisk、Komsomoisk 以及 Schelkovo 具有导航电文上传功能，Komsomoisk 和 Schelkovo 可进行卫星激光测距。Komsomoisk、Schelkovo、Yenisseisk 和 Krasnoznamensk 具有监测功能。GLONASS 现代化过程中在苏联国土范围内额外建设多个 GLONASS 监测站（Zelenchuck，Vorkuta，Murmansk，Nurek，Ulan-Ude 和 Yakutsk）。

GLONASS 时间同步中心 CC-M（central synchroniser）位于莫斯科的 Schelkovo，该站负责 GLONASS 系统时间的建立与维持，并与“相位控制系统”（phase control system）相连接，实现 GLONASS 卫星时间及载波相位信号的监测。

GLONASS 卫星激光站具有多重功能：①对 GLONASS 卫星定轨精度进行评估及校正；②与外接氢原子钟的大地测量型接收机并址，对在轨卫星钟进行监测；③用作 GLONASS 坐标系统参考框架基准站。为适应不断增长的用户需求，提高 GLONASS 系统综合性能，从 2001 年至今，GLONASS 共执行了两次 GLONASS 现代化计划，一是 GLONASS 联邦计划（2002～2011），二是 GLONASS 联邦计划（2012～2020）。

1）GLONASS 联邦计划（2002～2011）

2001 年 8 月，俄罗斯颁布第 587 项法令，实施全球导航系统 GNS（global navigation system）的联邦任务计划。该计划致力于提升 GLONASS 系统空间卫星、地面运控系统以及用户设备性能，但重点主要放在 GLONASS 系统空间卫星星座的重新组网、新型卫星的研制、新型信号（L2C、CDMA 等）的播发等方面。地面运控系统的现代化主要包括地面测控站网的扩展、系统时间及卫星轨道算法优化以及地面监测网的扩展方面。

2）GLONASS 联邦计划（2012～2020）

GLONASS 联邦计划（2012～2020）计划侧重于提供更可靠、更精确、更稳健的 GLONASS 导航定位及授时服务，确保极端环境下导航定位及授时服务，提升 GLONASS 系统的精度和完好性。性能提升通过以下几个方面实现：①地面运控系统的现代化，采用新的卫星控制指令，并利用无线电和光波段的星间链路进行卫星轨道和卫星钟差的确定；②采用 PZ-90.11 坐标参考系统，确保 PZ-90.11 与国际地球参考框架 ITRF（international terrestrial reference frame）的差异为毫米量级；③确保 GLONSS 系统时间与 UTC（SU）的时间同步误差小于 2ns，且 UTC（SU）的长期稳定性保持在 10^{-17} 量级。此外，GLONASS 联邦计划（2012～2020）将新增 15 个监测站，其中 6 个监测站位于俄罗斯国土范围之外。

1.2.3 Galileo 地面运行控制系统

1）Galileo 地面运控系统结构

Galileo 的地面运控系统结构与 GPS 类似，由地面控制中心、注入站、地面监测站网组成，具体包括：2 个位于欧洲的地面控制中心（ground control center，GCC）；5 个全球分布的注入站，具有 S 频段和 C 频段上行能力；5 个任务注入站，具有 C 频段上行能力；若干个外部区域完好性系统，具有直接 C 频段上行能力，约 40 个地面监测站，全球分布；另外还包括任务数据分发网和卫星数据分发网。

地面控制中心分为两大部分：地面控制系统和地面任务系统。地面控制系统由星座控制分系统、星座计划分系统、飞行动力学分系统、操作准备分系统、中心管理控制分系统、密钥管理分系统和星座仿真分系统等组成；地面任务系统由精密时间确定分系统、完好性处理分系统、定轨与时间同步分系统、电文生成分系统、任务支持分系统、产品服务分系统、密钥管理分系统、地面设施控制分系统和任务控制分系统等组成。

Galileo 系统测控任务由 TT&C 站与注入站完成。TT&C 站主要用于传送遥控指令，也用来执行导航信息的注入任务，注入站用于传送导航数据与完好性数据。TT&C 站工作于 S 波段，上行频率 2.048GHz，下行频率 2.225GHz，采用直接序列扩频调制，信息速率 9.6kbps。注入站工作于 C 波段，发射功率 52.8dBW（热带地区）和 50.8dBW（温带以及干燥地区）；上行频率为 5.005 GHz，采用 CDMA 直接序列扩频调制，偏移 QPSK（O-QPSK）调制；传送的信息包括生命安全（safety of life，SOL）服务的完好性数据、公共管制服务（public regulated service，PRS）服务的完好性数据、所有服务的导航数据、搜索与救援的回传链路数据等。

2）Galileo 的 GNSS+计划

GNSS+计划是一项探索工程，其目标是要探索导航领域的替代或创新技术，改进当前导航系统，促进 GNSS 系统的未来改进。主要发展方向是增加轨道和钟差确定数据，减少地面基础设施，提高卫星自主性，提高导航数据更新率以及减少运行费用。

GNSS+计划对星间链路结构进行了初步设计：卫星进行星间双频伪距测量，地面监测站和卫星之间进行双频伪距测量，地面利用上面两种数据进行轨道和钟差处理，星上对上述两类数据的一部分进行处理，实现卫星自主运行。

1.2.4 北斗地面运控系统

北斗导航系统地面运控系统由主控站、时间同步/注入站、监测站等组成。主控站是运控系统的核心，配有高性能原子钟系统，负责建立导航系统时间基准，维持全系统时间和坐标基准的统一，同时利用各监测站采集的数据，完成导航服务所需的各类电文参数处理和卫星及地面站监视控制，以确定卫星在未来时间段内的时间信息、位置信息和完好性信息，供用户导航定位使用。

注入站是连接地面与卫星之间的重要桥梁，主要负责完成对卫星位置、钟差、完好性状态、空间路径传播误差修正模型（如电离层模型）等导航电文参数的注入，以及卫星各种控制指令信息的注入，以满足导航服务所需的各类业务信息。

监测站是导航卫星观测数据采集与监测单元，主要采集卫星的多频伪距、相位和多普勒数据，用于卫星位置和钟差测定、电离层模型参数处理、广域差分与完好性信息处理等。

1.3 导航业务处理技术

各卫星导航系统的导航业务处理的作用是生成卫星导航电文以及历书信息。历书是电文的一种简化的导航电文，其精度比导航电文低，主要用于长期的预报。导航电文包含的参数主要有卫星轨道、卫星钟差、电离层模型、广域差分及完好性参数等。北斗系统导航电文参数如表 1.1 所示。

表 1.1 导航电文参数信息

<table>
<tr><th>序号</th><th colspan="2">信息种类</th><th>功能</th><th>实时性要求</th></tr>
<tr><td rowspan="3">1</td><td rowspan="3">基本导航信息</td><td>卫星钟差预报</td><td rowspan="3">基本导航定位、授时</td><td>1h</td></tr>
<tr><td>卫星广播星历预报</td><td>1h</td></tr>
<tr><td>电离层延迟修正</td><td>2h</td></tr>
<tr><td>2</td><td colspan="2">卫星历书信息</td><td>搜索卫星先验信息</td><td>1 周</td></tr>
<tr><td>3</td><td colspan="2">与其他系统时间同步信息</td><td>兼容、互操作信息</td><td>1 周</td></tr>
<tr><td>4</td><td colspan="2">钟差改正数信息</td><td rowspan="5">广域差分改正</td><td>18s</td></tr>
<tr><td>5</td><td colspan="2">轨道改正数信息</td><td>6min</td></tr>
<tr><td>6</td><td colspan="2">格网电离层信息</td><td>3min</td></tr>
<tr><td>7</td><td colspan="2">分区综合改正数信息</td><td>36s</td></tr>
<tr><td>8</td><td colspan="2">系统完好性参数</td><td>6s</td></tr>
</table>

广播电文的各个参数都由导航各业务处理系统实现，主要包括：时间同步与钟差预报、精密定轨与轨道预报、星历拟合、电离层建模与处理以及星基增强处理等。

1.3.1 时间同步与钟差预报

时间同步与钟差预报的任务是基于地面和卫星的观测链路，计算卫星导航系统内卫星、测站时钟信息，实现统一基准下时钟的同步。测站和卫星钟差测定计算包括双向卫星时间频率传递（two-way satellite time and frequency transfer，TWSTFT）、轨道确定与时间同步（orbit determination and time synchronization，ODTS）两种方法。

TWSTFT 利用卫星与地面测站之间以及地面两个测站之间的双向距离观测值进行星地时间比对，求取卫星钟差估值。通过双向伪距求差，TWSTFT 消除了对流层延迟、卫星轨道等公共误差源的影响。ODTS 是单向星地时间比对技术，利用地面观测网采集的伪距、载波相位观测值以及导航数据处理算法，对各种传播延迟量进行修正，在确定卫星动力学轨道的同时获取各测站、各卫星的钟差，实现星地的时间同步。

卫星钟差预报在时间同步技术获得卫星钟差序列的基础上，对卫星钟差建模及预报，为广播电文提供卫星钟差模型参数。

1.3.2 精密定轨与轨道预报

卫星导航系统都有多种运行模式：在有地面站支持的条件下，精密定轨在地面完成，广播星历每天由注入站定时注入，再由卫星转发给用户；此外，卫星还可通过星间测距和通信，在星上进行自主定轨处理，改进广播星历并发给用户。

1）全球卫星导航系统精密定轨

在监测站全球分布（例如 GPS 和 Galileo 系统）情况下，导航系统地面运控利用全球分布的时间同步站、监测站等观测的伪距或者载波相位，实现精密卫星轨道的获取。

国际 GNSS 服务组织（IGS）在全球维持着数以百计的观测站网，各分析中心利用跟踪网的跟踪数据，采用 GNSS 数据处理软件，通过后处理的方式计算卫星的精密轨道和钟差，以服务于全球科研、教育和其他行业。

2）区域卫星导航系统精密定轨

区域卫星导航星座通过采用 GEO 卫星和 IGSO 卫星，以最少数量卫星实现对区域的覆盖。这两类卫星对地相对运动速度小，反映在定轨解算方程上表现为定轨几何构型差，定轨处理比常用的中圆轨道卫星困难很多。除此之外，GEO 卫星相对地面站的观测几乎静止不动，观测方程不随时间变化，因而在定轨解算过程中轨道参数和其他误差参数强相关，难于分离求解。此外，由于 GEO 卫星静止特性，存在顽固的多径效应，观测精度的降低也将极大影响轨道测定的精度。

1.3.3 广播星历处理

广播星历处理是采用一定的函数模型对卫星精密轨道进行拟合，是卫星导航系统向用户提供导航、定位、授时服务的基础参数。经典的星历拟合的理论都适用于中圆轨道 MEO 卫星，将经典算法用于 GEO 卫星轨道的拟合存在奇点。与此同时，不同类型卫星形式统一的星历数学模型，对用户使用将带来便利。为实现以上处理，在北斗系统地面运控数据处理中，我们提出了广播星历模型去奇异的数学转换及处理策略，解决了在电文编码、表达精度限定条件下，参数拟合性能提升及参数范围超限难题。

1.3.4 电离层建模与处理

在 60～2000km 的高空中，存在着大量由于受太阳辐射而被电离的电子，这一区域被称为电离层。GNSS 信号在电离层中的传播速度受电子密度影响，夜晚受电离层延迟的影响较小，白天的影响则较大，尤其是太阳风暴时急剧增大。卫星导航信号从卫星向地面传播经过电离层，其延迟效应是影响导航定位精度的主要误差源之一，沿天顶方向最大可达 50m，而沿水平方向最大可达 150m 左右。

导航业务处理中的电离层建模与处理是利用地面监测站的数据建立电离层延迟的改正模型，并给广播电文提供相应的模型参数。其中适用于卫星导航系统电离层模型的建立、模型参数的估计方法是该业务处理的重点工作。

1.3.5 星基增强数据处理

随着北斗、GPS 等导航卫星系统应用的推广与深入，精密大地测量制图、航空精密进近等用户在定位精度、完好性等方面提出了更高的要求。为此，各个导航系统都在发展广域星基增强系统。星基增强技术对 GNSS 观测量误差源加以区分，并对每个误差源分别加以模型化，估计出每个误差源的改正值。在此基础上，基于地面上注系统链路向卫星进行参数的注入。卫星收到注入参数后，广播给用户进行误差修正，从而提高系统服务的精度。

GPS、GLONASS 等系统的星基增强都是独立于系统服务之外进行建设。北斗卫星导航系统采用了基本导航、广域增强与精密定位一体化的设计方案，系统本身即可实现广域差分。为实现北斗广域增强与精密定位服务的性能提升，需要开展的主要工作为差分改正数的模型及差数播发协议的优化。

1.4 本书的结构安排

如前所述，精密轨道确定、星历拟合、时间同步与卫星钟差测定和预报、电离层监测与修正、星基增强（包括广域增强与精密定位）等导航业务处理技术是卫星导航系统运行的核心关键技术，涉及基础理论、模型、测量和数据处理方法等多方面，关键技术多、难度大，许多问题也是科学前沿中的重大问题、基础性问题。

特别是北斗导航卫星星座首次采取了异构的 GEO/IGSO/MEO 混合星座方案，高性能运行服务存在大量独特的理论、方法和工程应用考虑。本书重点针对中国北斗及其他 GNSS 卫星导航系统的特点，围绕着导航业务处理的理论和方法，结合作者多年的研究成果，全面系统地给出卫星导航原理及其应用的基础理论、方法及相关模型误差分析、算法以及实践应用。全书分为 9 个章节，各章节编排为：

第 1 章为绪论。论述全球卫星导航系统、区域卫星导航系统及其运行控制的现状和发展趋势，针对卫星导航系统的特点，分析卫星导航系统运行控制的核心技术、导航业务处理技术的现状和重点解决的问题。

第 2 章为卫星导航基础理论与原理。给出卫星导航系统以及运行控制业务处理中涉及的时间和坐标系统的定义、转换数学模型；给出卫星导航系统观测值，分析影响定位精度的主要误差源，给出各项误差的修正模型。

第 3 章为卫星钟差测量与预报技术。论述地面站间无线电双向时间比对方法的基本原理与计算模型，给出星地、星间无线电双向时间比对的基本原理和计算模型。研究原子钟的特性及其钟参数的数学模型，给出不同原子钟模型的预报性能。在此基础上，对北斗二号、北斗三号卫星钟差性能、星间链路时差测量等进行评估。

第 4 章为精密定轨与轨道预报理论。介绍二体问题及其卫星运动的摄动力模型，给出导航卫星的主要摄动力及其计算模型，分析主要摄动力的特性及其影响。在此基础上给出 GNSS 精密定轨数据处理方法，并利用星地、星间的实际观测资料，进行 GPS/GLONASS/Galileo/BDS 四系统融合多星定轨、北斗三号星地/星间数据融合精密定轨以及时间同步支持下的单星定轨的数据处理，评估验证精密卫星轨道的精度。

第 5 章为广播星历处理技术。分析广播星历参数的物理意义和用户算法。在此基础上，给出广播星历的经典拟合算法。重点针对北斗导航卫星的轨道特性，分析经典算法中出现的奇点问题，给出几种星历拟合的改进算法，利用北斗实际轨道数据进行大量的比较验证；给出广播星历用户算法，并对北斗系统广播星历参数进行了评估验证。

第 6 章为电离层修正建模与处理技术。概述电离层延迟的影响因素，介绍 GNSS 电离层监测的基本原理；介绍常用的电离层模型，分析中国区域电离层变化特性；介绍改进的 BDS K14 模型及 BDGIM 模型，并分析验证北斗二号及北斗三号系统广播星历电离层模型性能。

第 7 章为卫星导航星基增强技术。阐述北斗星基增强的各类参数模型及算法。重点介绍基于伪距、载波相位融合策略的卫星轨道、卫星钟差、格网电离层实时模型、算法；介绍北斗特色的分区综合改正技术。并利用北斗全球观测数据对各类参数进行性能评估，验证北斗星基增强系统在北斗重点服务区及“一带一路”范围内分米级的定位服务能力。

第 8 章为抗多径技术。针对北斗系统混合星座测量中的多径效应问题，分析其对轨道、卫星钟差、电离层等导航业务处理的影响；介绍北斗抗多径的信号处理方法、单双频数据处理方法；并分析抗多径算法在北斗地面站的应用效果。

第 9 章为卫星导航系统用户定位算法。介绍 GNSS 卫星定位的观测模型、预处理方法、参数估计方法；介绍基本导航伪距定位、广域星基增强、载波相位精密定位等用户算法模型，特别介绍基于北斗星基增强系统的单频、双频精密定位算法。

第2章　卫星导航基础理论与原理

时间基准和坐标基准是卫星导航的核心参考，也是用户定位的基础。处理卫星轨道运动问题以及用户定位必须选择适当的时空参考系。本章将介绍卫星导航数据处理中的时间系统和坐标系统、观测值类型以及误差修正方法。

2.1　时间系统

在卫星导航观测技术中，卫星导航的本质是精确时间的测量。随着物理理论、观测方法和测量设备的发展，时间的基本概念和定义也经历了不断修订和改进。

2.1.1　时间系统的定义

时间系统是由时间计量的起点和单位时间间隔的长度来定义的。计算不同的物理量所使用的时间系统各不相同。卫星大地测量中常用的时间系统主要有（Nicole et al.，2002)：地球动力学时(terrestrial dynamical time，TDT)；质心坐标时(barycentric coordinate time，TCB)；地心坐标时（geocentric coordinate time，TCG)；原子时（international atomic time，TAI)；世界时（universal time，UT1)；协调时（coordinated universal time，UTC）。

导航系统地面运控数据处理中，涉及不同时间基准定义下的计算。例如，在计算日、月和行星的坐标时使用历书时（ET），而输入的各种观测量的采样时间是基于协调世界时（UTC）等。

1）世界时

格林尼治的平太阳时称为世界时（UT），是根据地球自转测定的时间，以平太阳日为单位，1/86400 平太阳日为秒长。由于地球自转的不均匀性和极移引起的地球子午线的变动，世界时变化是不均匀的。根据对其采用的不同修正，又定义了三种不同的世界时：

UT0：通过测量直接得出的世界时。

UT1：UT0 进行极移修正得出的世界时，UT1=UT0+极移修正。

UT2：地球自转存在长期、周期和不规则变化，则 UT1 也呈现上述变化，将周期性季节变化修正之后，得到 UT2。

2）原子时

原子时（TAI）是地球上的时间基准，由国际时间局从多个国家的原子钟综合分析得出，主要的原子时有：

A1：美国海军天文台建立的原子时，取 1958 年 1 月 1 日 0 时（UT2）为 A1 的起点，铯-133 原子基态的两个超精细结构能级间跃迁辐射振荡 9192631770 次为 A1 的秒长。

TAI：由国际时间局（BIH）确定的原子时系统，称国际原子时，定义同 A1，但其起始历元比 A1 早 34 毫秒。

3）协调世界时（UTC）

世界时（UT）很好地反映了地球自转，但其变化量是不均匀的；原子时的变化虽比世界时均匀，但其定义与地球自转无关，因此原子时不能很好地反映地球自转。协调世界时（UTC）是一种均匀的时号，为使协调世界时（UTC）尽量接近于UT1，采用跳秒的方式对UTC进行修正。国际地球自转服务（International Earth Rotation and Reference System Service，IERS）组织负责UTC跳秒的更新，并在其官方网站上发布UT1和UTC差异dUT1。图2.1是2010～2018年dUT1的变化情况，可以看到2012年7月1日，2015年7月1日，2017年1月1日都发生了跳秒。

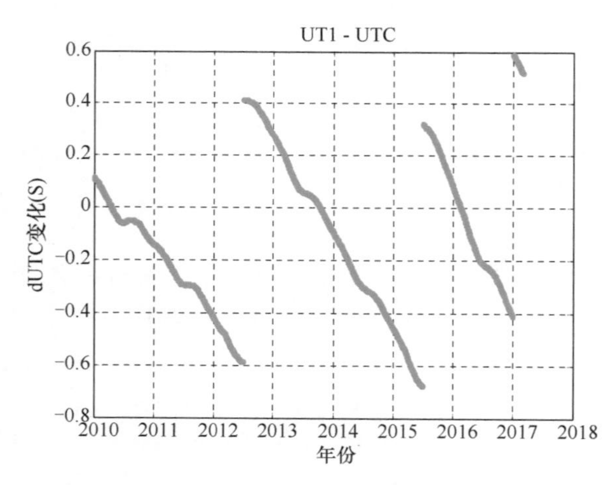

图2.1 dUT1（UT1–UTC）的变化（2010年1月至2017年2月）

4）历书时

历书时（ET）是在太阳系质心系框架下的一种均匀的时间尺度，把太阳相对于瞬时平春分点的几何黄经为279°41′48.04″的时刻作为历书时的起点，1900年1月0日（即1899年12月31日）12时的回归秒长度定义为历书时的秒长。历书时是牛顿运动方程中的独立变量，也是计算太阳、月亮、行星和卫星星历表的自变量。

5）动力学时

动力学时分为地球动力学时（TDT）和质心动力学时（TDB）。TDT是地心时空坐标架的坐标时，用作视地心历表的独立变量，在人造地球卫星动力学中，它就是一种均匀的时间尺度，相应的运动方程以此为独立的时间变量。质心动力学时TDB是太阳系质心时空坐标架的坐标时，是一种抽象、均匀的时间尺度，月球、太阳和行星的历表都是以此为独立的时间变量，岁差、章动的计算公式也是依据此时间尺度的。

$$\mathrm{TDT}=\mathrm{TAI}+32.184\,(\mathrm{s}) \tag{2.1}$$

2.1.2 时间系统之间的转换

1）由UTC到TAI的转换

对于1972年之前的转换，TAI–UTC由下式计算：

$$\mathrm{TAI}-\mathrm{UTC}=4.21317+\left(\mathrm{UTC}-\mathrm{JD}\right)\times 0.002592 \qquad \text{单位：s} \tag{2.2}$$

对于 1972 年以后，TAI–UTC 可以从 IERS 公报中查得。

2）由 TAI 转换成 ET

可使用下列计算公式计算：

$$\begin{aligned}\mathrm{ET}-\mathrm{TAI}=&\Delta T_A+1.91898115(10^{-8})\sin E+2.3993056(10^{-2})\sin(L-L_{\mathrm{J}})\\&+6.0300926(10^{-11})\sin E_{\mathrm{J}}+5.300926(10^{-11})\sin(L-L_{\mathrm{SA}})\\&+2.835648(10^{-11})\sin E_{\mathrm{SA}}+1.7916667(10^{-11})\sin D\\&+3.6768(10^{-18})R_{\mathrm{e}}\cos\varphi\sin(\mathrm{UT1}+\lambda)\qquad\text{单位：d}\end{aligned} \tag{2.3}$$

其中，R_{e} 为地球赤道半径；λ，φ 为观测站的经纬度；E 为地月质心在日心轨道上的偏近点角，其他变量定义如下：

$$\begin{cases}L-L_{\mathrm{J}}=5.652593+1.575189824\times10^{-2}\cdot T\\L-L_{\mathrm{SA}}=2.125474+1.661816935\times10^{-2}\cdot T\\E_{\mathrm{J}}=5.286877+1.450229443\times10^{-2}\cdot T\\E_{\mathrm{SA}}=1.65341+5.839394112\times10^{-2}\cdot T\\D=2.518411+2.127687107\times10^{-1}\cdot T\end{cases} \tag{2.4}$$

式中，T= TDT–2433282.5。

式（2.3）中，UT1 可用 TAI 代替，表示由子夜算起的时角。式（2.4）中，L 为太阳相对于真赤道和平春分点的平黄经，L_{J} 和 L_{SA} 分别为木星、土星的日心平黄经，E_{J} 和 E_{SA} 分别为木星、土星在日心轨道上的偏近点角，D 为日月平地心夹角。

3）UT1 和 UTC 之间的转换

$$\mathrm{UT1}=\mathrm{TAI}+(\mathrm{UT1R}-\mathrm{TAI})+\mathrm{DUT1} \tag{2.5}$$

式（2.5）中，UT1R–TAI 项可以从 IERS 公报 B 中查出 UTC 相应的值，这里 UT1R 表示从 UT1 中减去其周期短于 35 天的短周期变化后的部分。

UT1 的短周期变化部分记为 DUT1，它是由周期直到 35 天的带谐潮汐引起的，共 41 项

$$\begin{aligned}\mathrm{DUT1}&=\mathrm{UT1}-\mathrm{UT1R}\\&=\sum_{K=1}^{41}A_K\sin\left(\eta_{K1}l+\eta_{K2}l'+\eta_{K3}F+\eta_{K4}D'+\eta_{K5}\Omega\right)\end{aligned} \tag{2.6}$$

式中，A_K 为各周期项的振幅值；$\eta_{K1}\sim\eta_{K5}$ 为正弦函数中各分量的系数；l 为月球的平近点角；l'为太阳的平近点角；Ω 为月球平轨道在黄道上升交点的赤经，由当日平春分点起量；D'为日月相对于地球的平均夹角；F=L–Ω 为月球纬度的平均角距，L 为月球平黄经。上述各量的计算公式如下：

$$l=134^{\circ}57'46.733''+\left(+198^{\circ}52'02.633''\right)T+31.310'+0.064''$$

$$l'=357^{\circ}31'39.804''+\left(+359^{\circ}03'01.224''\right)T-0.577'-0.0127''$$

$$F = 93^\circ 16'18.877'' + \left(+82^\circ 01'03.137''\right)T - 13.257' + 0.011''$$
$$D = 297^\circ 51'01.307'' + \left(+307^\circ 06'41.328''\right)T - 6.891' - 0.019'' \qquad (2.7)$$
$$\Omega = 125^\circ 02'40.280'' + \left(+134^\circ 08'10.539''\right)T + 7.455' + 0.008''$$

其中，T=（JED–2451545.0）/36525.0，l'= 360, JED 为与 UTC 对应的儒略历书时。

4）地心坐标时 TCG 与地球动力学时 TDT（TT）的转换

$$\text{TCG} - \text{TDT} = L_G \times (\text{JD} - 2443144.5) \times 86400 \qquad (2.8)$$

其中，$L_G = U_g / c^2$；U_g 为地球引力位；c 为光速。

系数 L_G 取决于变化的地球引力位 U_g。IAU2000 定义 L_G 为常数，从而实现 TT 的定义与大地水准面的分离。

2.1.3 GPS 时间系统

为了满足精密导航和测量的需要，GPS 系统建立了专用的时间系统。GPS 时间系统（GPST）是连续的原子时系统，不需要进行协调世界时的跳秒改正。它以 GPS 周加秒形式记数，最大秒计数不超过 604800s。其秒长与国际原子时相同，但时间起点不同，GPST 与 TAI 之间存在一常量偏差，即

$$\text{TAI} - \text{GPST} = 19(\text{s}) \qquad (2.9)$$

GPS 时与协调世界时的时刻在 1980 年 1 月 6 日 0 时相一致，其后随着时间的积累两者之间的差别将表现为整秒的整倍数

$$\text{GPST} = \text{UTC} + 1 \times n - 19 \qquad \text{单位：s}\ (2.10)$$

其中，n 为调整参数。

至 2019 年 4 月，GPS 时比 UTC 超前 18 秒。这种整秒偏差由导航信息给出，接收机根据得到的信息进行自动改正。

GPS 系统的每颗卫星上都配置多台原子钟，其中一台作为时间标准，其余备用。如果该钟不能满足精度要求或出现故障，则切换至另一台钟。各监测站和主控站也都安装有高性能原子钟，主控站上的原子钟用美国海军天文台（USNO）的主钟进行实时校准。为了使各个卫星的星载钟与主钟之间保持精密同步，GPS 采用一种自校准的闭环系统，其工作过程是：分布在全球的各个轨道测定和时间同步监测站（都配置有原子钟）以本站的原子钟为参考基准，并与系统时钟进行精确同步。主控站以 GPS 主钟为参考对来自各监测站测量的伪距值和轨道计算得到的卫星与同步站之间的距离值，进行计算分析和处理，推算出新的合理数据，得到卫星时钟与地面时钟的偏差。上行注入站将该偏差注入卫星，再广播给用户使用，并在适当的时候对星上的原子钟进行改正处理。

2.1.4 GLONASS 时间系统

GLONASS 系统时间由主控站的主钟定义，是以中央同步器时间为基础产生。GLONASS 卫星导航时间系统溯源于俄罗斯联邦国家时间空间计量研究所提供的俄罗斯国家标准时间（UTC（SU）），二者之间存在 3h 的固定偏差和小于 1ms 的附加改正数

τ_c，其准确度优于 1μs。当 UTC 跳秒时，GLONASS 系统时间也进行跳秒改正，计划进行的 GLONASS 系统时间跳秒修正，至少提前 8 周通过公报等形式通知用户，以便用户采取相应的处理。由于进行了跳秒改正，GLONASS 系统时间与 UTC（SU）之间不存在整秒偏差，因此在向用户广播系统时间与 UTC（SU）之间的偏差时可以缩减信息容量。

$$
\begin{aligned}
&t_{\text{GLONASS}} = \text{UTC(SU)} + 3\text{h}00\text{min} + \tau_c \\
&\tau_c < 1\text{ms}, \quad \sigma_{\tau_c} < 1\mu\text{s}
\end{aligned}
\tag{2.11}
$$

GLONASS 系统每颗卫星载有 3 台铯钟，它们的频率稳定性好于 5×10^{-13}/d。

2.1.5 Galileo 时间系统

GST（Galileo system time）是 Galileo 系统所采用的时间系统，由 Galileo 控制中心维持，是从 1999 年 8 月 22 日 0 时 0 分 0 秒（UTC）开始计时。为了与 GPST 一致，GST 初始时刻与 UTC 的差异设置为 13 秒（Galileo ICD，2015）。GST 与 TAI 的时差小于 50ns（Subirana，2013）。与欧洲的时间实验室通过地球同步卫星进行双向时间比对，获得相对 TAI 的偏差并使这个偏差保持在一定范围之内，同时将该偏差值在导航信息中向用户广播。

Galileo 系统每颗卫星载有 4 台原子钟，两台铷原子钟互为热备份，两台被动型氢钟为冷备份。卫星钟的状况由定轨和同步站进行监测。Galileo 系统的精密定轨与时间同步和 GPS 一样，采用单程测距，由分布在全球的轨道测定和时间同步站接收卫星发射给用户的双频伪码测距和记录多普勒信号，每站配置铯原子钟，并与系统的主钟进行精确同步。卫星钟与地面钟之间的偏差通过测量的伪距值和由精密定轨得到的站星距求差得到。地面控制中心接收来自监测站的观测数据，经过预处理、定轨与时间同步处理模块处理、滤波产生钟差改正数和平均频率，钟差改正数通过上行注入站上传至卫星。

2.1.6 北斗时间系统

北斗时是由北斗系统主控站高精度原子钟维持的原子时系统，它的秒长取为国际单位制 SI 秒，起始点选为 2006 年 1 月 1 日的 UTC 零点。北斗时溯源到中国军用时频实验室产生的协调世界时（UTC（MCLT）），北斗时主钟采取跟随军用时频实验室主钟模式运行。主控站采用两台以上高稳定性的原子钟作为工作主钟和工作主钟备份钟。主钟和备份主钟共同维持实时时间信号的连续不间断输出，备份钟相对于主钟的钟差不确定度小于 0.2ns。

北斗时是一个连续的时间系统，它与 UTC 之间存在跳秒改正。北斗系统主控站将控制北斗时与 UTC 的偏差保持在 1μs 以内。北斗时（BDT）在时刻上以“周”和“周内秒”为单位连续计数，周计数不超过 8192 次，系统不进行闰秒，即单位周长度为 604800s。

下图 2.2 综合表示了北斗、GLONASS、Galileo 以及 GPS 各卫星导航系统时间系统与 UTC、UTC（USNO）关系。

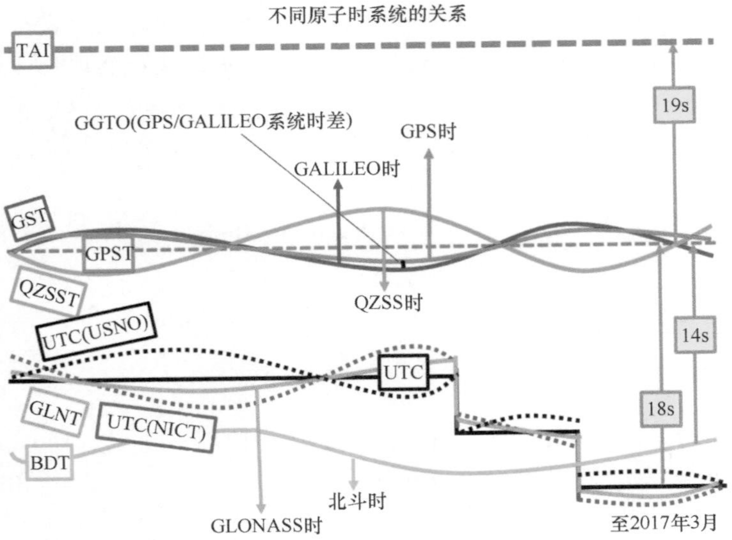

图 2.2　各卫星导航系统时间系统及 UTC 的关系

其中 BDT、GLNT、GST、GPST 分别为北斗、GLONASS、Galileo 以及 GPS 的系统时间，UTC、UTC（USNO）分别为协调世界时、美国海军天文台 UTC

2.2　坐 标 系 统

2.2.1　坐标系的分类

常用的坐标系有惯性坐标系、地固坐标系、测站坐标系以及星固坐标系，表 2.1 列出各坐标系的定义。

表 2.1　各坐标系的定义

坐标系	原点	参考平面	各轴方向	状态矢量
惯性坐标系	地心	地球平赤道面	X 轴由地球质心指向天球历书原点；Z 轴指向协议北天极；Y 轴完成正交	$\bar{r},\dot{\bar{r}}$
地固坐标系	地心	与地心和协议地极连线成正交之平面	X 轴为参考平面与格林尼治子午面的交线方向；Z 轴指向协议北极；Y 轴完成正交	$\bar{r}_b,\dot{\bar{r}}_b$
测站坐标系	站心	站心当地地平面	E 轴基本平面内指向东方（经线切线方向）；N 轴指向北方（纬线切线方向）；第三轴完成正交	$\bar{\rho},\dot{\bar{\rho}}$
星固坐标系	质心	卫星平面	Z 轴指向地心；Y 轴为太阳至卫星方向与卫星至地心方向的叉乘；X 轴完成正交	$\bar{r}_s,\dot{\bar{r}}_s$

2.2.2　惯性参考系（ICRS）和参考框架（ICRF）

参考系是天文、大地测量以及地球物理研究等领域的参考基准。根据 IAU2000 决议，新的国际天球参考系统（international celestial reference system，ICRS）自 2003 年 1 月 1 日开始采用（Jean et al.，2006）。ICRS 定义的惯性系是通过 VLBI（very long baseline interferometry）对河外射电源的观测而建立的，系统包括两个部分：基于 TCB 时间系统的太阳系质心参考系（barycentric celestial reference system，BCRS）以及基于 TCG 时间系统的地心参考系（geocentric celestial reference system，GCRS）。其中，BCRS 是以太阳系质心为原点，其参考轴指向是由河外射电源定义，并随时间变化；GCRS 是以地球质心为原点，并且随着地球绕太阳公转，参考轴指向也是由河外射电源定义。

理想的 ICRS 由（international celestial reference frame，ICRF）实现，ICRF 是通过 VLBI 观测的一系列河外射电源精确赤道坐标确定的。IAU2000 决议用于定义 ICRS 和 ICRF 的射电源共有 608 个。其分为三类：其中 212 个为“定义”（defining）源，294 个“候选”（candidate）源，102 个“其他”（other）源。“定义”源被用来定义 ICRF，“候选”源以及“其他”源被作为以后 ICRF 更新的备用参考。由于 ICRF 框架是由选定的“定义”射电源所定义，因此射电源位置的精度决定了框架的精度。为此，IERS 专门成立了一个小组来维持 ICRF。其任务为：

（1）提供 1995 年以后的河外射电源的（赤道）坐标；

（2）从后续的观测中精化“候选”源的坐标精度；

（3）监测射电源以判断其是否能够继续作为 ICRF 的参考源；

（4）提高数据处理的精度。

从 1998 年至今，已经有两个 ICRF 的精化框架，分别为：ICRF-Ext.1、ICRF-Ext.2。ICRF-Ext.1 综合处理了 1994 年 12 月到 1999 年 4 月的 60 余万次天文以及大地测量观测数据，其数据处理结果中“定义”源的坐标与 ICRF 一致，“候选”源以及“其他”源的坐标变化体现了观测数据以及处理方法的精化，同时该框架中新增加了 59 个“其他”源。ICRF-Ext.2 综合处理了 1999 年 5 月到 2002 年 5 月的 120 余万次天文以及大地测量观测数据，其数据处理结果中“定义”源的坐标与 ICRF 一致，“候选”源以及“其他”源的坐标变化体现了观测数据以及处理方法的精化，同时在 ICRF-Ext.1 的基础上该框架新增加了 50 个“其他”源。ICRF-Ext.2 的实现具有里程碑的意义，它首次采用了 VLBA（very long baseline array）观测。

ICRS 是一个基于运动学固定的系统，由射电源的坐标决定。在 IAU2000 决议之前，我们所用的惯性系为基于 J2000.0 平赤道以及平春分点的 J2000 系统，其定义是基于恒星动力方程的 FK5（Seidelmann，2002）。ICRS 与 FK5 系统的主要区别为：

（1）ICRS 基于运动学固定的系统，其参考点为天球历书原点（celestial ephemeris origin，CEO），不再需要指定参考历元，而 FK5 参考点是进动的春分点；

（2）ICRS 基于协议天球极（celestial intermediate pole，CIP），而 FK5 极指向协议历书极（celestial ephemeris pole，CEP）；

（3）ICRS 的时间系统 TT、TCG、TCB 定义不同以及它们之间的转换关系不同；

（4）ICRS 采用地球自转角（earth rotation angle，ERA），而不是格林尼治恒星时。

2.2.3 国际地固参考系（ITRS）和参考框架（ITRF）

国际地球（地固）参考系（international terrestrial reference system，ITRS）是一个随着地球在空间作周日运动而共同旋转的空间参考系（地固系）。ITRS 是一个理想的参考系统，实际采用的是协议地球参考框架（conventional terrestrial reference system，CTRS）。CTRS 的定义必须满足以下条件：

（1）CTRS 是一个相对于地心无旋转，在空间随地球自转而旋转的准笛卡儿系统；

（2）CTRS 必须与 IAU 决议中的地心参考系统（geocentric reference system，GRS）一致；

（3）CTRS 系统的时间系统与 GRS 一致，采用地心时（geocentric coordinate time，TCG）；

（4）CTRS 的原点是包括海洋和大气的地球上所有物质的质心；

（5）CTRS 相对于地球表面的水平运动不产生剩余的地球旋转。

ITRS 由国际地球参考框架（international terrestrial reference frame，ITRF）实现的。ITRF 是通过甚长基线干涉测量 VLBI、GNSS、激光测卫（satellite laser ranging，SLR）、星载多普勒测轨定位（doppler orbitography and radiopositioning integrated by satellite，DORIS）等技术分析处理得到的一系列测站位置以及速度定义的。ITRF 是一个系列，第一个 ITRF 为 ITRF88，之后又正式公布了 10 个，每个最新公布的会替代原有的框架，目前采用的框架为 ITRF2014（Zuheir et al.，2016），ITRF2014 综合了不同分析中心对于地球参考框架的单独解，得到最终的参考值。ITRF2014 框架定义规则如下：

（1）原点：在 2010.0 历元，ITRF2014 的原点与 ILRS 得到的 SLR 原点时间序列之间不存在平移以及平移速率。

（2）尺度：在 2010.0 历元，ITRF2014 的尺度与 IVS 得到的 VLBI 尺度时间序列之间不存在尺度变化以及尺度速率区别。

（3）定向：在 2010.0 历元，ITRF2014 的方向与 ITRF2008 之间不存在旋转以及旋转速率。

ITRF2014 用到的观测网络如下图 2.3 所示。其包括 884 个 GNSS、124 个 VLBI、96 个 SLR 以及 71 个 DORIS 台站。

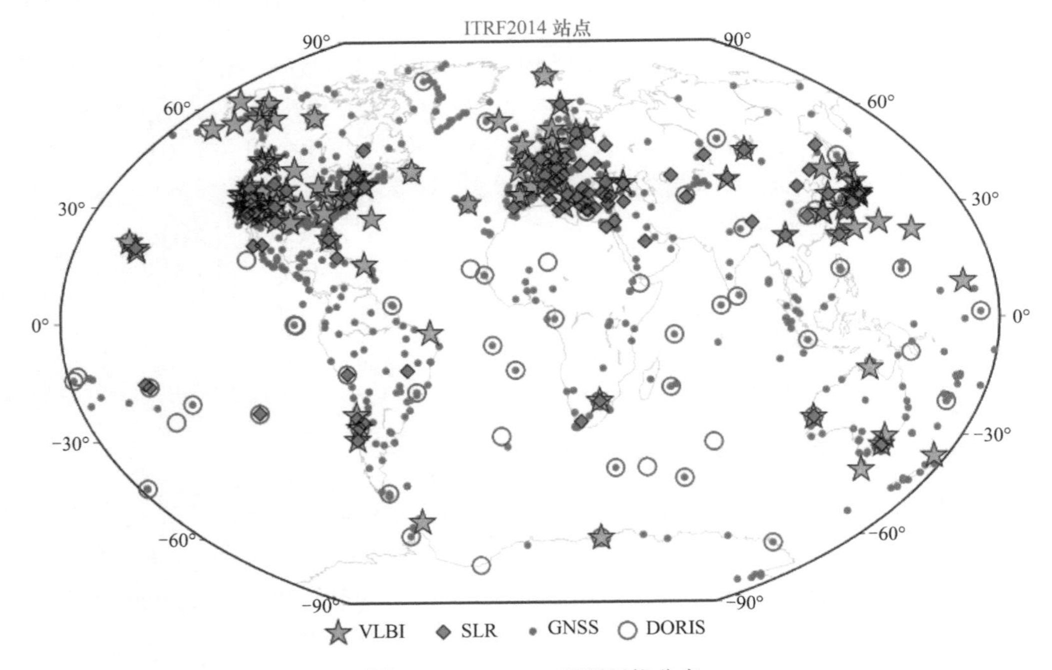

图 2.3　ITRF2014 观测网络分布

各卫星导航系统的参考框架也都是地固参考框架。其中，GPS 系统采用的参考框架为 WGS84（World Geodetic System 84），WGS84 建立于 1984 年，并每隔一段时间进行更新。最新的 WGS84 框架遵循 IERS Conventions（2010），与 ITRF 框架的差异在 2cm 以内（GPS ICD，2012）。

GLONASS 系统采用 PZ-90（Parametry Zemli 1990）坐标框架，PZ-90 框架与 WGS84 框架的转化关系为（Subirana J，2013）：

$$\begin{bmatrix} \boldsymbol{X}_{\text{WGS84}} \\ \boldsymbol{Y}_{\text{WGS84}} \\ \boldsymbol{Z}_{\text{WGS84}} \end{bmatrix} = \begin{bmatrix} \boldsymbol{X}_{\text{PZ-90}} \\ \boldsymbol{Y}_{\text{PZ-90}} \\ \boldsymbol{Z}_{\text{PZ-90}} \end{bmatrix} + \begin{bmatrix} -3\text{ppb} & -353\text{mas} & 4\text{mas} \\ 353\text{mas} & -3\text{ppb} & 19\text{mas} \\ 4\text{mas} & -19\text{mas} & -3\text{ppb} \end{bmatrix} \begin{bmatrix} \boldsymbol{X}_{\text{PZ-90}} \\ \boldsymbol{Y}_{\text{PZ-90}} \\ \boldsymbol{Z}_{\text{PZ-90}} \end{bmatrix} + \begin{bmatrix} 0.07\text{m} \\ 0.0\text{m} \\ -0.77\text{m} \end{bmatrix} \quad (2.12)$$

GLONASS 于 2007 年 9 月 20 日将 PZ-90 框架升级为 PZ-90.02，这个框架与 ITRF2000 框架相近，只存在一个坐标平移转换（Subirana J，2013）：

$$\begin{bmatrix} \boldsymbol{X}_{ITRF\,2000} \\ \boldsymbol{Y}_{ITRF\,2000} \\ \boldsymbol{Z}_{ITRF\,2000} \end{bmatrix} = \begin{bmatrix} \boldsymbol{X}_{\text{PZ-90.02}} \\ \boldsymbol{Y}_{\text{PZ-90.02}} \\ \boldsymbol{Z}_{\text{PZ-90.02}} \end{bmatrix} + \begin{bmatrix} -0.36\text{m} \\ 0.08\text{m} \\ 0.18\text{m} \end{bmatrix} \quad (2.13)$$

从 2013 年 12 月 31 日 15 时（UTC）开始，GLONASS 又将其坐标框架升级为 PZ-90.11，它与 ITRF2008 框架在 JD2011.0 历元的差异在厘米级（Vdovin，2013）。

Galileo 系统的参考框架为 GTRF（Galileo Terrestrial Reference Frame，GALILEOICD，2015），是通过综合处理国际 GNSS 服务组织（IGS）的全球 GPS 观测台站以及 GPS/GIOVE 多模 GESS（Galileo experimental sensor stations）数据实现的，其测站坐标与 ITRF2005 的符合程度好于 3mm（Gendt et al.，2011）。

我国北斗系统以 2008 年 7 月 1 日正式启用的 2000 国家大地坐标系（China Geodetic Coordinate System 2000，CGCS2000）作为空间参考基准，其选用的坐标框架和历元分别为 ITRF97 和 2000. 0（陈俊勇等，2007）。

QZSS 系统的坐标框架为 JGS（Japan Satellite Navigation Geodetic System），其坐标框架的建立与 ITRF 相近（QZSS ICD，2013）。最新的 JGS2010 通过 40 多个（其中包含 9 个 QZSS 监测站）的 SLR、GPS 和 QZSS 观测数据建立，与 ITRF2008 框架定义一致。IRNSS 系统采用与 GPS 相同的 WGS84 框架（IRNSS ICD，2016）。

图 2.4 是各大 GNSS 系统的坐标框架之间的变化和关系示意图，可见随着坐标框架的精化，各系统坐标之间的差异越来越小，也越来越接近 ITRF。

表 2.2 是各大 GNSS 系统所采用的参考框架椭球元素。需要注意的是，各个参考框架的差异虽然在厘米级，但其椭球元素各不相同。比如利用广播星历计算卫星坐标时，若没有区分 CGCS2000 与 WGS-84 的地球自转角速度，其最大差异可达米级。

2.2.4 测站坐标系

测站坐标系也叫地平坐标系，如图 2.5 所示，其坐标原点为测站中心 S，即测量设备跟踪天线的旋转中心；参考平面为在观测处与地球参考椭球相切平面。X 轴（$\boldsymbol{X}_S$）在参考平面中指向朝东方向，Z 轴（$\boldsymbol{Z}_S$）为天顶方向，即地心至测站的连线方向，Y 轴（$\boldsymbol{Y}_S$）与 X 轴和 Z 轴构成右手系。

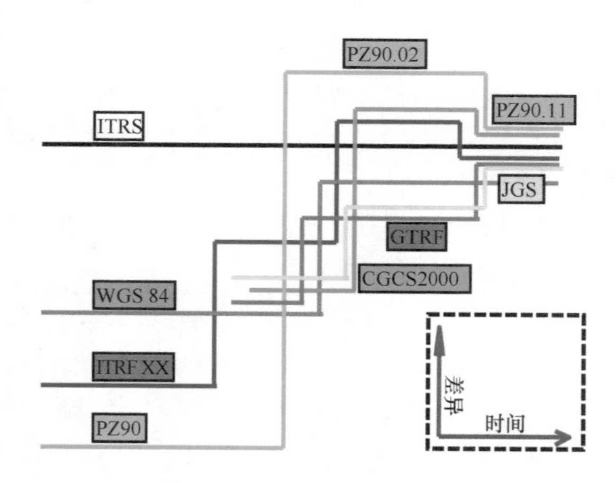

图 2.4　各 GNSS 系统坐标框架与 ITRF 框架之间的关系

表 2.2　不同参考框架的椭球元素

元素	WGS-84/JGS	PZ-90.11	GTRF	CGCS2000
长半径	6378137	6378136	6378136	6378137
扁率	1/298.257223563	1/298.25784	1/298.25769	1/298.257222
自转角速度	$7.2921151467\times10^{-5}$	7.292115×10^{-5}	$7.2921151467\times10^{-5}$	7.292115×10^{-5}
引力常数	3.986005×10^{14}	3.986004418×10^{14}	3.986004418×10^{14}	3.986004418×10^{14}

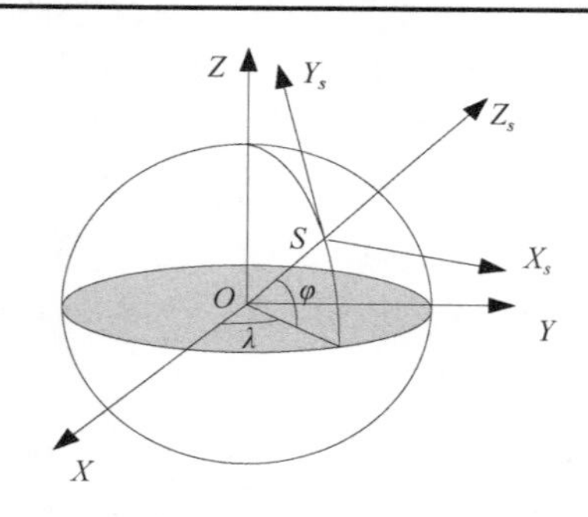

图 2.5　测站坐标系的定义

2.2.5　卫星坐标系

卫星固连坐标架定义为：原点为卫星质量中心，Z 轴指向地球中心，Y 轴为太阳至卫星方向与卫星至地心方向的叉乘，X 轴与 Y、Z 轴组成右手系。由于卫星两侧的太阳能翼板保持对准卫星，所以 Y 轴方向实际上总是处在太阳能翼板平面内，Y 轴的正负方向是当卫星处在地球阴影内时散热的方向。

卫星固联坐标架的 Z 轴指向地心，即其单位方向 e_Z 为

$$e_Z = \frac{-r_{\mathrm{SAT}}}{\left|r_{\mathrm{SAT}}\right|} \tag{2.14}$$

式中，r_{SAT} 为卫星质量中心的坐标。

卫星固联坐标架的 Y 轴是太阳至卫星方向和卫星至地心方向的叉乘，即其单位方向 e_Y 为：

$$e_Y = \frac{-(r_{\mathrm{SAT}} - r_{\mathrm{s}}) \times r_{\mathrm{SAT}}}{\left|(r_{\mathrm{SAT}} - r_{\mathrm{s}}) \times r_{\mathrm{SAT}}\right|} \tag{2.15}$$

式中，r_{s} 为太阳坐标。

卫星固联坐标架的 X 轴与另外两轴组成右手系，即其单位方向 e_X 为

$$e_X = \frac{e_Y \times e_Z}{\left|e_Y \times e_Z\right|} \tag{2.16}$$

此外，卫星固联坐标系，也可以表示成 RTN 坐标系。是以地心为原点，以轨道平面为参考平面，R 方向称为轨道径向，从地心指向卫星位置方向，N 方向称为轨道法向，是轨道径向与速度方向的正交方向，T 方向称为轨道沿迹方向，是 R、N 方向的正交方向，且与卫星速度同向。图 2.6 示意了两种坐标表达方式的差异，其中 ψ 为卫星的偏航角（Montenbruck et al.，2015）。

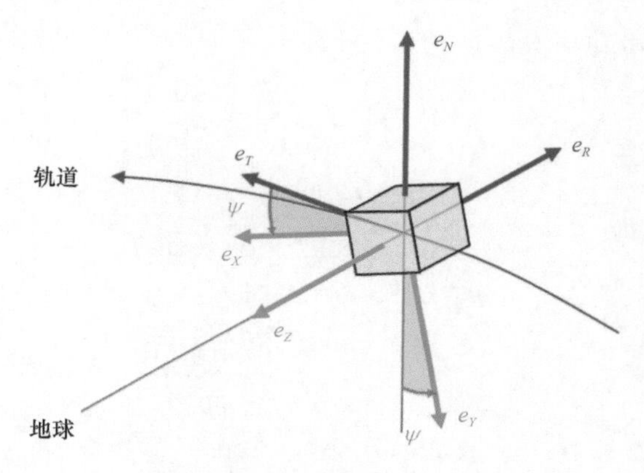

图 2.6　卫星坐标系的定义

2.2.6　坐标系统的转换

1）ICRS 和 ITRS 的转换

牛顿定律只有在 ICRS 系统下才严格成立，而在地球上进行的所有观测都是基于地固系 ITRS。因此，需要对两种坐标系统进行转换。转换用下式表示：

$$[\mathrm{CRS}] = \boldsymbol{Q}(t)\boldsymbol{R}(t)\boldsymbol{W}(t)[\mathrm{TRS}] \tag{2.17}$$

其中，$\boldsymbol{Q}(t)$ 为岁差–章动矩阵，表示天球极在天球系统里的运动；$\boldsymbol{R}(t)$ 为地球自转矩阵，表示地球绕地球极自转；$\boldsymbol{W}(t)$ 为极移矩阵。t 定义为

$$t = (TT - 2000 \quad \text{January} \quad 1.5)\text{in} \quad \text{days}/36525 \tag{2.18}$$

要指出的是 IAU2000 采用的这三个旋转矩阵跟原来经典的转换存在很大的差别。原来经典的模型存在一些不足，例如岁差和章动很难区分，它们属于不同的物理定义；岁差章动的计算需要参考给定时刻的黄道面；地球自转角度相对于给定时刻春分点等等。以下简要介绍 IAU2000 决议中的这几个转换矩阵。

$$\boldsymbol{W}(t) = \boldsymbol{R}_3(-s') \cdot \boldsymbol{R}_2(x_p) \cdot \boldsymbol{R}_1(y_p) \tag{2.19}$$

其中，x_p, y_p为协议天球极（CIP）在地固坐标系（TRS）中的坐标，s'表示地球历书原点（terrestrial ephemeris origin，TEO）在地球实际赤道因极移而累积的移动。

$$\boldsymbol{R}(t)=\boldsymbol{R}_3(-\theta) \tag{2.20}$$

其中，θ为地球自转角（earth rotation angle，ERA），θ的定义与原来的格林尼治恒星时不一样。其定义为在t时刻，CEO 和 TEO 在协议天球极（CIP）所对应的协议赤道上的夹角。

$$\boldsymbol{Q}(t)=\boldsymbol{R}_3(-E)\cdot\boldsymbol{R}_2(-d)\cdot\boldsymbol{R}_3(E)\cdot\boldsymbol{R}_3(s) \tag{2.21}$$

其中，E和d使 CIP 在 CRS 的坐标为

$$X=\sin d\cos E \qquad Y=\sin d\sin E \qquad Z=\cos d \tag{2.22}$$

s是表示参考历元和指定t时刻之间 CEO 的累积位移。

上面的转换公式中，$\boldsymbol{R}_1$，$\boldsymbol{R}_2$，$\boldsymbol{R}_3$分别代表绕X，Y，Z轴右手旋转的矩阵，假设绕三个坐标轴的旋转角分别为α，β，γ，则三个矩阵的具体形式为

$$\boldsymbol{R}_1(\alpha)=\begin{pmatrix}1 & 0 & 0\\ 0 & \cos\alpha & -\sin\alpha\\ 0 & \sin\alpha & \cos\alpha\end{pmatrix} \tag{2.23}$$

$$\boldsymbol{R}_2(\beta)=\begin{pmatrix}\cos\beta & 0 & -\sin\beta\\ 0 & 1 & 0\\ \sin\beta & 0 & \cos\beta\end{pmatrix} \tag{2.24}$$

$$\boldsymbol{R}_3(\gamma)=\begin{pmatrix}\cos\gamma & -\sin\gamma & 0\\ \sin\gamma & \cos\gamma & 0\\ 0 & 0 & 1\end{pmatrix} \tag{2.25}$$

上述具体参数的定义以及计算可以查阅 IERS Technique Notes 系列。

值得注意的是，IERS 在公布新模型参数的同时，继续公布老系统的参数，从而能够对新老两种参考系统下卫星轨道的差别进行分析。以 2006 年第 186 天 GPS 卫星 PRN11 的轨道为例，图 2.7 表示了 GPS 卫星轨道在两种惯性参考系（ICRF，FK5）的差别，图 2.8 表示了将轨道从不同惯性系转到地固系后卫星轨道的差值（陈俊平等，2009）。从图中可以看出：两种惯性系统下，GPS 卫星轨道的差值存在着与 GPS 运动周期一致的周期性，在Y轴分量上振幅达到 1m 左右，X、Z轴分量上振幅为 2.5m 左右；坐标差值反映在地固系中，可以看到差值存在周期性，各个分量上的振幅约为 4mm 左右，这相对于目前 IGS 轨道的精度来讲，已经可以忽略。以上分析体现了 IAU2000 决议的原则：新系统的定义保持了与原有系统在地固系下的一致性。

2）不同 ITRF 参考系统之间的转换

ITRF 是一个参考框架系列，每个框架都是采用多种观测技术进行综合的结果。不同 ITRF 参考系统之间的转换关系定义为 Helmert 变换

$$\boldsymbol{X}_2=\boldsymbol{X}_1+\boldsymbol{T}+\boldsymbol{D}\boldsymbol{X}_1+\boldsymbol{R}\boldsymbol{X}_1 \tag{2.26}$$

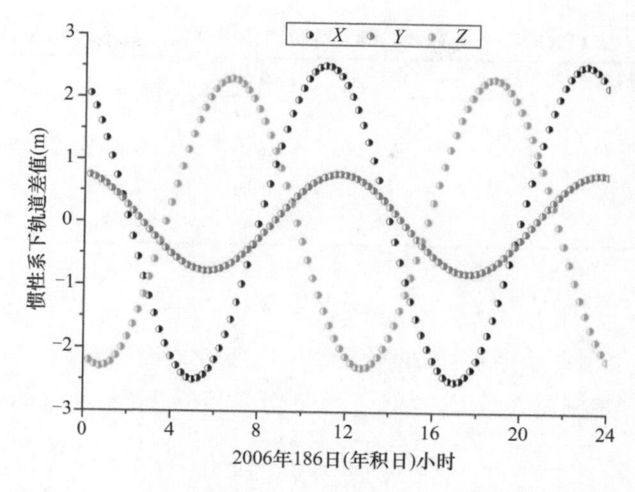

图 2.7 PRN11 卫星在 FK5，ICRF 系统中坐标的差别

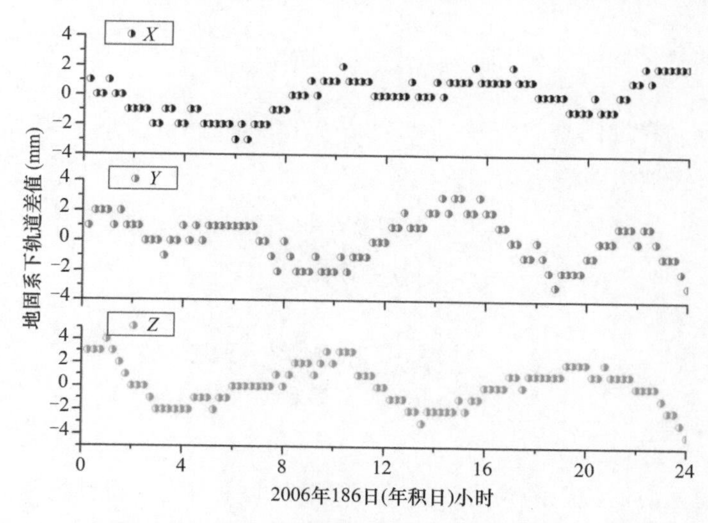

图 2.8 PRN11 卫星在新老系统地固系中轨道的差别

其中，$\boldsymbol{X}_1$，$\boldsymbol{X}_2$ 为地面点在两个框架下的坐标；$\boldsymbol{T}$ 为平移参数；$\boldsymbol{D}$ 为尺度因子；$\boldsymbol{R}$ 为旋转矩阵，将（2.26）展开，得到具体形式为

$$\begin{pmatrix} \boldsymbol{X}_2 \\ \boldsymbol{Y}_2 \\ \boldsymbol{Z}_2 \end{pmatrix} = \begin{pmatrix} \boldsymbol{X}_1 \\ \boldsymbol{Y}_1 \\ \boldsymbol{Z}_1 \end{pmatrix} + \begin{pmatrix} \boldsymbol{T}_1 \\ \boldsymbol{T}_2 \\ \boldsymbol{T}_3 \end{pmatrix} + \begin{pmatrix} \boldsymbol{D} & -\boldsymbol{R}_3 & \boldsymbol{R}_2 \\ \boldsymbol{R}_3 & \boldsymbol{D} & -\boldsymbol{R}_1 \\ -\boldsymbol{R}_2 & \boldsymbol{R}_1 & \boldsymbol{D} \end{pmatrix} \cdot \begin{pmatrix} \boldsymbol{X}_1 \\ \boldsymbol{Y}_1 \\ \boldsymbol{Z}_1 \end{pmatrix} \tag{2.27}$$

参考站坐标、转换参数$\left(\boldsymbol{T}_1,\boldsymbol{T}_2,\boldsymbol{T}_3,\boldsymbol{D},\boldsymbol{R}_1,\boldsymbol{R}_2,\boldsymbol{R}_3\right)$以及转换参数变化率$\left(\dot{\boldsymbol{T}}_1,\dot{\boldsymbol{T}}_2,\dot{\boldsymbol{T}}_3,\dot{\boldsymbol{D}},\dot{\boldsymbol{R}}_1,\dot{\boldsymbol{R}}_2,\dot{\boldsymbol{R}}_3\right)$为 ITRF 框架的主要产品。对于任意时刻 t，ITRF 参考站坐标为

$$\boldsymbol{X}(t) = \boldsymbol{X}(\mathrm{EPOCH}) + \dot{\boldsymbol{X}}(t - \mathrm{EPOCH}) \tag{2.28}$$

式中，EPOCH 为参考框架的参考历元，对于 ITRF2014，该参考历元为 2010.0（2010 年 1 月 1 日）。在历元 2010.0，ITRF2014 参考框架向 ITRF2008 参考框架转换的转换参数如表 2.3 所示。

表 2.3　从 ITRF2014 向 ITRF2008 转换的转换参数（参考历元 J2010.0）

参数	T_1（mm）	T_2（mm）	T_3（mm）	D（ppb）	R_1（mas）	R_2（mas）	R_3（mas）
	1.6	1.9	2.4	–0.02	0.000	0.000	0.000
±	0.2	0.1	0.1	0.02	0.006	0.006	0.006
变化率	0.0	0.0	–0.1	0.03	0.000	0.000	0.000
±	0.2	0.1	0.1	0.02	0.006	0.006	0.006

3）地固至测站坐标系的转换

由地固系转换到测站坐标系需做两次转换。先把地固系坐标原点由地心 O 平移到站心 S，然后再旋转，使地固系 X_b， Y_b， Z_b 三个轴分别与测站坐标系 X_s， Y_s， Z_s 三个轴平行。这需先绕 Z_b 轴旋转 $\frac{\pi}{2}+\lambda$，再绕 X_b 轴旋转 $\frac{\pi}{2}-\phi$，其中 λ 和 ϕ 为站心 S 的经度和纬度。

记旋转矩阵

$$M = R_x\left(\frac{\pi}{2}-\phi\right)R_z\left(\frac{\pi}{2}+\lambda\right) \tag{2.29}$$

$\bar{r}_b$ 为任意测站在地固系的坐标， $\bar{R}_b$ 为站心在地固系中的坐标，则任意测站在站心坐标系的坐标 $\bar{\rho}$ 及速度 $\dot{\bar{\rho}}$ 表示为

$$\begin{cases}\bar{\rho} = M(\bar{r}_b - \bar{R}_b) \\ \dot{\bar{\rho}} = M\dot{\bar{r}}_b\end{cases} \tag{2.30}$$

2.3　卫星导航系统观测值

2.3.1　伪距测量

伪距即卫星发射的测距码到达接收机的传播时间乘以光速得到的距离。由于在信号传播过程中，存在卫星钟差、接收机钟差误差等的影响，伪距观测值与卫星到接收机的实际几何距离不相等，因此称测量的距离为伪距。伪距测量精度有限，但定位速度快，是卫星导航定位中最基本的方法，也是载波相位测量中模糊度解算的辅助观测。

导航卫星生成的测距码经过一定时间传播到接收机，接收机通过延时器生成相同的码，对二者进行相关处理，当自相关系数最大时，则延时器的延时与信号传播时间相等，乘以光速即为卫星到接收机的距离。

考虑信号在传播过程中受对流层、电离层等大气延迟的影响，以及卫星钟与接收机钟不准确产生的钟差误差，伪距观测方程为

$$P = \rho + c\cdot\delta t_i - c\cdot\delta t^j + \text{Trop} + \text{Iono} + \varepsilon \tag{2.31}$$

式中，i 表示接收机号；j 表示卫星号；P 为伪距观测值；ρ 为卫星到接收机的几何距离；$\delta t_i,\delta t^j$ 分别为接收机钟差、卫星钟差； Trop,Iono 分别为对流层延迟误差、电离层延迟误差； ε 为其他误差项。

2.3.2 载波相位测量

载波相位测量的观测值是接收机收到的卫星载波相位信号与接收机自身信号的相位差。接收机 i 在接收机钟面时 t_k 观测卫星 j 的相位观测量为

$$\Phi_i^j(t_k)=\varphi_i(t_k)-\varphi_i^j(t_k) \tag{2.32}$$

式中，$\varphi_i^j(t_k)$ 为 i 接收机在钟面时 t_k 产生的本地参考信号相位值；$\varphi_i^j(t_k)$ 为 i 接收机在钟面时 t_k 观测到的 j 卫星的载波相位值。由于相位差的测量只能测出一周之内的相位值，实际测量中卫星载波相位信号传播到接收机时已经经过了若干周，如果对整周进行计数，则某一初始时刻 t_0 以后，包含整周数的相位观测值为

$$\Phi_i^j(t_k)=\varphi_i(t_k)-\varphi_i^j(t_k)+N_0^j \tag{2.33}$$

接收机不间断跟踪卫星信号，利用整周计数器记录从 t_0 到 t_i 时间内的整周数 $\mathrm{Int}(\varphi)$，同时测定小于一周的相位差，则任意时刻 t_k 卫星 j 到接收机 i 的相位差为

$$\Phi_i^j(t_k)=\varphi_i(t_k)-\varphi_i^j(t_k)+N_0^j+\mathrm{Int}(\varphi) \tag{2.34}$$

也即从第一次开始计数开始，后续的观测量中都包含了相位差的小数部分和累计的整周数。

载波相位观测量是接收机与卫星位置的函数，可以由此函数解算接收机的位置。设在标准时刻 T_a（卫星钟面时 t_a）卫星 j 发射的载波相位为 $\varphi(t_a)$，经过传播延时 $\Delta\tau$，在标准时刻 T_b（接收机钟面时 t_b）时刻到达接收机。T_b 时收到的和 T_a 时发射的相位不变，即 $\varphi^j(T_b)=\varphi^j(T_a)$，而 T_b 时，接收机自身产生的载波相位为 $\varphi(t_b)$，则 T_b 时刻的载波相位观测量为

$$\phi=\varphi(T_b)-\varphi^j(T_a) \tag{2.35}$$

受接收机钟差和卫星钟差的影响，有

$$\phi=\varphi(T_b-\delta t_b)-\varphi^j(T_a-\delta t_a) \tag{2.36}$$

由于卫星钟和接收机钟的振荡器频率较为稳定，因此其信号相位与频率有如下关系：

$$\varphi(t+\Delta t)=\varphi(t)+f\cdot\Delta t \tag{2.37}$$

f 为信号频率；Δt 为微小时间间隔；φ 以 2π 为单位。

接收机钟的固定参考频率和卫星发射的载波频率相等，因此有

$$\begin{aligned}&T_b=T_a+\Delta\tau\\&\varphi(T_b)=\varphi^j(T_a)+f\cdot\Delta\tau\end{aligned} \tag{2.38}$$

$\Delta\tau$ 为信号传播时间。在考虑卫星信号传播时间所受的对流层和电离层影响后，综合上述公式，有

$$\begin{aligned}\phi&=\varphi(T_b-\delta t_b)-\varphi^j(T_a-\delta t_a)\\&=\varphi(T_b)-f\cdot\delta t_b-\varphi^j(T_a)+f\cdot\delta t_a\\&=f\cdot\Delta\tau-f\cdot\delta t_b+f\cdot\delta t_a\\&=\frac{f}{c}(\rho-\mathrm{Trop}-\mathrm{Iono})-f\cdot\delta t_b+f\cdot\delta t_a\end{aligned} \tag{2.39}$$

估计载波相位整周数后的载波相位观测方程为

$$\phi=\frac{f}{c}\rho+f\cdot\delta t_a-f\cdot\delta t_b\frac{f}{c}\rho+f\cdot\delta t_a-\frac{f}{c}\text{Trop}-\frac{f}{c}\text{Iono}+N_0 \tag{2.40}$$

2.3.3 观测方程的线性组合

在 GNSS 数据处理中，为消除或减弱各种误差，经常会用到双频观测值之间的线性组合（linear combination，LC），常见的线性组合包括：无电离层组合、电离层残差组合、宽巷组合、窄巷组合以及 MW 组合等。

2.3.3.1 无电离层组合

无电离层（ionosphere-free，IF）组合能够消除一阶的电离层影响，在双差或非差观测方程中经常用到。无电离层伪距和载波相位观测方程可以表示为

$$\begin{aligned} P_{3k}^j&=\frac{1}{f_1^2-f_2^2}(f_1^2\cdot P_{1k}^j-f_2^2\cdot P_{2k}^j)\\ L_{3k}^j&=\frac{1}{f_1^2-f_2^2}(f_1^2\cdot L_{1k}^j-f_2^2\cdot L_{2k}^j)\end{aligned} \tag{2.41}$$

无电离层组合虽然能够消除大部分的电离层误差，但组合的观测噪声放大了 2 倍，模糊度失去了整数性，无法固定。

2.3.3.2 电离层残差组合

电离层残差（geometry-free，GF）组合与卫星到接收机之间的几何距离无关，组合方程中只包含电离层影响、整周模糊度以及观测噪声。可以消除与频率无关的误差，如卫星轨道误差、卫星钟差、接收机钟差、对流层误差在没有周跳的情况下，由于整周模糊度不变而且电离层变化比较小，一次电离层残差组合能够剔除观测值中的粗差，也适用于周跳的探测与修复。

伪距与载波相位的电离层残差组合式为

$$\begin{aligned} P_{4k}^j&=P_{1k}^j-P_{2k}^j=I_{1k}^j-I_{1k}^j\\ L_{4k}^j&=L_{1k}^j-L_{2k}^j=I_{1k}^j-I_{2k}^j+\lambda_1\cdot N_{1k}^j-\lambda_2\cdot N_{2k}^j\end{aligned} \tag{2.42}$$

2.3.3.3 宽巷组合

宽巷（wide-lane，WL）组合能够保持模糊度的整周性，而且其波长是单频的 4 倍左右，适用于模糊度的解算。

伪距与载波相位的宽巷组合观测方程为

$$P_{5k}^j=\frac{f_1\cdot P_{1k}^j-f_2\cdot P_{2k}^j}{f_1-f_2}\qquad L_{5k}^j=\frac{f_1\cdot L_{1k}^j-f_2\cdot L_{2k}^j}{f_1-f_2} \tag{2.43}$$

2.3.3.4 窄巷组合

伪距与载波相位的窄巷（narrow-lane，NL）组合的公式为

$$P_{6k}^j = \frac{1}{f_1 + f_2}\left(f_1 \cdot P_{1k}^j + f_2 \cdot P_{2k}^j\right) \qquad L_{6k}^j = \frac{1}{f_1 + f_2}\left(f_1 \cdot L_{1k}^j + f_2 \cdot L_{2k}^j\right) \tag{2.44}$$

2.3.3.5 MW 组合

MW（melbourne-wubbena，MW）组合消除了绝大部分的观测误差，只剩观测噪声和多路径效应，通过多历元平滑可以减弱这些噪声，因此 MW 组合常用于模糊度确定以及周跳检测。MW 组合计算公式为

$$L_{5k}^j = \frac{1}{f_1 - f_2}\left(f_1 \cdot L_{1k}^j - f_2 \cdot L_{2k}^j\right) - \frac{1}{f_1 + f_2}\left(f_1 \cdot P_{1k}^j + f_2 \cdot P_{2k}^j\right) \tag{2.45}$$

2.3.3.6 线性组合电离层及噪声变化

不失一般性，假设观测值线性组合为

$$C = a \cdot L_1 + b \cdot L_2 + c \cdot P_1 + d \cdot P_2 \tag{2.46}$$

则组合后的电离层延迟相对 L_1 上的电离层延迟变化为

$$k = f_1^2\left(\frac{a}{f_1^2} + \frac{b}{f_2^2} - \frac{c}{f_1^2} - \frac{d}{f_2^2}\right) \tag{2.47}$$

假设伪距观测值的噪声为 σ_P，相位观测值的噪声为 σ_L，则组合后的噪声为

$$\sigma_C = \sqrt{(a^2 + b^2)\sigma_L^2 + (c^2 + d^2)\sigma_P^2} \tag{2.48}$$

假设相位观测值的噪声为 0.3cm，伪距观测值的噪声为 30cm，以 GPS 为例，几种线性组合的波长、相对于 L_1 的电离层延迟变化及噪声见表 2.4。

表 2.4 几种常用线性组合的特征

组合	a	b	c	d	波长（cm）	相对于 L_1 电离层误差	噪声（cm）
L_1	1	0	0	0	19.0	1.0	0.3
L_2	0	1	0	0	24.4	1.6	0.3
P_1	0	0	1	0	—	−1.0	30
P_2	0	0	0	1	—	−1.0	30
IF（L_1L_2）	$\frac{f_1^2}{f_1^2 - f_2^2}$	$\frac{-f_2^2}{f_1^2 - f_2^2}$	0	0	—	0.0	0.9
IF（P_1P_2）	0	0	$\frac{f_1^2}{f_1^2 - f_2^2}$	$\frac{-f_2^2}{f_1^2 - f_2^2}$	—	0.0	90
GF（L_1L_2）	1	−1	0	0	—	0.6	0.4
GF（P_1P_2）	0	0	−1	1	—	0.6	42.4
WL（L_1L_2）	$\frac{f_1}{f_1 - f_2}$	$\frac{-f_2}{f_1 - f_2}$	0	0	86.2	−1.3	1.7
NL（L_1L_2）	$\frac{f_1}{f_1 + f_2}$	$\frac{f_2}{f_1 + f_2}$	0	0	10.7	1.3	0.2
NL（P_1P_2）	0	0	$\frac{f_1}{f_1 + f_2}$	$\frac{f_2}{f_1 + f_2}$	—	1.3	21
MW	$\frac{f_1}{f_1 - f_2}$	$\frac{-f_2}{f_1 - f_2}$	$\frac{f_1}{f_1 + f_2}$	$\frac{f_2}{f_1 + f_2}$	86.2	0.0	21

2.4 误差改正

卫星导航系统的误差源主要包括三部分：与卫星有关的误差、与传播路径有关的误差以及与接收机有关的误差（表 2.5）。

表 2.5 卫星导航系统误差源及处理方式

误差源		误差处理方式
与卫星有关的误差	相对论效应	周期性漂移改正
	天线相位中心偏差	绝对天线相位中心改正
	卫星轨道	参数估计/外界输入
	卫星钟差	参数估计/外界输入
	相位缠绕	模型改正
与传播路径有关的误差	对流层延迟误差	模型改正、参数估计
	电离层延迟误差	无电离层延迟组合、二阶项改正
	多路径效应	硬件防止、软件消除
与接收机有关的误差	接收机位置	参数估计
	接收机钟差	参数估计
	模糊度	参数估计
	地球自转	模型改正
	接收机天线相位中心偏差	绝对天线相位中心改正
	固体潮效应	IERS2012 协议模型改正
	极潮、大气潮效应	IERS2012 协议模型改正
	海潮负载	FES2004 海潮模型

对于上述误差，也可进行如下分类：

（1）能够通过模型进行精确改正的误差，如卫星、接收机天线相位改正，地球固体潮、海洋负荷潮汐、地球自转、相对论等；

（2）能通过模型进行改正，但是模型参数需要进行求解，如接收机钟差、对流层天顶延迟、电离层延迟、卫星轨道和钟差等。

2.4.1 对流层延迟误差改正

2.4.1.1 基本理论

对流层是指地面向上约 40km 范围内的大气层，约占大气层总质量的 99%，也是各种气象现象主要的出现区域。电磁波在对流层的传播速度与大气折射率有关，而整个对流层的折射率是不同的，因此电磁波在经过对流层时会产生弯曲和延迟。对流层大气折射率与气压、温度、湿度有关，一般将天顶总延迟（zenith total delay，ZTD）分为静力学延迟（zenith hydrostatic delay，ZHD，也称为干延迟）和湿延迟（zenith wet delay，ZWD）。静力学延迟约占总延迟量的 90%，可以通过实测气压和气温精确计算，而由于大气中水汽变化很大，湿延迟不能通过模型精确计算，这是电磁波测地技术（如 VLBI，GPS）中的一个重要误差源。通常的解决办法是通过模型计算静力学延迟量作为已知值，将湿延迟作为未知数解算。

通常情况下电磁波传播路径并不是在天顶方向，因此需要将天顶方向延迟量映射到某一倾斜的传播方向，这就需要映射函数（mapping function，MF），倾斜方向的对流层延迟量是干、湿映射函数与天顶干、湿分量的乘积之和，见下式：

$$z(e)=z_{\mathrm{h}}\times mf_{\mathrm{h}}(e)+z_{\mathrm{w}}\times mf_{\mathrm{w}}(e) \tag{2.49}$$

式中，$z(e)$ 为总延迟量；z_{h}、z_{w} 分别为天顶干、湿延迟量；$mf_{\mathrm{h}}(e)$、$mf_{\mathrm{w}}(e)$ 分别为干、湿映射函数；e 为高度角。映射函数 MF 通常采用连分式

$$mf(e)=\frac{1+\dfrac{a}{1+\dfrac{b}{1+c}}}{\sin e+\dfrac{a}{\sin e+\dfrac{b}{\sin e+c}}} \tag{2.50}$$

式中，参数 a，b，c 是远小于 1 的常数，干、湿映射函数分别用不同的参数 $(a_{\mathrm{h}}, b_{\mathrm{h}}, c_{\mathrm{h}})$ 和 $(a_{\mathrm{w}}, b_{\mathrm{w}}, c_{\mathrm{w}})$。常用的映射函数有 NMF、VMF1、GMF，各映射函数之间的差别主要表现在参数 a，b，c 的区别上。映射函数的准确性必然影响倾斜延迟量的精度，从而影响定位精度，尤其是高度截止角很小时影响更明显。根据 Boehm 等（2006）提出的经验法则，在高度截止角为 5°时，如果干映射函数系数误差为 0.01 或湿映射系数误差为 0.001，测站高程方向误差将达 4mm。因此映射函数的准确性对于 GNSS 解算的精度影响较大。

由于定位解算时干分量一般作为已知数，并且干、湿映射函数不同，干分量的误差不能通过湿分量估计来补偿，因此干分量误差也将影响测站坐标尤其是高程方向的精度，在高度截止角为 5°时测站高程误差约是天顶干分量延迟误差的 1/5。

2.4.1.2 改正模型

1）Saastamoinen 模型

Saastamoinen 模型（Saastamoinen，1972）为天顶对流层延迟的基础模型，其函数形式为

$$\mathrm{ZTD}=\frac{0.002277}{f(\phi,h)}\times\left[P_{\mathrm{s}}+\left(\frac{1255}{T_{\mathrm{s}}}+0.05\right)e_{\mathrm{s}}\right] \tag{2.51}$$

$$e_{\mathrm{s}}=rh\times 6.11\times 10^{\frac{7.5(T_{\mathrm{s}}-273.15)}{T_{\mathrm{s}}}} \tag{2.52}$$

$$f(\phi,h)=1-0.00266\cos(2\phi)-0.00028h \tag{2.53}$$

式中，ZTD 单位为 m，T_{s} 为地面温度（K）；P_{s} 为地面气压（mbar）；e_{s} 为地面水气压；rh 为地面相对湿度（0～1 之间）。其中气象参数可以是实测数据纬度和高度的函数 $f(\phi,h)$，反映了重力加速度随地理位置和海拔高度的变化；ϕ 为测站的地心大地纬度（单位为弧度）；h（单位为 m）为测站大地高。（2.51）式中前半部分为干延迟分量，后半部分为湿延迟分量。

若没有实测气象数据，利用 Saastamoinen 模型计算测站处对流层天顶延迟所需的气象参数可通过标准大气参数模型计算：

$$\begin{cases} T_s = T_0 - 0.0068h \\ P_s = P_0\left(1 - \dfrac{0.0068}{T_0}h\right)^5 \\ e_s = e_0\left(1 - \dfrac{0.0068}{T_0}h\right)^4 \quad h < 1100\text{m} \end{cases} \tag{2.54}$$

式中的初始标准参考大气参数：P_0=1013.25 mbar，e_0=11.691 mbar，T_0=288.15 K，h 为测站大地高（m）。

2）SHAtrop 模型

SHAtrop 模型（陈俊平等，2019；Chen et al.，2020a）是中国科学院上海天文台利用中国大陆构造环境监测网络（Crustal Movement Observation Network of China，CMONOC）的 GNSS 测站数据，建立的适用于中国区域的区域格网天顶对流层延迟模型。SHAtrop 充分考虑了不同经纬度、不同高程地区的对流层特征，建模方法简单，使用方便，可以作为中国区域 GNSS 用户的对流层参考模型。其将 70°～135°E，18°～54°N 覆盖区域划分为 2.5°×2.0°的经纬格网，给定每个格网点的模型参数。在每个格网点上其函数形式为

$$\text{ZTD}_h = \left(A_{0e} + A_{1e}\cos\left(\frac{2\pi}{365.25}(\text{doy} + d_1)\right) + A_{2e}\cos\left(\frac{4\pi}{365.25}(\text{doy} + d_2)\right)\right) \times e^{\beta \cdot h} \tag{2.55}$$

式中，A_{0e}，A_{1e}，A_{2e} 分别为天顶对流层干延迟 ZTD 的常数项、年周期项和半年周期项系数；d_1，d_2 分别为年周期及半年周期的相位；doy 为年积日；$e^{\beta \cdot h}$ 指数函数，h 为测站高程，β 为指数衰减因子。衰减因子定义如表 2.6 所示。

表 2.6　不同纬度区间 ZTD 指数拟合函数的衰减因子

纬度	β /10^{-4}
<25°N	−1.411
25°～30°N	−1.357
30°～35°N	−1.329
35°～40°N	−1.303
>40°N	−1.300

SHAtrop 模型的格网数据文件可在 SHA 分析中心获取[①]。用户使用时仅需要输入概略经纬度、高程及年积日。用户站计算 ZTD 的过程为：①由测站经纬度确定所在格网，根据四个格网点的参数值双线性内插出用户站参数 A_{0e}，A_{1e}，A_{2e}，d_1，d_2；②根据用户测站高程，查询表 2.5 中的指数衰减系数，采用式（2.55），计算当前年积日用户站的 ZTD。

① http：//www.shao.ac.cn/shao_ gnss_ac

2.4.1.3 映射函数

为构建高精度映射函数，很多学者做了大量研究，提出了多种映射函数，包括 Chao 映射函数、Davis（1985）的 CFA2.2 映射函数、Ifadis 映射函数。近年来较新的包括 NMF、GMF/ GPT、VMF1 模型以及 GPT2 模型。

1）NMF 模型

NMF 模型是基于全球分布的 26 个探空气球站的资料建立的全球大气延迟投影函数（Niell，1996）。NMF 映射函数同样采用连分式（2.50），干映射系数 a_h 计算如下：

$$a_h(\varphi,t)=a_{avg}(\varphi)+a_{amp}\cos\left(2\pi(t-28)/365.25\right) \tag{2.56}$$

式中，φ 为测站纬度，t 是年积日，参数 a_{avg}、a_{amp} 由 NMF 系数表提供的与测站纬度最近的纬度值线性内插而来，参数 b_h、c_h 以及 a_w、b_w、c_w 也由 NMF 提供的参数表线性内插获得。NMF 函数采用美国标准大气模式中北纬一些测站的温度和相对湿度廓线，并且认为南北半球对称，因此在南半球其精度较差。

2）VMF1 模型

VMF1 模型是由 Boehm 等（2008）提出的基于欧洲中尺度气象预报中心（Europe Center for Medium-range Weather Forecasts，ECMWF）所提供的 40 年观测数据的再分析（ECMWF Reanalysis 40，ERA40）而建立的对流层模型。2004 年 Boehm 等（2004）提出 VMF 模型，随后改正了 VMF 模型的映射函数参数发展出 VMF1。VMF1 模型是基于 IGS 和 VLBI 站的，只能应用于这些测站，这是其主要缺陷，因此又发展出格网 VMF1 模型，在附加高程改正后修改为 VMF1_HT 映射函数。基于基准站的 VMF1 简称为 S_VMF1，格网 VMF1 简称 G_VMF1。

VMF1 模型通过提取 ECMWF 提供的初始高度角 3.3°的湿折射率资料，利用射线追踪法得到全球经纬方向分辨率为 2.5°×2.0°，时间分辨率 6h 的全球格网点干湿映射函数参数 a_h、a_w，相关结果可以从维也纳理工大学大地测量研究所网站[①]获取。

VMF1_HT 映射函数的参数 $b_h=0.0029$，c_h 是与年积日、纬度有关的函数，公式如下：

$$c_h=0.0062+\left(\left(\cos\left(2\pi\frac{\text{doy}-28}{365}+\psi\right)+1\right)\times\frac{c_{11}}{2}+c_{10}\right)\times(1-\cos\varphi) \tag{2.57}$$

在北半球时，$c_{10}=0.001;c_{11}=0.005;\psi=0$，南半球时，$c_{10}=0.002;c_{11}=0.007;\psi=\pi$。湿映射参数采用 NMF 模型在 45°的值，即 $b_w=0.00146;c_w=0.04391$。VMF1 映射函数的模型以及相关实现函数可以从其官方网站[②]下载。

此外，G_VMF1 模型也提供格网点上的天顶干湿延迟分量，用户可以通过格网点的数值采用一定的内插算法获取测站的映射函数参数 a_h、a_w 以及测站天顶干湿延迟分量 z_h、z_w。

① http：//ggosatm.hg. tuwien.ac.at

② http：//ggosatm.hg.tuwien.ac.at/DELAY/SOURCE

3）GMF/GPT 模型

VMF1 模型计算时需要读取格网数据进行内插，计算烦琐，因此 Boehm 等（2007）在 VMF1 的基础上建立了类似 NMF 易于实现且精度与 VMF1 相当的 GMF/GPT 模型。

GMF 映射函数同样是基于 ERA40 的月平均数据，采用类似建立 VMF1 模型的射线轨迹法，使用 1999 年 9 月到 2002 年 8 月的数据确定映射参数 a_{h}和a_{w}，参数 b、c 和 VMF1 相同，具体的计算程序在 VMF1 官网上也可以下载。

GMF/GPT 模型是 VMF1 的模型化，精度略逊于 VMF1 模型，但是 GMF/GPT 在计算上更简便，而且由于 GPT 模型计算的 ZHD 有部分系统误差，而这正好可以补偿大气负荷的影响，因此在不改正大气负荷的时候 GPT 模型比基于 ECMWF 的 VMF1 模型精度略高。

4）GPT2 模型

GPT2 模型是 Lagler 等（2013）在 2013 年提出的新的对流层延迟经验模型。GPT2 与 GMF/GPT 之间的差别见表 2.7。

表 2.7　GPT2 相对于 GPT 的改进情况

	GMF/GPT	GPT2
NWM 数据	1999～2002 年 ERA40 提供的月平均廓线	2001～2010 年 ERA-Interim 提供的月平均廓线
地形数据	平均海平面上的 9 阶球谐函数	基于 ETOPO5 平均高程的 5°格网
时间变化	平均及年变化周期项	平均、年及半年周期项
相位	固定到 1 月 28 日	估计值
温度变化	假定为常数，–6.5℃/km	在每个格网点估计平均、年以及半年周期项
气压变化	基于标准大气压的指数	基于格网点实际气温的指数
输出参数	气压、气温以及干湿映射函数参数	气压、气温、温度变化率、水汽压、干湿映射函数参数

Lagler 等（2013）采用 VieVS（Vienna VLBI software）软件对 1984 年到 2012 年 5 月的观测数据进行处理分析认为，在考虑大气负荷效应改正的情况下，GPT2 定位模型精度要高于 GMF/GPT 模型，因此建议在对流层延迟计算中使用 GPT2 模型代替 GMF/GPT 模型。

2.4.1.4　各模型的比较

首先比较 GPT、GPT2 以及 VMF1 模型气压与测站实测气压；此外，由于目前对流层估计模型中最精确的是 VMF1，因此还将分别比较 GPT、GPT2 模型与 S_VMF1 模型天顶干延迟分量的差别；最后比较GPT2模型与VMF1模型的干湿映射函数参数 a_{h}、a_{w}。计算中所使用的测站分布见图 2.9，采用了这些站 2012 年全年的数据（王君刚等，2014；2016）。

1）气压参数

根据纬度分布选取了 8 个测站，分别用 GPT、GPT2 两种模型计算 2012 年全年各测站的单日气压值，将 S_VMF1、GPT 以及 GPT2 三种模型的气压值与测站气象文件提供的单日气压平均值（true）比较，各模型气压与实测气压之差的中误差见图 2.10。

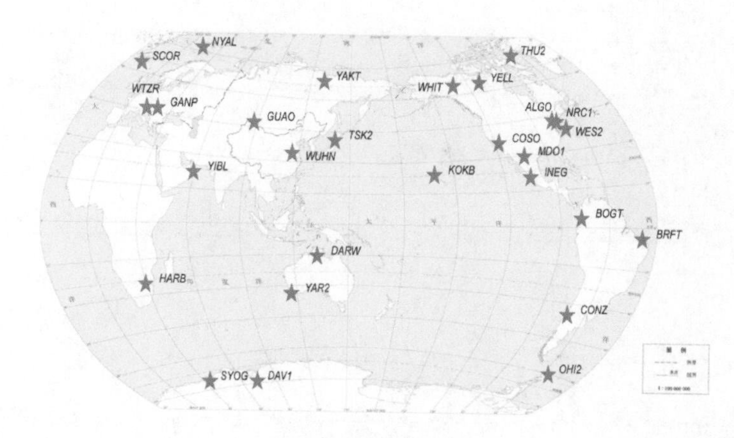

图 2.9　测站分布图

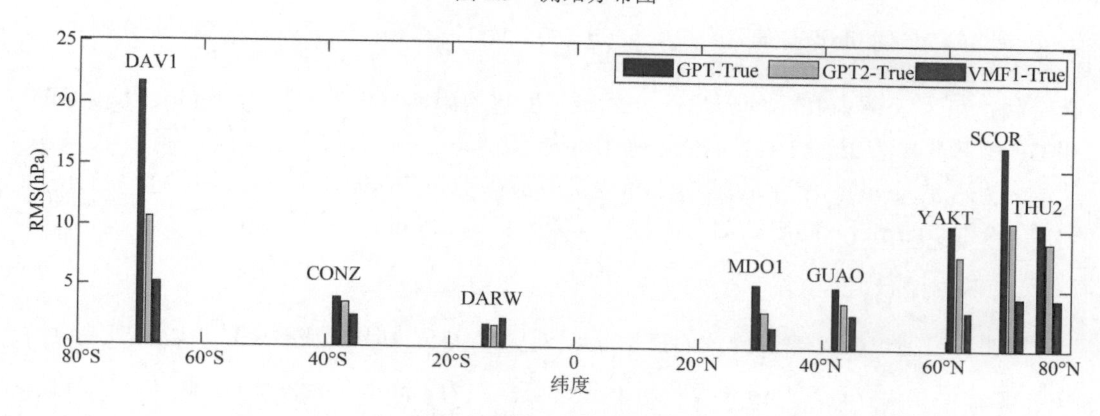

图 2.10　三种模型气压偏差中误差

由图 2.10 可以看出，S_VMF1 模型的气压与实测气压最接近，误差小于 0.4%，而 GPT2 模型气压与实测气压的偏差中误差约为 GPT 模型偏差中误差的 75%，更吻合实测气压。因此在气压参数上，GPT2 模型气压精度要高于 GPT 模型。此外，随着纬度的增高，三种模型气压相对于实测气压误差都变大，在高纬度测站 GPT2 模型相对于 GPT 模型改正的更明显。

10hPa 的气压误差引起的天顶静力学延迟误差为 20mm（Saastamoinen，1972），在高度角为 5°时，将会引起约 4mm 的测站高程误差。图 2.10 中各测站三种模型气压误差均值分别为 9hPa、6hPa、3hPa，由此推算 GPT、GPT2、S_VMF1 三种模型气压误差引起的测站高程误差分别为 3.6mm、2.4mm、1.8mm。

2）天顶干延迟分量

采用GPT和GPT2两种模型计算了有气象数据的22个测站2012年全年单日气压值。然后计算各测站的对流层天顶方向干延迟分量，计算模型采用 Saastamoinen 公式。从官方网站提供的 S_VMF1 数据文件中读取各测站单日 0 时刻（0 UTC）天顶干延迟分量，分别比较 GPT 和 GPT2 干分量与 VMF1 干分量之差，结果见图 2.11。

从图 2.11 可以看出，GPT 和 GPT2 两模型对流层天顶静力学延迟分量与 S_VMF1 天顶干分量之差的均值和中误差基本都在 1cm 左右，GPT2 模型精度高于 GPT 模型。在

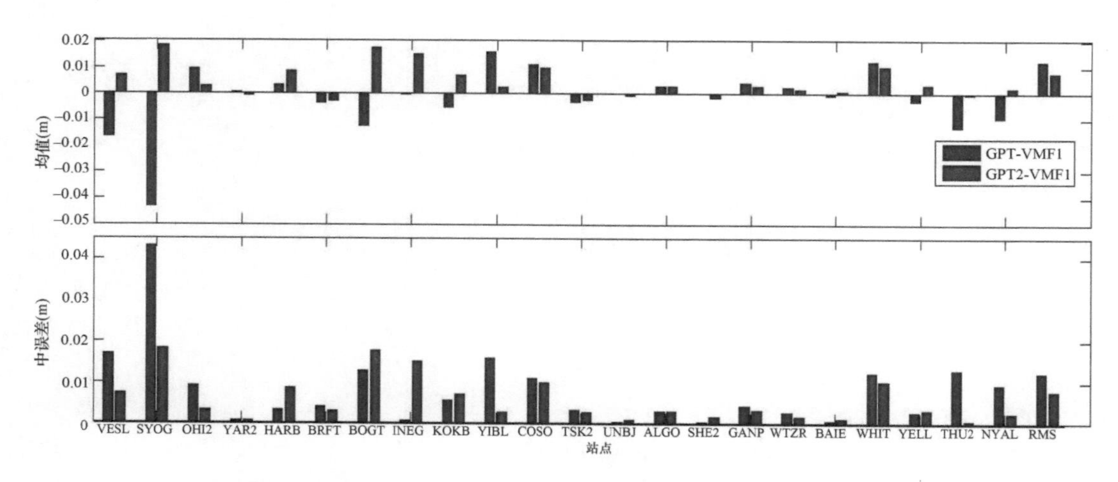

图 2.11　GPT 和 GPT2 模型单日天顶干分量与 VMF1 单日天顶干分量之差均值与中误差

高度截止角为 5°时，1cm 的天顶干分量误差引起的测站高程误差约为 2mm。比较 GPT 和 GPT2 模型各测站的 2012 年全年静力学延迟分量之差的均值和中误差，除 SYOG 偏差较大外（约 6cm），其他各站均值和中误差都在 1cm 左右，所有测站的均值为 1cm，中误差均值为 7mm，对应的测站高程方向误差约为 1.4mm。

3）映射函数

GPT2 模型也提供映射函数的参数 a_{h}、a_{w}，采用 S_VMF1 映射函数，如果干映射函数参数 a_{h} 误差为 δa_{h}，则相应的倾斜干分量误差约为 $3\mathrm{mm}\times10^{6}\delta a_{\mathrm{h}}$。同理，如果湿映射函数参数 a_{w} 误差为 δa_{w}，相应的倾斜湿分量误差约为 $3\mathrm{mm}\times10^{5}\delta a_{\mathrm{w}}$。

为简明起见，利用 GPT2 模型计算了 9 个 IGS 测站 2012 年全年的干、湿映射函数参数 a_{h}、a_{w}。将计算结果与 S_VMF1 数据文件比较，如图 2.12。

由图 2.12 可以看出，GPT2 模型与 S_VMF1 模型的干湿映射函数参数 a_{h}、a_{w} 之差的中误差分别为 1×10^{-5} 和 5×10^{-5}，5°高度角相应的倾斜方向干湿延迟误差为 3cm、1.5cm。因此，在高度截止角为 5°时，相对于 S_VMF1 模型，GPT2 模型的干湿映射函数参数误差引起的测站高程误差分别约为 6mm、3mm。

2.4.2　电离层延迟误差改正

对于电离层折射作用，需分别考虑相延迟折射系数 n_{ph} 和群延迟折射系数 n_{gr}

$$n_{\mathrm{ph}}=\sqrt{1-\frac{f_p^2}{f^2}}\approx1-\frac{1}{2}\frac{f_p^2}{f^2};\quad n_{\mathrm{gr}}\approx1+\frac{1}{2}\frac{f_p^2}{f^2};\quad f_p=\frac{1}{2\pi}\sqrt{\frac{d_{\mathrm{e}}e_0^2}{m_{\mathrm{e}}\varepsilon_0}} \tag{2.58}$$

其中，d_{e} 为电子浓度；e_0 为电量；ε_0 为真空中电解常数；m_{e} 为电子质量。从上式可以看出，相延迟 n_{ph} 恒小于 1，而群延迟 n_{gr} 恒大于 1。也就是说，电离层折射减小群（伪距观测）速度，而增加相（载波相位观测）速度。由于伪距测量基于对波群的时间测量，

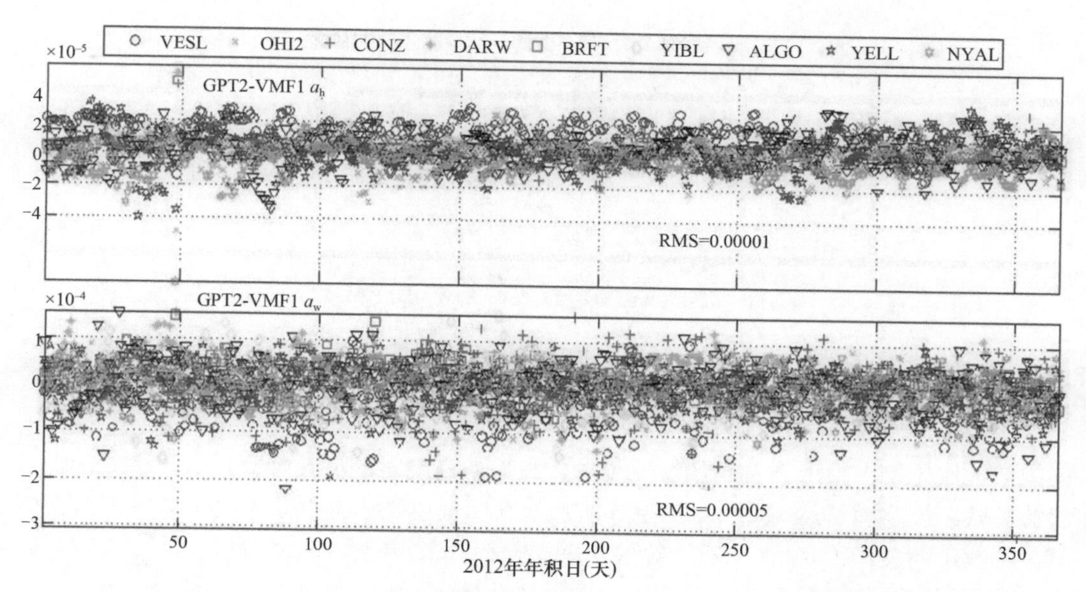

图 2.12　GPT2 计算的 VMF1 映射函数参数 a_h、a_w 与 VMF1 直接计算的参数比较

因此对伪距影响可以写为

$$I_f = \frac{40.3\times10^{16}}{f^2}\text{STEC} \tag{2.59}$$

式中，STEC（slant total electron content）为 GNSS 信号传播路径上的电子含量。

由上式可知电离层延迟与信号频率的平方成反比。需要注意的是电离层延迟对伪距和相位的影响相反。实时电离层模型一般采用 Klobuchar8 参数模型（Klobuchar，1987），其参数在广播电文中播发给用户。GPS、北斗二号系统的 Klobuchar 模型改正方法类似，具体可见其 ICD（GPS ICD，2012；BDS ICD，2016），而北斗三号采用了全新的 BDGIM 球谐改正模型（Yuan et al.，2019）。Galileo 系统则采用 NeQuick 模型（Galileo ICD，2015），其改正效果约为 73%，优于 Klobuchar 模型。GLONASS 广播星历并不播发电离层参数，但是可以采用其他系统的参数。

另外，北斗系统还通过广播电文播发更为精确的格网电离层模型，用户可在服务范围内根据信号穿刺点（pierce point）周围的电离层格网点（ionospheric grid point，IGP）内插计算穿刺点垂直方向上的电子含量（vertical total electron content，VTEC），北斗系统电离层格网的精度为 0.5m，可用性超过 95%（Wu et al.，2014）。

IGS 也提供了每天的全球电子含量图（global ionospheric maps，GIM）（Hernández-Pajares，2009）。图 2.13 为某一时刻 GIM 模型中的 VTEC 全球分布情况。

2.4.3　与卫星有关的误差

与卫星有关的误差主要包括：卫星钟差和轨道误差、卫星天线相位中心偏差、卫星钟相对论效应、相位缠绕以及硬件延迟偏差改正等。

2.4.3.1　卫星钟差

卫星钟差是指卫星钟时间与导航系统时间之差，由钟差、频偏、频漂以及随机误差

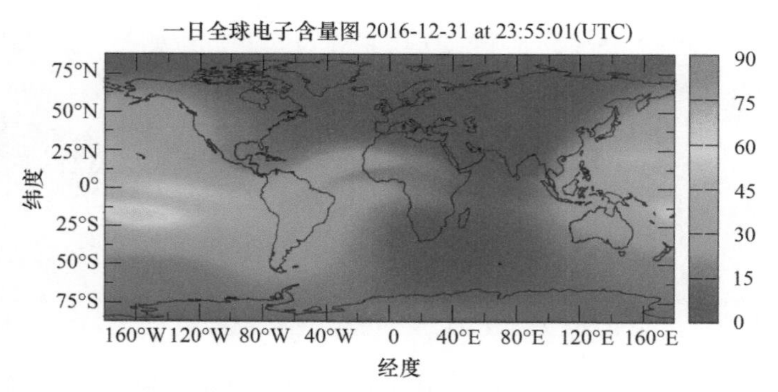

图 2.13　GIM 模型的 VTEC 全球分布情况（单位：TECU）

资料来源：http：//ionosphere.cn/

构成。虽然导航卫星上都有高精度原子钟，与导航系统时的偏差最大仍然可达 1ms，引起的等效距离误差可达 300km。卫星导航系统在广播电文里提供了实时卫星钟差改正模型，其改正精度约为 10ns 左右，等效距离误差在 3m。国际 GNSS 服务组织（IGS）提供后处理精密卫星钟差产品，其改正精度可达 0.1ns。

2.4.3.2　卫星轨道误差

卫星轨道误差是指卫星真实位置与卫星星历计算获得的卫星位置之间的偏差，轨道误差取决于定轨采用的数学模型、跟踪网规模与分布、跟踪站数据观测时间长度以及轨道预报时长等。目前，卫星导航系统在广播电文里提供了实时卫星轨道模型，其计算精度约为米级，IGS 及其分析中心也提供后处理的精密星历，其精度为 3～5cm。

2.4.3.3　卫星天线相位中心偏差

卫星质量中心与卫星发射天线相位之间的偏差称为卫星天线相位中心偏差。卫星定轨的力学模型对应的是卫星质心，而卫星/接收机之间的观测值是基于天线相位中心，需要进行卫星天线相位中心偏差改正。

天线相位中心偏差改正值一般表示在卫星星固坐标系，其对卫星坐标的改正公式为

$$X_{\text{phase}} = X_{\text{mass}} + \begin{bmatrix} e_x & e_y & e_z \end{bmatrix}^{-1} X_{\text{offset}} \tag{2.60}$$

式中，e_x, e_y, e_z 为星固坐标系在惯性（或者地固）坐标系中的单位矢量；X_{phase}、X_{mass} 为惯性坐标系中卫星的相位中心和质量中心；X_{offset} 为星固系中卫星天线相位中心的偏差。

2.4.3.4　卫星相位缠绕改正

导航卫星发射的电磁波信号是右旋极化（right circular polarization，RCP）的，因此接收机收到的载波相位受到卫星与接收机天线之间相互方位关系的影响，接收机或卫星天线绕其垂直轴旋转都将改变相位观测值，最大可达一周（一个波长），这种效应称为天线相对旋转相位增加效应，对其进行改正称为天线相位缠绕改正。在静态定位中，接收机天线通常指向某固定方向（北），但是卫星天线会随着卫星平台偏航姿态的变化而缓慢旋转，从而引起卫星到接收机几何距离的变化。此外，在地影期间，为了能重新将太阳能板朝向太阳，卫星将快速旋转，这就是“中午旋转”和“子夜旋转”，半小时内旋转量可达一周，因此需将相应的相位数据改正或删除。对于几百千米的基线或网络差

分定位来说，相位缠绕比较微弱，但是在长基线精密定位时其影响较大。相位缠绕改正公式如下（Wu，1991）：

$$
\begin{aligned}
&\Delta\varphi = \sin(\zeta)\cos^{-1}\left(\frac{\bar{D}'\cdot\bar{D}}{|\bar{D}'||\bar{D}|}\right)\\
&\zeta = \hat{k}\cdot\left(\bar{D}'\cdot\bar{D}\right)\\
&\bar{D}' = \hat{x}' - \hat{k}\left(\hat{k}\cdot\hat{x}'\right) - \hat{k}\times\hat{y}'\\
&\bar{D} = \hat{x} - \hat{k}\left(\hat{k}\cdot\hat{x}\right) + \hat{k}\times\hat{y}
\end{aligned}
\qquad (2.61)
$$

式中，$\hat{k}$ 为卫星到接收机的单位向量，$\bar{D}'$ 为卫星坐标系下由坐标单位矢量 $(\hat{x}',\hat{y}',\hat{z}')$ 计算的卫星有效偶极矢量，$\bar{D}$ 为接收机地方坐标系下的坐标单位矢量，$(\hat{x}',\hat{y}',\hat{z}')$ 为计算的接收机天线有效偶极矢量，如图 2.14 所示。

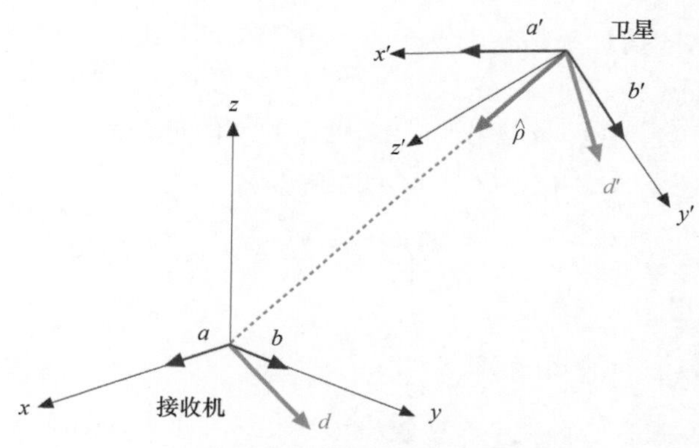

图 2.14　相位缠绕改正示意图

从相位缠绕改正公式可以看出，相位缠绕与卫星天线和接收机的相对位置有关，因此对于北斗或者 QZSS 零偏状态下的卫星，其相位缠绕误差对于静止的接收机始终不变，可以不改正而被相位模糊度完全吸收。图 2.15 为位于日本的测站 GMSD 一天内各 GPS 卫星的相位缠绕变化情况，可以看到其变化始终在 1 个整周以内。

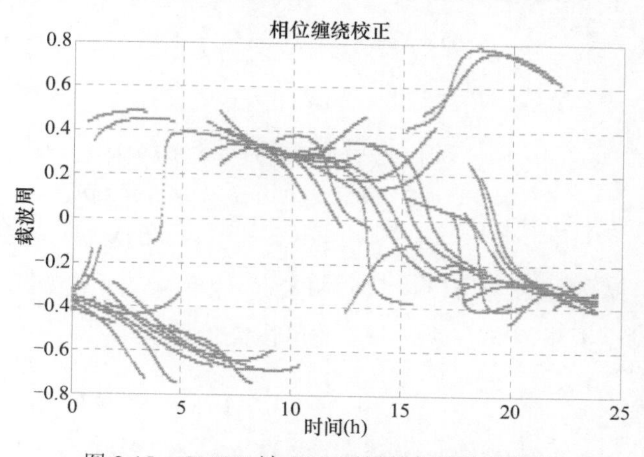

图 2.15　GMSD 站 GPS 卫星的相位缠绕变化

2.4.3.5 卫星相对论效应改正

接收机和卫星位置的地球重力位不同，而且接收机和卫星在惯性系统中的速度不同，由此引起的接收机和卫星之间的相对钟误差称为相对论效应。相对论效应引起 GPS 卫星钟比接收机钟每秒快约 0.45ns。为消除其影响，卫星发射前已经将卫星钟频率减小了约 0.004567Hz，但由于地球运动、卫星轨道高度的变化以及地球重力场的变化，相对论效应并不是常数，在上述改正后还有残差，可用下式改正：

$$\Delta P_{rel} = -\frac{2}{c^2} X_S \cdot \dot{X}_S \tag{2.62}$$

式中，X_S、$\dot{X}_S$ 分别为卫星的位置向量和速度向量。

2.4.3.6 卫星硬件延迟改正

导航卫星发射的信号一般基于不同频点。不同的频点伪距信号在不同频点存在发射链路时延，起点为卫星的钟面时，终点为卫星各频点天线相位中心。该时延被称为硬件延迟。导航系统提供的信号都是基于一个频点或者频点的组合，对于其他频点则需要进行相应的硬件延迟偏差改正。卫星的延迟定义为 TGD 参数，以北斗系统为例，系统的参考频点为 B3，则 B1，B2 频点相对于 B3 频点的硬件延迟为

$$\begin{aligned} \mathrm{TGD}_1 &= \tau_1^{\mathrm{s}} - \tau_3^{\mathrm{s}} \\ \mathrm{TGD}_2 &= \tau_2^{\mathrm{s}} - \tau_3^{\mathrm{s}} \end{aligned} \tag{2.63}$$

2.4.4 测站相关修正

2.4.4.1 接收机天线相位中心改正

与卫星天线相位中心修正类似，接收机天线相位中心与地面已知点不重合，需计算接收机相位中心相对于站坐标基点的改正值。改正值可用接收机硬件的参数和仪器基点与站坐标点之间的联测值。做改正时需要已知测站坐标和偏心联测值 $\Delta\overline{r}_k = \overline{r}_k - \overline{r}_E$。其中，$\overline{r}_k$，$\overline{r}_E$ 分别表示地固系中接收机相位中心和基点的位置向量。接收机相位中心偏差常用局部坐标表示，即天线相位中心相对于基点的垂直方向偏差 ΔH、北方向偏差 ΔN 和东方向偏差 ΔE 表示，可通过旋转矩阵将局部坐标系中的偏心向量转换至地固系中，即

$$\Delta\overline{r}_k = \left(\Delta E_k, \Delta N_k, \Delta H_k\right)^{\mathrm{T}} \tag{2.64}$$

$$\begin{aligned} \Delta\overline{r}_{ek} &= R_H\left(270^\circ - L\right) R_E\left(\varphi - 90^\circ\right)\Delta\overline{r}_k \\ &= \begin{bmatrix} -\sin L & -\cos L\sin\varphi & \cos L\cos\varphi \\ \cos L & -\sin L\sin\varphi & \sin L\cos\varphi \\ 0 & \cos\varphi & \sin\varphi \end{bmatrix} \end{aligned} \tag{2.65}$$

式中，L 和 φ 为测站的地心经纬度。接收机相位中心偏差对观测距离的影响为 $\Delta\rho_k = \Delta\overline{r}_{ek} \cdot \hat{\rho}$，$\hat{\rho}$ 为测站至卫星方向在地固系下的单位矢量。

2.4.4.2 潮汐修正

由于地球实际上是非刚体地球，在日月引力和地球自转、公转离心力共同作用下，

地表已知点受潮汐作用会发生移动。其中主要受固体潮影响，海潮和大气潮改正可忽略。固体潮引起的测站位移约 0.5m。固体潮引起的测站位移改正公式为

$$\Delta\overline{r_s}=\sum_{j=2}^{3}\frac{GM_j}{GM_e}\frac{R_e^4}{r_j^3}\left(3l_2\left(\hat{R}_e\cdot\hat{r}_j\right)\hat{r}_j+\left(\frac{3}{2}\left(h_2-2l_2\right)\left(\hat{R}_e\cdot\hat{r}_j\right)^2-\frac{h_2}{2}\right)\hat{R}_e\right) \tag{2.66}$$

式中，GM_e 是地球引力常数；GM_j 为引潮天体引力常数（j=2 时为月球，j=3 为太阳）；R_e，r_j 分别为测站和引潮天体的地心位置（地固系）；$\hat{R}_e$，$\hat{r}_j$ 为对应的单位矢量；h_2 为 Love 数；l_2 为 Shida 数。

图 2.16 为 GMSD 站一天内的固体潮、海潮、极潮改正在 N、E、U 方向上的变化。可以看到固体潮影响最大，海潮次之，且呈现周期性，极潮最小，且几乎不变。

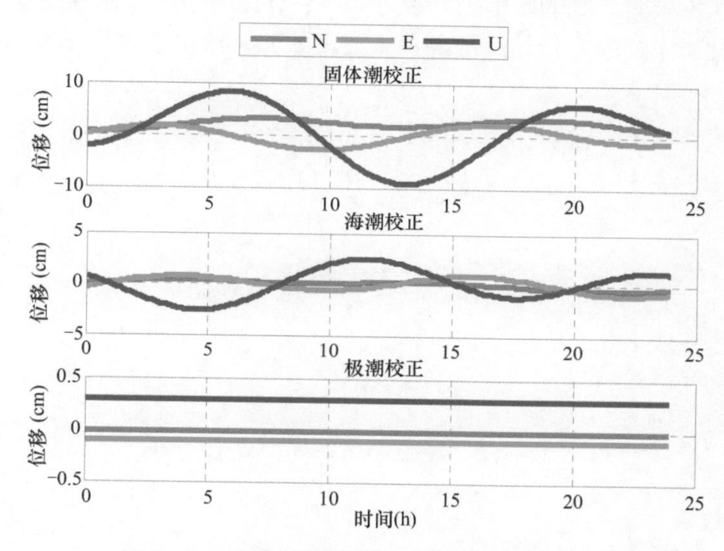

图 2.16　GMSD 站固体潮、海潮、极潮的变化

2.4.4.3　接收机硬件延迟改正

接收机的硬件延迟定义为 IFB 参数。以北斗二号系统为例，系统的参考频点为 B3，则 IFB 定义为基于 B3 频点的通道延迟偏差，有两个 IFB 参数分别为 B1，B2 频点相对于 B3 频点的接收链路时延差，即

$$\begin{aligned}\mathrm{IFB}_1&=\tau_1^{\mathrm{r}}-\tau_3^{\mathrm{r}}\\ \mathrm{IFB}_2&=\tau_2^{\mathrm{r}}-\tau_3^{\mathrm{r}}\end{aligned} \tag{2.67}$$

2.4.5　地球自转修正

GNSS 数据处理采用地固系，卫星信号从发射到被接收机接收的时间内，由地球自转引起的效应叫地球自转效应。在 t_1 时刻发射的卫星信号到达接收机时为 t_2，在这期间地固系绕地球自转轴旋转了 $\Delta\alpha$

$$\Delta\alpha=\omega\left(t_2-t_1\right) \tag{2.68}$$

式中，α 为地球自转角速度，则卫星坐标变化为

$$\begin{bmatrix} \Delta X_s \\ \Delta Y_s \\ \Delta Z_s \end{bmatrix} = \begin{bmatrix} \cos\Delta\alpha & \sin\Delta\alpha & 0 \\ -\sin\Delta\alpha & \cos\Delta\alpha & 0 \\ 0 & 0 & 0 \end{bmatrix} \begin{bmatrix} x_1' \\ y_1' \\ z_1' \end{bmatrix} \approx \begin{bmatrix} 0 & \Delta\alpha & 0 \\ -\Delta\alpha & 0 & 0 \\ 0 & 0 & 0 \end{bmatrix} \begin{bmatrix} x_1' \\ y_1' \\ z_1' \end{bmatrix} = \begin{bmatrix} \Delta\alpha y_1' \\ -\Delta\alpha x_1' \\ 0 \end{bmatrix} \tag{2.69}$$

式中，$(x_1' \quad y_1' \quad z_1')^{\mathrm{T}}$ 为 t_1 时刻卫星在地固坐标系中的位置，$(\Delta X_s \ \Delta Y_s \ \Delta Z_s)^{\mathrm{T}}$ 为卫星坐标改正量。

2.5 本 章 小 结

本章介绍了卫星导航系统业务处理中涉及的时间和坐标系统的定义、转换关系的数学模型；给出了各导航系统的时空坐标参考系统；介绍了卫星导航系统观测值及各类组合观测方程；分析了影响定位精度的各种主要误差源，给出了各项误差的修正模型。

第3章　卫星钟差测量与预报

卫星钟差模型是导航系统广播电文的重要组成部分，是卫星导航系统服务用户的时间基准。广播电文中的卫星钟差通常是在钟差精密测定的基础上，采用短期、中期与长期相结合的多项式模型拟合生成偏差、钟速和加速度共3个参数，并通过广播电文播发给用户。本章将介绍北斗系统时间同步技术、卫星钟差预报模型，分析北斗卫星钟差特性，并对北斗二号和北斗三号广播电文钟差参数性能进行评估。

3.1　概　　述

GNSS 卫星搭载的原子频标只生成频率信号，并不提供时间信息。卫星时间的建立、维持和传递过程如图3.1所示，原子频标生成的频率信号作为参考频率，输入钟信号分布子系统，生成秒脉冲信号1PPS（one pulse per second）。时间计数器对秒脉冲信号进行计数，生成卫星时标信息。与此同时，信号生成单元利用秒脉冲信号对信息进行编码，并将时间计数器生成的卫星时标信息写入导航电文，通过空间信号播发给用户使用。

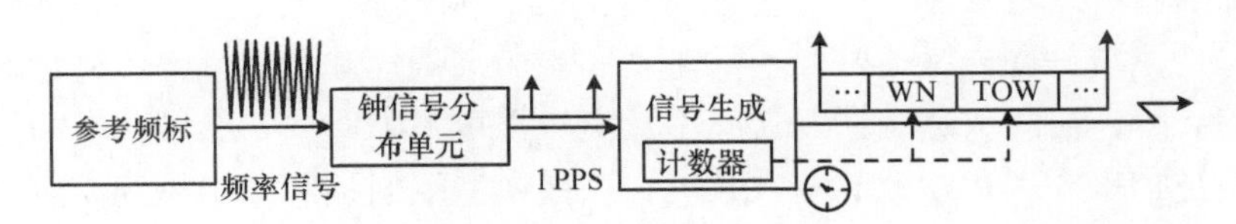

图3.1　卫星时间的生成与传递过程

卫星导航系统要求在统一的时间基准下进行卫星钟的校准，实现卫星钟之间的同步。系统时间同步通常可通过精密定轨（orbit determination and time synchronization，ODTS）的方式，在确定轨道的同时，计算测站、卫星的钟差参数，从而实现时间基准的统一。精密定轨方法估计高精度钟差需要全球分布的观测站网；区域监测的情况下，卫星精密定轨中的轨道与卫星钟差参数存在强烈的相关性，造成时间同步不精确。为解决这个问题，北斗卫星导航系统采用双向卫星时间频率传递（two-way satellite time and frequency transfer，TWSTFT）技术，测量卫星钟相对于地面系统时间的钟差序列，并进行导航电文预报钟差参数的建模。

北斗系统时间同步技术主要包括站间时间同步、星地时间同步、星间同步三类，如图3.2所示。其作用分别为：利用站间C波段双向时间比对数据，实现站间时间同步；利用星地L波段上下行时间比对数据，实现星地时间同步；利用Ka相控阵天线进行卫星间双向测距，实现星间时间同步。

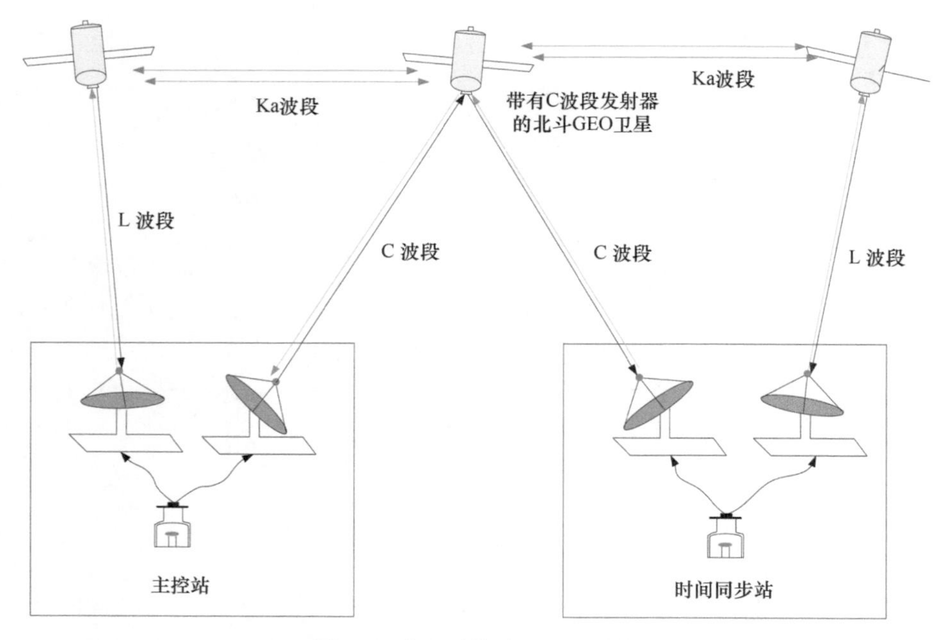

图 3.2　北斗系统时间同步系统

卫星钟与系统时间的时间同步以星地、星间无线电双向法为主要手段。基于星地、星间时间同步观测，主控站实时获取比对数据，并定时计算地面系统与卫星的钟差比对序列。由于卫星导航系统服务用户主要是通过在 L 波段的测量信号，因此在钟差参数的计算中，需要将钟差的参考点归算至系统定义的 L 波段参考点。

为了保证系统站间、星地以及星间时间同步的准确性和可靠性，还进行时间同步系统闭合差的计算。在两次电文注入之间以及卫星不可见弧段内，卫星钟差的同步通过建立的钟差模型预报实现。参数的注入频度、预报模型根据星载原子钟稳定度、钟差比对精度、可观测弧段等因素进行综合分析设定。

3.2　北斗系统时间同步技术

3.2.1　站间双向时间频率传递

1）基本原理

双向卫星时间频率传递（TWSTFT）的基本原理如图 3.3 所示，地面站 A，B 通过同一卫星，同时向对方发送本地钟源的时间信号并接收对方钟的时间信号，然后用时间间隔计数器测量接收到的信号和本地钟信号之间的时间差（陈俊平等，2018）。

图 3.3 中，定义 $t_{\mathrm{A}}, t_{\mathrm{B}}$ 分别为测站 A，B 本地钟源的时间；假定在 t_{A} 时刻，时间信号从测站 A 经过发射机的时延 τ_{TA} 向卫星发射；信号在星地之间经过传播时延 t_{AS} 被卫星接收；信号在卫星产生时延 τ_{SAB} 再向进行转发；信号在星地之间经过传播时延 t_{SB} 被测站 B 天线接收；信号由接收天线到测站 B 接收机，经过接收机的时延 τ_{RB} 到达测站 B，测站 B 利用时间间隔计数器比较收到的信号与本地钟源时间信号，得到时间差读数 TIC（B）。

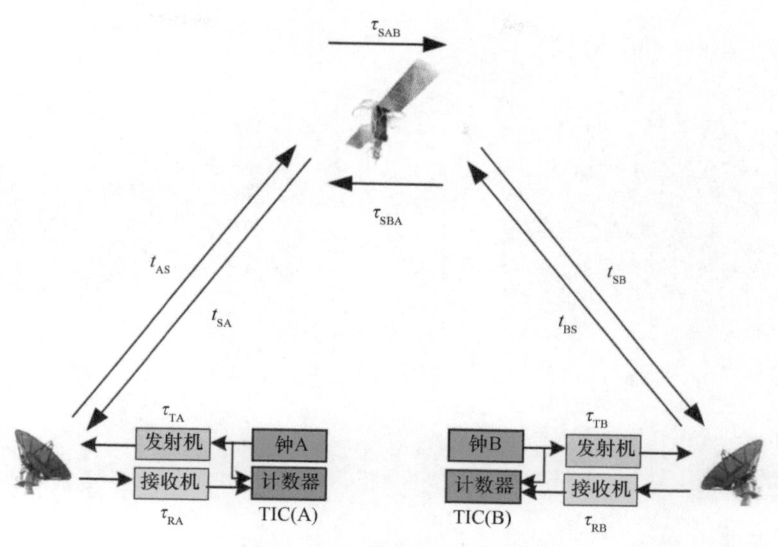

图 3.3 TWSTFT 的基本原理

同时，在相同时刻 B 站也同样产生时间信号，经过卫星转发由测站 A 接收，测站 A 利用时间间隔计数器比较收到的信号与本地钟源时间信号，得到时间差读数 TIC（A）。

2）计算模型

以上模型中，两个测站的时间间隔计数器的读数 TIC（A）和 TIC（B）为

$$
\begin{aligned}
\text{TIC(A)} &= t_A - t_B + \tau_{TB} + t_{BS} + \tau_{SBA} + t_{SA} + \tau_{RA} \\
\text{TIC(B)} &= t_B - t_A + \tau_{TA} + t_{AS} + \tau_{SAB} + t_{SB} + \tau_{RB}
\end{aligned} \tag{3.1}
$$

式中，t_A, t_B 分别为测站 A，B 本地钟源的时间；t_{BS} 为信号从 B 发出由 S 收到所需要的传播时间，其中下标 S 代表卫星，t_{SA}, t_{AS}, t_{SB} 类似；$\tau_{RA}, \tau_{RB}, \tau_{TA}, \tau_{TB}$ 分别为 A，B 两地收发设备的设备时延；τ_{SBA}, τ_{SAB} 分别卫星转发不同来源信号时星上的设备时延值。从而两个测站时间差值为

$$
\begin{aligned}
2(t_A - t_B) = &\big(\text{TIC(A)} - \text{TIC(B)}\big) + \big((\tau_{TA} - \tau_{TB}) - (\tau_{RA} - \tau_{RB})\big) \\
&+ \big((t_{AS} - t_{SA}) - (t_{BS} - t_{SB})\big) + \big(\tau_{SAB} - \tau_{SBA}\big)
\end{aligned} \tag{3.2}
$$

上式第二项表示两地设备时延，可以通过实验室进行精确的校准；第三项是两段空间路径的时延计算，第四项为卫星转播器时延部分。从上式可以看出，TWSTFT 消除星载钟时延的影响（3.2 式中第四项可以完全消掉）；同样，由于两地面站发出的信号通过的路径完全相同，传递路径时延变化（几何路径、电离层、大气层）所造成的影响基本相同，上式中基本得到了消除。

为了保证系统站间时间同步的准确性和可靠性，对多个地面站同时通过两颗 GEO 卫星进行站间时间同步计算，形成闭合并计算闭环钟差，用于分离和控制时间同步误差。

图 3.4 给出了同时利用三个测站钟差计算的闭合差。闭合差的理论值为 0，三站闭合差的计算值越接近 0 则认为测站钟差越精确。从三站闭合差结果可以看出，三站闭合差在 0.1～0.2ns，均方差为 0.25ns，说明站间双向时间比对法具有很高的时间比对精度。

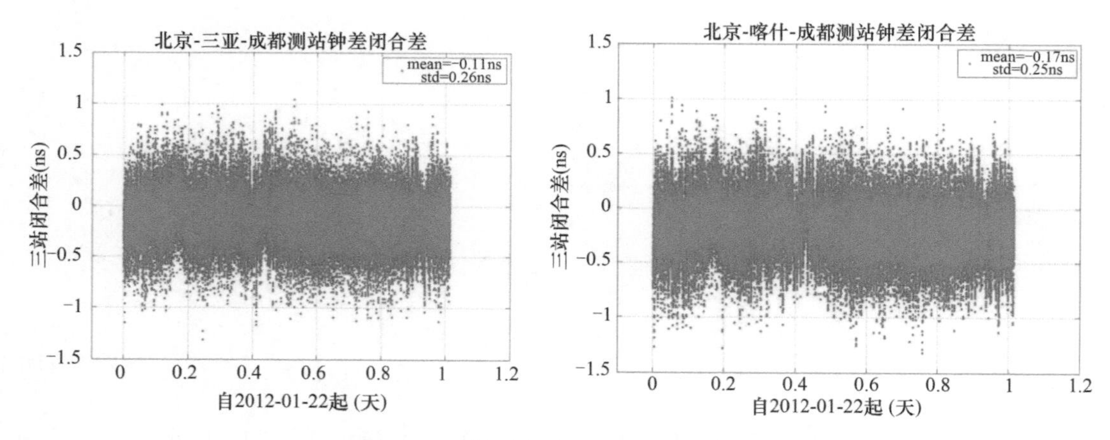

图 3.4　站间双向时间同步三站闭合差

左：ST01-ST02-ST04 三站闭合，右：ST01-ST02-ST03 三站闭合

3.2.2　星地无线电双向时间同步

1）基本原理

星地无线电双向法的基本原理如图 3.5 所示，卫星 S 和地面站 k 分别在本地钟的控制下产生并发播伪码测距信号，地面站 k 在本地 1PPS 对应的钟面时 $T_{\mathrm{k}}(t_0)$ 时刻观测得到下行伪距 $\rho'_{\mathrm{Sk}}(t_0)$（该伪距中含有负的卫星钟差），卫星 S 在本地 1PPS 对应的钟面时 $T_{\mathrm{S}}(t_1)$ 时刻观测得到上行伪距 $\rho'_{\mathrm{kS}}(t_1)$（该伪距中含有正的卫星钟差），同时，卫星将自己的上行伪距观测值通过通信链路发送给地面站 k，地面站 k 利用本地测量的下行伪距和接收到的上行伪距求差，就能得到卫星相对于地面站 k 的钟差，从而完成星地之间的时间比对。

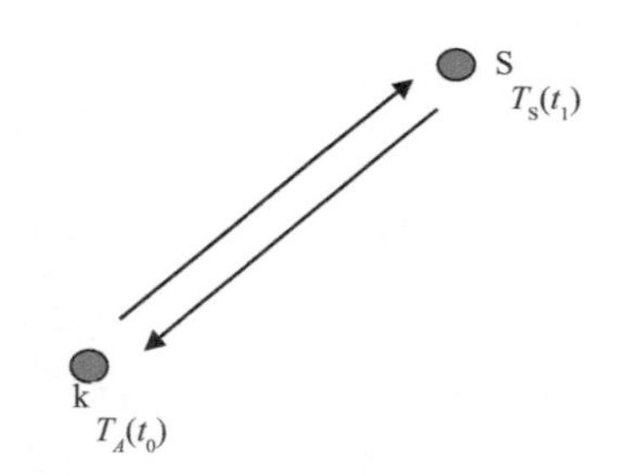

图 3.5　星地无线电双向时间比对原理图

对于卫星与地面站之间的时间比对，需要计算的是卫星钟差，这时一般将地面站钟差作为参考，即地面站钟差已知或 $\Delta T_{\mathrm{k}}(t)=0$。因此，对于下行伪距，根据无线电时间比对的基本原理有

$$\Delta T_{\mathrm{S}}(t_0)=\frac{1}{c}\left(\rho_{\mathrm{Sk}}^{\mathrm{geo}}(t_0)-\rho'_{\mathrm{Sk}}(t_0)\right)+\Delta\tau'_{\mathrm{Sk}} \tag{3.3}$$

其中，$\Delta T_{\mathrm{S}}(t_0)$ 为下行伪距观测时刻 t_0 对应的卫星钟差；$\rho_{\mathrm{Sk}}^{\mathrm{geo}}(t_0)$ 为信号由卫星传播到地面站 k 的空间距离；$\rho'_{\mathrm{Sk}}(t_0)$ 为地面站 k 在 t_0 时刻观测的伪距；$\Delta\tau'_{\mathrm{Sk}}$ 为信号由卫星传

播到地面站 k 的路径上地球自转、引力时延、大气时延和设备时延等引起的时间延迟改正。

同理，对于上行伪距可以表示为：

$$\Delta T_{\mathrm{S}}\left(t_1\right)=\frac{1}{c}\left(\rho'_{\mathrm{kS}}\left(t_1\right)-\rho_{\mathrm{kS}}^{\mathrm{geo}}\left(t_1\right)\right)-\Delta\tau'_{\mathrm{kS}} \tag{3.4}$$

式中，$\Delta T_{\mathrm{S}}\left(t_1\right)$ 为上行伪距观测时刻 t_1 对应的卫星钟差；$\rho_{\mathrm{kS}}^{\mathrm{geo}}\left(t_1\right)$ 为信号由地面站 k 传播到卫星的空间距离；$\rho'_{\mathrm{kS}}\left(t_1\right)$ 为卫星在 t_1 时刻观测的伪距；$\Delta\tau'_{\mathrm{kS}}$ 为信号由地面站 k 传播到卫星的路径上地球自转、引力时延、大气时延和设备时延等引起的时间延迟。

根据星地无线电双向时间比对的基本原理有：

$$\Delta T_{\mathrm{S}}\left(t_0\right)+\Delta T_{\mathrm{S}}\left(t_1\right)=\frac{1}{c}\left(\rho_{\mathrm{Sk}}^{\mathrm{geo}}\left(t_0\right)-\rho'_{\mathrm{Sk}}\left(t_0\right)\right)+\Delta\tau'_{\mathrm{Sk}}-\frac{1}{c}\left(\rho_{\mathrm{kS}}^{\mathrm{geo}}\left(t_1\right)-\rho'_{\mathrm{kS}}\left(t_1\right)\right)-\Delta\tau'_{\mathrm{kS}} \tag{3.5}$$

2）钟差计算模型

式（3.4）中，考虑到

$$\Delta T_{\mathrm{S}}\left(t_1\right)\approx\Delta T_{\mathrm{S}}\left(t_0\right)+R_{\mathrm{S}}\cdot\left(t_1-t_0\right) \tag{3.6}$$

式中，R_{S} 为卫星钟的钟速。如果忽略大气时延和设备时延等引起的上下行时间不一致影响，则 $t_1-t_0\approx\Delta T_{\mathrm{S}}$，则（3.5）式可以表示为

$$2\Delta T_{\mathrm{S}}\left(t_0\right)+R_{\mathrm{S}}\cdot\Delta T_{\mathrm{S}}\left(t_0\right)=\frac{1}{c}\left(\rho_{\mathrm{Sk}}^{\mathrm{geo}}\left(t_0\right)-\rho'_{\mathrm{Sk}}\left(t_0\right)\right)+\Delta\tau'_{\mathrm{Sk}}-\frac{1}{c}\left(\rho_{\mathrm{kS}}^{\mathrm{geo}}\left(t_1\right)-\rho'_{\mathrm{kS}}\left(t_1\right)\right)-\Delta\tau'_{\mathrm{kS}} \tag{3.7}$$

由于导航卫星星载原子钟的频率准确度一般均好于1×10^{-10}，ΔT_{S} 也会控制在 1ms 之内，因此，通常情况下可以近似认为 $\Delta T_{\mathrm{S}}\left(t_1\right)\approx\Delta T_{\mathrm{S}}\left(t_0\right)$，即 $R_{\mathrm{S}}\cdot\Delta T_{\mathrm{S}}\left(t_0\right)\approx0$。在此近似下，即使钟差接近 1s，产生的误差一般也不会超过 0.1ns。

综上分析，在 0.1ns 精度范围内，式（3.7）可以表示为

$$\Delta T_{\mathrm{S}}\left(t_0\right)\approx\frac{1}{2c}\left(\rho_{\mathrm{Sk}}^{\mathrm{geo}}\left(t_0\right)-\rho'_{\mathrm{Sk}}\left(t_0\right)\right)-\frac{1}{2c}\left(\rho_{\mathrm{kS}}^{\mathrm{geo}}\left(t_1\right)-\rho'_{\mathrm{kS}}\left(t_1\right)\right)+\frac{1}{2}\left(\Delta\tau'_{\mathrm{Sk}}-\Delta\tau'_{\mathrm{kS}}\right) \tag{3.8}$$

由于上下行信号的传播路径基本相同，因此，经过双向求差，一些公共误差源（如：对流层延迟、卫星星历误差和地面站站址坐标误差等）的影响可以得到基本消除，与信号频率有关的电离层延迟也被很大程度地削弱，从而使时间比对精度得到大幅提高。此外，由于卫星导航系统服务用户主要是通过在 L 波段的测量信号，系统一般将其时间信号的参考点定义在某个参考频率上。GPS、GLONASS 广播星历钟差基准是基于 L1L2 无电离层组合，BDS 广播星历的卫星钟差则基于 B3 频点。由于星地上下行时间比对信号的参考点与导航信号 L 波段信号参考点并不一致，获取了卫星钟差后还需要进行参考原点的归算改正。

图 3.6 选取北斗 1，7，11 号星作为 GEO、IGSO 和 MEO 卫星代表，显示了三颗卫星星地双向钟差数据二次多项式拟合之后的拟合残差，其中左图中 7 号星和 11 号星的结果分别整体平移了 1ns 和 2ns。可以看到不同卫星噪声水平存在较大差异，IGSO、MEO 在卫星出入境时，噪声水平会放大。不同卫星的扰动有时具有较好的相关性，如图 3.6 右图所示，不同卫星的拟合残差在重叠时段具有相近的残差趋势，表明双向钟差扰动部

分是由地面公共设备造成的。对各颗卫星噪声（root mean square，RMS）进行统计，结果如表 3.1，从中可以看出，GEO、IGSO 卫星钟差噪声均方根值分别在 0.1ns、0.15ns 以内，MEO 卫星由于入境时间短，均方根值在 0.3ns 以内。

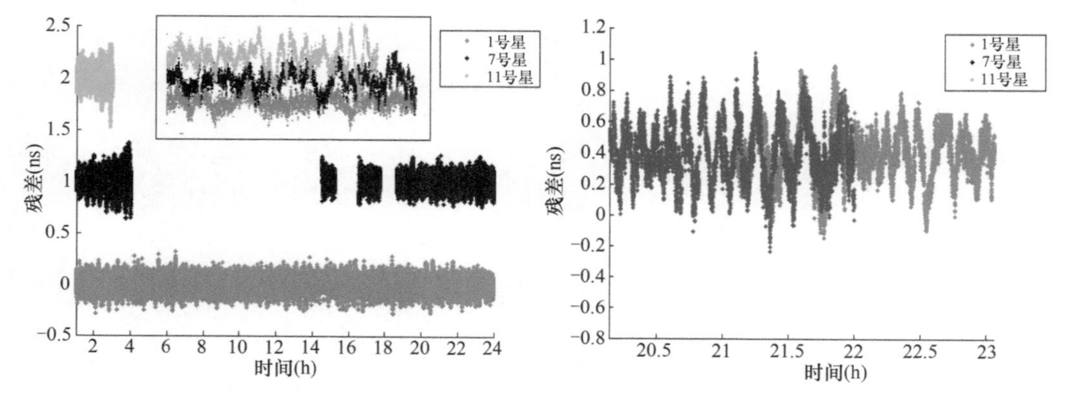

图 3.6　钟差拟合残差图

表 3.1　各卫星钟差的噪声水平　（单位：ns）

卫星号	1	2	3	4	5	6	7	8	9	10	11	12	14
RMS	0.06	0.07	0.05	0.05	0.06	0.09	0.08	0.15	0.10	0.11	0.09	0.16	0.24

3.2.3　星间链路双向时间同步

为克服地面监测网分布的制约，北斗全球系统（北斗三号，BDS-3）卫星搭载有 Ka 相控阵天线进行星间双向测距。星间链路（inter-satellite link，ISL）进行卫星之间测量和通信，不仅能够弥补监测站区域布设的缺陷，克服地面对卫星跟踪弧段短、观测几何差的问题，降低卫星对地面的需求和依赖，还能实现导航星座的自主运行，提高卫星导航系统的生存能力。BDS-3 星间 Ka 观测采用时分多址体制，按照预先上注的路由规划表，每颗卫星与其他可见星或锚固站建链，完成一次星间相互测量，之后再轮循与其他卫星进行星间相互测量。

假设卫星 B 和卫星 A 在的不同时刻 t_1 和 t_2 分别收到来自对方的伪距观测，其观测方程为

$$\begin{aligned}P_{\mathrm{AB}}(t_1)&=\rho_{\mathrm{AB}}(t_1-\Delta t_1,t_1)+c\cdot\left(\mathrm{d}t_{\mathrm{B}}(t_1)-\mathrm{d}t_{\mathrm{A}}(t_1-\Delta t_1)\right)+c\left(\tau_{\mathrm{B}}^{\mathrm{rec}}+\tau_{\mathrm{A}}^{\mathrm{send}}\right)+\varepsilon_1\\P_{\mathrm{BA}}(t_2)&=\rho_{\mathrm{BA}}(t_2-\Delta t_2,t_2)+c\cdot\left(\mathrm{d}t_{\mathrm{A}}(t_2)-\mathrm{d}t_{\mathrm{B}}(t_2-\Delta t_2)\right)+c\left(\tau_{\mathrm{A}}^{\mathrm{rec}}+\tau_{\mathrm{B}}^{\mathrm{send}}\right)+\varepsilon_2\end{aligned}\tag{3.9}$$

式中，$P_{\mathrm{AB}}(t_1)$ 和 $P_{\mathrm{BA}}(t_2)$ 为星间伪距观测量；$\rho_{\mathrm{AB}}(t_1-\Delta t_1,t_1)$ 和 $\rho_{\mathrm{BA}}(t_2-\Delta t_2,t_2)$ 为卫星 B、A 相互收发时刻的星间测距；Δt_1 和 Δt_2 为信号传播时间；$\mathrm{d}t_{\mathrm{A}}$ 和 $\mathrm{d}t_{\mathrm{B}}$ 分别为卫星 A 和 B 的钟差；$\tau_{\mathrm{A}}^{\mathrm{rec}}$ 和 $\tau_{\mathrm{A}}^{\mathrm{send}}$ 为卫星 A 的接收和发射时延；$\tau_{\mathrm{B}}^{\mathrm{rec}}$ 和 $\tau_{\mathrm{B}}^{\mathrm{send}}$ 为卫星 B 的接收和发射时延；ε_1 和 ε_2 为测量噪声。考虑到设备时延的相对稳定性，可认为设备时延在一个定轨弧段内为常数。此外，Ka 相控阵天线相位中心偏差和相对论效应也进行相应的改正。对于星间观测，不存在对流层延迟的影响，受电离层的影响也可忽略不计。

根据预报的卫星轨道和钟差信息，可以将不同时刻的星间双向观测值归算至相同时刻，得到相同时刻归算后的星间伪距观测量。将 t_1 和 t_2 的观测值归算至距离最近的整秒 t_0 时刻，如下：

$$\begin{aligned} P_{\mathrm{AB}}(t_0) &= \rho_{\mathrm{AB}}(t_0,t_0) + c\cdot\left(\mathrm{d}t_{\mathrm{B}}(t_0) - \mathrm{d}t_{\mathrm{A}}(t_0)\right) + c(\delta_{\mathrm{B}}^{\mathrm{rec}} + \delta_{\mathrm{A}}^{\mathrm{send}}) + \varepsilon_1 \\ P_{\mathrm{BA}}(t_0) &= \rho_{\mathrm{AB}}(t_0,t_0) + c\cdot\left(\mathrm{d}t_{\mathrm{A}}(t_0) - \mathrm{d}t_{\mathrm{B}}(t_0)\right) + c(\delta_{\mathrm{A}}^{\mathrm{rec}} + \delta_{\mathrm{B}}^{\mathrm{send}}) + \varepsilon_2 \end{aligned} \tag{3.10}$$

式中，$P_{\mathrm{AB}}(t_0)$ 和 $P_{\mathrm{BA}}(t_0)$ 为归算后 t_0 时刻的瞬间星间伪距观测量；$\rho_{\mathrm{AB}}(t_0,t_0)$ 为 t_0 时刻的瞬时星间距离。目前，预报的卫星速度误差小于 0.1 mm/s，预报的钟速误差小于 1×10^{-12} s/s，而 t_0 与 t_1 和 t_2 间的时间间隔小于 3 s，由此可以估计出历元归算的误差优于毫米量级。

将归算后的双向伪距观测量相减可形成星间相对钟差观测方程，如式（3.11）：

$$\frac{P_{\mathrm{AB}}(t_0) - P_{\mathrm{BA}}(t_0)}{2} = c\cdot\left(\mathrm{d}t_{\mathrm{B}}(t_0) - \mathrm{d}t_{\mathrm{A}}(t_0)\right) + c\left(\frac{\delta_{\mathrm{A}}^{\mathrm{send}} - \delta_{\mathrm{A}}^{\mathrm{rec}}}{2} - \frac{\delta_{\mathrm{B}}^{\mathrm{send}} - \delta_{\mathrm{B}}^{\mathrm{rec}}}{2}\right) + \frac{\varepsilon_1 - \varepsilon_2}{2} \tag{3.11}$$

利星间链路支持下的北斗卫星的实时钟差测定策略为：对于境内卫星，使用星地双向钟差测量值；对于境外卫星，扣除星间链路设备的系统时延后，将依据式（3.11）测量的星间相对钟差和境内卫星的星地双向钟差一起计算，得到该卫星相对于 BDT 的钟差。

3.3 卫星钟差预报

由于卫星在空间轨道飞行，卫星钟与地面时间基准的比对可能不是连续进行的，在地面监测站观测不到的弧段内，卫星钟与系统时间之间的同步只能由卫星钟自己维持。因此，为了保证时间在两次计算之间以及以后时段的使用，需对以上时间同步的钟差结果进行预报。

3.3.1 原子钟特性

原子钟模型可分为确定性时间模型和随机模型两部分。确定性时间模型可以根据监测站的观测信息采用最小二乘法等方法建立，结果采用一阶或二阶多项式的形式给出，并在导航电文中发播给用户。随机模型主要受原子钟噪声过程的控制，与实验数据符合最好的模型为幂律谱噪声模型。

频标振荡器的输出信号 V（t）可表示为

$$V(t) = V_0 \sin\left(2\pi f_0 t + \phi(t)\right) \tag{3.12}$$

其中，f_0 为频标振荡器的标称频率；ϕ（t）为相位残差；V_0 为信号振幅。相对频率偏差是频标振荡器所产生的实际振荡频率 f 与其标称频率 f_0（理论值）之间的相对偏差 y（t），即

$$y(t) = \frac{f(t) - f_0}{f_0} = \frac{1}{2\pi f_0}\frac{\mathrm{d}\phi(t)}{\mathrm{d}t} \tag{3.13}$$

相对频率偏差 y（t）与时间偏差 x（t）之间的关系为

$$y(t)=\frac{\Delta f}{f_0}=\frac{\Delta T}{T_0}=\frac{x(t_2)-x(t_1)}{t_2-t_1} \tag{3.14}$$

原子钟的时间偏差 $x(t)$ 可以用确定性变化分量和随机变化分量来描述，即

$$x(t)=a_0+a_1\Delta t+\frac{1}{2}a_2\Delta t^2+\varepsilon_x(\Delta t) \tag{3.15}$$

其中，上式右边前三项为原子钟的确定性时间分量；a_0 为原子钟的在初始时刻 t_0 相位（时间）偏差；Δt 是相对初始时刻的时间差；a_1 为原子钟的初始频率偏差；a_2 为原子钟的线性频漂；$\varepsilon_x(\Delta t)$ 为原子钟时间偏差的随机变化分量。

由此可见，原子钟的系统变化部分可用一个确定性函数模型来描述，而原子钟的随机变化部分是一个随机变化量，只能从统计意义上来分析。

3.3.1.1 原子钟系统性模型

由式（3.15）可知，理想条件下原子钟的系统变化分量（即卫星钟的数学修正）主要包括初始相位（时间）偏差、初始频率偏差和线性频漂三部分。

氢钟、铯钟的线性频漂不明显，一般采用一阶多项式，即时差、频差参数描述其系统变化分量；而石英晶体振荡器会受到石英晶体随运行时间老化引起的频率老化率影响，通常采用二次多项式，即时差、频差和频率漂移率参数描述其系统变化分量；铷钟存在明显的频率漂移，当拟合时间不是很长时，可以认为其频率漂移是一常量，用二阶多项式，即时差、频差、线性频漂参数描述其系统性变化。当拟合时间较长时，铷钟的频率频漂并不是常量，此时，需要采用经验的对数模型或指数模型来拟合频率漂移项。

由（3.15）式可知，$t=t_0$ 时 $x(t_0)=a_0$。在卫星导航系统中，a_0 为定时校频操作（即物理调整）后初始时刻卫星钟相对于系统时间的偏差。当时间偏差超过指标要求时，再进行一次定时校频操作，将卫星钟相对于系统时间的偏差控制在 1ms 之内。当主控站对卫星钟进行调相操作时，将会使卫星钟产生相位跳变，导致时间不连续，此时该卫星将不可用。

原子频标的输出频率，虽经定时校频操作进行频率准确度的校准，但校频仍然存在着一定误差，即频偏 a_1 仍不为 0。频率准确度对守时影响较大，因为频率不准，相对于系统时间的秒长不准，随着时间的推移，它对守时的影响随时间线性增长。频漂是原子频标的固有特性，虽然原子频标的输出频率值是可以校准的，但频漂是无法改变的。也就是说，校准后的原子频标频率会随着时间推移变得越来越不准，也就是使原子频标的秒长越来越不准。

3.3.1.2 原子钟随机性模型

原子频标是由电子元器件等组成的电子设备，尽管对于频率源噪声的物理过程还不是十分清楚，但原子钟的频率稳定度可以用独立的能量谱噪声来描述。在频域中通常用幂律谱模型来描述频标输出频率的稳定度，其定义式为

$$S_y(f)=\sum_{\alpha=-4}^{2}h_\alpha f^\alpha\ (0\leqslant f\leqslant f_\mathrm{h}) \tag{3.16}$$

其中，h_α为频率数据的噪声谱密度系数，f_{h} 为高端截止频率，与时间序列的采样时间τ_0有关，一般要求 $f_{\text{h}}>1/\tau_0$。幂律谱模型也可用相位数据功率谱密度进行描述，由于相位数据是频率数据的时间积分，因此相位数据表示的幂律谱模型为

$$S_x(f)=\frac{S_y(f)}{(2\pi f)^2}=\sum_{\alpha=-6}^{0}k_\beta f^\beta\left(0\leqslant f\leqslant f_{\text{h}}\right) \tag{3.17}$$

其中，k_β为相位数据的噪声谱密度系数，k_β与 h_α之间的关系式为

$$h_\alpha=4\pi^2k_{\alpha-2}=4\pi^2k_\beta,\alpha=\beta+2 \tag{3.18}$$

如表 3.2 所示，当α取不同的数值时，对应噪声类型各不相同。当α在–4 与 2 之间的整数上变化时，依次对应调频随机奔跑噪声（RRFM）、调频闪变游走噪声（FWFM）、调频随机游走噪声（RWFM）、调频闪变噪声（FLFM）、调频白噪声（WHFM）、调相闪变噪声（FLPM）以及调相白噪声（WHPM）。频域的幂律谱噪声与时域的方差估计量之间存在关系，假定τ为平均时间，且$S_y(f)\sim f^\alpha$，$\sigma_y^2(\tau)\sim\tau^{\mu/2}$，则$\mu=-\alpha-1,-4\leqslant\alpha\leqslant1$。

表 3.2　幂律噪声类型及其时频域稳定度

类型	缩写	α	μ	阿伦方差	a	q
调频白噪声	WHPM	2	–3	$a_2\tau^{-3/2}$	$(2\pi)^{-2}3f_h\tau_0h_2$	$(8\pi^2)^{-1}h_2$
调相闪变噪声	FLPM	1	～–2	$a_1\tau^{-1}$	$(2\pi)^{-2}[1.038+3\ln(2\pi f_h\tau)\ h_1]$	$(4\pi)^{-1}h_2$
调频白噪声	WHFM	0	–1	$a_0\tau^{-1/2}$	$0.5h_0$	$0.5h_0$
调频闪变噪声	FLFM	–1	0	$a_{-1}\tau^0$	$2\ln(2)\ h_{-1}$	πh_{-1}
调频随机游走噪声	RWFM	–2	1	$a_{-2}\tau^{1/2}$	$(1/6)(2\pi)^2h_{-2}$	$2\pi^2h_{-2}$
调频闪变游走噪声	FWFM	–3	2			
调频随机奔跑噪声	RRFM	–4	3			

通常采用阿伦（Allan）方差评估钟差的特性，其定义为

$$\sigma_y^2(\tau)=\frac{1}{2(N_m-1)}\sum_{i=1}^{N_m-1}\left(\overline{y}_{i\cdot m+1}-\overline{y}_{(i-1)\cdot m+1}\right)^2=\left\langle\frac{\left(\overline{y}_{i\cdot m+1}-\overline{y}_{(i-1)\cdot m+1}\right)^2}{2}\right\rangle \tag{3.19}$$

其中$\langle\cdot\rangle$为期望运算；$\tau=m\tau_0$为平滑时间；$\overline{y}_i=\dfrac{1}{m}\sum_{j=i}^{i+m-1}y_j$。

采用双向时频传递钟差计算各颗卫星的 Allan 方差曲线，如图 3.7 所示。从图中可以看出，在半个轨道周期附近，北斗 GEO 卫星的双向钟差稳定性明显优于 IGSO 卫星。

3.3.2　钟差预报模型

3.3.2.1　多项式模型

由于电文参数容量的限制，广播电文中的卫星钟差模型一般采取二次多项式函数。实际上 GPS、GLONASS、Galileo 等系统的广播电文卫星钟差还吸收了部分卫星轨道径向的误差，使得卫星钟差还存着周期性变化部分。星钟差 $x(t)$ 可用系统性变化分量、周期性变化分量以及随机性变化分量来描述：

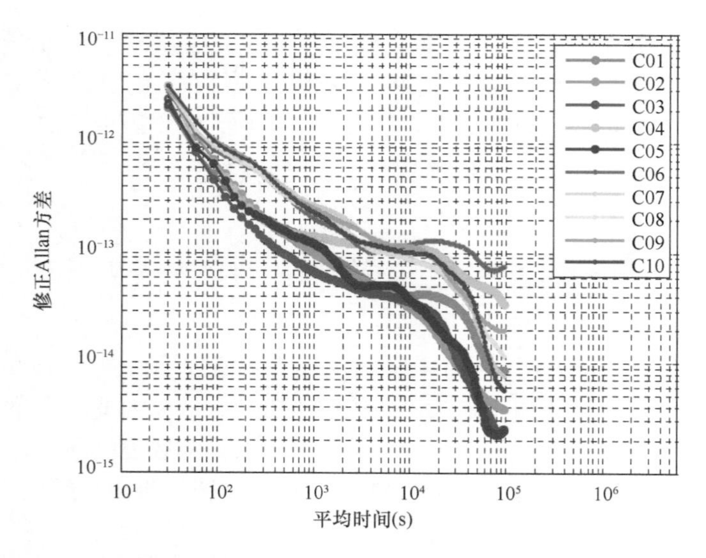

图 3.7 利用双向钟差评估北斗 GEO/IGSO 卫星的修正 Allan 方差

$$x(t)=a_0+a_1t+\frac{1}{2}a_2t^2+\sum_{i=1}^{n_p}\left(c_i\cos(i\mu)+s_i\sin(i\mu)\right)+\varepsilon_x(t) \tag{3.20}$$

其中，上式右边前三项为卫星钟的系统性变化分量，a_0 为初始时刻的卫星钟差，a_1 为初始时刻的相对频率偏差，a_2 为频漂；第四项表示卫星钟的周期变化分量，由环境因素影响引起，n_p 为周期变化分量个数，c_i 为第 i 个周期项的余弦系数，s_i 为第 i 个周期项的正弦系数，μ 为从午夜时刻开始起算的卫星轨道角如（图 3.8）；ε_x（t）为卫星钟差的随机变化分量。

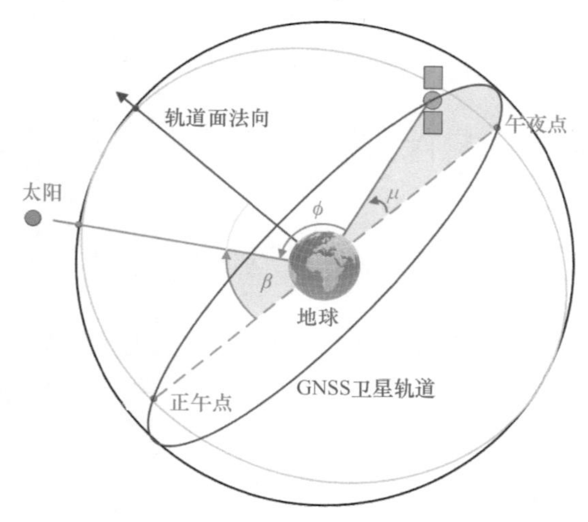

图 3.8 GNSS 卫星、地球、太阳几何位置关系示意图

3.3.2.2 改进多项式模型

北斗系统通常采用短弧（2 小时）的钟差数据拟合广播钟差参数。在进行参数拟合时，误差方程如下：

$$V = BX - L, P \tag{3.21}$$

$$X = [a_0, a_1, a_2]^{\mathrm{T}}, B = [b_1, b_2, \cdots, b_n]^{\mathrm{T}}, b_i = [1, t_i - t_0, (t_i - t_0)^2], i = 1, \cdots, n \tag{3.22}$$

上式中 $\boldsymbol{X}$ 为钟差模型拟合参数；t_0 为参考时刻；t_i 为钟差观测时刻；权阵 $\boldsymbol{P}$ 为权矩阵。由于卫星钟不仅受白噪声的影响，还受到其他有色噪声的影响，在利用卫星钟差数据估计 a_0、a_1、a_2 参数时，通常采用等权策略。为提高参数拟合的性能，改进的拟合模型中的权阵采用距离反比加权的策略。另外由于 a_0、a_1、a_2 参数的估值精度与所采用的钟差数据时间跨度 T_{m}（拟合弧长，代表用于拟合的数据样本数量）有关，因此 a_0、a_1、a_2 还可通过不同时间跨度的数据拟合得到，即将混合区间拟合预报策略用于广播钟差预报。

利用2013年全年的北斗精密时间同步数据采用以上多项式模型进行电文参数拟合，统计拟合弧长 T_{m} 为 1h，2h，3h，6h，预报时间 T_{p} 为 1h 的线性模型和二次多项式模型钟差预报误差的 RMS。以 C14 卫星为例，结果如图 3.9 所示（王彬，2016）。从图中可以看出，拟合弧长较短时，t=0 处的钟差预报误差（即 a_0 项参数估计误差）较小，拟合弧长较长时，a_0 项参数估计误差较大。对比图 3.9 左右两幅子图，发现对于 1h 的预报时长而言，钟差线性预报模型的性能优于二次多项式模型。

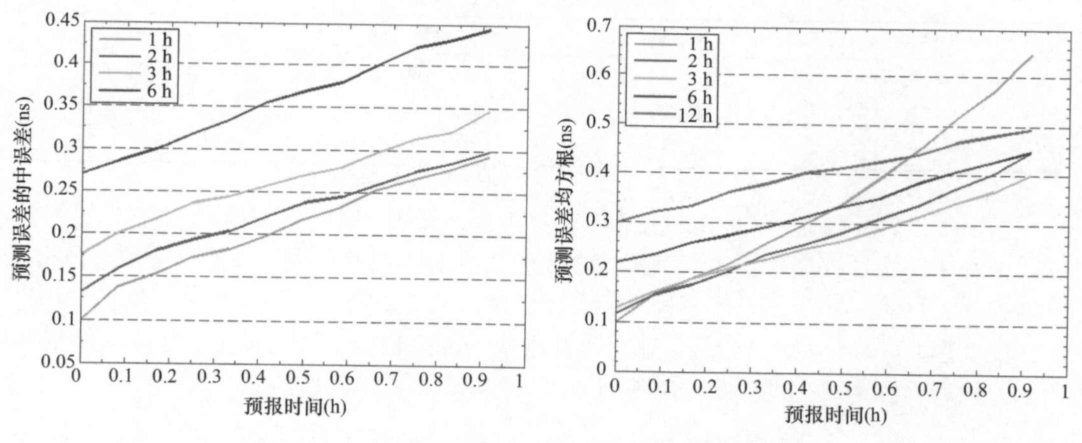

图 3.9　C14 卫星不同拟合弧长 T_{m} 的 1h 预报误差 RMS

左图为线性模型，右图为二次多项式模型

a_0 项参数估计误差对于卫星钟差预报误差的影响为常值偏差。因此，可通过将 a_0 项参数估计误差从卫星钟差预报误差 RMS 中扣除的方式，分析 a_1、a_2 项参数估计误差对卫星钟差预报误差的影响。以 C14 卫星为例，结果如图 3.10 所示，无论是线性模型还是二次多项式模型，不同拟合弧长下卫星钟差预报误差曲线存在明显差异。

从上面分析可以看到多项式模型中常数项参数误差与高阶项参数估计误差随拟合数据弧长 T_{m} 的变化而变化，且两者呈现不同的时间变化特征：其中 a_0 项参数估计误差随 T_{m} 的增大而增大，a_1（或 a_1 与 a_2）项参数估计误差随时间的增大呈现先减小后增大的趋势。为了能够实现卫星钟差的最优预报，改进的多项式钟差预报模型采取混合区间拟合预报策略，优选 a_0、a_1、a_2 项参数的拟合时长 T_{m}，并将拟合方法由整体拟合调整为分步拟合。

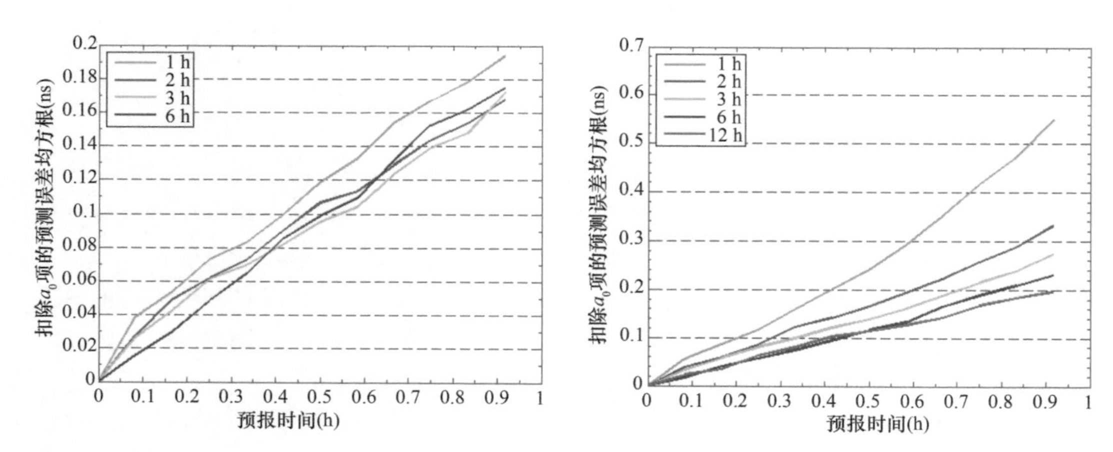

图 3.10 C14 卫星扣除 a_0 项，不同 T_m 的 1h 预报误差 RMS

左图为线性模型，右图为二次多项式模型

根据以上特性，混合区间模型利用 10 分钟钟差数据估计 a_0，利用 12 小时钟差数据估计 a_1。将新策略与现有模型比较如表 3.3 所示。

表 3.3 不同钟差拟合模型

拟合模型	拟合参数	采用弧长	各观测值权重
常用广播钟差模型	a_0、a_1	2h	等权
加权模型	a_0、a_1	2h	距离反比加权
混合区间模型	a_0、a_1	a_0 10min，a_1 12h	等权

按照上述钟差拟合模型，以 GEO-4 号星为例，采用 2017 年 6 月 1～7 日的钟差数据，分别采用线性模型、不等权线性模型和混合区间线性模型进行钟差短期预报分析，分别如图 3.11 左、中、右三幅子图所示。试验时，采用滑动拟合预报策略，拟合时长为 2 小时，滑动间隔 1 小时，预报 1 小时，共生成 168 组预报结果，如图 3.11 中灰色线条所示。然后将各个时刻的预报误差进行 RMS 统计，如图中红线所示。

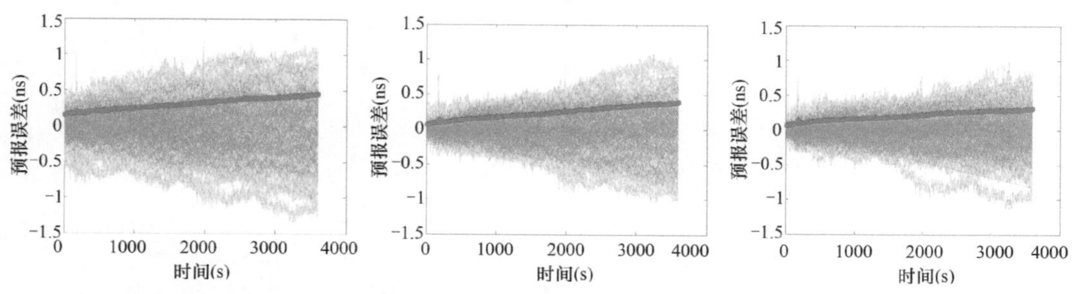

图 3.11 线性模型（左）、不等权线性模型（中）和混合区间线性模型（右）预报结果

灰线条表示 168 组预报结果，红色线条表示每个时刻预报误差 RMS

从图 3.11 中可以看出不等权线性模型 a_0 项预报误差明显降低，具体表现为图中灰色区域部分开口端变窄；预报半小时内 a_1 项预报误差也明显改善。与左图及中间图相比，右图中混合区间线性模型的 a_0、a_1 项预报误差均有明显的降低。结果表明不等权预报与混合区间模型的预报精度明显优于一般的线性模型。

将 2017 年 1～6 月所有 GEO 卫星的钟差按照线性模型、加权模型和混合区间模型进行预报，并统计提升效果，如表 3.4 所示。从表中可以看出，采用加权模型平均比常用二次多项式广播钟差模型精度提升 15.5%，采用混合区间模型比常用模型精度提升 37.7%。

表 3.4　GEO 钟差不同钟差拟合模型精度

卫星	1 小时预报误差				
	二次多项式模型/ns	加权模型/ns	提升效果/%	混合区间模型/ns	提升效果/%
C01	0.52	0.43	17.3	0.31	40.4
C02	4.42	4.14	6.3	3.12	29.4
C03	0.54	0.48	11.9	0.35	35.2
C04	0.66	0.56	15.2	0.43	34.8
C05	1.98	1.45	26.8	1.01	49.0
MEAN	1.624	1.412	15.5	1.044	37.7

3.4　北斗卫星钟差性能分析

3.4.1　卫星钟序列分析

将 2017 年一年的北斗长期钟差序列进行绘图分析，如图 3.12 所示。左图为 GEO 卫星的钟差序列，右图为 IGSO 卫星钟差序列。可以看到北斗钟差值范围在±1ms 以内，当钟差接近±1ms 时，卫星通过调相或调频来调节钟差的值。北斗钟差表现出频繁的相位跳变、粗差及数据缺失现象，尤其对于 GEO 卫星更为明显。产生这种现象的原因是系统进行卫星钟的调相，更多情况是由于卫星导航时频单元重启。

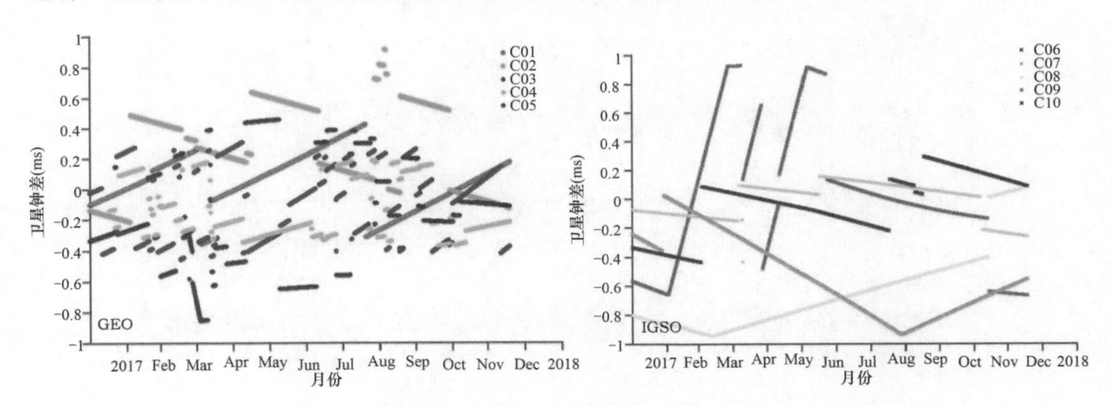

图 3.12　北斗卫星钟差序列图

左图为 GEO 卫星钟差序列，右图为 IGSO 卫星钟差序列

受北斗区域跟踪网的约束，IGSO 卫星与 MEO 卫星存在出入境问题，其广播钟差参数需要进行 6～12 小时的预报。北斗广播星历钟差预报采用了二次多项式，利用 24 小时的钟差数据拟合 a_0、a_1、a_2 参数。取 2017 年 6 月 1～10 日 C06 卫星钟差数据，将每天的二次多项式拟合残差画出，如图 3.13 红线所示。发现卫星钟差拟合残差具有明显的以天为单位的周期性，且振幅能够达到 3ns。为了更加明显地看清此周期项，将卫星轨道周期也画出，如图中绿线所示，可以看到两者具有很强的相关性。

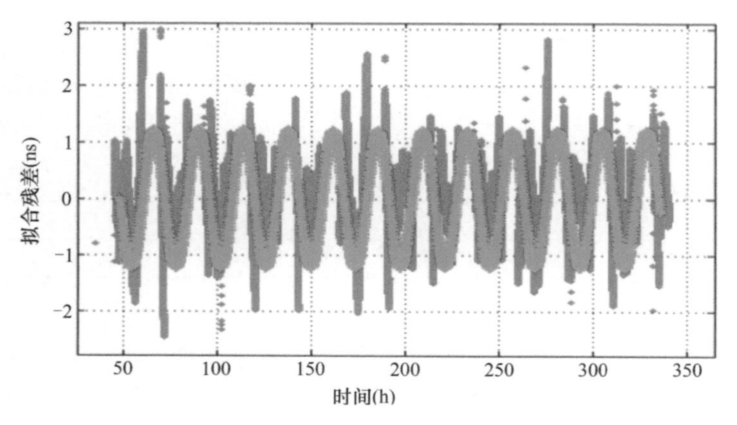

图 3.13　C06 星钟单天拟合残差与轨道周期的相关性

红色为单天拟合残差，绿色为轨道径向速率

3.4.2　区域网定轨 ODTS 解算的钟差与星地双向钟差差异分析

区域网定轨 ODTS 解算的钟差序列包含轨道周期，该周期振幅可达数纳秒。利用单天的卫星钟差去除二次多项式后的残差，分析定轨估计钟差与星地双向钟差的差异。

将 2017 年 4 月 10 日至 26 日共 16 天的定轨估计钟差和星地双向钟差序列的趋势项扣除，残差序列如图 3.14，残差 RMS 统计如表 3.5。从图 3.14 看出，双向钟差和估计钟差均表现出了与轨道周期的特性，说明北斗钟差本身受空间环境的影响具有周期性的变化。定轨估计的钟差残差的波动幅度明显大于双向钟差残差 GEO、IGSO、MEO 卫星估计钟差残差平均 RMS 分别为 0.25ns、0.16ns、0.12ns，而定轨估计卫星钟差的残差平均 RMS 分别为 0.36ns、0.70ns、0.48ns。

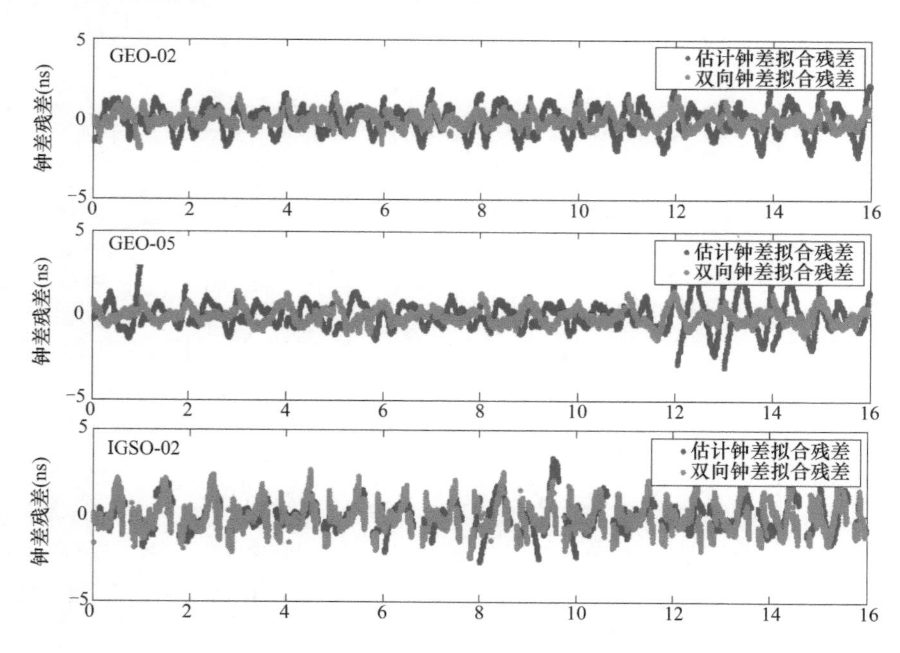

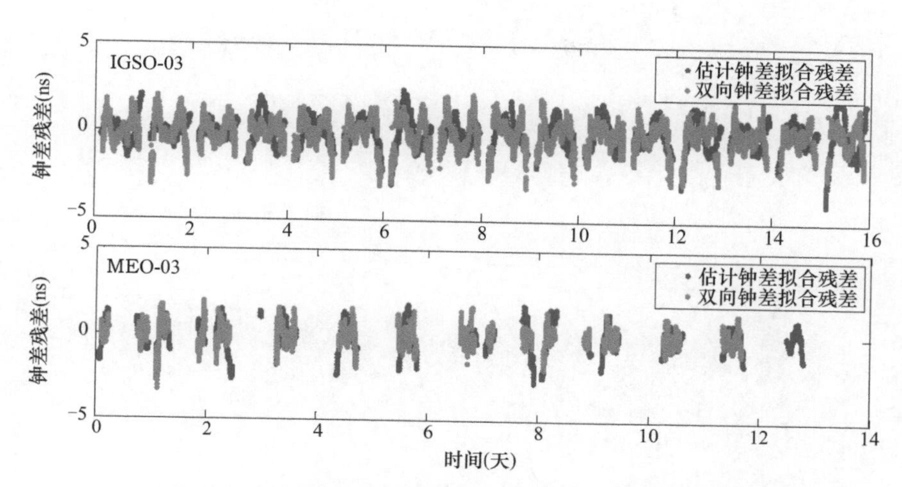

图 3.14　定轨钟差和星地双向钟差序列的扣除趋势项后残差图

蓝色表示定轨估计钟差，红色表示双向钟差

表 3.5　定轨估计钟差与双向钟差的拟合残差（RMS）

卫星类型	卫星号	拟合残差 RMS（ns）	
		双向钟差	定轨估计钟差
GEO	C01	0.23	0.49
	C02	0.24	0.33
	C03	0.29	0.20
	C04	0.29	0.53
	C05	0.21	0.23
	均值	0.25	0.36
IGSO	C06	0.16	0.62
	C07	0.17	0.70
	C08	0.18	0.67
	C09	0.13	0.78
	C10	0.15	0.75
	均值	0.16	0.70
MEO	C011	0.12	0.54
	C014	0.12	0.42
	均值	0.12	0.48

将以上星地双向测量钟差与多星定轨估计卫星钟差作差，其互差序列如图 3.15 所示，同时画出利用双向钟差计算的用户测距误差（user range error，URE）。可以看出，定轨估计钟差与双向测量钟差互差序列中包含纳秒量级的常数均值偏差，且每颗星的常数均值偏差大小不同、符号各异。这是由于星地双向时频传递采用独立的设备进行，上述常数均值偏差是由于未标定的星地双向时频传递设备时延引起的。除了常数偏差，图 3.15 中的互差序列中包含明显的轨道周期形变特性。扣除均值后，互差的标准差如表 3.6。

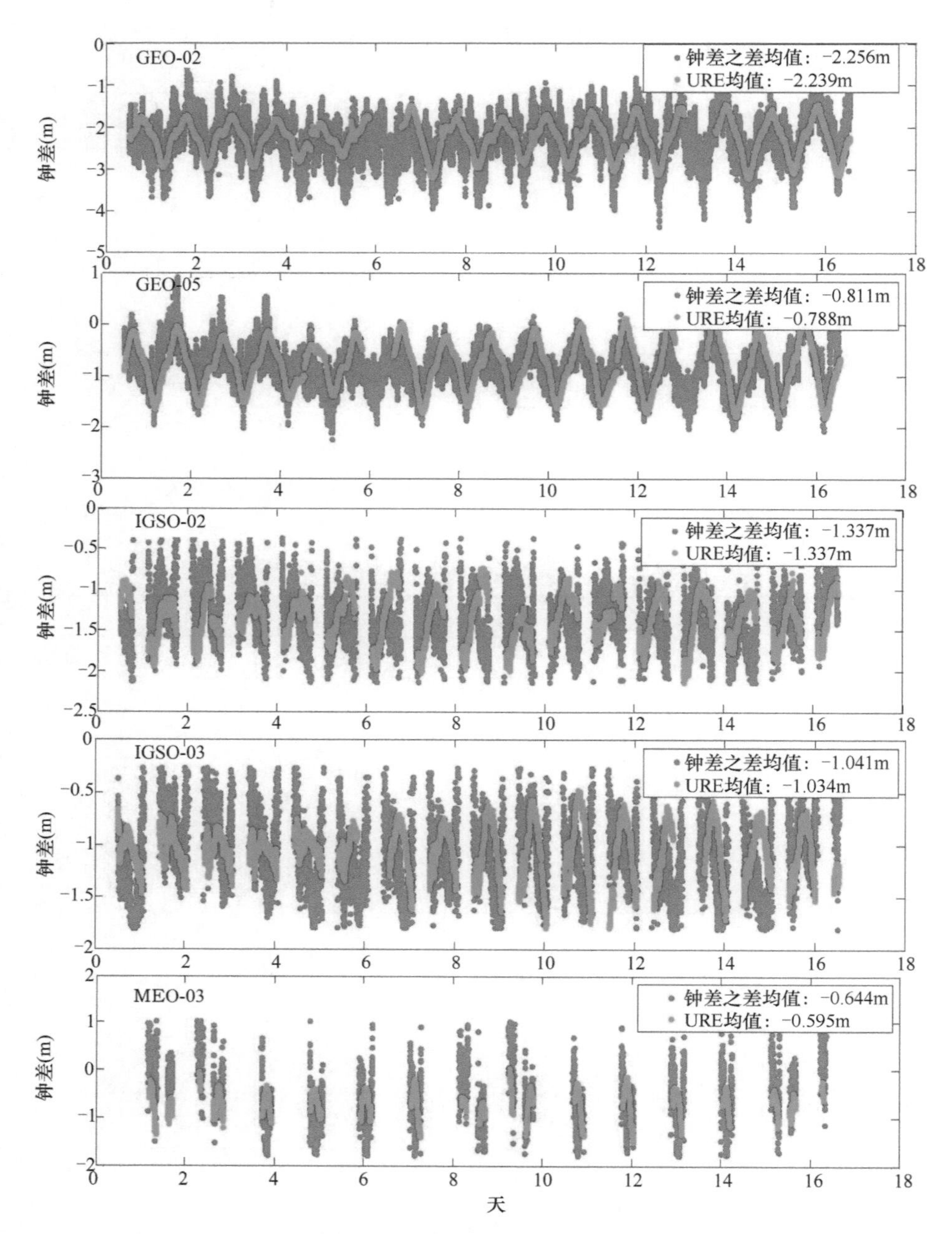

图 3.15　定轨估计钟差与双向钟差互差以及 URE 序列图

绿色为钟差互差，红色为 URE

表 3.6　定轨估计钟差与双向钟差互差的标准差　（单位：ns）

卫星号	C01	C02	C03	C04	C05	C06	C07	C08	C09	C10	C11	C12	C14
标准差	1.96	2.11	1.93	3.25	3.11	1.58	2.38	2.08	1.93	2.69	2.71	2.32	2.03

3.4.3　双向时间同步设备未标校时延分析

定轨估计钟差与双向钟差互差含有系统性偏差，该偏差通常认为是由星地双向设备时延标校不准确引起的常数。将定轨估计钟差与双向钟差互差数据进行间隔为 1h 的平均滑动，可得到时延偏差序列。GEO/IGSO 卫星的设备时延序列如图 3.16 所示。统计长时间序列的时延偏差，表 3.7 给出了所有北斗二号卫星的星上设备时延。

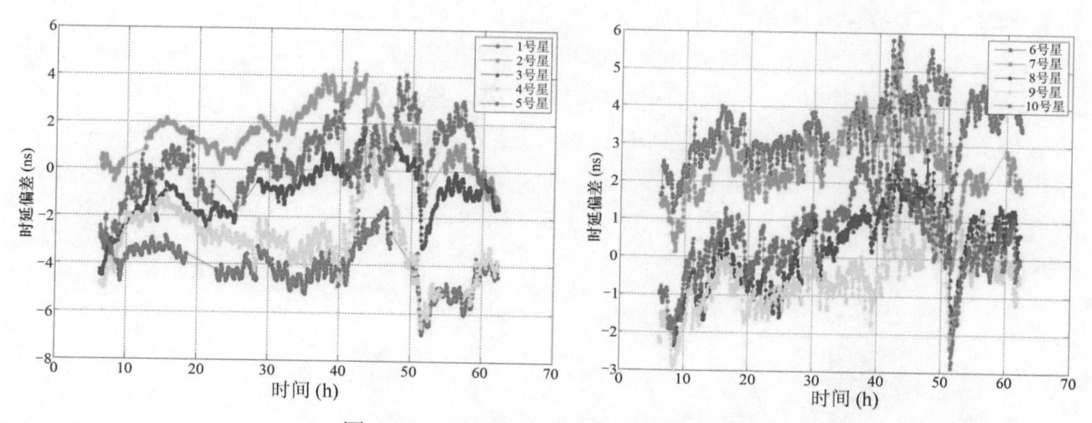

图 3.16 GEO/IGSO 卫星时延偏差序列

表 3.7 各卫星时延偏差序列统计结果 （单位：ns）

	卫星号	均值	标准差
GEO	C01	−2.92	0.98
	C02	2.32	0.89
	C03	2.65	0.62
	C04	5.95	0.96
	C05	0.63	0.97
	均值	1.73	0.88
IGSO	C06	0.47	0.47
	C07	0.60	0.33
	C08	1.39	0.78
	C09	0.90	0.47
	C10	−1.02	0.38
	均值	0.47	0.47
MEO	C11	−3.28	0.40
	C12	−0.65	0.64
	C14	−1.39	0.87
	均值	1.77	0.63

从表 3.7 统计结果可以看出，不同卫星具备大小不等、符号不同的设备时延，时延估计序列的最大标准差不超过 1.0ns。GEO 卫星时延估计序列的标准差平均值为 0.88ns，MEO 卫星时延估计序列的标准差平均值为 0.63ns，均大于 IGSO 卫星时延估计序列标准差平均值 0.47ns。

3.4.4 星间链路支持下的时间同步

3.4.4.1 北斗二号/三号星钟性能对比

相比于北斗二号系统星载钟，北斗三号系统卫星配置了性能更好的铷钟和被动型氢钟。以下基于北斗三号卫星的实际运行观测数据，评估新型星载原子钟的短期、中期预报性能。

对于短期预报，使用 2 小时的星地钟差双向测量结果进行一阶多项式拟合，得到后 1 小时的预报参数，统计其预报精度。对于中期预报，使用 24 小时星地钟差数据进行二阶多项式拟合，拟合得到的参数作为 10 小时的预报参数，统计其预报精度。分别采用 2016 年 3 月 10 日至 20 日星地双向钟差测量结果计算的卫星钟差预报精度如图 3.17 及图 3.18 所示。其中，图 3.17 为 IGSO 卫星钟差拟合及预报精度，图 3.18 为 MEO 卫星钟差拟合及预报精度，红色为北斗二号卫星（I1，I2，I3，I4，I5，M3，M4，M6）星载钟的统计结果，蓝色为北斗三号卫星（I1S，I2S，M1S，M2S）新型星载钟的统计结果。

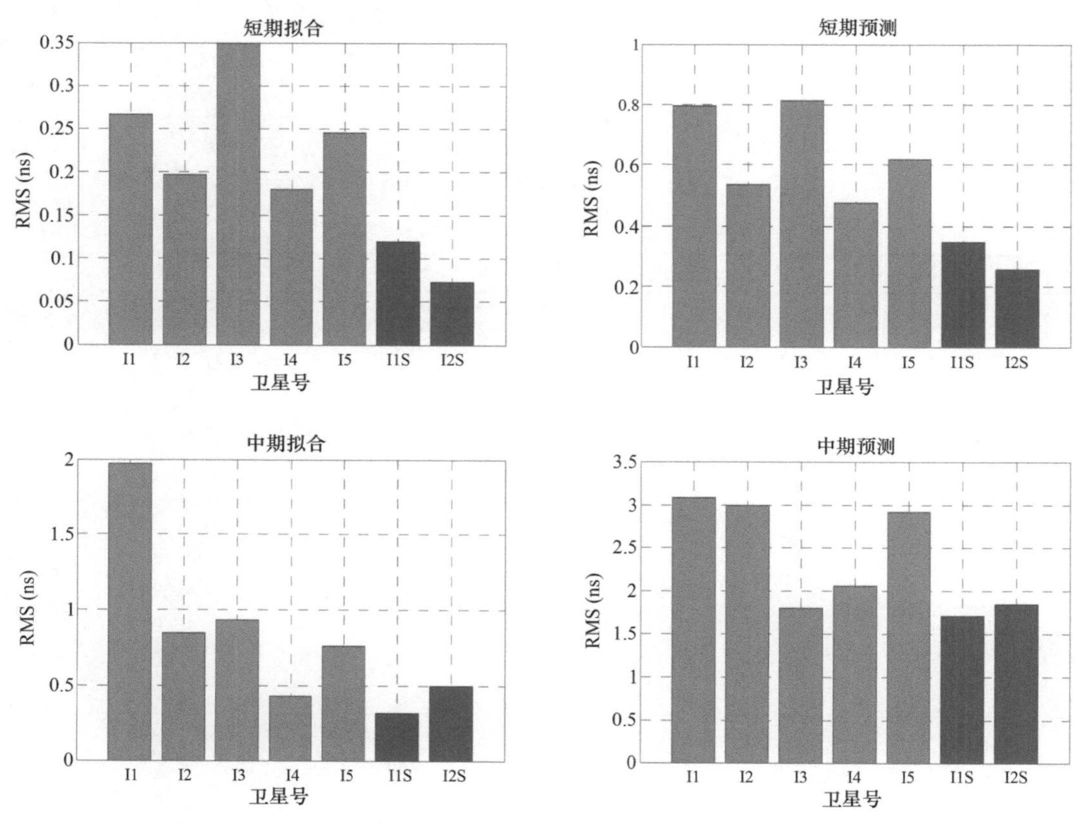

图 3.17　北斗二号与北斗三号 IGSO 卫星钟差拟合（左）与预报精度（右）

上方两图为短期预报，下方两图为中期预报

由图 3.17 及图 3.18 结果可得：北斗三号卫星钟差相对于北斗二号卫星钟差的拟合精度有所提高，IGSO 卫星、MEO 卫星短期拟合精度从 0.3ns 提高到 0.1ns；IGSO 卫星中期拟合精度从 1.0ns 提高到 0.5ns；MEO 卫星中期拟合精度从 0.5ns 提高到 0.2ns。卫星钟差预报精度也得到了较大提高，IGSO 卫星短期预报精度从 0.65ns 提高到 0.30ns；MEO 卫星短期预报精度从 0.78ns 提高到 0.32ns；IGSO 卫星、MEO 卫星中期预报精度均从 2.5ns 提高到约 1.5ns。无论是短期预报还是中期预报，均反映北斗三号新型星载原子钟性能相对北斗二号提升了约一倍。

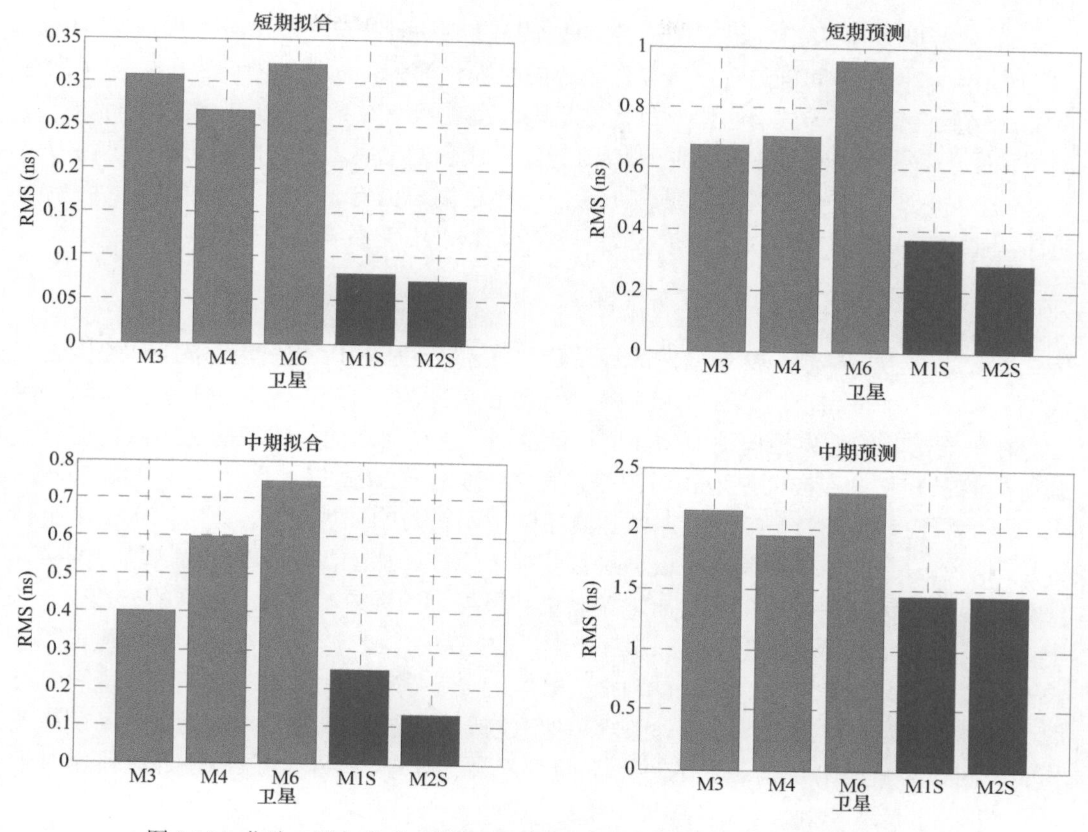

图 3.18　北斗二号与北斗三号 MEO 卫星钟差拟合（左）与预报精度（右）

上方两图为短期预报，下方两图为中期预报

3.4.4.2　星间链路测距数据特性分析

利用 2016 年 4 月 7 日 I2S 卫星观测数据，分析评估星间链路伪距数据的测量特性。比较星地双向时频传递测量的钟差与星间链路观测测量的钟差，扣除趋势项后的残差如图 3.19，图中红色部分为星地双向钟差拟合残差，蓝色部分为星间链路钟差拟合残差。

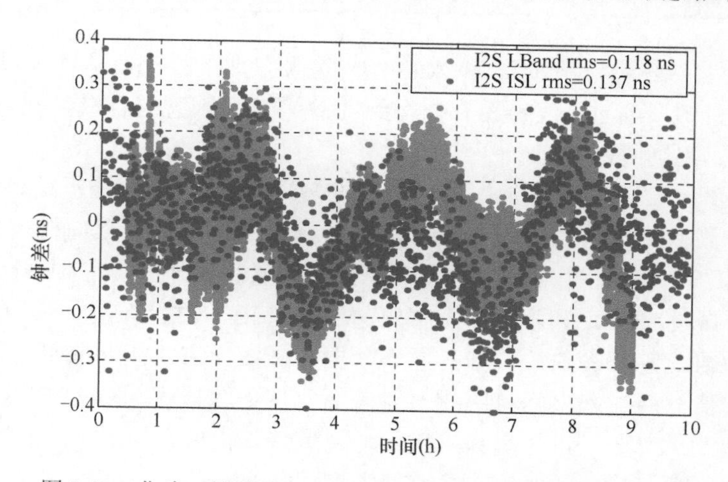

图 3.19　北斗三号卫星 I2S 星地双向钟差与星间链路钟差比较

由图 3.19 可以看出，星间链路钟差残差与星地双向钟差残差量级大致相当，RMS 约为 0.13ns。但是星间链路钟差残差序列为随机噪声序列，而星地双向钟差残差序列有明显的趋势性变化，为“有色噪声”。这是因为星地双向时频传递的 L 波段上行、下行测量伪距的频率稍有差别，导致星地双向钟差受残余的电离层延迟影响。此外，由卫星引起的、与入射高度角相关的 L 波段下行伪距测距偏差也将影响钟差测量结果。而星间链路测距频率高，残余电离层延迟仅为厘米级，几乎不受系统误差的影响。

3.4.4.3　星间链路支持下的卫星钟差测定

北斗二号卫星导航电文中播发的钟差参数，其测定是由 L 波段星地双向时频传递完成的。以星地双向钟差测量结果为依据，分析北斗三号星间链路数据的卫星钟差测定性能。将星间链路的波束指向地面站建立对地链路，通过与地面站的双向伪距测量也可以获得类似于 L 星地双向的星地相对钟差。表 3.8 对比了 2016 年 4 月 7 日时间 M1S/M2S 卫星星地双向钟差测量与星间链路数据测定的卫星钟差的线性模型，分别给出了由两种钟差测量值拟合的卫星钟差预报模型参数及拟合残差。从表 3.8 可以看出，星间链路对地测量得到的钟差参数与星地双向钟差测量结果得到的钟差参数具有较强的一致性。其中，a_0 差别为 0.286ns，a_1 差别为 4.31×10^{-14}，这些差别与 L 波段钟差参数前后两相同时长弧段拟合参数之差（表 3.8 中 L1–L2）相当。实际处理中，星间链路不参与境内弧段的卫星钟差测定。但当卫星在境外弧段星地双向无法完成钟差测定时，通过星间链路观测的星间相对钟差与境内卫星的星地双向钟差融合处理，可得到卫星境外时段相对于 BDT 的绝对钟差，从而大大提高北斗导航电文钟差的性能。

表 3.8　北斗三号卫星 M1S 星地双向钟差与星间链路对地测定钟差拟合残差

	a_0（ns）	a_1（s/s）	RMS（ns）
L1（BDT 8：00～10：00）	83571.236	2.77796×10^{-11}	0.116
L2（BDT10：00～12：00）	83571.598	2.77357×10^{-11}	0.061
ISL（BDT8：00～10：00）	83571.523	2.78227×10^{-11}	0.129
L1–L2	0.361	4.39×10^{-14}	
L1–ISL	0.286	4.31×10^{-14}	

图 3.20 为北斗三号卫星 M1S 和 M2S 的钟差测量时间序列，蓝色为星地双向钟差，红色部分为境外弧段通过星间链路补充得到的钟差测量，可见星间链路测量大大增加了 MEO 卫星钟差测量弧段。

图 3.21 为北斗三号卫星 M1S 卫星广播钟差参数的预报误差分析结果，红色曲线为使用全部钟差测量值拟合的钟差参数，蓝色曲线为仅使用星地双向钟差拟合的钟差参数。可以看到，星间链路相对钟差对于钟差预报性能的提升主要在 MEO 境外弧段及其重新入境后的弧段。若仅使用星地双向钟差测量，MEO 卫星在境外弧段无法更新导航电文的钟差参数，钟差参数的数据龄期不断增加；在 MEO 卫星重新入境后，预报误差增大至最大值。而加入星间链路相对钟差后，境外弧段卫星钟差的数据龄期变小；如图 3.21 中标出的部分，卫星重新入境后，卫星钟差预报误差由 3ns 下降至 1ns 附近。

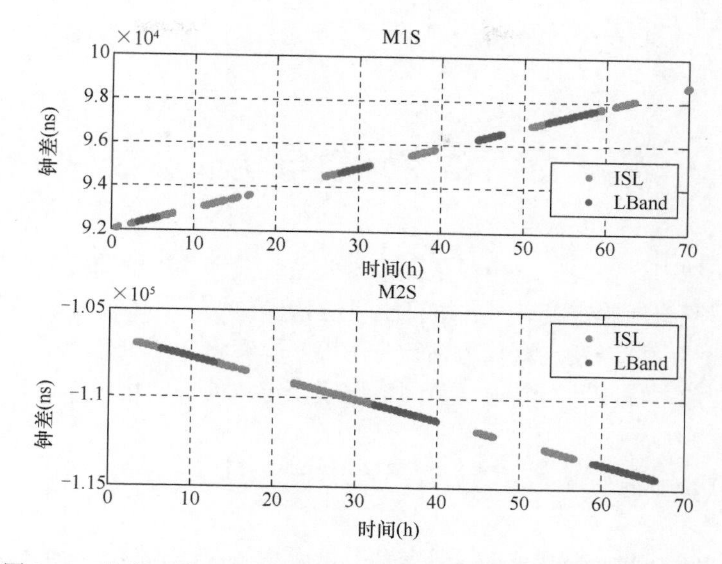

图 3.20　北斗三号 M1S/M2S 基于星地双向和星间链路的钟差测定结果

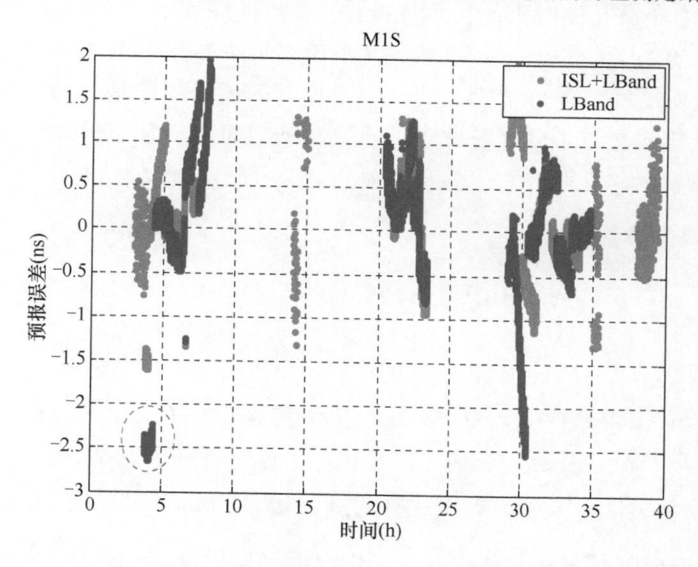

图 3.21　北斗三号卫星 M1S 基于星地双向和星间链路的钟差预报误差

3.5　本 章 小 结

本章介绍了北斗系统站间、星地、星间三种时间比对方法，详细介绍了各种方法的基本原理与计算模型。分析了原子钟的特性及其钟参数的数学模型，给出了不同原子钟模型的预报性能。分析了北斗二号、北斗三号卫星钟差的预报性能，讨论了星间链路钟差测量的贡献。结果表明北斗系统卫星钟差短期预报精度优于 0.5ns，中期预报精度优于 2ns。

第4章 精密定轨与轨道预报

导航卫星的精密定轨与轨道预报是卫星导航系统发挥作用的前提，它基于地面网的观测数据进行精密轨道确定处理，并进行轨道的精确预报。卫星精密定轨理论主要包括摄动力模型、观测模型以及定轨参数解算方法等，本章将介绍卫星轨道状态表达模型、动力学摄动、观测方程，并对星地、星间数据联合定轨处理策略进行讨论和验证。

4.1 二 体 问 题

卫星运动的动力学基础是牛顿运动定律。按照牛顿运动定律，给定任意时刻质点的位置和速度，就能计算其他时刻的位置和速度。若将地球看成一个密度均匀分布的球体，它对卫星的引力等效为由一个质点产生，这个质点将所有质量全部集中在地球的质量中心上，忽略卫星所受的其他摄动力，此时卫星相对于地球的运动称为二体问题。二体问题是卫星运动方程的基本形式。在此条件下，其轨道可以用状态矢量来描述，也可以用开普勒轨道根数表示，这两种表示方式存在一一对应的关系。

4.1.1 开普勒轨道参数

按照牛顿定律，二体问题中卫星运动方程可以写为

$$\ddot{\bar{r}} = -GM\frac{\bar{r}}{r^3} \tag{4.1}$$

其中，GM 为万有引力常数；$\ddot{\bar{r}}$ 为卫星运动加速度矢量；$\bar{r}$ 为卫星在给定坐标系中的位置矢量；$r = |\bar{r}|$ 为半径。根据开普勒运动定律，上述方程的解为椭圆。对于该椭圆轨迹，通常用卫星的状态矢量来表示。对于二体问题，状态矢量可以用卫星位置以及速度矢量 $(\bar{r},\dot{\bar{r}})$ 表示，也可以用开普勒轨道根数 (a,e,i,Ω,ω,u) 表示。开普勒轨道根数如图 4.1 所示。a 为轨道半长径，表示轨道平面的大小；e 为轨道的偏心率，表示轨道的形状跟圆形轨道的差别；i 为轨道平面的倾角，即轨道平面与地球赤道面的交角；Ω 为卫星轨道升交点赤经，即在地球赤道面内升交点与春分点的交角；ω 为轨道近地点角距，即轨道平面内，升交点与近地点的交角；u 为纬度幅角，表示卫星在任意时刻位置与升交点之间的交角。

4.1.2 卫星状态向量与轨道根数的相互转换

定轨求解卫星的轨道信息可以是卫星运动状态向量也可以是卫星轨道根数，两者一一对应，可进行相互转换（陈俊平，2007）。

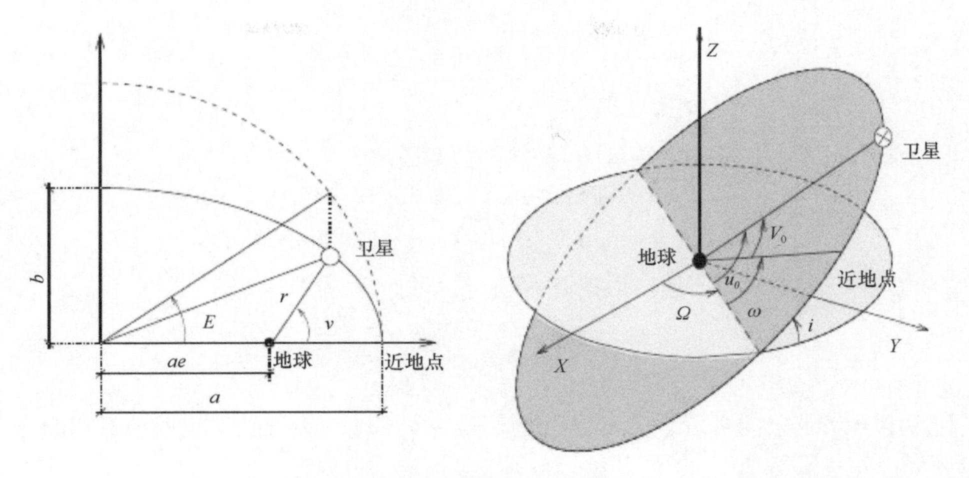

图 4.1　轨道根数示意图

4.1.2.1　状态矢量转换为轨道根数

（1）计算i，Ω

首先引入卫星轨道平面法向量$\vec{h}$

$$\vec{h}=\vec{r}\times\dot{\vec{r}} \tag{4.2}$$

从而：

$$\Omega=\arctan\left(\frac{h_1}{-h_2}\right) \qquad i=\arctan\left(\frac{h_3}{h}\right) \tag{4.3}$$

其中，h_1，h_2，h_3为$\vec{h}$在三个坐标轴上的分量，$h=\left|\vec{h}\right|$。$\vec{h}$分量的具体形式为

$$\begin{pmatrix} h_1 \\ h_2 \\ h_3 \end{pmatrix}=h\begin{pmatrix} \sin i\cdot\sin\Omega \\ -\sin i\cdot\cos\Omega \\ \cos i \end{pmatrix} \tag{4.4}$$

（2）计算e，a

引入变量p

$$p=\frac{h^2}{GM} \tag{4.5}$$

根据开普勒定律有

$$e\cos v=\frac{p}{r}-1\text{，}\quad e\sin v=\sqrt{\frac{p}{GM}}\cdot\frac{\vec{r}\cdot\dot{\vec{r}}}{r} \tag{4.6}$$

式中，v为真近点角，如图 4.1 所示。由上式可以得到轨道偏心率e以及真近点角v。a由下式得到

$$a=\frac{p}{1-e^2} \tag{4.7}$$

（3）计算u,ω

首先引入变量$\bar{Q}$，其分量表示为

$$\begin{cases} Q_1 = r_1 \cdot \cos\Omega + r_2 \cdot \sin\Omega \\ Q_2 = r_1 \cdot \sin\Omega \cdot \cos i + r_2 \cdot \cos\Omega \cdot \cos i + r_3 \cdot \sin i \\ Q_3 = r_1 \cdot \sin\Omega \cdot \sin i + r_2 \cdot \cos\Omega \cdot \sin i + r_3 \cdot \cos i \end{cases} \tag{4.8}$$

其中，r_1，r_2，r_3是$\bar{r}$的分量。根据开普勒定律可计算纬度幅角u

$$u = \arctan\left(\frac{Q_2}{Q_1}\right) \tag{4.9}$$

利用上一步求出的真近点角v，根据$\omega = u - v$，进一步可以得到近地点角距ω。

4.1.2.2 轨道根数转换为状态矢量

（1）由（4.6）式算得p

$$p = a(1-e^2) \tag{4.10}$$

（2）引入变量B

$$B = \sqrt{\frac{GM}{p}} \tag{4.11}$$

（3）根据（4.12）式，由真近点角v求偏近点角变量E

$$v = 2\arctan\left(\sqrt{\frac{1+e}{1-e}}\tan\left(\frac{E}{2}\right)\right) \tag{4.12}$$

（4）求该时刻轨道半径r

$$r = a(1 - e\cos E) \tag{4.13}$$

（5）引入轨道平面内卫星坐标变量x, y, z, v_x, v_y, v_z

$$\begin{cases} x = r \cdot \cos v \\ y = r \cdot \sin v \\ z = 0 \end{cases} \tag{4.14}$$

$$\begin{cases} v_x = -B\sin v \\ v_y = B(e + \cos v) \\ v_z = 0 \end{cases} \tag{4.15}$$

（6）进行坐标转换，求取惯性系中卫星坐标以及速度$(\bar{r}, \dot{\bar{r}})$

$$\bar{r} = \boldsymbol{R}_3(-\Omega)\boldsymbol{R}_1(-i)\boldsymbol{R}_3(-\omega)\begin{pmatrix} x \\ y \\ z \end{pmatrix} \tag{4.16}$$

$$\dot{\bar{r}} = \boldsymbol{R}_3(-\Omega)\boldsymbol{R}_1(-i)\boldsymbol{R}_3(-\omega)\begin{pmatrix} v_x \\ v_y \\ v_z \end{pmatrix} \tag{4.17}$$

式中，$\boldsymbol{R}_1$，$\boldsymbol{R}_3$ 分别为绕 X 轴、Z 轴方向的旋转矩阵。

4.1.3　密切轨道根数

开普勒定律是在认为卫星只受到地心引力的理想状况下的理论，卫星实际运动过程中，还存在其他更为复杂的摄动力。卫星实际运动方程可写为

$$\ddot{\bar{r}} = -GM\frac{\bar{r}}{r^3} + a(t,\bar{r},\dot{\bar{r}},p_0,p_1,p_2,\cdots) = f(t,\bar{r},\dot{\bar{r}},p_0,p_1,p_2,\cdots) \tag{4.18}$$

在式（4.18）中，第一项为二体问题的表达式，a 表示其他摄动力引起的卫星加速度，包括地球重力场、日月引力、地球固体潮和海潮等。参数 $p_0,p_1,p_2,\cdots$ 用于表示目前尚不是很清楚的摄动力，这些参数一般作为未知参数在定轨过程中与卫星轨道一起估计。

这些摄动力的量级远比地心引力小，因此可以将二体问题里面的开普勒轨道根数理论应用到实际卫星运动研究中。这里称之为密切轨道根数（osculating orbital elements，OOE）。密切轨道根数的定义为：任意时刻，考虑其所有受力情况，得到卫星实际运动轨道；然后利用求得的卫星轨道状态矢量 $(\bar{r},\dot{\bar{r}})$ 按照二体问题理论，求得任意时刻 t 卫星轨道的开普勒轨道根数 $a(t),e(t),i(t),\Omega(t),\omega(t),u(t)$。按照密切轨道根数的定义，密切卫星轨道（osculating orbit）与实际卫星轨道是相切的，卫星实际轨道包含在所有时刻卫星密切轨道中。

根据密切轨道理论，利用 GPS 观测数据进行轨道计算，进而求得密切轨道元素。图 4.2～图 4.6 列出了 GPS 卫星 PRN02 从 2003 年 DOY182～185 的密切轨道(不包含 u)。

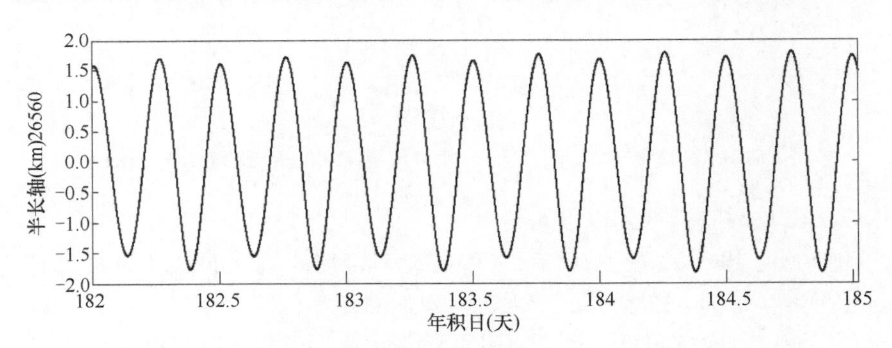

图 4.2　PRN02 号卫星密切轨道平面半长径（2003 年 DOY 182～185）

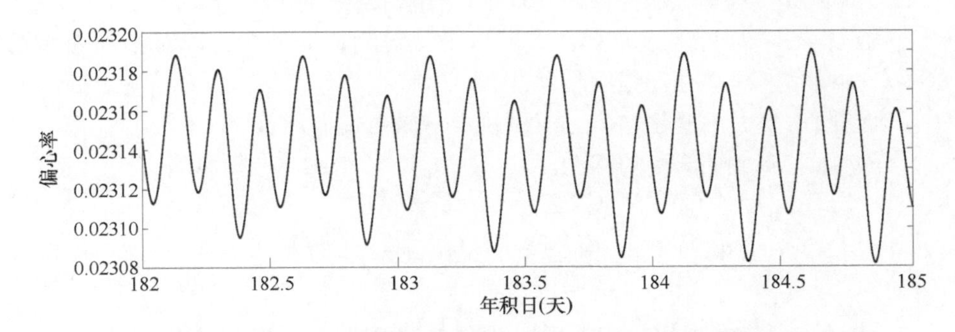

图 4.3　PRN02 号卫星密切轨道平面偏心率（2003 年 DOY 182～185）

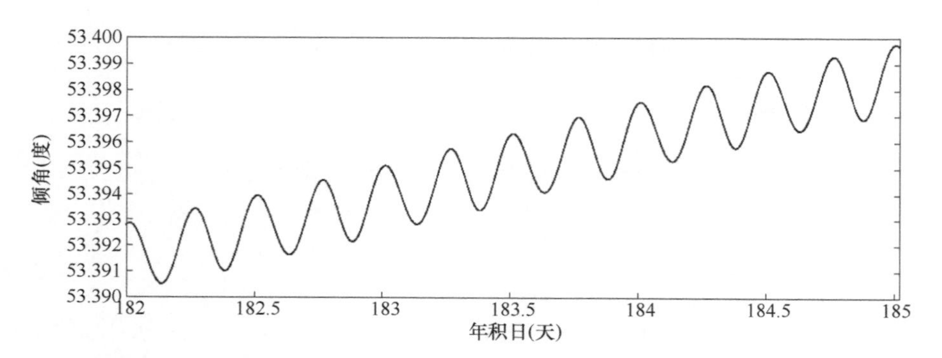

图 4.4　PRN02 号卫星密切轨道平面倾角（2003 年 DOY 182～185）

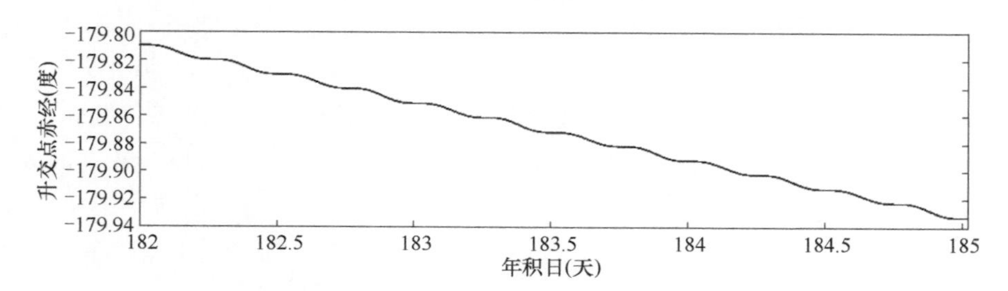

图 4.5　PRN02 号卫星密切轨道平面升交点赤经（2003 年 DOY 182～185）

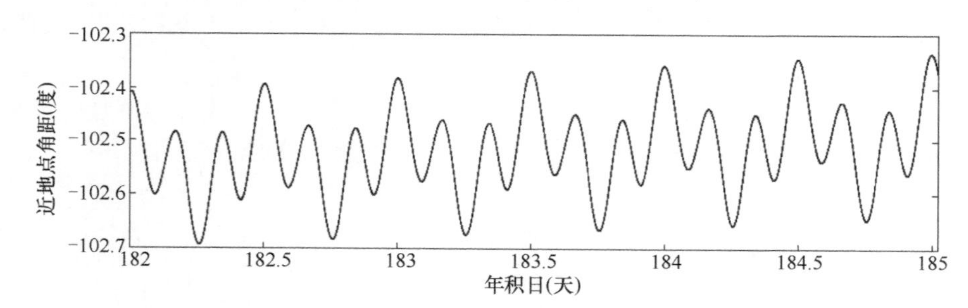

图 4.6　PRN02 号卫星轨道平面近地点角距（2003 年 DOY 182～185）

根据以上结果，我们得到以下结论：

（1）GPS 卫星 PRN02 在 2003 年 DOY182～185 时距离地面高度约为 20182km（假设地球为球形，半径为 6378km）。一天之内卫星轨道半长径变化幅度约为±2km。另外，轨道半长径、轨道平面倾角以及升交点赤经存在短周期变化（以卫星运动一圈为周期），并且这三个轨道元素的变化趋势存在一致性，呈现很强的相关性。

（2）轨道偏心率与近地点角距存在着以卫星运动周期的一周以及半周为周期的变化，这两个轨道元素同样存在强的相关性。

（3）轨道倾角变大，变化均匀。卫星轨道越来越偏向两极。

（4）升交点在赤道上缓慢的移动。

4.2　卫星运动中的摄动力模型

4.1 节讲述了卫星在理想状态下受地球中心引力的运动情况，实际卫星受力远比这复杂。本节将在 4.1 节的基础上，介绍卫星在运动过程中所受的摄动力及其模型（刘林，2000；周建华等，2016），并采用以下方法分析各个摄动力对于卫星轨道的影响：

（1）首先考虑所有摄动力，在已知的初始状态下对轨道进行积分；

（2）不考虑其中某个摄动力进行积分，与前面的结果进行对比，得到该摄动对轨道的影响。

4.2.1 N 体摄动

N 体摄动是指卫星在运动中还受到其他天体的中心引力影响。这其中最主要的影响包括太阳引力以及月亮引力。在考虑其他天体对卫星引力的同时，地球也将受到该引力的影响。从而，N 体问题引起卫星加速度计算公式可表示为

$$\ddot{\vec{r}}_{\mathrm{NB}}=-\sum_{j=1}^{N}GM_j\left(\frac{\vec{r}_j}{r_j^3}+\frac{\vec{r}-\vec{r}_j}{\left|r-r_j\right|^3}\right) \tag{4.19}$$

式中，$\ddot{\vec{r}}_{\mathrm{NB}}$ 为 N 体问题引起的加速度；GM_j 为吸引卫星的引力常数；$\vec{r}$，$\vec{r}_j$ 分别为在惯性系中卫星以及天体的坐标矢量，$r_j=\left|\vec{r}_j\right|$。

以 GPS 卫星 PRN02 为例，以 12：00 为起点，前后各积分 12h（采用间隔为 15min），得到日月引力对卫星轨道的影响如图 4.7 所示。可以看出 N 体摄动可达数百米，且存在短周期变化（以卫星运动一圈为周期）。

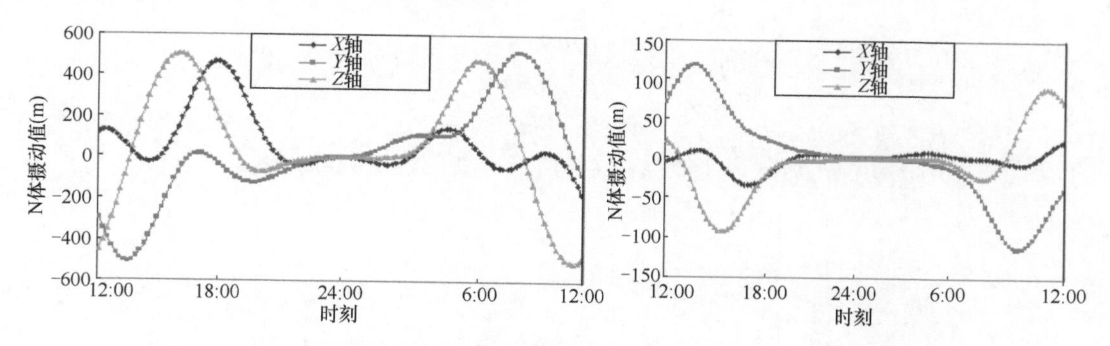

图 4.7 左：太阳中心引力对轨道的影响，右：月亮中心引力对轨道的影响

图中横坐标代表历元（共 24h，采样率为 15min），纵坐标为各坐标分量的数值，不同颜色分别代表 *X*、*Y*、*Z* 三个方向

4.2.2 地球重力场扰动位摄动

二体问题假设地球是个圆球，但是实际上目前一般认为地球大体是个形状不规则椭球体。因此，卫星在绕地球运动时候，还受到因地球非球形引起的地球重力场扰动位摄动。

按照地球重力场理论，地球重力扰动位表示为

$$\begin{aligned}V=\frac{GM}{r}\Bigg(&\sum_{n=2}^{\infty}C_{n0}\left(\frac{R}{r}\right)^n P_n(\sin\varphi)\\&+\sum_{n=2}^{\infty}\sum_{m=1}^{n}\left(\frac{R}{r}\right)^n P_{nm}(\sin\varphi)\left(C_{nm}\cos m\lambda+S_{nm}\sin m\lambda\right)\Bigg)\end{aligned} \tag{4.20}$$

式中，λ，φ 为卫星的经度和地心纬度；R 为地球赤道的平均半径；C_{n0}，C_{nm}，S_{nm} 被称为地球重力场系数，对于 $m=0$ 的项，即 C_{n0} 称带谐项系数；当 $n=m$ 时为扇谐系数；对 $n\neq m$ 的项称田谐项系数。$P_n(\sin\varphi)$ 为勒让德函数，$P_{nm}(\sin\varphi)$ 为缔合勒让德函数。有关勒让德函数的具体形式以及计算方式的更具体内容可参考相应的重力场参考文献。

上述扰动位函数中，随着阶数 n 的增大，C_{nm} 和 S_{nm} 将迅速减小，同时 $P_n(\sin\varphi)$ 和 $P_{nm}(\sin\varphi)$ 的值迅速增大。因此计算时将会造成数值的不稳定，一般的做法是在计算重力场时对 $P_n(\sin\varphi)$、$P_{nm}(\sin\varphi)$ 进行规格化处理。这样，求出来的重力场系数被称为规格化系数。目前大部分重力场模型的系数，都是经过规格化处理的。

根据重力场理论，扰动位对卫星产生的加速度为

$$\ddot{\vec{r}}_v = \frac{\partial V}{\partial \vec{r}} \tag{4.21}$$

因此，在研究地球重力场对卫星轨道的影响时候，只需要将地球重力场系数代入式（4.21）中。实际计算中，$P_n(\sin\varphi)$ 和 $P_{nm}(\sin\varphi)$ 可以通过公式得到，C_{nm}、S_{nm} 是通过对规格化的重力场模型的系数进行非规格化得到的，公式为

$$C_n^m = N_{nm}\overline{C}_n^m \qquad S_n^m = N_{nm}\overline{S}_n^m,\ n=2,\cdots,\infty, m=0,\cdots,n \tag{4.22}$$

其中，$N_{nm}=\sqrt{(2-\delta_{m0})(2n+1)\dfrac{(n-m)!}{(n+m)!}}$，称为规则化系数，$\delta_{m0}$ 的定义为

$$\delta_{m0}=\begin{cases}0, m=1,\cdots,n\\ 1, m=0\end{cases} \tag{4.23}$$

导航卫星对于高阶重力场系数不敏感，因此参考轨道只采用 8 阶的 EGM96 模型。不考虑重力场扰动位，对轨道影响如图 4.8 所示，其影响可到数公里。

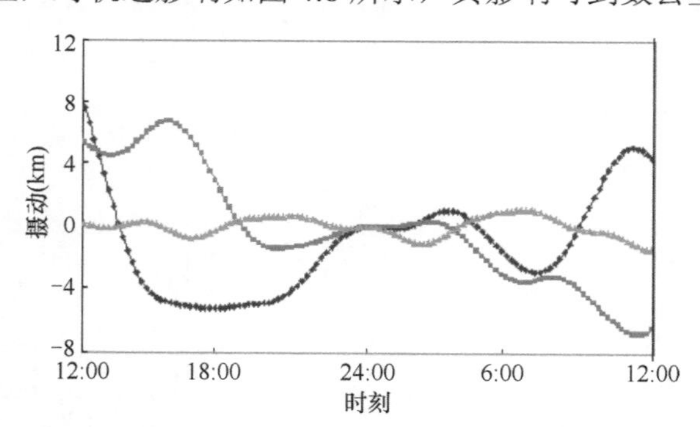

图 4.8　重力场扰动位对轨道的影响

4.2.3　固体潮摄动

在月球和太阳引力作用下，地球的陆地部分会发生周期性的形变，这种现象称为固体潮。固体潮的影响可以用因其而产生的地球重力场模型参数的变化来描述。对于 EGM96 等“tide-free”重力场模型，其计算过程主要分为三步。

第一步，计算与频率无关的长周期项对于规格化的球谐系数的改正，主要计算公式为

$$
\begin{cases}
\Delta\bar{C}_{20}=\dfrac{1}{\sqrt{5}}k_{20}\displaystyle\sum_{j=1}^{2}\frac{GM_j}{GM}\left(\frac{R}{r_j}\right)^3 P_{20}(\sin\varphi_j)\\
\Delta\bar{C}_{21}=\sqrt{\dfrac{1}{15}}k_{21}\displaystyle\sum_{j=1}^{2}\frac{GM_j}{GM}\left(\frac{R}{r_j}\right)^3 P_{21}(\sin\varphi_j)\cos\lambda_j\\
\Delta\bar{S}_{21}=\sqrt{\dfrac{1}{15}}k_{21}\displaystyle\sum_{j=1}^{2}\frac{GM_j}{GM}\left(\frac{R}{r_j}\right)^3 P_{21}(\sin\varphi_j)\cos\lambda_j\\
\Delta\bar{C}_{22}=\dfrac{1}{2}\sqrt{\dfrac{1}{15}}k_{22}\displaystyle\sum_{j=1}^{2}\frac{GM_j}{GM}\left(\frac{R}{r_j}\right)^3 P_{22}(\sin\varphi_j)\cos 2\lambda_j\\
\Delta\bar{S}_{22}=\dfrac{1}{2}\sqrt{\dfrac{1}{15}}k_{22}\displaystyle\sum_{j=1}^{2}\frac{GM_j}{GM}\left(\frac{R}{r_j}\right)^3 P_{22}(\sin\varphi_j)\sin 2\lambda_j
\end{cases}
\tag{4.24}
$$

其中，$k_{20}=0.299$，$k_{21}=0.3$，$k_{22}=0.302$。

$$
\begin{cases}
P_{20}(\sin\varphi_j)=\dfrac{3}{2}\sin^2\varphi_j-\dfrac{1}{2}\\
P_{21}(\sin\varphi_j)=3\sin\varphi_j\cos\varphi_j\\
P_{22}(\sin\varphi_j)=3\cos^2\varphi_j
\end{cases}
\tag{4.25}
$$

第二步，采用其他潮波对 $\bar{C}_{20}$ 进行改正，改正公式为

$$
\Delta\bar{C}_{20}=\sum\nolimits_{f(2,0)}\left[(A_0\delta k_f^R H_f)\cos\theta_f-(A_0\delta\delta k_f^I H_f)\sin\theta_f\right]
\tag{4.26}
$$

式中，$\theta_f=\sum\nolimits_{j=1}^{5}N_jF_j$，或者 $\theta_f=\sum\nolimits_{i=1}^{6}n_i\beta_i$，为章动角 Delaunay 参数，也称为 Brown 系数。F_j 为章动角参数 (l,l',F,D,Ω)，$\beta_i=(\tau,s,h,p,N',p_s)$ 为 Doodson 基本的 6 个幅角。F_j 计算方式如下：

$$
\begin{cases}
l=134^\circ57'46.733''+(1325^r+198^\circ52'02.633'')t+31.310''t^2+0.064''t^3\\
l'=357^\circ31'39.804''+(99^r+359^\circ03'01.224'')t-0.577''t^2-0.012''t^3\\
F=93^\circ18'18.877''+(1342^r+82^\circ01'03.137'')t-13.257''t^2+0.011''t^3\\
D'=297^\circ51'01.307''+(1236^r+307^\circ06'41.328'')t-6.891''t^2+0.019''t^3\\
\Omega=125^\circ02'40.280''+(5^r+134^\circ08'10.539'')t+7.455''t^2+0.008''t^3
\end{cases}
\tag{4.27}
$$

式中，t 的定义同式（2.18）。

第三步，对 $\bar{C}_{21}$，$\bar{C}_{22}$，$\bar{S}_{21}$，$\bar{S}_{22}$ 进行改正，公式为

$$
\begin{cases}
\Delta\bar{C}_{21}=\sum\nolimits_{f(2,1)}\left(-(A_1\delta k_f^R H_f)\sin\theta_f-(A_1\delta\delta k_f^I H_f)\cos\theta_f\right)\\
\Delta\bar{S}_{21}=\sum\nolimits_{f(2,1)}\left((A_1\delta k_f^R H_f)\cos\theta_f-(A_1\delta\delta k_f^I H_f)\sin\theta_f\right)\\
\Delta\bar{C}_{22}=\sum\nolimits_{f(2,2)}\left((A_2\delta k_f^R H_f)\cos\theta_f-(A_2\delta\delta k_f^I H_f)\sin\theta_f\right)\\
\Delta\bar{S}_{22}=\sum\nolimits_{f(2,2)}\left(-(A_2\delta k_f^R H_f)\sin\theta_f-(A_2\delta\delta k_f^I H_f)\cos\theta_f\right)
\end{cases}
\tag{4.28}
$$

式中，$\theta_f = m(\theta_g + \pi) - \sum_{j=1}^{5} N_j F_j$，$\theta_g$ 为格林尼治视恒星时，求 $\Delta\bar{C}_{21}$，$\Delta\bar{S}_{21}$ 时 $m=1$，其他项 $m=2$。主要潮波及其系数 $A_0\delta k_f^R H_f$，$A_0\delta k_f^I H_f$ 都在 IERS 规范中给定。

根据固体潮理论，定量表示固体潮对卫星轨道影响如图 4.9 所示，可以看出，固体潮对导航卫星轨道影响比较小，积分 12h 其影响为分米级。

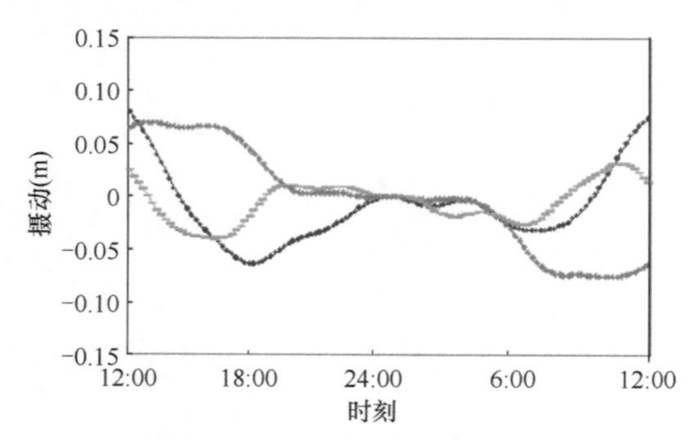

图 4.9　固体潮对卫星轨道的影响

4.2.4　海潮摄动

海潮对卫星轨道的影响也可以认为是反映在重力场模型参数的变化，计算公式如下

$$\Delta\bar{C}_{nm} - i\Delta\bar{S}_{nm} = F_{n,.m} \sum_{s(n,m)} \sum_{+}^{-} (C_{snm}^{\pm} \mp iS_{snm}^{\pm}) e^{\pm i\theta_f} \tag{4.29}$$

展开后即为

$$\begin{cases} \Delta\bar{C}_{nm} = F_{nm} \sum\limits_{s(n,m)} \left(C_{snm}^{+} + C_{snm}^{-}\right)\cos\theta_f + \left(S_{snm}^{+} + S_{snm}^{-}\right)\sin\theta_f \\ \Delta\bar{S}_{nm} = F_{nm} \sum\limits_{s(n,m)} \left(S_{snm}^{+} - S_{snm}^{-}\right)\cos\theta_f - \left(C_{snm}^{+} - C_{snm}^{-}\right)\sin\theta_f \end{cases} \tag{4.30}$$

其中，

$$F_{nm} = \frac{4\pi G\rho_w}{g_e}\sqrt{\frac{(n+m)!}{(n-m)!(2n+1)(2-\delta_{0m})}}\left(\frac{1+k_n'}{2n+1}\right) \tag{4.31}$$

$$\begin{aligned} g_e &= 9.79828685\text{m}\cdot\text{s}^{-2} \\ G &= 6.673\times10^{-11}\text{m}^3\cdot\text{kg}^{-1}\cdot\text{s}^{-2} \\ \rho_w &= 1025\text{kg}\cdot\text{m}^{-3} \end{aligned} \tag{4.32}$$

其中，k_n' 为负载 Love 数。关于海潮改正，采用模型可以为 CSR3.0，该模型包含了所有参与改正的潮波的 $C_{snm}^{\pm}$ 和 $S_{snm}^{\pm}$ 值，以及 k_n'。

海潮对卫星轨道的影响约在厘米量级，如图 4.10 所示。

4.2.5　极潮

对于卫星，由于地球自转轴极移引起的重力场摄动称为极潮，极潮引起的重力场摄动主要是通过对 $\bar{C}_{21},\bar{S}_{21}$ 的改正来实现。

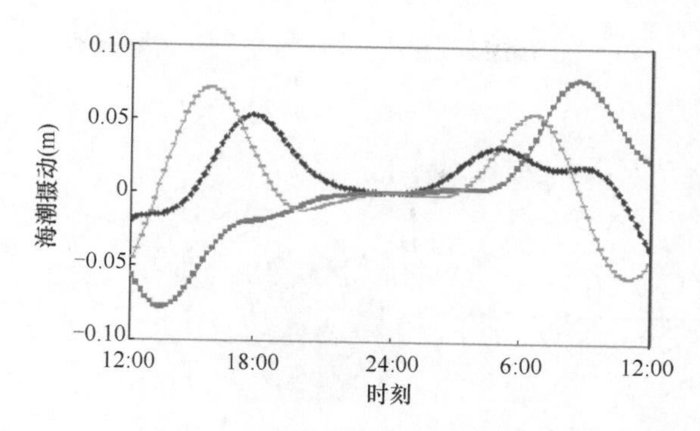

图 4.10　海潮对卫星轨道的影响

首先定义变量m_1, m_2：

$$\left.\begin{aligned} m_1 &= X_{\text{pole}} - (0.054 + 0.00083t) \\ m_2 &= -Y_{\text{pole}} + (0.357 + 0.00395t) \end{aligned}\right\} \tag{4.33}$$

式中，X_{pole}，Y_{pole}为该时刻的极移，t的定义同（2.18）。从而有

$$\left.\begin{aligned} \Delta\bar{C}_{21} &= -1.333\times10^{-9}(m_1 - 0.0115m_2) \\ \Delta\bar{S}_{21} &= -1.333\times10^{-9}(m_2 + 0.0115m_1) \end{aligned}\right\} \tag{4.34}$$

此即为极潮对重力场系数的改正。该项影响非常小，对于中地球轨道卫星通常不需考虑极潮影响。

4.2.6　太阳光压摄动

太阳光照在卫星太阳能幅板产生推力，称为太阳光压（solar radiation pressure，SRP）。其对卫星产生的摄动加速度与太阳辐射强度、卫星受到的照射面积、照射面与太阳的几何关系以及照射面的反射和吸收特性有关。由于卫星表面材料的老化、太阳能量随太阳活动的变化以及卫星姿态控制的误差等因素的影响，使得太阳光压成为 GPS 定轨中最难以精确模拟的摄动力。近些年来各个数据处理中心通过大量的数据积累，建立了一些太阳光压模型。下面简要对各种太阳光压模型进行介绍。

GPS 开始全面运行时，建议采用的太阳辐射压模型为 Block Ⅰ、Block Ⅱ卫星制造商 Rockwell 组织所设计。其中 Block Ⅰ采用的模型为 ROCK4，Block Ⅱ采用的模型为 ROCK42。ROCK 模型计算的摄动加速度误差在$3\times10^{-9}\text{m/s}^2$左右，这相当于 24 小时卫星轨道的中误差将达到 3m。鉴于 ROCK 模型本身的精度，IGS 精密定轨中一般是将其作为初始的先验值。目前精密定轨中常用的太阳光压模型主要有 8 种，分别是 SPHRC、SRDYZ、SRXYZ、SRDYB、BERNE、BERN1、ECOM 以及 ECOM2 模型（陈俊平，王解先，2006）。

太阳光压模型一般都认为太阳光压对卫星轨道在某几个方向影响最大。因此，可以将这几个方向定义为坐标轴。不同模型所定义的坐标轴指向以及求解参数各不相同。主要的坐标轴方向定义如图 4.11 所示，e_x, e_y, e_z为星固坐标系坐标轴的单位矢量，其中$\vec{e}_z$指向地球中心，定义e_D为太阳至卫星方向的单位矢量，并且有$\vec{e}_y = \vec{e}_z \times \vec{e}_D$，$\vec{e}_x = \vec{e}_y \times \vec{e}_z$。

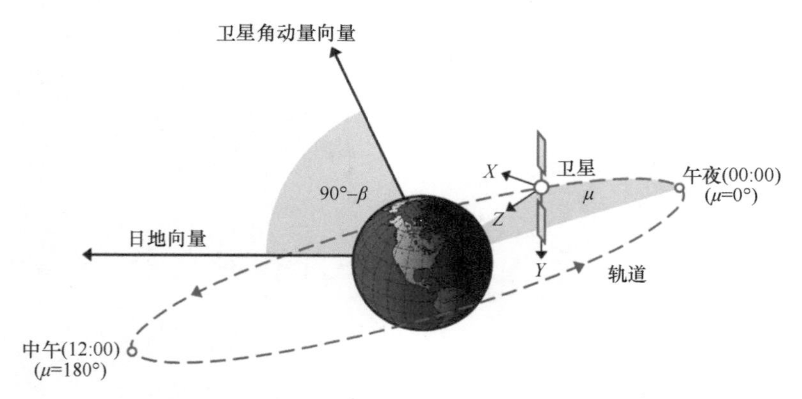

图 4.11　太阳在卫星轨道平面的高度角 β 以及卫星对地心的张角 μ 示意图

各种太阳光压模型参数定义如表 4.1 所示。

表 4.1　各种太阳光压模型参数

光压模型	坐标轴	参数个数	光压模型	坐标轴	参数个数
SPHRC	$\vec{e}_D$，$\vec{e}_y$，$\vec{e}_z$	3	BERNE	$\vec{e}_D$，$\vec{e}_y$，$\vec{e}_B$	9
SRDYZ	$\vec{e}_D$，$\vec{e}_y$，$\vec{e}_z$	3	BERN1	$\vec{e}_D$，$\vec{e}_y$，$\vec{e}_B$	9
SRXYZ	$\vec{e}_x$，$\vec{e}_y$，$\vec{e}_z$	3	ECOM	$\vec{e}_D$，$\vec{e}_y$，$\vec{e}_B$	6
SRDYB	$\vec{e}_D$，$\vec{e}_y$，$\vec{e}_B$	3	ECOM2	$\vec{e}_D$，$\vec{e}_y$，$\vec{e}_B$	5

1）SPHRC 模型

模型加速度计算公式为

$$\ddot{\vec{r}}_{\mathrm{s}}=\frac{{a_{\mathrm{u}}}^2}{\left|\vec{r}_{\mathrm{S}}-\vec{r}\right|^2}\cdot D_0\cdot(\lambda\cdot\mathrm{SRP}(1)\cdot\vec{e}_D+\mathrm{SRP}(2)\cdot\vec{e}_y+\mathrm{SRP}(3)\cdot\vec{e}_z) \tag{4.35}$$

其中，a_{u} 代表 1 天文单位的长度，$\vec{r}_{\mathrm{S}}$、$\vec{r}$ 分别为惯性系中太阳和卫星的位置，λ 为地影因子，$\mathrm{SRP}(i),(i=1,2,3)$ 为三轴方向辐射压的系数，作为待估参数。D_0 为 ROCK 模型计算出来的太阳辐射压产生的加速度的理论值，单位为 $10^{-5}\mathrm{m/s^2}$，其取值与卫星型号以及质量有关。

2）SRDYZ 模型

模型加速度计算公式为

$$\begin{aligned}\ddot{\vec{r}}_{\mathrm{s}}=\frac{{a_{\mathrm{u}}}^2}{\left|\vec{r}_{\mathrm{S}}-\vec{r}\right|^2}\cdot\Big(&D_0\cdot(\lambda\cdot\mathrm{SRP}(1)\cdot\vec{e}_D+\mathrm{SRP}(2)\cdot\vec{e}_y+\mathrm{SRP}(3)\cdot\vec{e}_z)\\&+\lambda\cdot(X(B)\cdot\vec{e}_x+Z(B)\cdot\vec{e}_z)\Big)\end{aligned} \tag{4.36}$$

其中，$X(B)$，$Z(B)$ 为太阳辐射压在 $\vec{e}_x$，$\vec{e}_z$ 方向上周期项，其单位为 $10^{-8}\mathrm{m/s^2}$，其定义与从卫星上看地心与日心间的角距 B 有关。其他参数定义同 SPHRC 模型。

3）SRXYZ 模型

模型加速度计算公式为

$$\ddot{\vec{r}}_{\mathrm{s}}=\frac{{a_{\mathrm{u}}}^2}{\left|\vec{r}_{\mathrm{S}}-\vec{r}\right|^2}\cdot(\lambda\cdot\mathrm{SRP}(1)\cdot X(B)\cdot\vec{e}_x+\mathrm{SRP}(2)\cdot D_0\cdot\vec{e}_y+\lambda\cdot\mathrm{SRP}(3)\cdot Z(B)\cdot\vec{e}_z) \quad (4.37)$$

参数定义同上。

4）SRDYB 模型

模型加速度计算公式为

$$\ddot{\vec{r}}_{\mathrm{s}}=\frac{{a_{\mathrm{u}}}^2}{\left|\vec{r}_{\mathrm{S}}-\vec{r}\right|^2}\cdot D_0\cdot\left[\mathrm{SRP}(1)\cdot\vec{e}_D+\mathrm{SRP}(2)\cdot\vec{e}_y+\mathrm{SRP}(3)\cdot\vec{e}_B\right] \quad (4.38)$$

其中，$\vec{e}_B=\vec{e}_D\times\vec{e}_y$。其他参数定义同上。

5）BERNE 模型

BERNE 模型、BERN1 模型、ECOM 模型以及 ECOM2 模型是由 Bern 大学基于欧洲定轨中心（CODE）1992 年以来的数据建立的。模型加速度计算公式为

$$\ddot{\vec{r}}_{\mathrm{s}}=\frac{{a_{\mathrm{u}}}^2}{\left|\vec{r}_{\mathrm{S}}-\vec{r}\right|^2}\cdot\left(D(u)\cdot\vec{e}_D+Y(u)\cdot\vec{e}_y+B(u)\cdot\vec{e}_B\right) \quad (4.39)$$

式中，其中 $D(u)$，$Y(u)$，$B(u)$ 为太阳光压在三个轴方向上周期性摄动的系数，该模型估计的参数包括包含在 $D(u)$，$Y(u)$，$B(u)$ 中的三个轴方向上的辐射压的系数以及三个轴方向的周期项摄动的系数 $\mathrm{SRP}(i),(i=1,2,\cdots,9)$。$u$ 定义为卫星在轨道平面上距升交点的角度。其他参数定义同上。

6）BERN1 模型

BERN1 模型加速度计算公式为

$$\begin{aligned}\ddot{\vec{r}}_{\mathrm{s}}=\frac{{a_{\mathrm{u}}}^2}{\left|\vec{r}_{\mathrm{S}}-\vec{r}\right|^2}\cdot\big(&D(u,\beta)\cdot\vec{e}_D+Y(u,\beta)\cdot\vec{e}_y+B(u,\beta)\cdot\vec{e}_B\\&+(X_1(\beta)\cdot\sin(u-u_0)+X_3(\beta)\cdot\sin(3u-u_0))\cdot\vec{e}_x+Z(\beta)\cdot\sin(u-u_0)\cdot\vec{e}_Z\big)\end{aligned} \quad (4.40)$$

其中，$D(u,\beta)$、$Y(u,\beta)$、$B(u,\beta)$ 为太阳光压在 $\vec{e}_D$、$\vec{e}_y$、$\vec{e}_B$ 轴上的周期项系数；$X_1(\beta)$、$X_3(\beta)$、$Z(\beta)$ 为太阳光压在 $\vec{e}_x$、$\vec{e}_z$ 轴上的周期摄动的系数。β 定义为太阳相对于卫星轨道平面的高度角。其他参数定义同上。BERN1 模型估计的太阳光压参数 $\mathrm{SRP}(i),i=1,\cdots,9$ 包含在 $\vec{e}_D$、$\vec{e}_y$、$\vec{e}_B$ 三个轴的周期项系数中。$\vec{e}_x$、$\vec{e}_z$ 轴上的周期项系数不做估计。

7）ECOM 模型

ECOM 模型加速度计算公式为

$$\begin{aligned}\ddot{\vec{r}}_{\mathrm{s}}=\frac{{a_{\mathrm{u}}}^2}{\left|\vec{r}_{\mathrm{S}}-\vec{r}\right|^2}\cdot\big(&D(u)\cdot\vec{e}_D+Y(u)\cdot\vec{e}_y+B(u)\cdot\vec{e}_B\\&+(X_1(u)\cdot\sin(u-u_0)+X_3(u)\cdot\sin(3u-u_0))\cdot\vec{e}_x+Z(u)\cdot\sin(u-u_0)\cdot\vec{e}_Z\big)\end{aligned} \quad (4.41)$$

其中，$D(u)$、$Y(u)$、$B(u)$为太阳光压在$\vec{e}_D$、$\vec{e}_y$、$\vec{e}_B$轴上的周期项系数；$X_1(u)$、$X_3(u)$、$Z(u)$为太阳光压在$\vec{e}_x$、$\vec{e}_z$轴上的周期摄动的系数。该模型太阳光压参数$\mathrm{SRP}(i), i=1,\cdots,6$包含在以上6个周期项系数中。

8）ECOM2模型

ECOM2模型是CODE自2013年起采用的模型，是目前IGS推荐模型。其采用简化的5参数模型，即仅考虑D_0、Y_0、B_0、B_c和B_s。ECOM2模型函数形式与式（4.41）一致，其中$D(u)$、$Y(u)$和$B(u)$表示为

$$
\begin{aligned}
&D(u)=D_0+\sum_{i=1}^{n_D}\left(D_{2i,c}\cos 2i\Delta u+D_{2i,s}\sin 2i\Delta u\right)\\
&Y(u)=Y_0\\
&B(u)=B_0+\sum_{i=1}^{n_B}\left(B_{2i,c}\cos(2i-1)\Delta u+B_{2i-1,s}\sin(2i-1)\Delta u\right)
\end{aligned}
\tag{4.42}
$$

式中，$\Delta u=u-u_{\mathrm{S}}$，$u_{\mathrm{S}}$为太阳升交角距。

太阳光压对于导航卫星是最大的非保守力摄动，对卫星轨道的影响如图4.12所示。可以看出光压对于卫星轨道影响量级达到了百米量级。

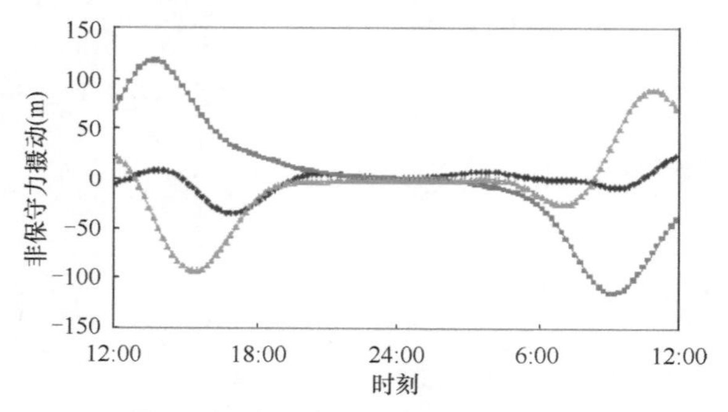

图4.12　太阳光压对卫星轨道的影响

4.2.7　摄动力模型总结

除了以上的摄动力外，卫星还受到其他非保守力摄动，包括大气潮、地球反照辐射压等。具体可以参考IERS规范。根据以上分析，可以看出对于各种摄动力对于轨道的影响性质以及大小各不相同。其中重力场的影响最大。对各种摄动力对于GPS卫星轨道的影响情况进行统计，如表4.2所示。表中X，Y，Z分别代表12小时中轨道摄动在惯性系中X，Y，Z轴三个方向对轨道影响的最大值。3D代表任意历元轨道3维位置差的最大值。

表4.2　摄动力对轨道影响总结

摄动力	X（m）	Y（m）	Z（m）	3D（m）
重力场	7.5×10^3	6.8×10^3	1.4×10^3	9.2×10^3
N体引力	436.2	401.86	450.77	505.18
非保守力	34.90	118.38	92.97	130.70
固体潮	0.08	0.08	0.04	0.10
海潮	0.05	0.08	0.07	0.09

4.3 精密定轨理论与处理方法

人造卫星精密定轨方法包括动力学法、运动学法以及约化动力学法。其中，动力学定轨方法主要依赖于动力学模型；运动学定轨方法主要依赖于地面观测资料；约化动力学定轨方法既考虑高精度动力学模型，又借助于地面观测资料改进轨道。本节将介绍GNSS卫星动力学定轨的基本思想，描述基于力模型GNSS卫星运动方程的建立，阐述借助地面跟踪站资料的观测方程建立过程，以及轨道确定的参数估计方法。

4.3.1 动力学定轨动力学模型

人造地球卫星的运动可归结为一个受摄二体问题（刘林，2000），涉及的数学模型是一个相当复杂的非线性动力系统，相应力模型涉及的物理参数和卫星本体的星体参数，可以写为中心引力与摄动力之和的形式：

$$\ddot{r} = F_0(r) + F_{\varepsilon}(r, \dot{r}, t, \beta) \tag{4.43}$$

其中，F_0为地球对卫星的中心引力；F_{ε}为 4.2 节中各种摄动加速度之和，其特征和具体形式取决于各种摄动源的力学机制和卫星的星体参数，包括面质比、形状和姿态等。这些摄动力产生的加速度分别为

$$F_{\varepsilon} = F_{\mathrm{ns}} + F_{\mathrm{def(solid,ocean,atm,pole)}} + F_{\mathrm{n-body}} + F_{\mathrm{srp}} + F_{\mathrm{relativity}} + F_{\mathrm{velpluse}} + F_{\mathrm{imp}} \tag{4.44}$$

其中，F_{ns}为地球非球形引力摄动加速度；$F_{\mathrm{def(solid,ocean,atm,pole)}}$为地球形变摄动加速度，包括地球固体潮、海潮、大气潮和极潮；$F_{\mathrm{n-body}}$是N体摄动加速度；F_{srp}是太阳光压加速度；$F_{\mathrm{relativity}}$是相对论加速度；F_{velpluse}速度脉冲加速度；F_{imp}是经验力加速度。

对以上摄动力产生的加速度进行积分可得卫星速度，对卫星速度积分可得卫星位置。按照数值积分的原理，需要知道积分的初值，也即：积分初始时刻的卫星初始状态(位置+速度，或者是 6 个轨道根数)。此外，动力学理论模型存在误差并且非保守力需要进行解算，因此动力学定轨的核心问题是求解卫星的初始状态以及非保守力参数。

卫星轨道的数值解法为在给定初值的情况下的数值积分，卫星运动方程和初始状态可以写为

$$\begin{cases} \dot{x} = F(x,t) \\ x\big|_{t_0} = x_0 \end{cases} \tag{4.45}$$

其中，$x_0 = \begin{pmatrix} r_0 & \dot{r}_0 & p_0 \end{pmatrix}^{\mathrm{T}}$为卫星的初始状态，包括初始历元的卫星位置、速度、非保守力参数。对卫星运动方程在确定的初始条件下进行数值积分就可得到卫星参考轨道x^*。

对（4.45）式在x^*处进行 Taylor 展开，令$\delta = x - x^*$，则有

$$\dot{\delta} = \left.\frac{\partial F(x,t)}{\partial x}\right|_{x=x^*} \delta \tag{4.46}$$

$$\frac{\partial F(x,t)}{\partial x}=\begin{pmatrix}\frac{\partial \dot{r}}{\partial r} & \frac{\partial \dot{r}}{\partial \dot{r}} & \frac{\partial \dot{r}}{\partial p}\\ \frac{\partial \ddot{r}}{\partial r} & \frac{\partial \ddot{r}}{\partial \dot{r}} & \frac{\partial \ddot{r}}{\partial p}\\ \frac{\partial \dot{p}}{\partial r} & \frac{\partial \dot{p}}{\partial \dot{r}} & \frac{\partial \dot{p}}{\partial p}\end{pmatrix}=\begin{pmatrix}0 & I & 0\\ \frac{\partial \ddot{r}}{\partial r} & \frac{\partial \ddot{r}}{\partial \dot{r}} & \frac{\partial \ddot{r}}{\partial p}\\ 0 & 0 & 0\end{pmatrix} \tag{4.47}$$

设（4.46）式的解为

$$\delta=\Psi(t,t_0)\delta_0 \tag{4.48}$$

$$\delta_0=x_0^*-x_0 \tag{4.49}$$

则有

$$\begin{cases}\dot{\Psi}(t,t_0)=\frac{\partial F}{\partial x}\Psi(t,t_0)\\ \Psi(t_0,t_0)=I\end{cases} \tag{4.50}$$

其中，I 为单位矩阵，$\Psi(t,t_0)$ 被称为状态转移矩阵，其形式为

$$\Psi\left(t,t_0\right)=\begin{pmatrix}\frac{\partial r}{\partial r_0} & \frac{\partial r}{\partial \dot{r}_0} & \frac{\partial r}{\partial p_0}\\ \frac{\partial \dot{r}}{\partial r_0} & \frac{\partial \dot{r}}{\partial \dot{r}_0} & \frac{\partial \dot{r}}{\partial p_0}\\ \frac{\partial p}{\partial r_0} & \frac{\partial p}{\partial \dot{r}_0} & \frac{\partial p}{\partial p_0}\end{pmatrix}=\begin{pmatrix}\frac{\partial r}{\partial r_0} & \frac{\partial r}{\partial \dot{r}_0} & \frac{\partial r}{\partial p_0}\\ \frac{\partial \dot{r}}{\partial r_0} & \frac{\partial \dot{r}}{\partial \dot{r}_0} & \frac{\partial \dot{r}}{\partial p_0}\\ 0 & 0 & I\end{pmatrix} \tag{4.51}$$

式（4.48）表示了初始历元轨道的改正数与任意历元轨道改正数之间的转换关系。通过式（4.51）的转换矩阵，将任意历元轨道的改正数归算到轨道初始状态的改正数。式（4.51）只是从定义上给出转换矩阵的形式，具体形式中，每一个矩阵的维数都是 $3\times n$（n 为对应元素的个数）。以 $\frac{\partial r}{\partial r_0}$ 为例，其具体形式为

$$\frac{\partial r}{\partial r_0}=\begin{pmatrix}\frac{\partial x}{\partial x_0} & \frac{\partial x}{\partial y_0} & \frac{\partial x}{\partial z_0}\\ \frac{\partial y}{\partial x_0} & \frac{\partial y}{\partial y_0} & \frac{\partial y}{\partial z_0}\\ \frac{\partial z}{\partial x_0} & \frac{\partial z}{\partial y_0} & \frac{\partial z}{\partial z_0}\end{pmatrix} \tag{4.52}$$

在动力学定轨中，对（4.45）、（4.48）同时进行积分。积分中所有的积分函数为

$$r,\dot{r},\quad \frac{\partial r}{\partial r_0},\frac{\partial \dot{r}}{\partial r_0},\quad \frac{\partial r}{\partial \dot{r}_0},\frac{\partial \dot{r}}{\partial \dot{r}_0},\quad \frac{\partial r}{\partial p_0},\frac{\partial \dot{r}}{\partial p_0} \tag{4.53}$$

其初值为

$$
\begin{cases}
(r,\dot{r})=(r_0,\dot{r}_0)\\
\dfrac{\partial r}{\partial r_0}=\dfrac{\partial \dot{r}}{\partial \dot{r}_0}=I\\
\dfrac{\partial r}{\partial r_0}=\dfrac{\partial r}{\partial \dot{r}_0}=\dfrac{\partial r}{\partial p_0}=\dfrac{\partial \dot{r}}{\partial p_0}=0
\end{cases}
\tag{4.54}
$$

与（4.53）式对应，积分需要用到的右函数为

$$
\dot{r},\ddot{r}\text{，}\quad \frac{\partial \dot{r}}{\partial r_0},\frac{\partial \ddot{r}}{\partial r_0}\text{，}\quad \frac{\partial \dot{r}}{\partial \dot{r}_0},\frac{\partial \ddot{r}}{\partial \dot{r}_0}\text{，}\quad \frac{\partial \dot{r}}{\partial p_0},\frac{\partial \ddot{r}}{\partial p_0}
\tag{4.55}
$$

其中，

$$
\begin{cases}
\dfrac{\partial \ddot{r}}{\partial r_0}=\dfrac{\partial \ddot{r}}{\partial r}\dfrac{\partial r}{\partial r_0}+\dfrac{\partial \ddot{r}}{\partial \dot{r}}\dfrac{\partial \dot{r}}{\partial r_0}+\dfrac{\partial \ddot{r}}{\partial p}\dfrac{\partial p}{\partial r_0}=\dfrac{\partial \ddot{r}}{\partial r}\dfrac{\partial r}{\partial r_0}\\
\dfrac{\partial \ddot{r}}{\partial \dot{r}_0}=\dfrac{\partial \ddot{r}}{\partial r}\dfrac{\partial r}{\partial \dot{r}_0}+\dfrac{\partial \ddot{r}}{\partial \dot{r}}\dfrac{\partial \dot{r}}{\partial \dot{r}_0}+\dfrac{\partial \ddot{r}}{\partial p}\dfrac{\partial p}{\partial \dot{r}_0}=\dfrac{\partial \ddot{r}}{\partial r}\dfrac{\partial r}{\partial \dot{r}_0}+\dfrac{\partial \ddot{r}}{\partial \dot{r}}\dfrac{\partial \dot{r}}{\partial \dot{r}_0}\\
\dfrac{\partial \ddot{r}}{\partial p_0}=\dfrac{\partial \ddot{r}}{\partial r}\dfrac{\partial r}{\partial p_0}+\dfrac{\partial \ddot{r}}{\partial \dot{r}}\dfrac{\partial \dot{r}}{\partial p_0}+\dfrac{\partial \ddot{r}}{\partial p}\dfrac{\partial p}{\partial p_0}=\dfrac{\partial \ddot{r}}{\partial r}\dfrac{\partial r}{\partial p_0}+\dfrac{\partial \ddot{r}}{\partial p}
\end{cases}
\tag{4.56}
$$

采用数值积分的方法就能够得到基于式（4.55）右函数的积分函数式（4.53）。

4.3.2 GNSS 卫星动力学定轨

由于数学模型和轨道初值、非保守力参数均存在误差，导致了轨道积分预报值 $r(t)$，$\dot{r}(t)$ 与真实轨道初值存在差异，因此需要通过一系列观测值来校正上述初值。因此 GNSS 卫星动力学定轨是利用地面观测站提供的观测资料对动力学轨道初值（轨道根数形式或者状态矢量形式）进行改进的数据处理过程。

动力学精密定轨中的初轨时刻可选定为计算弧段内的任意时刻，根据初始轨道信息积分生成参考轨道和任意时刻相对于初轨时刻的状态转移矩阵。根据在各历元处建立观测方程，通过状态转移矩阵将轨道参数线性化至初轨时刻，解算得出初轨参数改正数，采用数值积分方法获取精密轨道。动力学精密定轨需要进行两步线性化，分别是：

（1）将接收机的观测方程线性化表示为该时刻卫星轨道的函数；

（2）将任意时刻下卫星轨道函数线性化为卫星初始状态的函数。

以上两步分别通过 GNSS 地面观测资料建立的观测方程和通过卫星在摄动力下建立的运动方程积分得到状态转移矩阵实现，则定轨问题即转化为对卫星的初始状态进行改进的迭代过程，并进行参数估计，如图 4.13 所示。

初始轨道选定为 $\varUpsilon_0$，积分生成参考轨道 $\varUpsilon$ 和状态转移矩阵 $\varPsi(t,t_0)$，假设在 j 历元处 GNSS 伪距和载波相位观测方程为

$$
P_j^{\mathrm{s}}=\rho^{\mathrm{s}}+c\cdot \mathrm{d}t_{\mathrm{r}}-c\cdot \mathrm{d}t^{\mathrm{s}}+I^{\mathrm{s}}+T^{\mathrm{s}}+d_{\mathrm{r,p}}+d_{\mathrm{p}}^{\mathrm{s}}+\mathrm{Multi}_{\mathrm{p}}^{\mathrm{s}}+\varepsilon_{\mathrm{r}}^{\mathrm{p}}
\tag{4.57}
$$

$$
L_j^{\mathrm{s}}=\rho^{\mathrm{s}}+c\cdot \mathrm{d}t_{\mathrm{r}}-c\cdot \mathrm{d}t^{\mathrm{s}}-I^{\mathrm{s}}+T^{\mathrm{s}}+\frac{c}{f_i}b_i^{\mathrm{s}}+d_{\mathrm{r},\varPhi}+d_{\varPhi}^{\mathrm{s}}+\mathrm{Multi}_{\varPhi}^{\mathrm{s}}+\varepsilon_{\mathrm{r}}^{\varPhi}
\tag{4.58}
$$

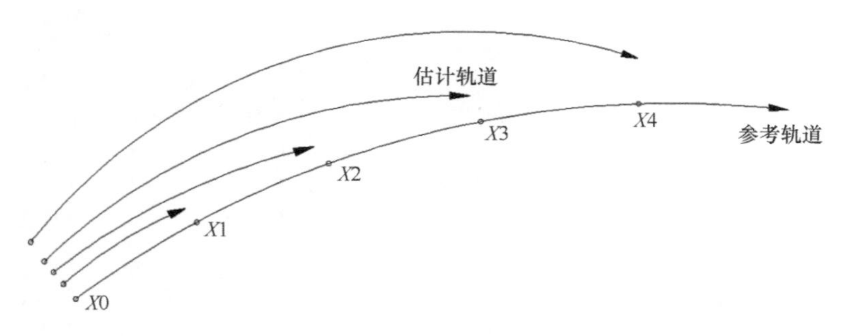

图 4.13　动力学定轨示意图

其中，f_i 为频率；上标 s 表示卫星；P_j^s 和 L_j^s 为伪距和载波相位观测值；ρ^s 为几何距离；c 为光速；dt_r 为接收机钟差；dt^s 为卫星钟差；I^s 为电离层延迟；T^s 为对流层延迟；b_i^s 为相位观测值模糊度；$d_{r,p}$ 和 $d_{r,\Phi}$ 为接收机伪距和相位观测值硬件延迟；d_p^s 和 d_Φ^s 为卫星伪距和相位观测值硬件延迟；Multi_p^s 和 Multi_Φ^s 为伪距和相位观测值多路径影响；ε_r^p 和 ε_r^Φ 为伪距和相位观测值未模型化误差。

将观测方程在历元 t 处对卫星轨道 Υ 进行线性化，泰勒级数展开得到

$$V_t = y(\Upsilon_t) + \left.\frac{\partial y}{\partial \Upsilon}\right|_{\Upsilon=\Upsilon_t} \cdot \mathrm{d}\Upsilon_t - l_t \tag{4.59}$$

式中，V_t 为残差；$y(\Upsilon_t)$ 为根据历元 t 卫星轨道参数 Υ 初值 (Υ_t) 计算得到的理论观测值；$\frac{\partial y}{\partial \Upsilon}$ 为线性化系数阵；$\mathrm{d}\Upsilon_t$ 为历元 t 参数 Υ 初值的改正数；l_t 为常数项。

基于 4.3.1 节的介绍，任意历元轨道的改正数可以利用状态转移矩阵转化至初轨时刻，也即定轨弧段内所有时刻的卫星轨道改正数参数可以归算至一个时刻的参数。(4.59) 中的线性化系数阵可写为

$$\left.\frac{\partial y}{\partial \Upsilon}\right|_{\Upsilon=\Upsilon_t} = \left.\frac{\partial y}{\partial \Upsilon}\right|_{\Upsilon=\Upsilon_0} \cdot \Psi(t,t_0) \tag{4.60}$$

定义每个历元轨道线性化矩阵 $\left.\frac{\partial y}{\partial \Upsilon}\right|_{\Upsilon=\Upsilon_t} = \tilde{H}_t$，$H_t = \tilde{H}_t \cdot \Psi(t,t_0)$，将（4.60）式代入到式（4.59）中：

$$V_t = y(\Upsilon_t) + H_t \mathrm{d}\Upsilon_0 - l_t \tag{4.61}$$

4.3.3　轨道积分及预报

由于卫星运动受力复杂，在已知初轨的情况下，任意历元卫星的轨道需要通过数值积分来实现。通过数值积分可以求得任意给定弧段卫星的轨道，因此也是卫星轨道预报的基本方法（周建华等，2015）。

数值积分的基本原理是将由函数定义域和值域组成的不规则面积分解成若干小块，求解小块面积之和代替整块不规则面积，当小块步长趋于零时，小块面积之和等于整块

面积。

令在 t_i 时刻，其函数值 $x_i = f\left(x_i, x_j\right)$，则通过积分可得函数在 t_{i+1} 时刻值为

$$x_{i_{+1}} = x_i + \int_{t_i}^{t_{i+1}} f\left(x_i, t_i\right) \mathrm{d}t \tag{4.62}$$

对 $f\left(x_i, t_i\right)$ 进行一次 Taylor 展开，即欧拉公式

$$x_{i_{+1}} = x_i + hf^{-1}\left(x_i, t_i\right) + O\left(h^2\right) \tag{4.63}$$

其中 $h=t_{i+1}-t_i$ 为步长，$O\left(h^2\right)$ 为截断误差。显然，欧拉公式不能满足高精度 GNSS 定轨的要求，需要使用更为精确的数值积分模型。

1）龙格-库塔方法

龙格-库塔（Runge-Kutta，RK）方法为单步法数值积分，将式（4.63）中的 $f^{-1}\left(x_i, t_i\right)$ 在积分步长内替换为一系列点。以经典的 4 阶龙格-库塔（RK4）为例

$$\begin{cases} x_{i+1} = x_i + \dfrac{1}{6}\left[k_1 + 2k_2 + 2k_3 + k_4\right] \\ k_1 = hf\left(x_i, t_i\right) \\ k_2 = hf\left(x_i + \dfrac{1}{2}k_1, t_i + \dfrac{1}{2}h\right) \\ k_3 = hf\left(x_i + \dfrac{1}{2}k_2, t_i + \dfrac{1}{2}h\right) \\ k_4 = hf\left(x_i + k_3, t_i + h\right) \end{cases} \tag{4.64}$$

RK4 方法精度相当于四阶 Taylor 展开，计算简单、易实现，但无法准确估计其截断误差。在精度要求较高的 GNSS 精密定轨中，通常引入 Runge-Kutta-Fehlberg（RKF）方法。它是一种嵌套的 RK 方法，同时给出 n 阶和 $n+1$ 阶两组 RK 计算公式，用其计算结果之差估计截断误差，从而控制其积分步长。

以 6 阶和 7 阶嵌套的 RKF 公式为例

$$\begin{cases} x_{i+1} = x_i + h\sum_{j=1}^{7} c_j f_j + O\left(h^7\right) \\ x_{i+1} = x_i + h\sum_{j=1}^{9} \hat{c}_j f_j + O\left(h^8\right) \end{cases} \tag{4.65}$$

$$\begin{cases} f_0 = f\left(x_i, t_i\right) \\ f_j = f\left(xi + h\sum_{k=0}^{j-1} \beta_{jk} f_k, t_i + h\alpha_j\right) \quad j = 1, 2, \cdots, 9 \end{cases} \tag{4.66}$$

截断误差 T_{i+1} 为

$$T_{i+1} = \frac{11}{270}\left(f_0 + f_7 - f_8 - f_9\right) \tag{4.67}$$

式中各系数α_j，β_{jk}，c_j，$\hat{c}_j$可参照文献（王解先，1997）。

2）Adams-Bashforth 方法

RKF 单步法每一步相互独立，容易实现，且易灵活改变积分步长，但 RKF 将积分步长分为若干部分，每次需计算其右函数，耗时较大。多步法基于若干个单步法积分结果，向前推算，精度高且速度快。多步法的基本思想为将式（4.62）中的函数$f\left(x_i,t_i\right)$替换为多项式$p\left(t\right)$，$p\left(t\right)$可通过多项式插值获得。

利用 m–1 阶多项式$p_m^i\left(t\right)$牛顿公式对等距离节点 t_i 处 m 个点进行插值可得

$$p_m^i\left(t\right)=\sum_{j=0}^{m-1}\left(-1\right)^j\binom{m}{j}\gamma_m f_i \tag{4.68}$$

式（4.62）可表示为

$$x_{i_{+1}}=x_i+\int_{t_i}^{t_{i+1}}p_m^i\mathrm{d}t \tag{4.69}$$

即

$$x_{i+1}=x_i+h\sum_{j=0}^{k-1}\beta_{kj}f_{i-j}\quad k=1,2,3,\cdots \tag{4.70}$$

$$\begin{cases}\beta_{kj}=\left(-1\right)^j\sum_{m=1}^{k-1}\binom{m}{j}\gamma_m\\ \gamma_m=1-\sum_{k=0}^{m-1}\dfrac{1}{m+1-k}\gamma_k\\ \gamma_m+\dfrac{1}{2}\gamma_{m-1}+\dfrac{1}{3}\gamma_{m-2}+\cdots+\dfrac{1}{m+1}\gamma_0=1\end{cases} \tag{4.71}$$

其中，β_{kj}计算值可参考 Grigorieff（1983）的研究。

3）Adams-Moulton 方法

Adams-Bashforth 方法中多项式$p\left(t\right)$由t_i时刻 m 个函数值定义。然而，对随后的$t_i\cdots t_{i+1}$时刻，多项式可能不十分准确。因此，Adams-Bashforth 方法得出的x_{i+1}可以作为 Adams-Moulton 方法的预报值，然后再进行改正。Adams-Moulton 方法使用多项式p_m^{i+1}对t_{i-m+2}和t_{i+1}时刻 m 个函数值进行插值处理：

$$p_m^{i+1}=\sum_{j=0}^{m-1}\left(-1\right)^j\binom{m}{j}\gamma_m^* f_{i+1} \tag{4.72}$$

则

$$x_{i+1}=x_i+h\sum_{j=0}^{k-1}\beta_{kj}^* f_{i-j+1}\qquad k=1,2,3,\cdots \tag{4.73}$$

其中，

$$
\begin{cases}
\beta_{kj}^{*}=(-1)^{j}\sum\limits_{m=1}^{k-1}\binom{m}{j}\gamma_{m}^{*}\\
\gamma_{m}^{*}+\dfrac{1}{2}\gamma_{m-1}^{*}+\dfrac{1}{3}\gamma_{m-2}^{*}+\cdots+\dfrac{1}{m+1}\gamma_{0}^{*}=\begin{cases}1,(m=0)\\0,(m\neq 0)\end{cases}\\
\sum\limits_{j=0}^{m}\gamma_{j}^{*}=\gamma_{m}\left(m=0,1,2,\cdots\right)
\end{cases}
\tag{4.74}
$$

图 4.14 比较了不同数值积分方法计算卫星三天轨道的精度（段兵兵，2016）。图中的精度为卫星轨道的三维位置误差 $\mathrm{d}r=\sqrt{\left(\mathrm{d}x^2+\mathrm{d}y^2+\mathrm{d}z^2\right)}$。

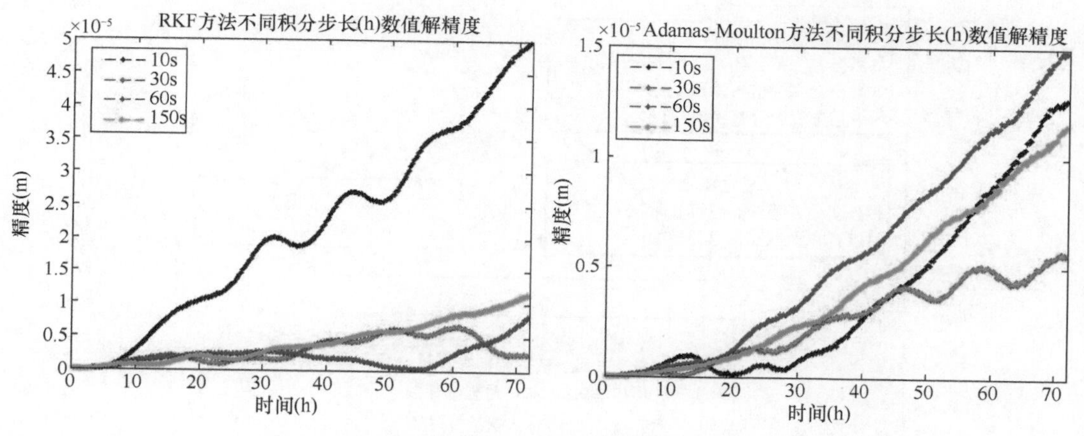

图 4.14　RKF、Adamas-Moulton 积分方法的精度分析

从图 4.14 可以看出，RKF 方法对积分步长和总弧长较为敏感，积分步长为 10s 的误差明显比其他步长要大；Adamas-Moulton 方法精度较高，对积分步长和总弧长敏感度小，并且 Adamas-Moulton 方法计算过程中调用右函数次数最少、效率最高。表 4.3 为各积分器采用不同步长，积分 1 天、2 天和 3 天后的精度，作为比较表中也统计了 RK4 积分方法的结果。分析发现，RK4 方法在采用 150s 步长时，积分三天弧段后，平均误差可达 9m，而 RKF 和 Adamas-Moulton 方法在积分步长小于 150s 的情况下，可忽略积分器误差影响。

表 4.3　各积分方法精度分析

积分步长	RK4（m）			RKF（m）			Adamas-Moulton（m）		
	1 天	2 天	3 天	1 天	2 天	3 天	1 天	2 天	3 天
10s	3×10^{-5}	8×10^{-5}	1×10^{-4}	1×10^{-5}	2×10^{-5}	5×10^{-5}	5×10^{-7}	4×10^{-6}	1×10^{-5}
30s	3×10^{-3}	6×10^{-3}	9×10^{-3}	1×10^{-6}	5×10^{-6}	3×10^{-6}	1×10^{-6}	4×10^{-6}	6×10^{-6}
60s	4×10^{-2}	1×10^{-1}	1×10^{-1}	2×10^{-6}	1×10^{-6}	8×10^{-6}	2×10^{-6}	8×10^{-6}	1×10^{-5}
150s	2×10	5×10	9×10	2×10^{-6}	6×10^{-6}	1×10^{-5}	1×10^{-6}	6×10^{-6}	1×10^{-5}

4.4　星地/星间联合精密定轨

依据卫星在轨状态，精密定轨方法包括常规多星定轨（ODTS）、单星定轨以及几何法定轨等（周建华等，2010）。其中多星定轨为后处理常用的定轨模式，采用星地或者星间的伪距及载波相位数据依据动力学定轨模型，同时处理多颗卫星数据，获取各颗卫星的精密轨道。单星定轨仅处理单颗卫星的数据，通常应用于卫星入轨初期以及机动后恢复期间的精密轨道确定。几何法定轨采用的是类似伪距单点动态定位的方法，将地面站视为卫星，将卫星视为移动测站，一般用于机动期间的轨道监视和测定。

4.4.1 多星精密定轨

4.4.1.1 多星定轨处理流程

多星精密定轨流程如图 4.15 所示。

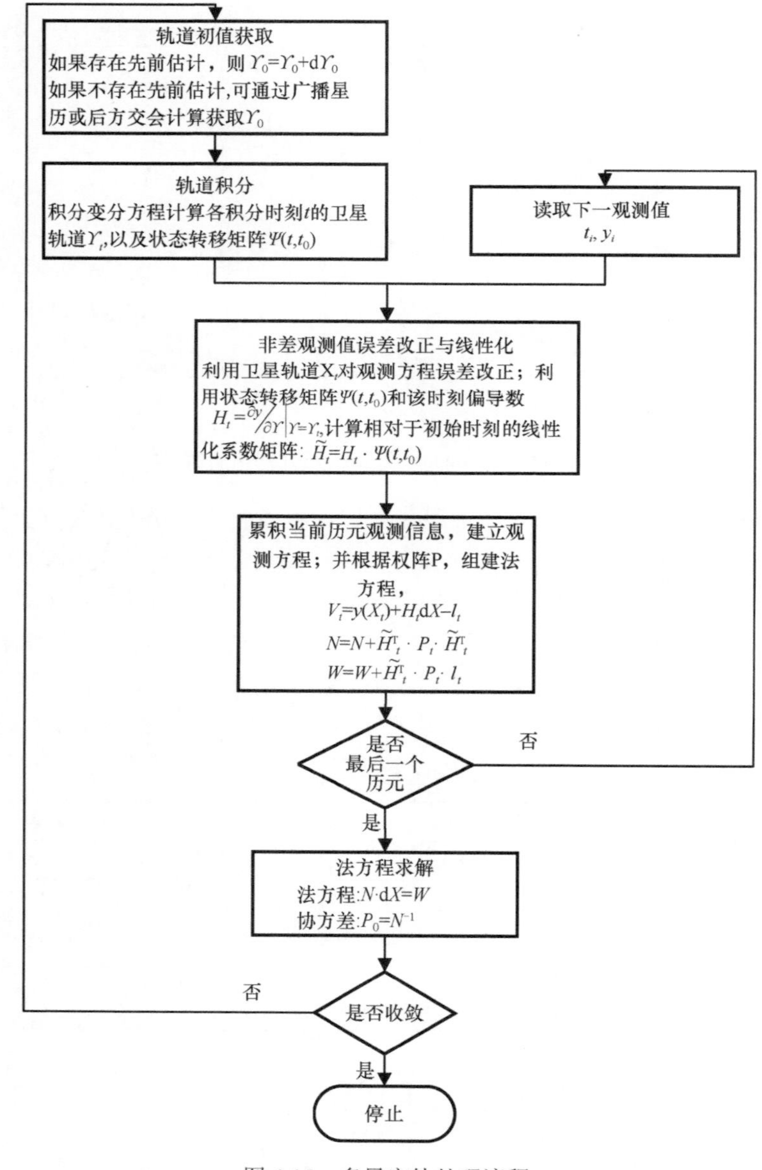

图 4.15 多星定轨处理流程

在多星精密定轨处理中通常包括两类待估参数：一类是卫星动力学参数，包括卫星初始轨道参数、太阳辐射压参数、经验加速度参数等出现在卫星运动方程中的待估参数；另一类是只出现在观测方程中待估参数，或称为几何参数，如测站坐标，地球自转参数、测站大气天顶延迟以及钟差参数等。

4.4.1.2 多星定轨处理解算策略

在多站多星的联合处理中，同一卫星对所有监测接收机钟差唯一，而同一监测接收机对所有卫星的钟差唯一。即对同一历元，多星定轨只需要估计 $M+N$ 个钟差参数（实际上由于秩亏只能获得 $M+N-1$ 个独立的钟差参数估计）。而对整个定轨弧段，多星定轨需要估计 Nepoch×（$M+N-1$）个钟差参数，其中 Nepoch 为数据历元数。以 30 秒采样计算，72 小时多星定轨需要估计的参数多达 8640×（$M+N-1$）个钟差参数。虽然该数目大大多于单颗卫星定轨的钟差参数，但是联合定轨的假设保证了获得的钟差估计是自洽的，即在修正钟差后各卫星发播的时间在一定精度范围内保持了同步。

采用经验太阳辐射压模型可以模制辐射压对卫星轨道的主要摄动影响，但仍存在一定残余误差，精密定轨时还需估计经验力参数对残余误差进行模制。从轨道误差来看，受地面监测站约束，通常轨道径向误差可以较好控制，但轨道沿迹（T）方向和轨道面法向（N）较难约束，因此在轨道 T/N 方向需要采用经验力参数加以模制，吸收力模型的残余误差。

采用多站多星联合定轨还可以估计观测模型参数，如接收机大气天顶延迟。由于常用的大气模型通常可以较好模制干性大气延迟，而难以精确模制湿大气延迟，因此在精密定轨解算时通常对每个接收机每 2 小时估计一个大气折射误差。对于区域卫星导航系统，当 IGSO/MEO 卫星增多时，测站到卫星观测高度角随时间有明显变化，利用大气折射误差与高度角相关的特性可以降低大气折射误差与卫星轨道、钟差等参数相关性，因此有可能在多星定轨时同时估计大气参数，以降低因大气模型误差对精密定轨精度的影响。多星定轨估计的大气参数为大气模型在常温常压下计算修正值的尺度因子。设一个接收机估计 M 个天顶延迟参数，则 t_i 时刻大气折射误差改正数可写为

$$\begin{aligned} \delta\rho_{\text{trop}} &= \text{trop\_ori}\times\left(x_{\text{trop}}(k)\cdot(1-\mathrm{d}t)+x_{\text{trop}}(k+1)\cdot\mathrm{d}t\right) \\ \mathrm{d}t &= \frac{t_i - t_{\text{trop}}(k)}{t_{\text{trop}}(k+1)-t_{\text{trop}}(k)} \end{aligned} \tag{4.75}$$

其中，trop_ori 为采用大气模型，如 Saastamoinen 模型在常温常压下计算的斜路径大气折射误差，$x_{\text{trop}}(k),(k=1,\cdots,M)$ 为该接收机估计的第 k 个大气参数，$t_{\text{trop}}(k),(k=1,\cdots,M)$ 为第 k 个大气参数对应的时刻。

对大气参数进行线性化，第 t_i 时刻对第 k 和 $k+1$ 个大气参数偏导数有

$$\frac{\partial\rho_i}{\partial x_{\text{trop}}(k)}=\text{trop\_ori}\times(1-\mathrm{d}t)\text{，}\quad\frac{\partial\rho_i}{\partial x_{\text{trop}}(k+1)}=\text{trop\_ori}\times\mathrm{d}t \tag{4.76}$$

将大气参数与其他参数一起进行最小二乘平差，可得到大气估计值。

4.4.1.3 多星定轨钟差约化算法

4.3.2 中动力学定轨解算的参数待求参数除了卫星轨道之外，还包含测站坐标、模糊度、地球自转参数等。考虑所有待求参数，式（4.61）重新写为

$$\boldsymbol{V}_t=\boldsymbol{y}\left(\boldsymbol{X}_t\right)+\boldsymbol{H}_t\mathrm{d}\boldsymbol{X}-\boldsymbol{l}_t \tag{4.77}$$

系数阵 $\boldsymbol{H}_t$ 包含了所有参数的相关信息，对定轨弧段内的所有地面测站数据进行处理，进行参数解算：

$$\begin{aligned}&\boldsymbol{N}=\boldsymbol{N}+\boldsymbol{H}^{\mathrm{T}}\cdot\boldsymbol{P}_t\cdot\boldsymbol{H}^{\mathrm{T}}\\&\boldsymbol{W}=\boldsymbol{W}+\boldsymbol{H}^{\mathrm{T}}\cdot\boldsymbol{P}_t\cdot\boldsymbol{l}_t\\&\mathrm{d}\boldsymbol{X}=\boldsymbol{N}^{-1}\cdot\boldsymbol{W}\end{aligned} \tag{4.78}$$

式（4.78）中，待估计参数为 $\boldsymbol{X}=[\underset{m_0\times1}{\boldsymbol{X}_0}\quad\underset{m_1\times1}{\boldsymbol{X}_1}\quad\cdots\quad\underset{m_N\times1}{\boldsymbol{X}_N}]^{\mathrm{T}}$，$\underset{m_0\times1}{\boldsymbol{X}_0}$ 为 m_0 个全局参数，包括卫星轨道状态参数、测站坐标、模糊度参数、大气、太阳辐射压参数等；$\underset{m_i\times1}{\boldsymbol{X}_i}$ 为第 $i\ (i=1,2,\cdots,N)$ 个观测历元 m_i 个待估钟差参数，包括卫星和接收机钟差。其中钟差参数数量最多，为提高方程解算效率，钟差约化算法基本思想是将待估参数分为全局参数和钟差参数两类，逐历元对钟差参数进行约化的方法，消去钟参数，仅保留卫星状态、测站坐标等全局参数，从而减小法方程大小，降低存储空间（周善石，2011）。

式（4.78）中误差方程系数矩阵可写为

$$\underset{\sum_{i=1}^{N}n_i\times\sum_{i=0}^{N}m_i}{\boldsymbol{H}}=\begin{bmatrix}\underset{n_1\times m_0}{\boldsymbol{H}_{10}} & \underset{n_1\times m_1}{\boldsymbol{H}_{11}} & 0 & \cdots & 0\\ \underset{n_2\times m_0}{\boldsymbol{H}_{20}} & 0 & \underset{n_2\times m_2}{\boldsymbol{H}_{22}} & \cdots & 0\\ \vdots & \vdots & \vdots & \ddots & \vdots\\ \underset{n_N\times m_0}{\boldsymbol{H}_{N0}} & 0 & 0 & \cdots & \underset{n_N\times m_N}{\boldsymbol{H}_{NN}}\end{bmatrix} \tag{4.79}$$

其中，n_i 为第 $i\ (i=1,2,\cdots,N)$ 个历元误差方程个数，各历元观测量为：$\boldsymbol{y}=\begin{bmatrix}\underset{n_1\times1}{\boldsymbol{y}_1},\underset{n_2\times1}{\boldsymbol{y}_2},\cdots,\underset{n_N\times1}{\boldsymbol{y}_N}\end{bmatrix}^{\mathrm{T}}$。

误差方程系数阵转置后可写为

$$\underset{\sum_{i=0}^{N}m_i\times\sum_{i=1}^{N}n_i}{\boldsymbol{H}^{\mathrm{T}}}=\begin{bmatrix}\underset{m_0\times n_1}{\boldsymbol{H}_{10}^{\mathrm{T}}} & \underset{m_0\times n_2}{\boldsymbol{H}_{20}^{\mathrm{T}}} & \cdots & \underset{m_0\times n_N}{\boldsymbol{H}_{N0}^{\mathrm{T}}}\\ \underset{m_1\times n_1}{\boldsymbol{H}_{11}^{\mathrm{T}}} & 0 & \cdots & 0\\ 0 & \underset{m_2\times n_2}{\boldsymbol{H}_{22}^{\mathrm{T}}} & \cdots & 0\\ \vdots & \vdots & \ddots & \vdots\\ 0 & 0 & \cdots & \underset{m_N\times n_N}{\boldsymbol{H}_{NN}^{\mathrm{T}}}\end{bmatrix} \tag{4.80}$$

不失一般性，假设等权观测，则有

$$
\boldsymbol{W}=\underset{\sum_{i=0}^{N}m_i\times\sum_{i=0}^{N}n_i}{\boldsymbol{H}^{\mathrm{T}}}\cdot\underset{\sum_{i=1}^{N}n_i\times\sum_{i=0}^{N}m_i}{\boldsymbol{H}}=\begin{bmatrix}\sum_{i=1}^{N}\underset{m_0\times n_i}{\boldsymbol{H}_{i0}^{\mathrm{T}}}\cdot\underset{n_i\times m_0}{\boldsymbol{H}_{i0}} & \underset{m_0\times n_1}{\boldsymbol{H}_{10}^{\mathrm{T}}}\cdot\underset{n_1\times m_1}{\boldsymbol{H}_{11}} & \underset{m_0\times n_2}{\boldsymbol{H}_{20}^{\mathrm{T}}}\cdot\underset{n_2\times m_2}{\boldsymbol{H}_{22}} & \cdots & \underset{m_0\times n_N}{\boldsymbol{H}_{N0}^{\mathrm{T}}}\cdot\underset{n_N\times m_N}{\boldsymbol{H}_{NN}}\\ \underset{m_1\times n_1}{\boldsymbol{H}_{11}^{\mathrm{T}}}\cdot\underset{n_1\times m_0}{\boldsymbol{H}_{10}} & \underset{m_1\times n_1}{\boldsymbol{H}_{11}^{\mathrm{T}}}\cdot\underset{n_1\times m_1}{\boldsymbol{H}_{11}} & 0 & \cdots & 0\\ \vdots & \vdots & \vdots & \ddots & \vdots\\ \underset{m_N\times n_N}{\boldsymbol{H}_{NN}^{\mathrm{T}}}\cdot\underset{n_N\times m_0}{\boldsymbol{H}_{N0}} & 0 & 0 & \cdots & \underset{m_N\times n_N}{\boldsymbol{H}_{NN}^{\mathrm{T}}}\cdot\underset{n_N\times m_N}{\boldsymbol{H}_{NN}}\end{bmatrix} \tag{4.81}
$$

$$
\overset{\Delta}{=}\underset{\sum_{i=0}^{N}m_i\times\sum_{i=0}^{N}m_i}{\boldsymbol{NA}}=\begin{bmatrix}\boldsymbol{NA}_{00} & \boldsymbol{NA}_{01} & \boldsymbol{NA}_{02} & \cdots & \boldsymbol{NA}_{0N}\\ \boldsymbol{NA}_{01}^{\mathrm{T}} & \boldsymbol{NA}_{11} & 0 & \cdots & 0\\ \vdots & \vdots & \vdots & \ddots & \vdots\\ \boldsymbol{NA}_{0N}^{\mathrm{T}} & 0 & 0 & \cdots & \boldsymbol{NA}_{NN}\end{bmatrix} \tag{4.82}
$$

$$
\underset{\sum_{i=0}^{N}m_i\times\sum_{i=1}^{N}n_i}{\boldsymbol{H}^{\mathrm{T}}}\cdot\underset{\sum_{i=1}^{N}n_i\times 1}{\boldsymbol{y}}=\begin{bmatrix}\sum_{i=1}^{N}\underset{m_0\times n_i}{\boldsymbol{H}_{i0}^{\mathrm{T}}}\cdot\underset{n_i\times 1}{\boldsymbol{y}_i}\\ \underset{m_1\times n_1}{\boldsymbol{H}_{11}^{\mathrm{T}}}\cdot\underset{n_1\times 1}{\boldsymbol{y}_1}\\ \vdots\\ \underset{m_N\times n_N}{\boldsymbol{H}_{NN}^{\mathrm{T}}}\cdot\underset{nN\times 1}{\boldsymbol{y}_1}\end{bmatrix} \tag{4.83}
$$

法方程成分量形式为

$$
\begin{cases}\underset{m_0\times m_0}{\boldsymbol{NA}_{00}}\cdot\underset{m_0\times 1}{\boldsymbol{X}_0}+\underset{m_0\times m_1}{\boldsymbol{NA}_{01}}\cdot\underset{m_1\times 1}{\boldsymbol{X}_1}+\underset{m_0\times m_2}{\boldsymbol{NA}_{02}}\cdot\underset{m_2\times 1}{\boldsymbol{X}_2}+\cdots+\underset{m_0\times m_N}{\boldsymbol{NA}_{0N}}\cdot\underset{m_N\times 1}{\boldsymbol{X}_N}=\sum_{i=1}^{N}\underset{m_0\times n_i}{\boldsymbol{H}_{i0}}\cdot\underset{n_i\times 1}{\boldsymbol{y}_i}\\ \underset{m_1\times m_0}{\boldsymbol{NA}_{01}^{\mathrm{T}}}\cdot\underset{m_0\times 1}{\boldsymbol{X}_0}+\underset{m_1\times m_1}{\boldsymbol{NA}_{11}}\cdot\underset{m_1\times 1}{\boldsymbol{X}_1}=\underset{m_1\times n_1}{\boldsymbol{H}_{11}^{\mathrm{T}}}\cdot\underset{n_1\times 1}{\boldsymbol{y}_1}\\ \cdots\\ \underset{m_N\times m_0}{\boldsymbol{NA}_{0N}^{\mathrm{T}}}\cdot\underset{m_0\times 1}{\boldsymbol{X}_0}+\underset{m_N\times m_N}{\boldsymbol{NA}_{NN}}\cdot\underset{m_N\times 1}{\boldsymbol{X}_N}=\underset{m_N\times n_N}{\boldsymbol{H}_{NN}^{\mathrm{T}}}\cdot\underset{n_N\times 1}{\boldsymbol{y}_N}\end{cases} \tag{4.84}
$$

方程组第二式可化为

$$
\underset{m_1\times 1}{\boldsymbol{X}_1}=\underset{m_1\times m_1}{\boldsymbol{NA}_{11}^{-1}}\cdot(\underset{m_1\times n_1}{\boldsymbol{H}_{11}^{\mathrm{T}}}\cdot\underset{n_1\times 1}{\boldsymbol{y}_1}-\underset{m_1\times m_0}{\boldsymbol{NA}_{01}^{\mathrm{T}}}\cdot\underset{m_0\times 1}{\boldsymbol{X}_0}) \tag{4.85}
$$

代入方程组第一式得

$$
\underset{m_0\times m_0}{\boldsymbol{NA}_{00}}\cdot\underset{m_0\times 1}{\boldsymbol{X}_0}+\underset{m_0\times m_1}{\boldsymbol{NA}_{01}}\cdot\underset{m_1\times m_1}{\boldsymbol{NA}_{11}^{-1}}\cdot(\underset{m_1\times n_1}{\boldsymbol{H}_{11}^{\mathrm{T}}}\cdot\underset{n_1\times 1}{\boldsymbol{y}_1}-\underset{m_1\times m_0}{\boldsymbol{NA}_{01}^{\mathrm{T}}}\cdot\underset{m_0\times 1}{\boldsymbol{X}_0})+\underset{m_0\times m_2}{\boldsymbol{NA}_{02}}\cdot\underset{m_2\times 1}{\boldsymbol{X}_2}+\cdots+\underset{m_0\times m_N}{\boldsymbol{NA}_{00}}\cdot\underset{m_N\times 1}{\boldsymbol{X}_0}=\sum_{i=1}^{N}\underset{m_0\times n_i}{\boldsymbol{H}_{i0}}\cdot\underset{n_i\times 1}{\boldsymbol{y}_i} \tag{4.86}
$$

消去第一个历元钟差参数 $\underset{m_1\times 1}{X_1}$ 后得

$$
\begin{aligned}&(\underset{m_0\times m_0}{\boldsymbol{NA}_{00}}-\underset{m_0\times m_1}{\boldsymbol{NA}_{01}}\cdot\underset{m_1\times m_1}{\boldsymbol{NA}_{11}^{-1}}\cdot\underset{m_1\times m_0}{\boldsymbol{NA}_{01}^{\mathrm{T}}})\cdot\underset{m_0\times 1}{\boldsymbol{X}_0}+\underset{m_0\times m_2}{\boldsymbol{NA}_{02}}\cdot\underset{m_2\times 1}{\boldsymbol{X}_2}+\cdots+\underset{m_0\times m_N}{\boldsymbol{NA}_{0N}}\cdot\underset{m_N\times 1}{\boldsymbol{X}_N}=\sum_{i=1}^{N}\underset{m_0\times n_i}{\boldsymbol{H}_{i0}}\cdot\underset{n_i\times 1}{\boldsymbol{y}_i}\\ &\quad-\underset{m_0\times m_1}{\boldsymbol{NA}_{01}}\cdot\underset{m_1\times m_1}{\boldsymbol{NA}_{11}^{-1}}\,\underset{m_1\times n_1}{\boldsymbol{H}_{11}^{\mathrm{T}}}\cdot\underset{n_1\times 1}{\boldsymbol{y}_1}\end{aligned} \tag{4.87}
$$

根据定义有

$$\underset{m_0\times m_1}{\boldsymbol{NA}_{01}} = \underset{m_0\times n_1}{\boldsymbol{H}_{10}^{\mathrm{T}}}\cdot\underset{n_1\times m_1}{\boldsymbol{H}_{11}} \qquad \underset{m_1\times m_1}{\boldsymbol{NA}_{11}} = \underset{m_1\times n_1}{\boldsymbol{H}_{11}^{\mathrm{T}}}\cdot\underset{n_1\times m_1}{\boldsymbol{H}_{11}} \tag{4.88}$$

则等式左边合并部分

$$\begin{aligned}\underset{m_0\times m_1}{\boldsymbol{NA}_{01}}\cdot\underset{m_1\times m_1}{\boldsymbol{NA}_{11}^{-1}}\cdot\underset{m_1\times m_0}{\boldsymbol{NA}_{01}^{\mathrm{T}}} &= (\underset{m_0\times n_1}{\boldsymbol{H}_{10}^{\mathrm{T}}}\cdot\underset{n_1\times m_1}{\boldsymbol{H}_{11}})\cdot(\underset{m_1\times n_1}{\boldsymbol{H}_{11}^{\mathrm{T}}}\cdot\underset{n_1\times m_1}{\boldsymbol{H}_{11}})^{-1}\cdot(\underset{m_0\times n_1}{\boldsymbol{H}_{10}^{\mathrm{T}}}\cdot\underset{n_1\times m_1}{\boldsymbol{H}_{11}})^{\mathrm{T}} \\ &= \underset{m_0\times n_1}{\boldsymbol{H}_{10}^{\mathrm{T}}}\cdot(\underset{n_1\times m_1}{\boldsymbol{H}_{11}}\cdot(\underset{m_1\times n_1}{\boldsymbol{H}_{11}^{\mathrm{T}}}\cdot\underset{n_1\times m_1}{\boldsymbol{H}_{11}})^{-1}\cdot\underset{m_1\times n_1}{\boldsymbol{H}_{11}^{\mathrm{T}}})\cdot\underset{n_1\times m_0}{\boldsymbol{H}_{10}}\end{aligned} \tag{4.89}$$

等式右边新增项

$$\begin{aligned}\underset{m_0\times m_1}{\boldsymbol{NA}_{01}}\cdot\underset{m_1\times m_1}{\boldsymbol{NA}_{11}^{-1}}\,\underset{m_1\times n_1}{\boldsymbol{H}_{11}^{\mathrm{T}}}\cdot\underset{n_1\times 1}{\boldsymbol{y}_1} &= (\underset{m_0\times n_1}{\boldsymbol{H}_{10}^{\mathrm{T}}}\cdot\underset{n_1\times m_1}{\boldsymbol{H}_{11}})\cdot(\underset{m_1\times n_1}{\boldsymbol{H}_{11}^{\mathrm{T}}}\cdot\underset{n_1\times m_1}{\boldsymbol{H}_{11}})^{-1}\cdot\underset{m_1\times n_1}{\boldsymbol{H}_{11}^{\mathrm{T}}}\cdot\underset{n_1\times 1}{\boldsymbol{y}_1} \\ &= \underset{m_0\times n_1}{\boldsymbol{H}_{10}^{\mathrm{T}}}\cdot(\underset{n_1\times m_1}{\boldsymbol{H}_{11}}\cdot(\underset{m_1\times n_1}{\boldsymbol{H}_{11}^{\mathrm{T}}}\cdot\underset{n_1\times m_1}{\boldsymbol{H}_{11}})^{-1}\cdot\underset{m_1\times n_1}{\boldsymbol{H}_{11}^{\mathrm{T}}})\cdot\underset{n_1\times 1}{\boldsymbol{y}_1}\end{aligned} \tag{4.90}$$

其中，$\underset{n_1\times m_1}{\boldsymbol{H}_{11}}\cdot(\underset{m_1\times n_1}{\boldsymbol{H}_{11}^{\mathrm{T}}}\cdot\underset{n_1\times m_1}{\boldsymbol{H}_{11}})^{-1}\cdot\underset{m_1\times n_1}{\boldsymbol{H}_{11}^{\mathrm{T}}}$ 只与第一个观测历元钟差参数误差方程系数阵有关。

同理，对第 i 个历元有 $\underset{m_i\times 1}{\boldsymbol{X}_i} = \underset{m_i\times m_i}{\boldsymbol{NA}_{ii}^{-1}}\cdot(\underset{m_i\times n_i}{\boldsymbol{H}_{ii}^{\mathrm{T}}}\cdot\underset{n_i\times 1}{y_i} - \underset{m_i\times m_0}{\boldsymbol{NA}_{0i}^{\mathrm{T}}}\cdot\underset{m_0\times 1}{\boldsymbol{X}_0})$，消去该参数后，方程组第一式左边新增部分为

$$\begin{aligned}\underset{m_0\times m_0}{\boldsymbol{B}_i} &\overset{\Delta}{=} \underset{m_0\times m_i}{\boldsymbol{NA}_{0i}}\cdot\underset{m_i\times m_i}{\boldsymbol{NA}_{ii}^{-1}}\cdot\underset{m_i\times m_0}{\boldsymbol{NA}_{0i}^{\mathrm{T}}} = (\underset{m_0\times n_i}{\boldsymbol{H}_{i0}^{\mathrm{T}}}\cdot\underset{n_i\times m_i}{\boldsymbol{H}_{ii}})\cdot(\underset{m_i\times n_i}{\boldsymbol{H}_{ii}^{\mathrm{T}}}\cdot\underset{n_i\times m_i}{\boldsymbol{H}_{ii}})^{-1}\cdot(\underset{m_0\times n_i}{\boldsymbol{H}_{i0}^{\mathrm{T}}}\cdot\underset{n_i\times m_i}{\boldsymbol{H}_{ii}})^{\mathrm{T}} \\ &= \underset{m_0\times n_i}{\boldsymbol{H}_{i0}^{\mathrm{T}}}\cdot(\underset{n_i\times m_i}{\boldsymbol{H}_{ii}}\cdot(\underset{m_i\times n_i}{\boldsymbol{H}_{ii}^{\mathrm{T}}}\cdot\underset{n_i\times m_i}{\boldsymbol{H}_{ii}})^{-1}\cdot\underset{m_i\times n_i}{\boldsymbol{H}_{ii}^{\mathrm{T}}})\cdot\underset{n_i\times m_0}{\boldsymbol{H}_{i0}}\end{aligned} \tag{4.91}$$

方程组第一式右边新增部分为

$$\begin{aligned}\underset{m_0\times 1}{\boldsymbol{L}_i} &\overset{\Delta}{=} \underset{m_0\times m_i}{\boldsymbol{NA}_{0i}}\cdot\underset{m_i\times m_i}{\boldsymbol{NA}_{ii}^{-1}}\,\underset{m_i\times n_i}{\boldsymbol{H}_{ii}^{\mathrm{T}}}\cdot\underset{n_i\times 1}{\boldsymbol{y}_i} = (\underset{m_0\times n_i}{\boldsymbol{H}_{i0}^{\mathrm{T}}}\cdot\underset{n_i\times m_i}{\boldsymbol{H}_{ii}})\cdot(\underset{m_i\times n_i}{\boldsymbol{H}_{ii}^{\mathrm{T}}}\cdot\underset{n_i\times m_i}{\boldsymbol{H}_{ii}})^{-1}\cdot\underset{m_i\times n_i}{\boldsymbol{H}_{ii}^{\mathrm{T}}}\cdot\underset{n_i\times 1}{\boldsymbol{y}_i} \\ &= \underset{m_0\times n_i}{\boldsymbol{H}_{i0}^{\mathrm{T}}}\cdot(\underset{n_i\times m_i}{\boldsymbol{H}_{ii}}\cdot(\underset{m_i\times n_i}{\boldsymbol{H}_{ii}^{\mathrm{T}}}\cdot\underset{n_i\times m_i}{\boldsymbol{H}_{ii}})^{-1}\cdot\underset{m_i\times n_i}{\boldsymbol{H}_{ii}^{\mathrm{T}}})\cdot\underset{n_i\times 1}{\boldsymbol{y}_i}\end{aligned} \tag{4.92}$$

按上述方法，只需保留全局变量对应的法方程矩阵 $\underset{m_0\times m_0}{\boldsymbol{B}}$ 和 $\underset{m_0\times 1}{\boldsymbol{L}}$ 。每增加一个历元观测数，计算本历元全局变量偏导数 $\underset{n_i\times m_0}{\boldsymbol{H}_{i0}}$ 和钟差参数系数阵 $\underset{n_i\times m_i}{\boldsymbol{H}_{ii}}$ ，累加法方程。所有历元处理完毕后，将消去各个历元钟差参数，仅剩待解的全局参数

$$\underset{m_0\times m_0}{\boldsymbol{B}}\cdot\underset{m_0\times 1}{\boldsymbol{X}_0} = \underset{m_0\times 1}{\boldsymbol{L}} \tag{4.93}$$

其中，

$$\underset{m_0\times m_0}{\boldsymbol{B}} = \sum_{i=1}^{N}\underset{m_0\times n_i}{\boldsymbol{H}_{i0}^{\mathrm{T}}}\cdot\underset{n_i\times m_0}{\boldsymbol{H}_{i0}} - \sum_{i=1}^{N}\underset{m_0\times m_0}{\boldsymbol{B}_i} \qquad \underset{m_0\times 1}{\boldsymbol{L}} = \sum_{i=1}^{N}\underset{m_0\times n_i}{\boldsymbol{H}_{i0}^{\mathrm{T}}}\cdot\underset{n_i\times 1}{\boldsymbol{y}_i} - \sum_{i=1}^{N}\underset{m_0\times 1}{\boldsymbol{L}_i} \tag{4.94}$$

综合以上，钟差约化处理步骤：

（1）申请法方程数组 $\underset{m_0\times m_0}{\boldsymbol{B}}$ 和 $\underset{m_0\times 1}{\boldsymbol{L}}$ 存储空间；

（2）对观测历元进行循环，计算第 i 历元全局变量偏导数阵 $\underset{n_i\times m_0}{\boldsymbol{H}_{i0}}$ 、钟差参数系数阵 $\underset{n_i\times m_i}{\boldsymbol{H}_{ii}}$ ，分别计算 $\underset{m_0\times n_i}{\boldsymbol{H}_{i0}^{\mathrm{T}}}\cdot\underset{n_i\times m_0}{\boldsymbol{H}_{i0}}$ 、 $\underset{m_0\times n_i}{\boldsymbol{H}_{i0}^{\mathrm{T}}}\cdot\underset{n_i\times 1}{\boldsymbol{y}_i}$ 、 $\underset{m_0\times m_0}{\boldsymbol{B}_i}$ 和 $\underset{m_0\times 1}{\boldsymbol{L}_i}$ ；

（3）更新第 i 历元法方程 $\underset{m_0\times m_0}{\boldsymbol{B}^{(i)}}$ 和 $\underset{m_0\times 1}{\boldsymbol{L}^{(i)}}$ ：

$$\underset{m_0\times m_0}{\boldsymbol{B}^{(i)}}=\underset{m_0\times m_0}{\boldsymbol{B}^{(i-1)}}+\underset{m_0\times n_i}{\boldsymbol{H}_{i0}^{\mathrm{T}}}\cdot\underset{n_i\times m_0}{\boldsymbol{H}_{i0}}-\underset{m_0\times m_0}{\boldsymbol{B}_i}\qquad \underset{m_0\times 1}{\boldsymbol{L}^{(i)}}=\underset{m_0\times 1}{\boldsymbol{L}^{(i-1)}}+\underset{m_0\times n_i}{\boldsymbol{H}_{i0}^{\mathrm{T}}}\cdot\underset{n_i\times 1}{\boldsymbol{y}_i}-\underset{m_0\times 1}{\boldsymbol{L}_i} \tag{4.95}$$

（4）判断是否已处理所有历元。若处理未结束，则回到第 2 步，否则解算法方程：$\underset{m_0\times m_0}{\boldsymbol{B}}\cdot\underset{m_0\times 1}{\boldsymbol{X}_0}=\underset{m_0\times 1}{\boldsymbol{L}}$

（5）逐历元解算钟差参数 $\underset{m_i\times 1}{\boldsymbol{X}_i}=\underset{m_i\times m_i}{\boldsymbol{NA}_{ii}^{-1}}\cdot(\underset{m_i\times n_i}{\boldsymbol{H}_{ii}^{\mathrm{T}}}\cdot\underset{n_i\times 1}{\boldsymbol{y}_i}-\underset{m_i\times m_0}{\boldsymbol{NA}_{0i}^{\mathrm{T}}}\cdot\underset{m_0\times 1}{\boldsymbol{X}_0})$

4.4.1.4　多星定轨结果分析

以下给出中国科学院上海天文台 GNSS 全球数据分析中心（Chen et al.，2012）的 GPS、GLONASS、Galileo、BDS 四系统联合精密定轨结果。图 4.16 列出了数据处理所采用的 IGS 全球网络的示意图。估计的参数包括：测站坐标、多系统卫星轨道根数、地球自转参数、钟差参数（每颗卫星、每个测站、每个历元一个参数）、对流层参数以及模糊度等参数。在得到以上精密产品之后，采用钟差加密的算法（Chen et al.，2014），将精密钟差加密到 30s。

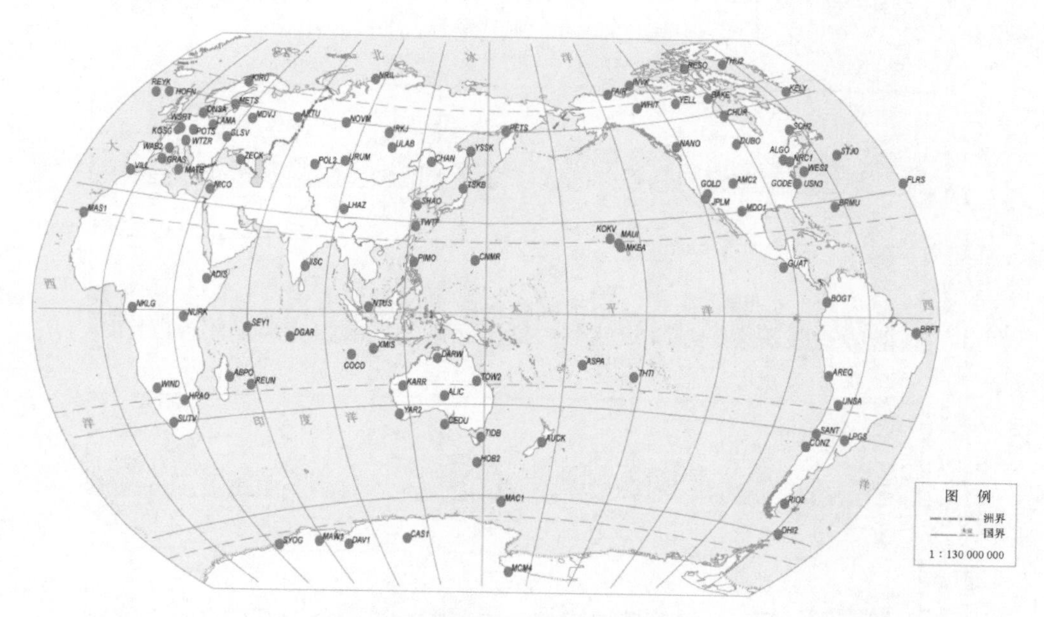

图 4.16　GNSS 多系统多星定轨测站分布图

使用以上全球测站网的 GPS、GLONASS、Galileo、BDS 双频无电离层伪距和载波相位观测值，定轨弧长为 3 天，参数估计方法为最小二乘批处理解算。多系统多星联合定轨过程中采用的观测模型和动力学模型具体如表 4.4 所示。

表 **4.4**　多系统联合精密定轨观测模型和动力学模型

选项	模型
观测量	GPS/GLONASS/Galileo/BDS 双频无电离层伪距和载波相位
先验约束	伪距，1 m；载波相位，1 cm
截止高度角	L 波段星地观测值为 10°
卫星天线相位中心	BDS，出厂参考值，其他 IGS ATX 文件
相位缠绕	根据 Wu 等的模型改正
对流层延迟	仅星地观测值改正；SHAtrop+湿分量随机游走估计
测站坐标	固定
接收机/卫星钟差	白噪声估计
相对论效应	根据 IERS 2010 协议改正
地球自转参数	估计极移及日长参数
潮汐摄动	模型修正，固体潮、极潮和海潮（IERS 2010）
重力场	模型修正，EGM2008（12 × 12 阶）
N 体引力	太阳、月亮和其他行星（DE405）
太阳光压	ECOM 5 参数模型

将 SHA 多系统轨道产品与 CODE 的多系统精密产品进行比较，计算每个历元两组轨道在 R、T、N 三个方向的差值，并对每颗星统计差值的 RMS。图 4.17～图 4.20 给出了其中一天 GPS、GLONASS、Galileo、BDS 四个系统轨道比较的统计情况。由于 CODE 不提供北斗 GEO 卫星的轨道，因此总共 96 颗卫星参与比较。

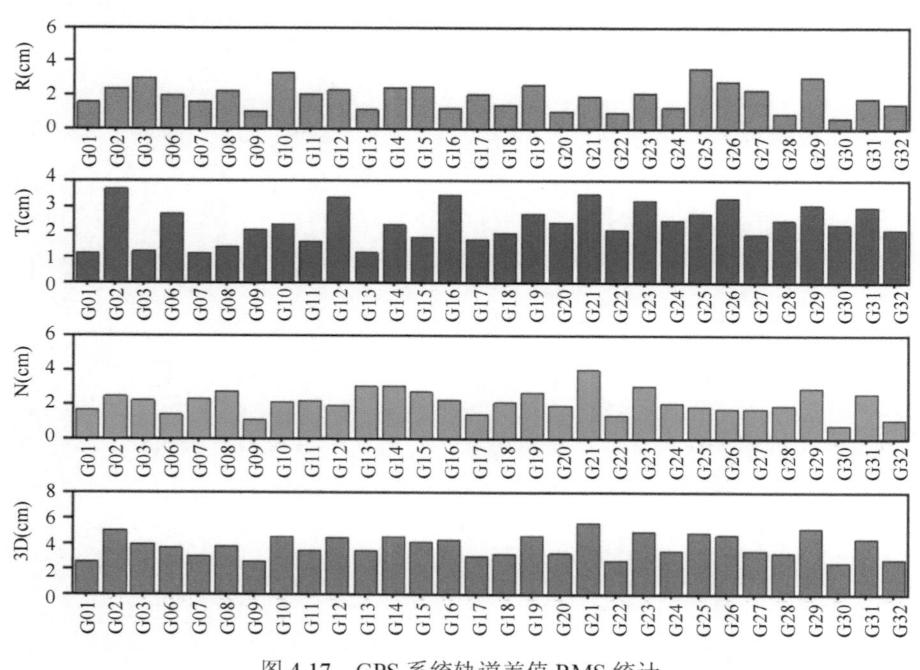

图 4.17　GPS 系统轨道差值 RMS 统计

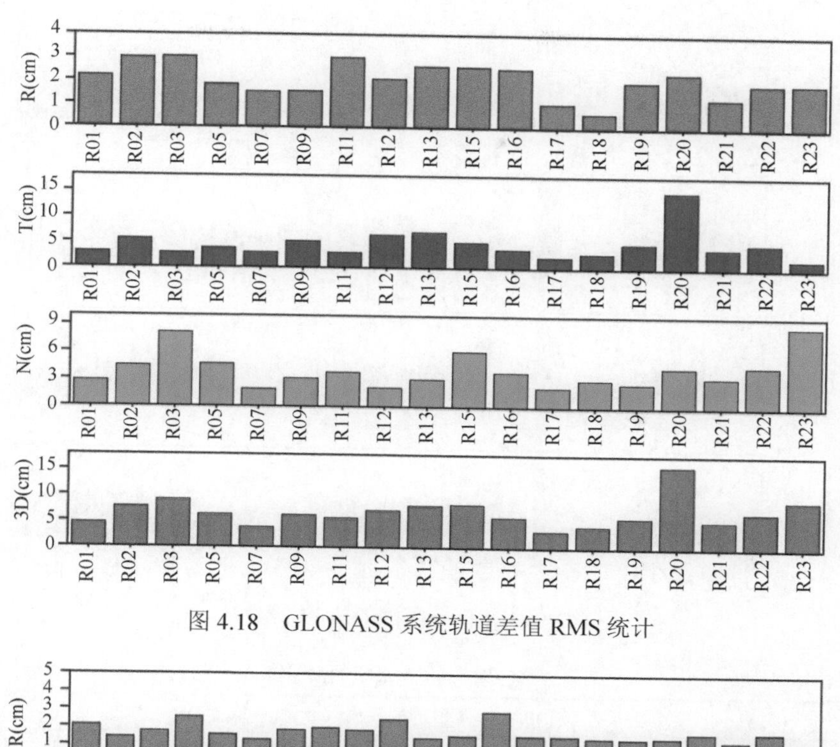

图 4.18　GLONASS 系统轨道差值 RMS 统计

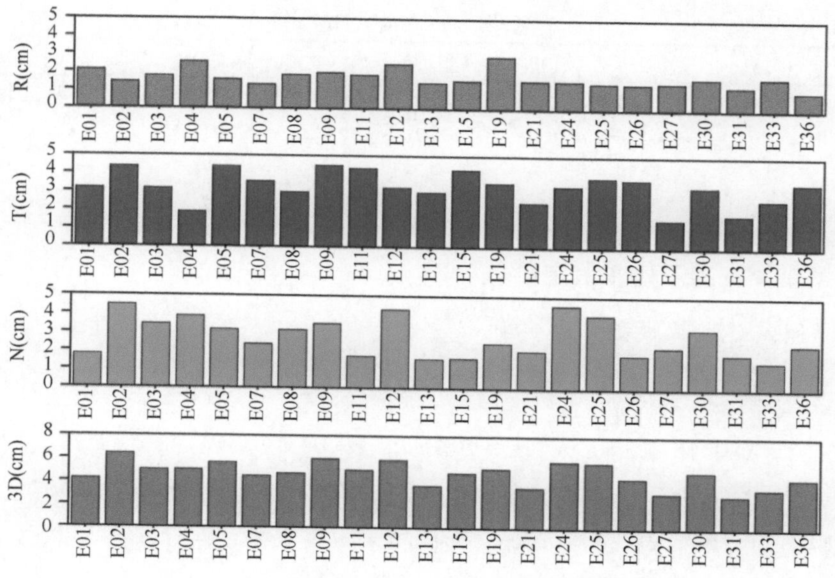

图 4.19　Galileo 系统轨道差值 RMS 统计

统计所有卫星 RMS 的均值，表 4.5 显示了 GPS、GLONASS、Galileo、BDS 每个系统平均的轨道差值情况。从结果可以发现 Galileo 系统轨道的差值最小，三维差值 RMS 为 4.75 cm，表明不同分析中心处理 Galileo 卫星轨道的一致性最好。GPS 卫星轨道的一致性较 Galileo 稍低，其次为 GLONASS。北斗卫星轨道的一致性最低，主要有两方面原因：一是目前 IGS 网能够接收北斗卫星（特别是北斗三号卫星）的测站较少，以上结果中，北斗数据仅为其他系统的一半左右；二是北斗卫星的一些参数还没有公开，不同的参数也造成了轨道的不一致。

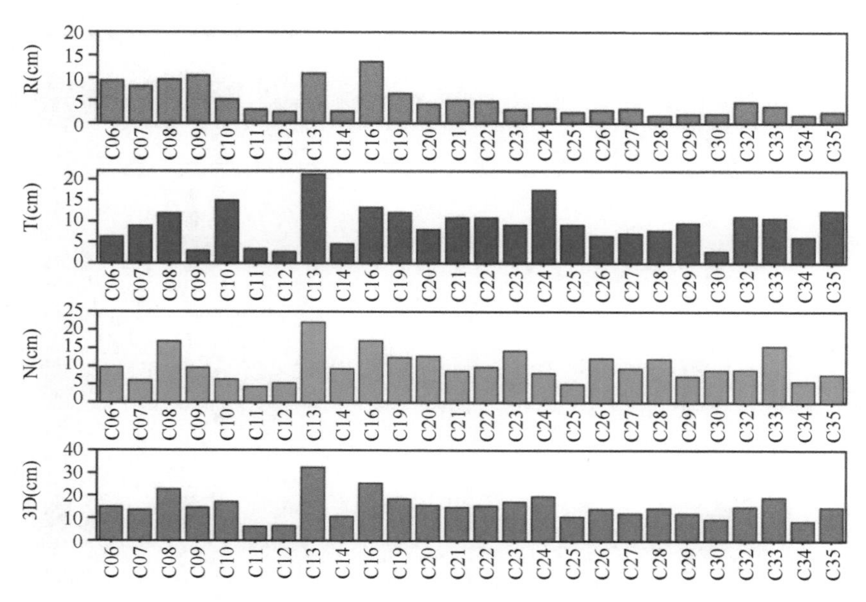

图 4.20　BDS 系统轨道差值 RMS 统计

表 4.5　各系统轨道差值 RMS 统计　　（单位：cm）

方向	GPS	GLONASS	Galileo	BDS
R	1.98	2.06	1.73	5.03
T	2.36	4.71	3.30	9.33
N	2.19	4.04	2.78	10.21
3D	3.88	6.89	4.75	15.27

4.4.2　星间链路支持下的多星定轨

4.4.2.1　星间链路定轨模型

如（3.10）式所示，整秒 t_0 时刻，星间双向的链路观测方程为

$$\begin{aligned} P_{\mathrm{AB}}(t_0) &= \rho_{\mathrm{AB}}(t_0,t_0)+c\cdot\left(\mathrm{d}t_{\mathrm{B}}(t_0)-\mathrm{d}t_{\mathrm{A}}(t_0)\right)+c(\delta_{\mathrm{B}}^{\mathrm{rec}}+\delta_{\mathrm{A}}^{\mathrm{send}})+\varepsilon_1 \\ P_{\mathrm{BA}}(t_0) &= \rho_{\mathrm{AB}}(t_0,t_0)+c\cdot\left(\mathrm{d}t_{\mathrm{A}}(t_0)-\mathrm{d}t_{\mathrm{B}}(t_0)\right)+c(\delta_{\mathrm{A}}^{\mathrm{rec}}+\delta_{\mathrm{B}}^{\mathrm{send}})+\varepsilon_2 \end{aligned} \tag{4.96}$$

将归算后的双向伪距观测量相加可形成星间距离观测方程，如式（4.97）：

$$\frac{P_{\mathrm{AB}}(t_0)+P_{\mathrm{BA}}(t_0)}{2}=\rho_{\mathrm{AB}}(t_0,t_0)+c\left(\frac{\delta_{\mathrm{A}}^{\mathrm{rec}}+\delta_{\mathrm{A}}^{\mathrm{send}}}{2}+\frac{\delta_{\mathrm{B}}^{\mathrm{rec}}+\delta_{\mathrm{B}}^{\mathrm{send}}}{2}\right)+\frac{\varepsilon_1+\varepsilon_2}{2} \tag{4.97}$$

式（4.97）中 ρ_{AB} 包含了卫星轨道信息，可为多星动力学定轨增加星间轨道信息的约束。式（4.97）中可将每个定轨弧段的星间链路设备收发时延之和的组合钟差 $\dfrac{\delta_{\mathrm{A}}^{\mathrm{rec}}+\delta_{\mathrm{A}}^{\mathrm{send}}}{2}$ 和 $\dfrac{\delta_{\mathrm{B}}^{\mathrm{rec}}+\delta_{\mathrm{B}}^{\mathrm{send}}}{2}$ 视作常数参数，与轨道等参数一起解算。

4.4.2.2　星间链路精密定轨结果

采用和前面 4.4.1.4 相同的策略，对北斗系统进行精密定轨处理。其中，星地观测值仅采用中国区域分布的 7 个测站 2016 年 4 月 7 日 B1B3 非差无电离层伪距和载波相位观测量，星间链路采用北斗三号 4 颗试验卫星的 Ka 星间链路观测值。待估参数包括初始时刻卫星位置和速度、ECOM2 模型 5 个光压参数、卫星钟差、天顶对流层延迟、接收机钟差以及星间链路设备时延。定轨设置与表 4.4 类似，不同的配置如表 4.6 所示（唐成盼等，2017）。

表 4.6　星地/星间联合精密定轨观测模型和动力学模型

选项	模型
观测量	BDS 双频无电离层伪距和载波相位；BDS-3 Ka 星间链路观测值
先验约束	伪距：1 m；载波相位：1 cm；Ka 星间链路：10 cm
星间链路设备时延	每个弧段/卫星的星间链路收发时延和一个参数估计

分别采用星地星间联合定轨与常规星地 L 波段多星定轨两种手段进行轨道确定。钟差解算误差可以用于评估可视弧段内卫星轨道径向估计误差。表 4.7 为仅星地链路定轨和星地星间联合定轨估计的四颗北斗三号卫星（I1S，I2S，M1S，M2S）卫星钟差拟合残差。从中可以看出，加入星间测距数据后，可视弧段内 IGSO 卫星径向误差有一定改善，IGSO 卫星径向误差约 0.3m，MEO 卫星可视弧段径向误差约 0.2m。

表 4.7　卫星钟差估计值拟合残差　（单位：cm）

卫星	星地星间联合定轨	仅星地链路定轨模式
I1S	0.26	0.32
I2S	0.34	0.51
M1S	0.19	0.18
M2S	0.22	0.24

采用重叠弧段评估方法进行轨道精度评估。图 4.21 为重叠弧段的示意图，图中有两个定轨弧段，每个弧段包含 3 天轨道，其中有两天的弧段为两次定轨共有。将这两天两次定轨的轨道做差，进行统计，获取重叠弧段定轨精度。

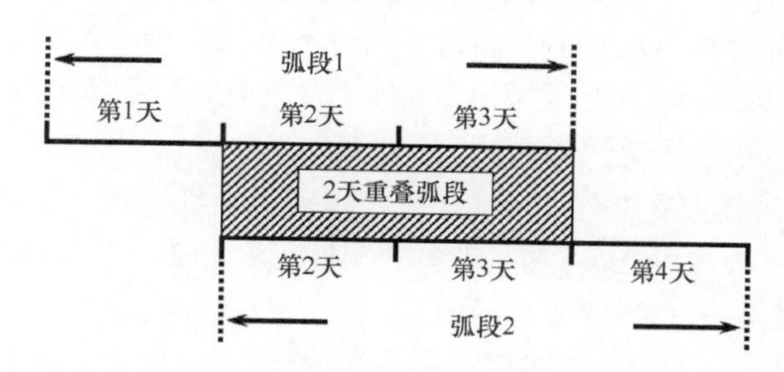

图 4.21　卫星轨道重叠弧段示意图

图 4.22 为卫星轨道测定精度重叠弧段比较，上面三幅图为定轨弧段内 3 天重叠 2 天轨道结果在径向、切向和法向的互差，下面三幅图为卫星轨道预报 1 天与事后轨道结果在径向、切向和法向的互差，蓝色为仅星地链路定轨结果，红色为加入星间链路后联合定轨结果。从图 4.22 中看出，加入星间测距数据后，无论定轨弧段还是预报弧段，重叠弧段均得到明显提升。采用联合定轨的方式，定轨弧段轨道径向重叠互差优于 0.1m，三维位置重叠弧段优于 0.5m；预报 24 小时重叠弧段径向优于 0.2m，三维位置优于 1m。

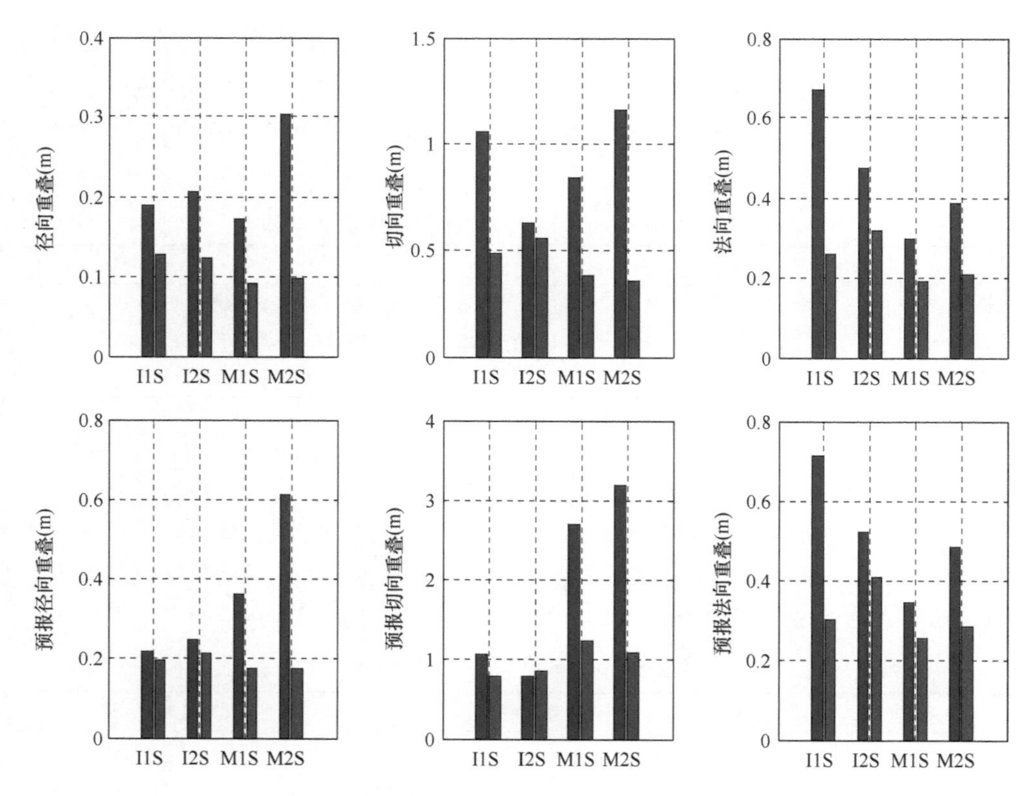

图 4.22　卫星轨道测定精度重叠弧段统计

蓝色为仅星地链路结果，红色为星地星间联合结果

I1S、M1S 和 M2S 的重叠弧段比较细节详见图 4.23，图中蓝色为仅星地链路定轨重叠弧段 URE 结果，绿色为联合定轨重叠弧段 URE 结果，前 2 天为定轨弧段比较结果，后 1 天为预报弧段比较结果。从中可以看出，在仅星地链路条件下，MEO 卫星重叠弧段波动较大，且预报弧度精度衰减也较快。加入星间测距数据，MEO 卫星境外弧段的轨道互差与可视弧段无明显差异，预报精度也得到明显改善，表明通过星间链路增加对 MEO 卫星的覆盖，可以有效弥补区域监测网导致的 MEO 卫星轨道境外弧段轨道误差增大的问题，也明显提升了轨道预报精度。

随着北斗三号全球组网的完成，星间链路组网也全部完成。采用 2019 年 1 月 1 日至 2019 年 1 月 14 日两周数据，评估了北斗三号 18 颗 MEO 卫星在中国境内区域布站情况下的精密定轨精度。定轨处理分为两组：区域站定轨和区域站＋星间链路定轨。每次定轨采用 3 天弧长，轨道评估方法采用定轨重叠弧段评估方法。各卫星的平均轨道精度如图 4.24 所示，可看到：

（1）仅采用区域站定轨时，各颗卫星重叠弧段误差相当，径向误差 RMS 为 13.6cm，切向为 58.4cm，法向为 29.3cm，位置误差为 66.7cm。

（2）加入星间链路以后，径向、切向、法向和位置重叠弧段误差下降至 1.6cm、11.0cm、10.7cm 和 15.4cm。精度相对仅采用区域网分别提升了 88.2%、81.2%、63.5%和 76.9%。

（3）全球星座星间链路支持下，轨道精度比仅 4 颗卫星的试验星系统精度也得到进一步提升。

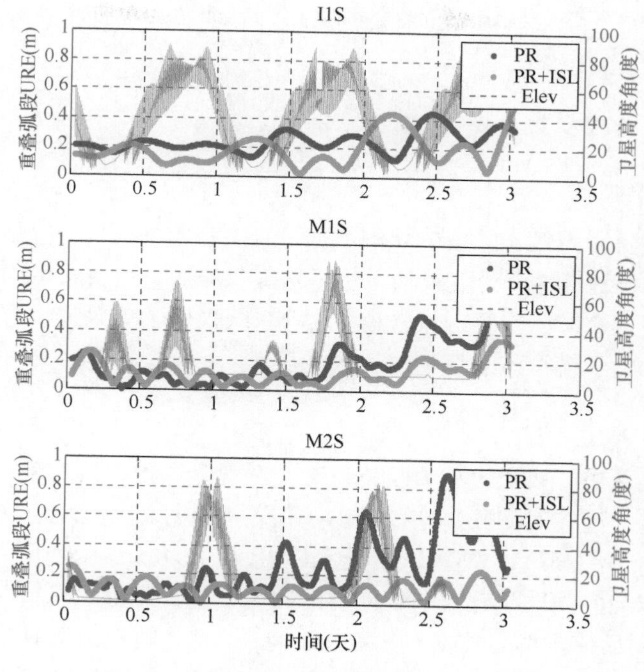

图 4.23　I1S/M1S/M2S 重叠弧段 URE 比较

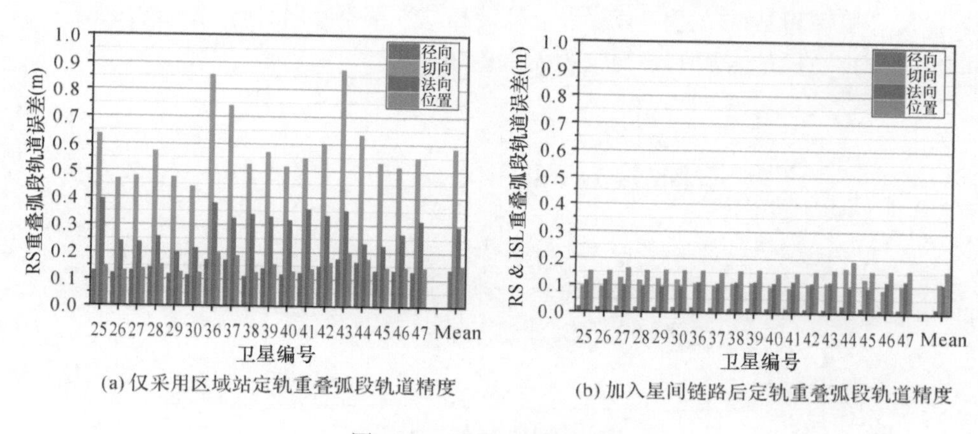

(a) 仅采用区域站定轨重叠弧段轨道精度　　(b) 加入星间链路后定轨重叠弧段轨道精度

图 4.24　重叠弧段轨道精度

4.4.3　时间同步信息支持下的单星定轨

卫星在轨运行时受各种摄动力的影响，为维持星座构型需进行一定的轨道机动控制。轨道机动会增加额外的摄动力，改变了轨道原有的动力学特性，使得机动后定轨性能降低，制约了卫星的可用性和系统的服务性能。基于单向伪距测量的定轨中，伪距观测量中包含卫星钟差和测站钟差，区域监测网条件下，卫星的观测几何较差，难以准确分离钟差与径向轨道误差。当卫星数量足够多时，在多星多站联合观测数据条件下，通过星站两两之间的强约束能够降低轨道与钟差的相关性，在解算轨道参数的同时，能够准确求得钟差。在卫星数量不足时（小于 3 颗），多星多站的约束能力不强，求解钟差会影响轨道精度，无法实现多星联合定轨的优势。在此情况下，北斗系统采用了时间同步信息支持下的单星定轨定轨模式，消除轨道与钟差的强相关性，求解得到高精度轨道结果。

4.4.3.1　单星定轨处理模型

1）动力学模型

常规动力学定轨采用较长弧段的观测数据进行多星定轨解算，但是当卫星发生机动等状况，会打破数据连续性。为使机动卫星尽快提供服务，通常采用固定卫星钟差和测站钟差的短弧单星定轨方法恢复卫星轨道。北斗系统采用了单星定轨方法进行卫星轨道的快速恢复，其动力学模型与多星定轨一致。

2）观测模型

利用伪距观测量进行轨道快速恢复轨道确定。观测方程中，对于测站钟差的改正，由于站间时间同步只能在时间同步站以及主控站之间进行，因此快速恢复期间单星定轨利用了多星定轨给出的测站钟差作为输入，其精度优于 0.5ns。对于卫星钟差的处理，采用的是无线电双向时间同步获得的星地时间同步卫星钟差点，其精度优于 0.2ns。

图 4.25 是机动后恢复期间数据积累关系示意图，t_0 是轨控结束时刻，也是重新积累定轨数据时刻；t 是机动后第一次定轨调度时刻，t_a 和 t_b 分别为星钟和站钟积累的末端时刻。显然，星钟和站钟信息都有缺失。星钟和站钟都不实时计算钟差，其时延通常为一小时。因此定轨所能采用的数据仅为 t_0 到 t_a 时刻。

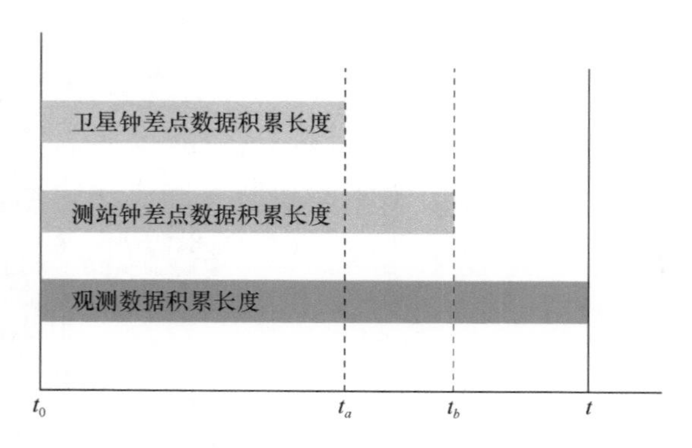

图 4.25　卫星机动后快速恢复数据积累关系图

4.4.3.2　北斗精密定轨测站钟差特性分析

星钟和站钟数据的重新积累时间是影响快速轨道恢复的关键因素之一。由于快速恢复用到的时间同步卫星钟差以及多星定轨测站钟差都存在时延，因此导致单星定轨最新一小时的数据无法使用。为此，对时间同步的卫星钟差和多星定轨的测站钟差分别建模，利用预报钟差对观测数据进行钟差改正，可补充定轨数据，从而缩短卫星机动后的不可用时间（陈倩，2019；陈倩等，2020）。

北斗系统的钟差基准基于双向时间同步实现。星地双向时间同步能够获取所有可视卫星的钟差，其短期预报可采用二次多项式模型：

$$dt^i = a_0 + a_1(T_i - T_0) + a_2(T_i - T_0)^2 \tag{4.98}$$

其中，dt^i 为预报卫星钟差；T_0 为参考时刻；T_i 为历元时刻；a_0、a_1、a_2 分别为钟差、钟速和钟漂。多项式系数 a_0、a_1、a_2 依据最小二乘法则求取模型参数。对以上参数的精确估计，可采用 3.3.2.2 节中的混合区间拟合预报策略。

快速恢复期间单星定轨利用了多星定轨给出的测站钟差作为输入，测站钟差的改正需要考虑多星定轨钟差与时间同步钟差的差异。3.4.2 节对两种技术卫星钟差的差异做了细致分析。图 4.26 为北斗测站两种体制钟差点差值的时间序列，可以看到两者存在显著的系统性以及以天为单位的周期性差异。

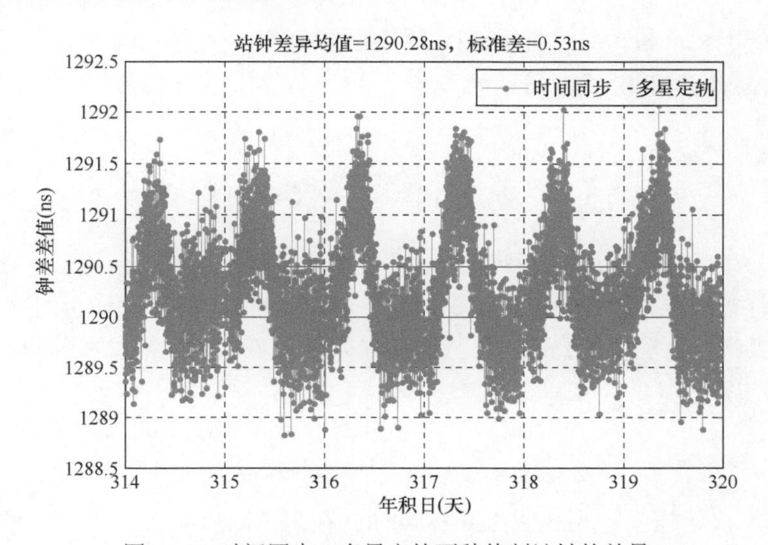

图 4.26　时间同步、多星定轨两种体制站钟的差异

图中的系统偏差由时间同步设备时延造成，为稳定常数；地面运控会定期进行校正。扣除该系统偏差后进行频谱分析，如图 4.27 所示。发现存在两个与卫星轨道重复周期相近的明显周期，依次为 24h 和 12h，振幅分别为 0.49ns 和 0.22ns。

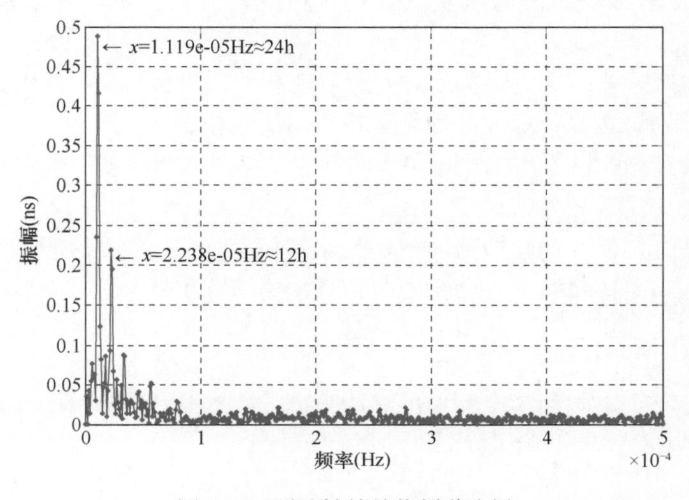

图 4.27　测站钟差差值频谱分析

时间同步获取的测站钟差不受卫星轨道的影响，不存在周期特性。因此，以上时间序列周期特性的来源于多星定轨解算的站钟。为实现测站钟差预报与卫星钟差预报基准的统一，对以上差异序列建模如下：

$$\Delta t_j = a_j + \sum_{l=1}^{2} A_l \cdot \sin(2\pi w_l \cdot \Delta T + \phi_l) \tag{4.99}$$

式中，Δt_j 为两种体制测站钟差的差值；a_j 为常数项系统差；A_l、w_l、ϕ_l 分别为对应单天及半天的振幅、主频项和初相位；ΔT 为每个历元距离初相位时刻的时间差。对于每个测站，采用上一组精密定轨以及时间同步得出的三天钟差点差值序列，利用最小二乘可解算模型参数 ϕ_l、A_l 和 a_j，并进行预报。

考虑以上钟差基准及其周期性差异，快速恢复期间时间同步站钟差预报模型如下：

$$\mathrm{d}t_j = QF(T_i, T_0) + a_j + \sum_{l=1}^{2} A_l \cdot \sin(2\pi w_l \cdot \Delta T + \phi_l) \tag{4.100}$$

式中，$QF(T_i, T_0)$ 为式（4.98）给出的二次项预报模型。

对于非时间同步并址站，也可以采用式（4.100）进行站钟预报。由于不存在两种体制钟差，该类测站模型中的 a_j 为 0，且周期项为多星定轨测站钟差本身的周期性。

4.4.3.3 轨道快速恢复策略测试

1）定轨策略

由图 4.25 快速恢复数据积累关系图可知：在 t 时刻启动定轨时，星钟数据积累只到 t_a 时刻，站钟数据积累到 t_b 时刻。对星钟、站钟进行预报后，将定轨数据补充到 t 时刻。

基于以上思路，单星定轨的站钟数据包含两部分：多星定轨站钟钟差点以及预报测站钟差值。同样的，卫星钟差也包括两部分：时间同步星钟数据以及预报卫星钟差值。为检验钟差预报对快速恢复单星定轨精度提升的贡献，采取以下三种策略进行验证。

策略一（原策略）：只使用实际钟差点对观测数据进行改正，没有改正的观测数据不参与定轨解算。这也是目前北斗地面运控采用的策略。

策略二（新策略）：采用本文模型，将多星定轨站钟钟差点、时间同步钟差点，以及钟差预报值都用于单星定轨。

策略三（后处理）：为检验前面两种策略的精度，将 $t_0 \sim t$ 时段的所有观测数据都用事后钟差点改正。该策略无法做到实时，只能为策略 1 和策略 2 做事后验证。

2）数据使用说明

选择均匀分布于中国的 7 个测站的观测数据，对 2018 年 11 月份 3 颗机动卫星进行测试，机动信息如表 4.8 所示。

表 4.8　卫星机动时刻

SatID	开始时间	结束时间	恢复可用时间
C01	2018-11-30 8：55	2018-11-30 10：15	机动结束后 4h
C03	2018-11-10 7：45	2018-11-10 9：15	机动结束后 4h
C04	2018-11-27 8：45	2018-11-27 10：15	机动结束后 4h

3）结果分析

首先分析卫星钟以及测站钟差拟合及预报精度。卫星钟差、测站钟差分别基于式（4.98）及式（4.100）模型进行预报，卫星钟差预报 2 小时，测站钟差预报 1 小时。图 4.28 和表 4.9 列出了拟合及预报误差。结果表明，卫星钟差参数拟合误差都在 0.3ns 以内，预报 2h 精度好于 1.5ns；站钟拟合误差在 0.5ns 以内，预报 1h 精度好于 2.5ns。

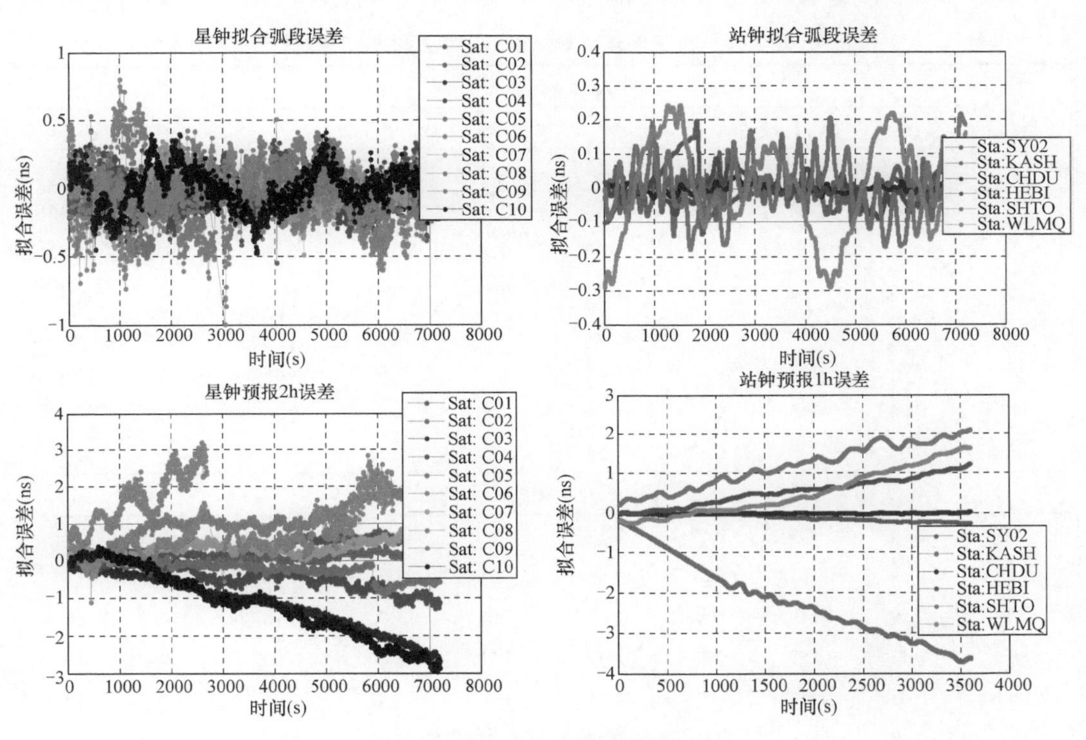

图 4.28　星钟及站钟拟合预报图

表 4.9　钟差拟合误差及预报精度　　（单位：ns）

卫星号	拟合误差	预报 2h 误差	站号	拟合误差	预报 1h 误差
C01	0.09	0.56	SY02	0.02	0.14
C02	0.08	0.37	KASH	0.04	2.39
C03	0.09	1.02	CHDU	0.01	0.01
C04	0.12	0.87	HEBI	0.19	0.64
C05	0.19	1.62	SHTO	0.10	1.31
C06	0.24	1.48	WLMQ	0.14	0.77
C07	0.12	1.09			

续表

卫星号	拟合误差	预报 2h 误差	站号	拟合误差	预报 1h 误差
C08	0.29	1.21			
C09	0.13	1.48			
C10	0.14	1.43			

根据定轨策略设置，原策略使用实时钟差点改正的观测数据，缺失约 1 小时定轨数据；新策略使用预报钟差修正了缺失的数据；后处理则是采用事后的钟差点数据对定轨时刻的所有观测数据进行了修正。下面分别采用三种策略，对 3 颗卫星轨控结束后 3～8h 各 6 组时段进行快速恢复轨道解算，按照与北斗运控相同的策略，每小时进行一次定轨处理。分别对每种情况下的定轨残差、定轨弧段用户距离误差和预报 2 小时 URE 进行评估。三种策略定轨情况统计如表 4.10 所示。

表 4.10　快速恢复不同策略下定轨及预报结果统计　　（单位：m）

轨控结束后时间	C01 原策略	C01 新策略	C01 后处理	C04 原策略	C04 新策略	C04 后处理	C03 原策略	C03 新策略	C03 后处理
定轨残差 rms									
3h	0.56	0.41	0.55	0.57	0.57	0.56	0.48	0.47	0.46
4h	0.55	0.55	0.55	0.56	0.57	0.57	0.46	0.43	0.44
5h	0.55	0.62	0.62	0.57	0.58	0.58	0.43	0.42	0.43
6h	0.62	0.64	0.65	0.58	0.58	0.58	0.43	0.47	0.44
7h	0.65	0.67	0.65	0.58	0.59	0.60	0.44	0.45	0.44
8h	0.65	0.65	0.64	0.60	0.60	0.61	0.44	0.43	0.43
均值	0.60	0.59	0.61	0.58	0.58	0.58	0.44	0.45	0.44
定轨弧段 URE									
3h	0.76	0.79	0.67	1.67	1.39	1.43	1.99	2.01	1.97
4h	0.67	0.61	0.61	1.43	1.65	1.65	1.97	1.96	1.97
5h	0.60	0.49	0.50	1.65	1.68	1.72	1.98	2.04	2.00
6h	0.50	0.57	0.55	1.72	1.78	1.80	2.00	1.91	1.94
7h	0.55	0.60	0.59	1.84	1.94	1.92	1.94	1.88	1.88
8h	0.69	0.69	0.69	1.92	1.85	1.87	1.88	1.79	1.79
均值	0.63	0.63	0.60	1.70	1.71	1.73	1.96	1.93	1.92
预报弧段 URE									
3h	0.62	0.57	0.83	3.94	0.59	0.69	2.73	2.06	1.90
4h	1.92	0.64	0.80	0.40	2.38	2.78	1.97	2.21	2.45
5h	1.64	0.56	0.79	3.14	2.21	2.57	2.29	1.58	1.11
6h	1.24	1.33	1.17	3.22	2.58	2.77	1.09	0.90	1.28
7h	1.38	1.96	1.74	3.98	3.20	3.04	1.15	0.81	0.93
8h	2.48	1.79	1.74	3.55	1.50	1.62	0.69	1.38	1.34
均值	1.55	1.14	1.18	3.04	2.08	2.24	1.65	1.49	1.50

表 4.10 统计结果表明每组结果三种策略下的定轨残差水平相当，都在 0.6 m 左右。三种策略的定轨 URE 精度水平也基本相当，差异在厘米量级。这表明定轨的内符合程度较好。三种模型预报 URE 差异较大，反映了用户实时应用性能的差异。原策略预报精度较差，新策略跟后处理结果较吻合，整体优于原策略。采用新策略，第一组定轨结果（轨控结束第 3 小时定轨）中 C01 预报 URE 由 0.62m 降低到 0.57m；C04 预报 URE 由 3.94m 降低到 0.59m；C03 预报 URE 由 2.73m 降低到 2.06m；改进幅度分别为 8.06%，85.03%及 24.54%。从 3h～8h 期间 6 组定轨平均情况来看，采用新策略相较于原策略的预报 URE，C01 平均降低了 26.45%，C04 平均降低了 31.58%，C03 降低了 9.70%。

图 4.29～图 4.31 为 3 颗卫星轨控后第 1 组（轨控结束第 3 小时）和第 6 组（轨控结束第 8 小时）快速恢复的定轨 URE 时序图。图中第一条竖线是轨控后数据开始积累时

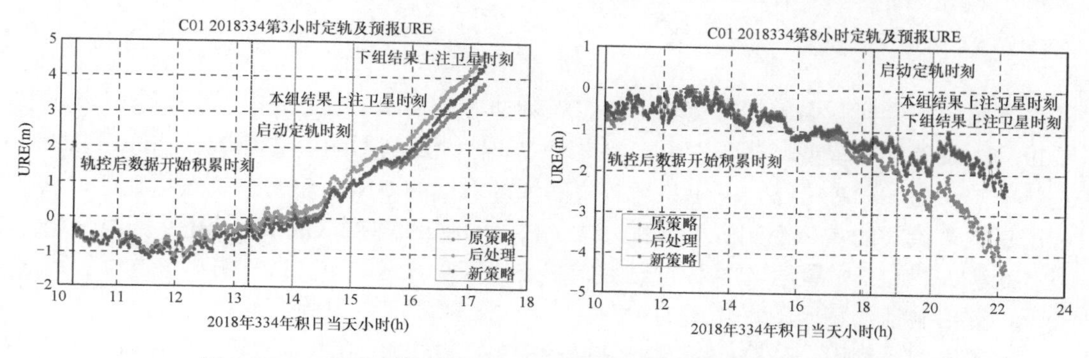

图 4.29　C01 卫星第一组及第六组快速恢复定轨精度 URE 时序图

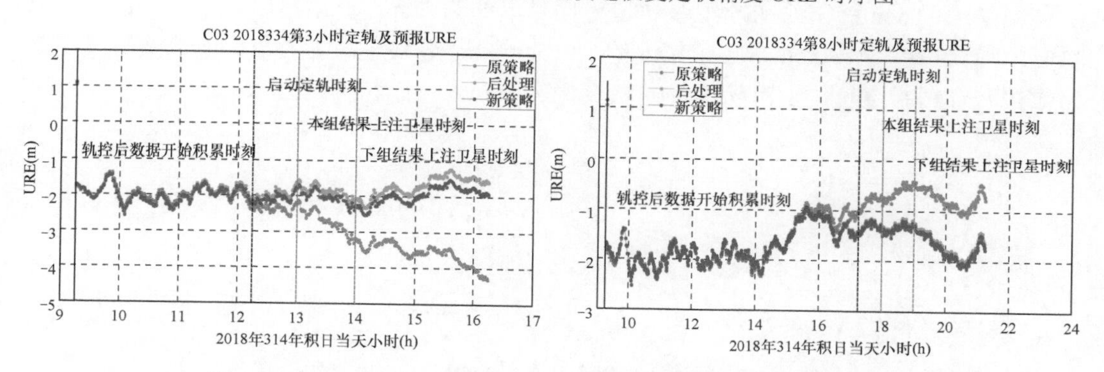

图 4.30　C03 卫星第一组及第六组快速恢复定轨精度 URE 时序图

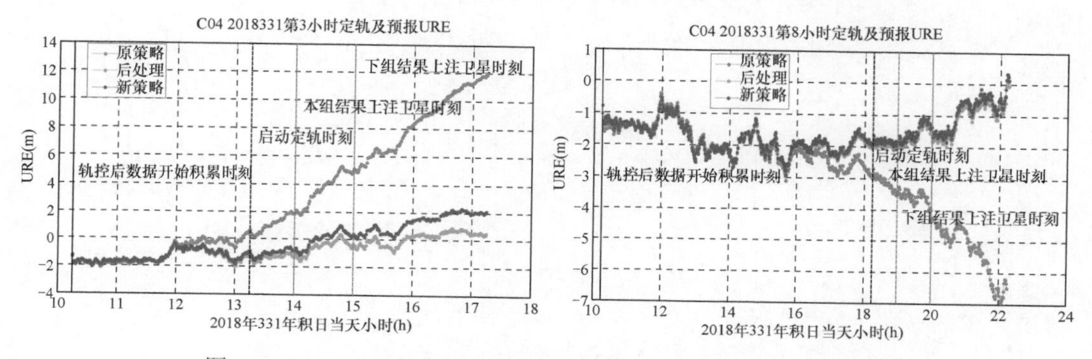

图 4.31　C04 卫星第一组及第六组快速恢复定轨精度 URE 时序图

刻，第二条竖线是定轨启动时刻，第三条竖线是本组结果上注卫星时刻，第四条竖线是下组结果上注时刻。其中，最后两条紫色竖线之间的 URE 精度反映对用户应用的影响。图中红线序列是原策略结果，蓝线是新策略结果，绿线是后处理结果。

图 4.29～图 4.31 结果表明，定轨弧段三种策略几无差异，但是从预报开始，红色的线随时间越来越偏离蓝线和绿线。第 3h 定轨结果失效前的最大偏离点 C01 为 0.26m，C03 为 1.11m，C04 为 5.48m；第 8h 定轨结果失效前的最大偏离点 C01 为 0.92m，C03 为 0.80m，C04 为 2.49m。蓝线和绿线在第 3h 定轨随时间也呈现较小偏离（最大偏离量 C01 为 0.29m，C03 为 0.20m，C04 为 0.72m），但是第 8h 结果表明二者依然吻合较好（最大偏离量 C01 为 0.04m，C03 为 0.05m，C04 为 0.15m）。

4.5 本章小结

本章由二体问题引出精密定轨中的卫星摄动力模型，介绍了卫星密切轨道根数和主要摄动力及其计算模型，并分析了主要摄动力的特性及其影响。重点介绍了动力学精密定轨中的动力学积分方法，基于星地、星间观测数据的 GNSS 精密定轨数据处理方法。利用星地、星间的实际观测资料，进行了 GPS、GLONASS、Galileo、BDS 四系统融合多星定轨、北斗三号星地/星间数据融合精密定轨以及时间同步支持下的单星定轨的数据处理，评估验证了精密卫星轨道的精度。

结果表明：利用全球分布 IGS 测站网的 GPS、Galileo 卫星轨道径向精度优于 2cm，三维精度优于 5cm；GLONSS 卫星轨道径向精度约为 2cm，三维精度优于 7cm；北斗卫星轨道径向精度约为 5cm，三维精度约为 15cm。对于北斗系统区域星地数据与星间链路数据联合精密定轨，卫星轨道径向精度优于 2cm，三维精度约为 15cm。

第5章　广播星历处理技术

广播星历模型是导航系统广播电文的重要组成部分，是卫星导航系统服务用户的空间基准。广播电文中的卫星轨道通常是在精密定轨的基础上，进行动力学轨道预报，并采用常数、长期变化、周期变化等函数形式进行星历拟合，并将拟合得到的模型参数通过广播电文播发给用户。本章将介绍广播星历参数的物理意义、星历拟合的算法，分析北斗系统星历拟合中存在的奇点问题，提出改进拟合算法，并评估北斗广播电文参数的性能。

5.1　概　　述

在GNSS服务中，用户实时定位导航需要采用播发的广播电文。广播电文是GNSS导航电文重要组成部分，是卫星轨道与钟差预报值播发给用户的最终表现形式，其精度与稳定性直接影响用户导航定位的水平。广播电文信息包括卫星的预报轨道与钟差，其中卫星钟差在第3章中已经进行了阐述。卫星轨道（星历）是卫星导航系统服务用户的空间基准，由于其卫星受力复杂，难以通过简单的数学公式表达，需要采用具有物理意义的轨道方程式来模型化。

从第4章的阐述可以看出，通过数值积分的方法可以精确获取预报轨道。但是，数值积分方法除了需要知道精确的初轨信息之外，还需要精确知道任意时刻卫星的摄动力模型并进行数值积分，普通用户难以实现。另一种方式是将数值积分得到精确卫星轨道直接广播给用户使用，这种方式要求卫星轨道的实时进行注入，这对于地面测控、卫星播发带宽以及用户接收能力都有非常高的实时性要求。

兼顾用户使用方便以及系统播发可行两个方面，卫星导航系统提供的广播星历采取了卫星轨道函数逼近的方式，是数值轨道的函数表达。广播星历函数模型的选择以及拟合算法、通信通道的大小都影响着广播星历的精度。

目前卫星导航系统主要的星历参数模型来源于GPS和GLONASS两大全球卫星导航系统，它们采用了不同的参数表达形式，GPS系统采用基于开普勒根数的16参数及18参数广播星历模型，GLONASS系统采用的是基于卫星位置、速度和加速度的广播星历参数模型。16参数广播星历包括一个参考时刻 t_{oe}，参考时刻的6个开普勒根数 $\sqrt{a},e,i_0,\Omega_0,\omega,M_0$，6个短周期调和改正项振幅 $C_{uc},C_{us},C_{rc},C_{rs},C_{ic},C_{is}$，3个长期项改正数 $\Delta n,\dot{\Omega},\mathrm{idot}$。18参数模型在16参数模型基础上，将半长径 $\sqrt{a}$ 和 Ω 替换成相对于参考值的改正值 Δa 及 $\Delta\dot{\Omega}$，并增加了半长径 a 的变化率（$\dot{a}$）和 Δn 变化率（$\Delta\dot{n}$）两个参数，对轨道的描述更为精密。GLONASS的广播星历模型用户计算需要轨道积分，过于复杂，且卫星的位置速度量与轨道根数相比变化过快，导致坐标+速度+加速度的广播星历模型外推精度差于基于开普勒根数的16/18参数广播星历模型。

基于开普勒根数的广播星历参数具有物理意义明确和用户算法简单的特点，因此这种模型成为其他卫星导航系统主要借鉴的模式。该模型是针对 MEO 卫星设计的，而中国北斗区域导航系统采用的是GEO卫星、IGSO卫星、MEO卫星三种类型的混合星座构型，此模型在 GEO、IGSO 卫星的拟合上存在不适应性。因此，需要结合参数的物理意义和拟合中出现的异常现象，进行相应的算法改进设计，满足不同类型卫星广播星历拟合的应用需求。

5.2　广播星历参数的物理意义

5.2.1　16 参数模型的物理意义

从4.1.2节看到，任意时刻的卫星状态矢量（卫星位置、速度）与轨道根数$\sqrt{a},e,i_0,\Omega_0,\omega,M_0$（用平近点角$M_0$代替纬度角距$u$）存在一一对应关系。而轨道根数各个参数都是具体的物理变量，跟星座设计以及卫星运动规律相关，因此广播电文星历参数模型选择基于开普勒根数的形式，其包含了给定历元的开普勒根数以及其摄动变化量参数。针对导航卫星轨道摄动变化规律，任意时刻轨道开普勒根数可以用以下形式来表达：

$$\begin{cases} a = a_0 + a_1 + a_{\mathrm{s}} \\ e = e_0 + e_1 + e_{\mathrm{s}} \\ i = i_0 + i_1 + i_{\mathrm{s}} \\ \Omega = \Omega_0 + \dot{\Omega}\left(t - t_0\right) + \Omega_1 + \Omega_{\mathrm{s}} \\ \omega = \omega_0 + \dot{\omega}\left(t - t_0\right) + \omega_1 + \omega_{\mathrm{s}} \\ M = M_0 + \dot{M}\left(t - t_0\right) + M_1 + M_{\mathrm{s}} \end{cases} \tag{5.1}$$

式（5.1）中下标l,s分别代表该参数的长期及短期变化。如果直接采用开普勒根数以及其摄动变化参数作为广播星历参数，则参数数量较多，将会过多占用导航系统有限的上行和下行通信资源，且参数之间相关性较强。为优化星历参数模型，首先对各轨道根数的物理特性进行分析。

16 参数广播星历模型中，$\sqrt{a},e,i_0,\Omega_0,\omega,M_0$为开普勒根数形式，其物理意义近似为参考时刻的平根数（Ω_0需要归算到参考历元所在周的起始时刻）。以此为基础，通过增加摄动变化量参数，可得到任意时刻外推的轨道根数。

广播星历模型中定义的短周期摄动变化量参数包括：$C_{uc},C_{us},C_{rc},C_{rs},C_{ic},C_{is}$，它们是卫星轨道短周期修正项的振幅，分别用于计算卫星纬度角 u、卫星矢径 r、和轨道倾角 i 的摄动量$\delta u,\delta r,\delta i$，修正公式如下：

$$\begin{aligned} \delta u &= C_{uc}\cos\left(2u\right) + C_{us}\sin\left(2u\right) \\ \delta r &= C_{rc}\cos\left(2u\right) + C_{rs}\sin\left(2u\right) \\ \delta i &= C_{ic}\cos\left(2u\right) + C_{is}\sin\left(2u\right) \end{aligned} \tag{5.2}$$

这6个参数用于改正短周期项的主项，如果对每一个轨道根数都做短周期项修正，总的短周期项振幅参数将达到 12 个，参数太多对星历的拟合也会带来参数相关性的影响。广播星历参数并不针对每一个轨道根数做短周期项修正，只对沿迹向幅角 u 径向距离 r 以及轨道倾角 i 进行修正。所有的短周期项都可以归算到三轴分量上，即 R、T、N 方向，对径向距离 r 的修正实际上相当于对径向 R 方向的修正，对沿迹向幅角 u 的修正相当于对切向 T 方向的修正，对轨道倾角 i 的修正相当于对轨道面法向 N 方向的修正，只需 6 个参数就可以表达对轨道短周期项的修正，既满足了拟合精度的需求，也节省了有限的通信资源。需要指出的是，广播星历的短周期改正项只吸收了短周期项的主项，其余的周期项残留在了其他参数当中，主要是与 u,$3u$ 相关周期项。

与短周期项修正参数的考虑一样，长期项和长周期项的修正实际上也相当于加在三轴方向，Δn 为沿迹向修正，idot 和 $\dot{\Omega}$ 为轨道面整体摆动的修正。由于导航卫星的偏心率较小，M 和 ω 无法严格区分，且在拟合的过程中它们具有强相关性，因此长期项只用参数 Δn（平均角速度的修正值）表达。从广播星历参数设计角度来说，Δn 主要吸收了 M 和 ω 的长期项和长周期项，$\dot{\Omega}$ 吸收了 Ω 的长期项和长周期项，idot 吸收了 i 的长周期项。

在拟合弧段较短的情况下可以不考虑径向的长周期变率，因此 16 参数模型中并没有针对径向的长期修正项。采用以上所述的参数，(5.2) 式中所有长周期项和长期项都得到了修正。

根据对广播星历参数物理意义分析，得出卫星导航系统广播星历参数的设计依据了以下几个原则：

(1) 广播星历要求的预报弧段不长，在短弧条件下无须严格区分长期项和长周期项；

(2) 短周期项修正只需修正主项，其他频率项靠各参数的相关特性吸收；

(3) 无须对每个参数进行修正，可以通过参数之间的相关性来吸收各参数未直接修正的部分。

5.2.2 18 参数模型物理意义

18 参数模型在 16 参数模型基础上，将半长径 $\sqrt{a}$ 和 $\dot{\Omega}$ 替换成相对于参考值的改正值 Δa 及 $\Delta\dot{\Omega}$，并增加了半长径 a 的变化率（$\dot{a}$）和 Δn 变化率（$\Delta\dot{n}$）两个参数。$\dot{a}$ 主要吸收半长径的长周期项，$\Delta\dot{n}$ 主要吸收由 $\dot{a}$ 引起的卫星运动角速度变化率。18 参数广播星历可以适应更长的拟合弧段，引入了径向相关的长期项修正参数，有利于提高拟合精度，增强外推能力。18 参数模型与 16 参数模型相同的参数，其物理意义也相同（黄华等，2014），以下对新参数的物理意义进行分析。

5.2.2.1 Δa 与 $\dot{a}$ 的物理意义

式（5.1）中 a 的表达式可以写成如下形式：

$$a = a_0 + \sum a_i \sin\left(\omega_i t + \phi_i\right) \tag{5.3}$$

18 参数广播星历表达 a 变化的参数设计为

$$a_{\text{ref}} = a_0 = \prod_i \frac{\omega_i}{2\pi} \times \int_0^{\frac{2\pi}{\omega_0}} \cdots \int_0^{\frac{2\pi}{\omega_i}} a\mathrm{d}t \cdots \mathrm{d}t \tag{5.4}$$

$$\Delta a = a - a_{\text{ref}} = \sum a_i \sin\left(\omega_i t + \phi_i\right) \tag{5.5}$$

$$\begin{aligned} a &= \frac{\mathrm{d}a}{\mathrm{d}t} = \frac{\mathrm{d}\Delta a}{\mathrm{d}t} \\ &= \frac{\mathrm{d}}{\mathrm{d}t}\sum a_i \sin\left(\omega_i t + \phi_i\right) \\ &= \sum \frac{\mathrm{d}}{\mathrm{d}t} a_i \sin\left(\omega_i t + \phi_i\right) \\ &= \sum a_i \omega_i \cos\left(\omega_i t + \phi_i\right) \end{aligned} \tag{5.6}$$

下面首先给出半长径的摄动变化项。

1）短周期项

影响 MEO 的最大摄动项为地球非球形引力 J_2 项，a 在 J_2 作用下的短周期项（准到 e）为：

$$\begin{aligned} a_{\mathrm{s}} = \frac{3J_2}{2a}\Bigg(& 2\left(1 - \frac{3}{2}\sin^2 i\right) e\cos M \\ & + \sin^2 i\left(-\frac{1}{2}e\cos\left(M + 2\omega\right) + \cos 2\left(M + \omega\right) + \frac{7}{2}e\cos\left(3M + 2\omega\right)\right)\Bigg) \end{aligned} \tag{5.7}$$

由（5.7）式可以看出，假定轨道周期为 T（MEO 周期为 12h 左右，IGSO、GEO 为 24h 左右），由于导航卫星的轨道偏心率 e 都比较小，a 的短周期项中振幅最大项对应的周期为 $T/2$，其次是 T 和 $T/3$。如（5.2）式所示，星历参数中已经包含了 $T/2$ 短周期项改正参数，所以 Δa 包含的短周期项主要为 T 和 $T/3$ 周期项。

对于 GEO 卫星，月球摄动的量级接近 J_2 摄动。月球摄动产生 a 的短周期项为

$$a_{\mathrm{s}} = 3\beta a^4\left(S_1\left(-e^2 - 2e\cos E\right) + S_2\cos 2E + S_2\sqrt{1 - e^2}\left(-2e\sin E + \sin 2E\right)\right) \tag{5.8}$$

其中，S_1,S_2 与卫星和月球轨道根数中的慢变量相关，$\beta = m'/r'^3$（m' 为月球质量，r' 为月地距离）。由（5.7）、（5.8）式可以看出，当 i 接近 0 时，J_2 引起 a 的 $T/3$ 周期项将变小。但是实际拟合结果表明，GEO 卫星 a 的 $T/3$ 周期项仍然存在，甚至比 MEO 还大，这主要与拟合过程中参数的相关性有关。表 5.1 给出了偏心率 e 和其他参数的相关系数。

表 5.1　e 与其他参数的相关系数表

	Δa	i_0	Ω	ω	M_0	Δn	$\dot{\Omega}$	idot
e	0.973	0.001	0.001	0.986	0.986	0.028	0.002	0.002
	C_{us}	C_{uc}	C_{is}	C_{ic}	C_{rs}	C_{rc}	$\dot{a}$	$\Delta\dot{n}$
e	0.993	0.964	0.002	0.0	0.961	0.999	0.997	0.996

18 个参数没有专门针对 e 的修正项，e 主要影响径向和沿迹向，由表 5.1 可以看出，e 与表达径向和沿迹向的量相关系数较大，月球摄动产生的 e 的短周期项为下式：

$$
\begin{aligned}
e_{\mathrm{s}}(t) = \frac{3}{2}\beta a^{3}\Big(S_1\sin E + S_2\cos E \\
+\frac{1}{e}\big(S_3\sin 2E + S_4\cos 2E\big) + S_5\sin 3E + S_6\cos 3E\Big)
\end{aligned}
\tag{5.9}
$$

其中，$S_i\left(i=1,6\right)$，β 意义与式（5.8）相同，E 为偏近点角。由式（5.9）可以看出，e 在月球摄动的影响下短周期项同样以 $T/2$、T 和 $T/3$ 最大，所以 GEO 中 a 的 $T/3$ 周期项主要吸收了 e 中的 $T/3$ 周期项。

2）长周期项

由摄动理论可知，轨道半长径 a 的一阶长周期项为 0，但对于 12h、24h 这种特殊的卫星，地球非球形引力 J_{22} 项将产生共振效应，从而短周期项将变成长周期项。同时由于 a 与 e 的相关性，a 也可能吸收 e 的长周期项。

J_{22} 项引起 MEO 卫星 a 的长周期项为：

$$
\begin{aligned}
a_1(t) = \frac{3J_{22}}{2a}\bar{n}e\Bigg(&\frac{(1+\cos i)^2}{(\bar{n}-2n_e)+(M_1+2\Omega_1+2\omega_1)}\cos(M+2\Omega_e+2\omega) \\
&+\frac{6\sin^2 i}{(\bar{n}-2n_e)+(M_1+2\Omega_1)}\cos(M+2\Omega_e)\Bigg)
\end{aligned}
\tag{5.10}
$$

GEO 卫星 a 的长周期项为

$$
a_1(t) = \frac{3J_{22}}{2a}\bar{n}\left(\frac{(1+\cos i)^2}{(\bar{n}-n_e)+(M_1+\Omega_1+\omega_1)}\cos(2M+2\Omega_e+2\omega)\right) \tag{5.11}
$$

由于式（5.10）包含 e 因子而式（5.11）中没有，所以 MEO 卫星的长周期项比 GEO 卫星的要小。

基于以上分析，图 5.1 给出了 180 组（每 1 小时 1 组）星历 Δa 与 $\dot{a}$ 对比图，横坐标为星历参考时刻。

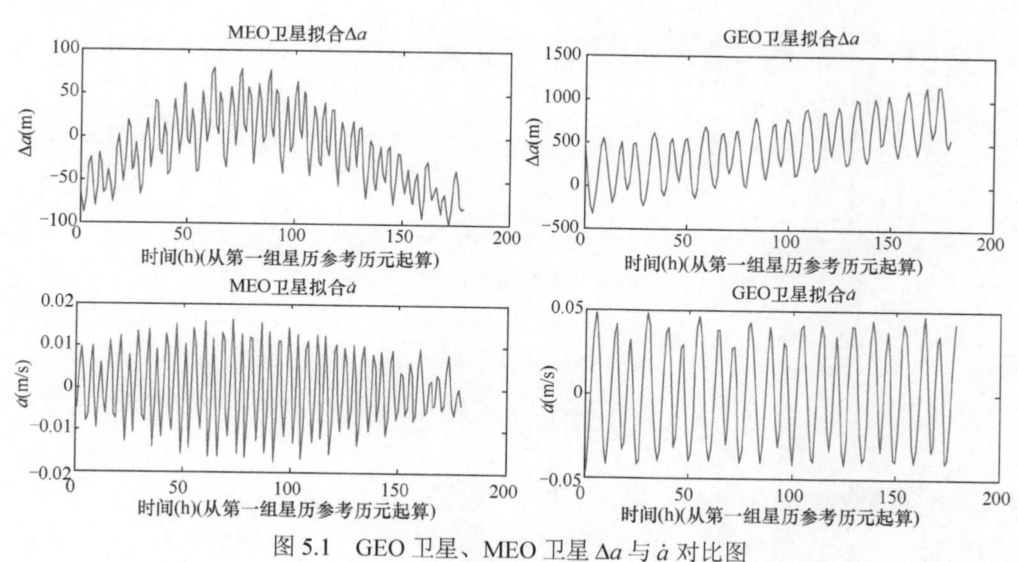

图 5.1　GEO 卫星、MEO 卫星 Δa 与 $\dot{a}$ 对比图

由图 5.1 可以看出，Δa 的变化包括长周期项和短周期项，长周期项主要由地球非球形引力 J_{22} 项的 1∶2 共振所致，还吸收了 e 的长周期变化项；MEO 卫星的短周期项为 12h 和 4h 两个周期项的耦合，GEO 卫星的短周期项为 24h 和 8h 两个周期项的耦合，它们都是 T 和 $T/3$ 周期项的耦合，与前面的理论分析吻合。

5.2.2.2 Δn 与 $\Delta\dot{n}$ 的物理意义

Δn 实际上是吸收了沿迹方向变化量 M,ω（GEO 卫星还与 Ω 相关）的长期项和长周期项，从物理规律方面来看 Δn 应该是常值或长期变化值，由于 n 和 a 相关，$\dot{a}$ 的引入使得 Δn 也产生了变化项，如式（5.12）所示：

$$\Delta n = -\frac{3}{2}\sqrt{\frac{\mu}{a^5}} \cdot \Delta a \tag{5.12}$$

所以，

$$\Delta\dot{n} = -\frac{3}{2}\sqrt{\frac{\mu}{a^5}} \cdot \Delta\dot{a} = -\frac{3}{2}\sqrt{\frac{\mu}{a^5}} \cdot \dot{a} \tag{5.13}$$

由式（5.13）可以看出，$\Delta\dot{n}$ 与 $\dot{a}$ 相位相差 $T'/2$（T' 为周期项的周期），振幅之差与 a 相关，GEO 卫星两者相差约 10^{11} 倍。

图 5.2 的结果与分析的结论一致。从上面对新增加参数物理意义的分析可以看出，增加参数的主要目的是能够更好地逼近径向和沿迹方向的长周期项，进一步明确参数的物理意义，提高拟合精度。

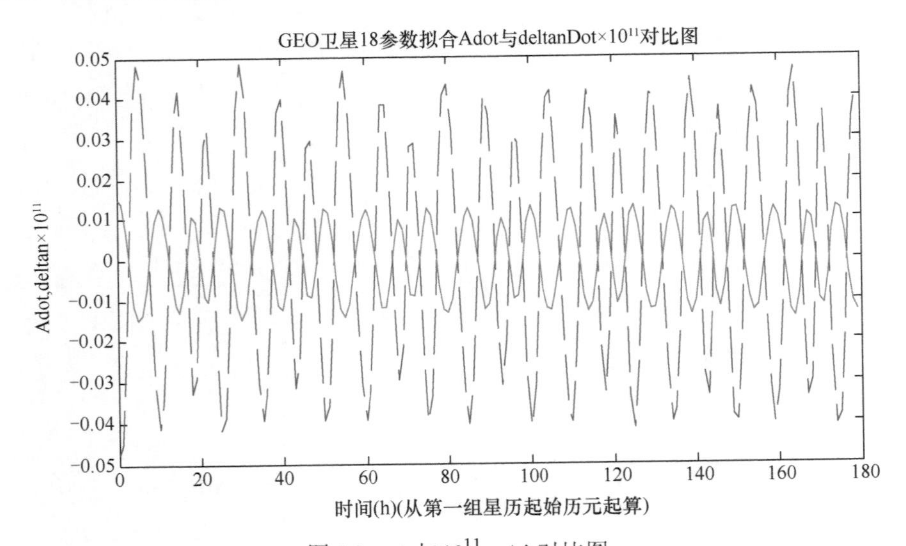

图 5.2　$\dot{a}$ 与 $10^{11}\times\Delta\dot{n}$ 对比图

实线为 $10^{11}\times\Delta\dot{n}$ 变化曲线，虚线为 $\dot{a}$ 变化曲线

5.3　星历拟合经典算法

5.3.1　算法流程

广播星历参数的拟合中，使用的观测量是由精密定轨确定的轨道进行预报得到的一

段时间的卫星位置序列。以 16 参数模型为例，广播星历参数包括：$t_{oe},\sqrt{a},e,i_0,\Omega_0,\omega,M_0,\Delta n,\dot{\Omega},\mathrm{idot},C_{uc},C_{us},C_{rc},C_{rs},C_{ic},C_{is}$，其中 t_{oe} 是作为已知量给出。将除 t_{oe} 外的 15 个作为待求参数，对观测方程进行展开，舍去二阶和二阶以上的小量即可得到线性化的观测方程，其矢量形式表示如下：

$$\vec{r}_p = \vec{r} + \frac{\partial \vec{r}}{\partial M_0}\delta M_0 + \frac{\partial \vec{r}}{\partial \Delta n}\delta\Delta n + \cdots + \frac{\partial \vec{r}}{\partial C_{is}}\delta C_{is} \tag{5.14}$$

其中，$\vec{r}_p = \left(X_p,Y_p,Z_p\right)^{\mathrm{T}}$ 为卫星精密轨道预报得到的卫星在历元 t 的位置，$\vec{r} = \left(X,Y,Z\right)^{\mathrm{T}}$ 为用广播星历参数近似值计算的位置，$\delta\left(a\right),\delta e,\cdots,\delta C_{rc}$ 分别为相应广播星历参数的改正值，历元 t 误差方程为

$$\boldsymbol{V}_t = \vec{r} - \vec{r}_p + \frac{\partial \vec{r}}{\partial \boldsymbol{\Upsilon}_t}\mathrm{d}\boldsymbol{\Upsilon}_t \tag{5.15}$$

其中，$\boldsymbol{\Upsilon}_t$ 代表历元 t 卫星的轨道根数；$\boldsymbol{V}_t$ 为残差；$\dfrac{\partial \vec{r}}{\partial \Upsilon_t}$ 的线性化系数阵；$\mathrm{d}\boldsymbol{\Upsilon}_t$ 为 $\boldsymbol{\Upsilon}_t$ 的改正数。将历元 t 的卫星轨道改正数归算至 t_{oe} 时刻，式（5.15）重写为

$$\begin{aligned}\boldsymbol{V}_t &= \vec{r} - \vec{r}_p + \frac{\partial \vec{r}}{\partial \boldsymbol{\Upsilon}_t}\cdot\frac{\partial \boldsymbol{\Upsilon}_t}{\partial \boldsymbol{\Upsilon}_0}\cdot\mathrm{d}\boldsymbol{\Upsilon}_0 \\ &= \boldsymbol{R}_t\cdot\mathrm{d}\boldsymbol{\Upsilon}_0 + \boldsymbol{L}_t\end{aligned} \tag{5.16}$$

其中，

$$\boldsymbol{V}_t = \left(\boldsymbol{V}_X,\boldsymbol{V}_Y,\boldsymbol{V}_Z\right)^{\mathrm{T}} \tag{5.17}$$

$$\mathrm{d}\boldsymbol{\Upsilon}_0 = \left(\delta\left(a\right),\delta e,\cdots,\delta C_{rc}\right)^{\mathrm{T}} \tag{5.18}$$

$$\boldsymbol{L}_t = \left(\boldsymbol{X}-\boldsymbol{X}_p,\boldsymbol{Y}-\boldsymbol{Y}_p,\boldsymbol{Z}-\boldsymbol{Z}_p\right)^{\mathrm{T}} \tag{5.19}$$

$$\boldsymbol{R}_t = \begin{pmatrix} \dfrac{\partial X}{\partial\left(a\right)}\dfrac{\partial X}{\partial e}\cdots\dfrac{\partial X}{\partial C_{rc}} \\ \dfrac{\partial Y}{\partial\left(a\right)}\dfrac{\partial Y}{\partial e}\cdots\dfrac{\partial Y}{\partial C_{rc}} \\ \dfrac{\partial Z}{\partial\left(a\right)}\dfrac{\partial Z}{\partial e}\cdots\dfrac{\partial Z}{\partial C_{rc}} \end{pmatrix} \tag{5.20}$$

利用拟合弧段内所有数据，得到以上观测方程，并令

$$\boldsymbol{V} = \begin{bmatrix}\boldsymbol{V}_1\\ \boldsymbol{V}_2\\ \vdots\\ \boldsymbol{V}_k\end{bmatrix} \quad \boldsymbol{L} = \begin{bmatrix}\boldsymbol{L}_1\\ \boldsymbol{L}_2\\ \vdots\\ \boldsymbol{L}_k\end{bmatrix} \quad \boldsymbol{R} = \begin{bmatrix}\boldsymbol{R}_1\\ \boldsymbol{R}_2\\ \vdots\\ \boldsymbol{R}_k\end{bmatrix} \tag{5.21}$$

k 为拟合弧段数据历元总数，则可得总误差方程及方程的最小二乘解分别为

$$\boldsymbol{V} = \boldsymbol{R}\cdot\mathrm{d}\Upsilon_0 - \boldsymbol{L} \tag{5.22}$$

$$\mathrm{d}\boldsymbol{\Upsilon}_0=\left(\boldsymbol{R}^{\mathrm{T}}\boldsymbol{P}\boldsymbol{R}\right)^{-1}\boldsymbol{R}^{\mathrm{T}}\boldsymbol{P}\boldsymbol{L} \tag{5.23}$$

其中，$\boldsymbol{P}$ 为观测量权矩阵。上式中 $\boldsymbol{\Upsilon}$ 含有 15 个参数，因此只要 $K \geqslant 6$ 即可解出广播星历参数的改正数，从而可求出参考时刻的广播星历参数。在实际的计算过程中，很难给出较准确的广播星历参数近似值，因此为了提高拟合参数的精度，必须通过迭代求解。

迭代的条件可以选择拟合残差、参数改正量变化。其中第 i 次迭代和第 $i-1$ 次迭代参数改正数变化量条件为（黄华，2012）

$$\frac{\left|\mathrm{d}\boldsymbol{\Upsilon}_{0,i}-\mathrm{d}\boldsymbol{\Upsilon}_{0,i-1}\right|}{\left|\mathrm{d}\boldsymbol{\Upsilon}_{0,i}\right|}<\varepsilon \tag{5.24}$$

其中，ε 是依据参数精度要求给出的任意整数。

以拟合残差判断条件，计算第 i 次迭代后拟合弧段内每个历元的残差为

$$\boldsymbol{V}_t=\left(\Delta\boldsymbol{X}_1,\Delta\boldsymbol{Y}_1,\Delta\boldsymbol{Z}_1,\cdots,\Delta\boldsymbol{X}_m,\Delta\boldsymbol{Y}_m,\Delta\boldsymbol{Z}_m\right)^{\mathrm{T}} \tag{5.25}$$

统计每个历元三维坐标的误差

$$\sigma=\sqrt{\frac{\sum_{k=1}^{m}\left[\left(\Delta\boldsymbol{X}_k\right)^2+\left(\Delta\boldsymbol{Y}_k\right)^2+\left(\Delta\boldsymbol{Z}_k\right)^2\right]}{m-1}} \tag{5.26}$$

卫星导航用户更关心的是轨道误差带来的测距误差。因此，收敛标准也可取为用户测距误差（URE），形式如下：

$$\mathrm{URE}=\sqrt{\frac{\sum_{k=1}^{m}\left[\left(\Delta\boldsymbol{R}_k\right)^2+0.09\left(\Delta\boldsymbol{T}_k\right)^2+0.09\left(\Delta\boldsymbol{N}_k\right)^2\right]}{m-1}} \tag{5.27}$$

其中，$\Delta\boldsymbol{R},\Delta\boldsymbol{T},\Delta\boldsymbol{N}$ 分别表示残差的径向、切向和轨道面法向分量。

迭代的条件为

$$\mathrm{URE}<\varsigma \quad 或者 \quad \sigma<\varsigma \tag{5.28}$$

以上精度门限的取值根据要求的拟合精度取值。

5.3.2 偏导数计算

星历拟合（5.16）式中，用到的偏导数的计算非常关键，主要有解析法和数值法两种方式。

5.3.2.1 解析法计算偏导数

16 参数以上迭代计算的参数初值设置为：开普勒 6 参数取为历元时刻 t_{oe} 的密切轨道根数，其余 9 个摄动参数取 0。半长径变量采用 a 和 $\sqrt{a}$ 的形式等价，可直接计算 a，拟合完成后再转换成 $\sqrt{a}$。（5.16）式中用到的偏导数解析法求取方法为：

1）偏导数 $\dfrac{\partial y}{\partial r}$

$$\frac{\partial\bar{r}}{\partial(\Delta n)}=\frac{\partial\bar{r}}{\partial\dot{\Omega}}=\frac{\partial\bar{r}}{\partial(\mathrm{idot})}=\frac{\partial\bar{r}}{\partial C_{ic}}=\frac{\partial\bar{r}}{\partial C_{is}}=0 \tag{5.29}$$

$$\frac{\partial \vec{r}}{\partial (a)} = \frac{2}{a}\vec{r} \tag{5.30}$$

$$\frac{\partial \vec{r}}{\partial (\Delta \dot{n})} = \frac{1}{2n}\vec{r}' \tag{5.31}$$

$$\frac{\partial \vec{r}}{\partial e} = A\vec{r} + B\vec{r}' \tag{5.32}$$

$$\frac{\partial \vec{r}}{\partial M} = \frac{1}{n}\vec{r}' \tag{5.33}$$

$$\frac{\partial \vec{r}}{\partial i} = r\sin u\begin{pmatrix} \sin i\sin\Omega \\ -\sin i\cos\Omega \\ \cos i \end{pmatrix} \tag{5.34}$$

$$\frac{\partial \vec{r}}{\partial \Omega} = r\begin{pmatrix} -\cos u\sin\Omega - \sin u\cos i\cos\Omega \\ \cos u\cos\Omega - \sin u\cos i\sin\Omega \\ 0 \end{pmatrix} \tag{5.35}$$

$$\frac{\partial \vec{r}}{\partial \omega} = r\begin{pmatrix} -\sin u\cos\Omega - \cos u\cos i\sin\Omega \\ -\sin u\sin\Omega + \cos u\cos i\cos\Omega \\ \cos u\sin i \end{pmatrix} \tag{5.36}$$

$$\frac{\partial \vec{r}}{\partial C_{us}} = r\sin 2u\begin{pmatrix} -\sin u\cos\Omega - \cos u\cos i\sin\Omega \\ -\sin u\sin\Omega + \cos u\cos i\cos\Omega \\ \cos u\sin i \end{pmatrix} \tag{5.37}$$

$$\frac{\partial \vec{r}}{\partial C_{uc}} = r\cos 2u\begin{pmatrix} -\sin u\cos\Omega - \cos u\cos i\sin\Omega \\ -\sin u\sin\Omega + \cos u\cos i\cos\Omega \\ \cos u\sin i \end{pmatrix} \tag{5.38}$$

$$\frac{\partial \vec{r}}{\partial C_{rs}} = \sin 2u\begin{pmatrix} \cos u\cos\Omega - \sin u\cos i\sin\Omega \\ \cos u\sin\Omega + \sin u\cos i\cos\Omega \\ \sin u\sin i \end{pmatrix} \tag{5.39}$$

$$\frac{\partial \vec{r}}{\partial C_{rc}} = \cos 2u\begin{pmatrix} \cos u\cos\Omega - \sin u\cos i\sin\Omega \\ \cos u\sin\Omega + \sin u\cos i\cos\Omega \\ \sin u\sin i \end{pmatrix} \tag{5.40}$$

上面给出的公式中，用到的中间变量定义如下：

$$A = -\frac{a}{p}(\cos E + e)\text{，}\quad B = \frac{\sin E}{n}\left(1 + \frac{r}{p}\right) \tag{5.41}$$

$$\vec{r}' = \sqrt{\frac{\mu}{a}}\left[-(\sin u + e\sin\omega)\hat{\boldsymbol{P}} + (\cos u + e\cos\omega)\hat{\boldsymbol{Q}}\right] \tag{5.42}$$

$$p = a\left(1 - e^2\right) \tag{5.43}$$

这里 u,e,ω,E,n 的定义同前面介绍，μ 为万有引力常数，$\hat{\boldsymbol{P}}$ 和 $\hat{\boldsymbol{Q}}$ 的定义见下式：

$$\hat{\boldsymbol{P}}=\begin{pmatrix}\cos\Omega\\ \sin\Omega\\ 0\end{pmatrix},\quad \hat{\boldsymbol{Q}}=\begin{pmatrix}-\cos i\sin\Omega\\ \cos i\cos\Omega\\ \sin i\end{pmatrix} \tag{5.44}$$

2）偏导数 $\dfrac{\partial \varUpsilon}{\partial \varUpsilon_0}$

$$\frac{\partial a}{\partial a_0}=\frac{\partial \dot{a}}{\partial \dot{a}_0}=\frac{\partial e}{\partial e_0}=\frac{\partial i}{\partial i_0}=\frac{\partial \Omega}{\partial \Omega_0}=\frac{\partial \omega}{\partial \omega_0}=\frac{\partial M}{\partial M_0}=\frac{\partial(\Delta\dot{n})}{\partial(\Delta\dot{n}_0)}=1 \tag{5.45}$$

$$\frac{\partial(\Delta n)}{\partial(\Delta n_0)}=\frac{\partial\dot{\Omega}}{\partial\dot{\Omega}_0}=\frac{\partial(\text{idot})}{\partial(\text{idot}_0)}=\frac{\partial C_{us}}{\partial C_{us_0}}=\frac{\partial C_{uc}}{\partial C_{uc_0}}=\frac{\partial C_{rs}}{\partial C_{rs_0}}=\frac{\partial C_{rc}}{\partial C_{rc_0}}=\frac{\partial C_{is}}{\partial C_{is_0}}=\frac{\partial C_{ic}}{\partial C_{ic_0}}=1 \tag{5.46}$$

$$\frac{\partial i}{\partial(\text{idot}_0)}=t-t_{oe},\quad \frac{\partial i}{\partial C_{is_0}}=\sin 2u,\quad \frac{\partial i}{\partial C_{ic_0}}=\cos 2u \tag{5.47}$$

$$\frac{\partial \Omega}{\partial \dot{\Omega}_0}=t-t_{oe},\quad \frac{\partial M}{\partial(a_0)}=-3\sqrt{\mu}a^{-2}(t-t_{oe}),\quad \frac{\partial M}{\partial(\Delta n_0)}=t-t_{oe} \tag{5.48}$$

除上面列出的偏导数以外，其他广播星历参数之间的偏导数均为 0。

3）18 参数的偏导数

18 参数中对 Δa 及 $\Delta\dot{\Omega}$ 的偏导数与 16 参数中的 a 和 $\dot{\Omega}$ 类似。新增的 $\dot{a}$ 和 $\Delta\dot{n}$ 两个参数，涉及的偏导数算法为：

$$\frac{\partial \vec{r}}{\partial(\dot{a})}=(t-t_{oe})\cdot\left((\cos E-e)\cdot\hat{P}+\sqrt{1-e^2}\sin E\cdot\hat{Q}\right) \tag{5.49}$$

$$\frac{\partial \vec{r}}{\partial(\Delta\dot{n})}=-\frac{1}{2}(t-t_{oe})^2\cdot\left(\frac{a}{1-e\cdot\cos E}\left(\sin E\cdot\hat{P}-\sqrt{1-e^2}\cos E\cdot\hat{Q}\right)\right) \tag{5.50}$$

5.3.2.2 数值法计算偏导数

从上面介绍可以看出解析法计算偏导数比较复杂，而数值方法求解偏导数具有形式简单、精度高的特点，便于数值计算。定义 Y 为变量 $x_1,\cdots,x_n$ 的函数，以 x_k 变量为例，按照数值方法 $\dfrac{\partial Y}{\partial x_k}$ 为

$$\frac{\partial Y(x_1,\cdots,x_n)}{\partial x_k}=\frac{Y(x_1,\cdots,x_k+\varepsilon_k,\cdots,x_n)-Y(x_1,\cdots,x_n)}{\varepsilon_k} \tag{5.51}$$

也即，在参数上增加一个微小变化，计算函数由此引起的改变量与参数变化量的比值，即为偏导数。

式（5.15）重写为

$$V_t=\vec{r}-\vec{r}_p+\frac{\partial \vec{r}}{\partial \varUpsilon_0}\cdot \mathrm{d}\varUpsilon_0 \tag{5.52}$$

按照数值方法计算偏导数的原理，以 $\frac{\partial \vec{r}_i}{\partial a}$ 为例，$\frac{\partial \vec{r}}{\partial \Upsilon_0}$ 的数值计算方法为

$$\frac{\partial \vec{r}}{\partial a}=\lim_{\Delta\to 0}\frac{\vec{r}\left(e,i_0,a+\Delta,\cdots\right)-\vec{r}\left(e,i_0,a,\cdots\right)}{\Delta} \tag{5.53}$$

当 Δ 足够小时，上式近似为

$$\frac{\partial \vec{r}}{\partial a}=\frac{\vec{r}\left(e,i_0,a+\Delta,\cdots\right)-\vec{r}\left(e,i_0,a,\cdots\right)}{\Delta} \tag{5.54}$$

需要注意的是，微小变化量 Δ 会影响拟合的精度与效率，选取的过大难以收敛，过小会超出计算机的有效精度范围，具体可参考相关文献（王解先等，2016；陈刘成等，2008）。

5.4　星历拟合中的奇点问题

小偏心率和小倾角条件下开普勒根数的表达具有一定的奇异性。小偏心率条件下，M 和 ω 无法严格区分，小倾角条件下 ω 和 Ω 无法严格区分，当两者同时存在时，M、ω 和 Ω 三者都无法严格区分。这种奇点给广播星历数的取值范围和拟合效果带来很大影响。GEO 卫星、IGSO 卫星、MEO 卫星的轨道偏心率都较小，尤其 GEO 卫星，由于国际电联对 GEO 卫星东西位置的日震荡范围有一定要求（不大于 0.1 度），这一条件要求 GEO 卫星的轨道偏心率必须保持在 0.0004 以内，所以 GEO 卫星的轨道偏心率比 IGSO 卫星和 MEO 卫星都小，同时 GEO 卫星的轨道倾角也较小，一般不大于 2 度，因此 GEO 卫星同时具有两类奇点。

5.4.1　小倾角奇点问题

与 ω 和 Ω 直接相关摄动变化参数主要是 Δn 和 $\dot{\Omega}$。通过广播星历参数物理意义的分析可知，Δn 主要吸收了 $\lambda=M+\omega$ 的长期项和长周期项，$\dot{\Omega}$ 主要吸收了 Ω 的长期项和长周期项系数，广播星历参数中短周期项修正参数只修正了 $2u$ 项，沿迹向幅角 u 的其他频率短周期项（主要是 u 和 $3u$ 项）也将被 Δn 吸收。

Δn 的具体表达形式为：

$$\Delta n=n_0-\frac{\mathrm{d}\left(\omega+M\right)}{\mathrm{d}t} \tag{5.55}$$

展开得到式（5.56），

$$\begin{aligned}\Delta n=&\frac{e^2\left(1-e^2\right)}{na^2\left(\sqrt{1-e^2}+1-e^2\right)}\frac{\partial R}{\partial e}\\&+\frac{2}{na^2}\frac{\partial R}{\partial a}+\frac{1}{na^2\sqrt{1-e^2}}\frac{\cos i}{\sin i}\frac{\partial R}{\partial i}\end{aligned} \tag{5.56}$$

$\dot{\Omega}$ 的表达形式为

$$\dot{\Omega}=\frac{1}{na^2\sqrt{1-e^2}\sin i}\frac{\partial R}{\partial i} \tag{5.57}$$

式（5.56）最后一项和式（5.57）都含有$\dfrac{1}{\sin i}$因子，当$i \to 0$时，$\dfrac{1}{\sin i} \to \infty$。由此初步得出奇点问题导致$\Delta n$和$\dot{\Omega}$出现强相关性，各自的振幅会相应的增大。小倾角奇点不是本质奇点，是所选惯性坐标系下轨道根数表达的奇异性。图 5.3 给出了常规拟合算法条件下Δn，$\dot{\Omega}$和两者之和的对比情况，图中Δn和$\dot{\Omega}$的变化振幅正好相反。

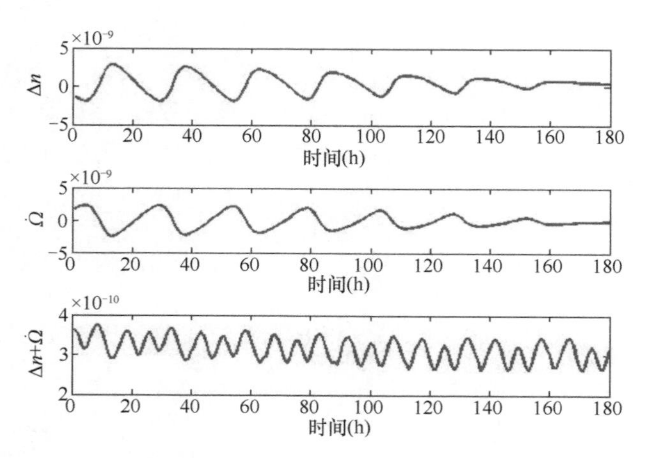

图 5.3　Δn、$\dot{\Omega}$以及他们之和（下图）随拟合历元的变化关系

5.4.2　小偏心率奇点问题

小偏心条件，M和ω之间具有强相关性，广播星历参数的设计正好利用了这一特点，将对M和ω的修正转换成了对$\lambda = M + \omega$以及幅角$U = \omega + v$的修正，这样只需要一组短周期振幅修正参数（C_{uc}, C_{us}）和一个长期项修正参数（Δn）就可以表达M和ω的主要修正项。然而偏心率过小，参数相关性进一步增强，容易造成广播星历参数拟合的奇异问题。

轨道偏心率大于 0 时，由卫星在椭圆轨道上运行速率的不均匀性导致 GEO 卫星位置的东西振荡振幅为

$$\lambda = |v - M| \cos i \tag{5.58}$$

要满足日振荡不大于 0.1°，即要求

$$\lambda_{\max} = 2 \cdot \max |v - M| \cos i \leqslant 0.1° \tag{5.59}$$

将真近点角v展成M的级数形式如下：

$$v = M + 2e \cdot \sin(2M) + O(e^2) \tag{5.60}$$

舍去上式e^2以上高阶项，代入（5.58）式得到

$$\lambda = 2e \cdot |\sin(2M)| \cos i \tag{5.61}$$

将上式代入到式（5.59），设$i = 0°$，可以得出$e < 0.00043°$，因此 GEO 卫星的轨道偏心率一般都小于 0.0004。基于导航卫星的摄动分析中表明，轨道偏心率在太阳辐射压的作用下会呈现长周期变化。统计结果表明，当偏心率小于 0.0001 时，16 参数模型和 18 参数模型的拟合效果都很差，迭代次数剧增，并出现多组拟合失败的情况。

针对以上小倾角和小偏心率的问题，分别仿真了倾角为 0.01°和 0.1°的 GEO 卫星轨道，常规拟合方法的拟合效果如表 5.2 所示，16 参数采用 4 小时拟合弧段，18 参数采用 5 小时拟合弧段。表 5.3 的结果表明，当轨道倾角为 0.01 度时，拟合趋于不稳定状态。

表 5.2　卫星参数表

卫星号	a（m）	e	i（°）	Ω（°）	ω（°）	M（°）
GEO-2	42241095.807	0.001	0.01	205	322	180
GEO-3	42241095.807	0.001	0.1	205	322	180

表 5.3　GEO 卫星不同倾角拟合精度统计表

卫星号		平均 URE（m）	平均拟合误差（m）	平均迭代次数	失败组数
GEO-2	16 参	0.040	0.127	8	13
	18 参	0.030	0.095	7	0
GEO-3	16 参	0.030	0.072	5	0
	18 参	0.018	0.043	6	0

5.4.3　基于坐标面旋转的星历拟合算法

前面对奇点问题的分析表明，小倾角奇点是非本质奇点，是由于坐标系的选取导致该奇点的出现。解决该问题的直接方法是重新选取坐标系统，可将坐标系基本平面绕坐标轴旋转一个角度。具体实现方式是：在地固系到惯性系转换时，除了旋转一个地球自转角外，还绕 X 轴旋转 θ°。该方法要求用户算法也做相应的改变，即用户在计算卫星位置时需要绕 X 轴旋转 $-\theta$°。θ 角理论上只需旋转大于 0.01 个角度即可。

由于 GEO 卫星的倾角通常在 2 度以内波动，为了确保消除奇异性，表 5.4 给出了 $\theta = 5°$、30°、55°的计算结果。可以看出，旋转三种不同角度后，16 参数模型和 18 参数模型各自的拟合稳定性和精度相当；旋转相同角度条件下，18 参数拟合精度略高于 16 参数。只改变坐标系基本参考面的情况下，新的坐标仍然是惯性系，卫星在新坐标系下的摄动变化规律基本不变，因此旋转任意角度（不大于 90°），只要大于其奇异性的门限，可以提高拟合的稳定性。

表 5.4　GEO-2 卫星旋转不同角度拟合精度统计表

θ（°）		平均 URE（m）	平均拟合误差（m）	平均迭代次数	失败组数
5	16 参	0.029	0.076	5	0
	18 参	0.013	0.033	5	0
30	16 参	0.029	0.076	5	0
	18 参	0.013	0.037	5	0
55	16 参	0.029	0.076	5	0
	18 参	0.013	0.034	5	0

通过以上的理论和试验分析可以得出如下结论：

（1）当倾角达到 0.01°或更低时，采用常规方法进行广播星历参数拟合，将会出现奇异问题，迭代次数增加，还有可能出现拟合发散情况。

（2）采用旋转坐标系的方法可以克服小倾角奇点，可以降低相关参数的振荡范围，从而降低对导航电文接口范围的要求。

5.5 星历拟合改进算法

5.5.1 星历参数超限情况

按照以上星历拟合算法，采用卫星实际轨道数据分别拟合了不同 GEO、IGSO 卫星在连续 7 个月期间、MEO 卫星在连续 6 个月期间的所有星历参数，拟合全部成功。部分 GEO、IGSO 卫星的部分星历参数如图 5.4～图 5.7 所示。

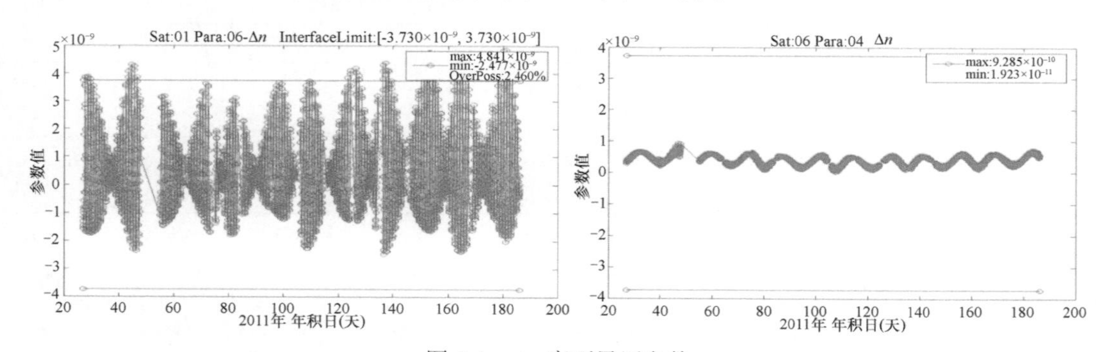

图 5.4 Δn 序列星历参数

左：C01（GEO），右：C06（IGSO），图中横线标出了 ICD 中的取值范围

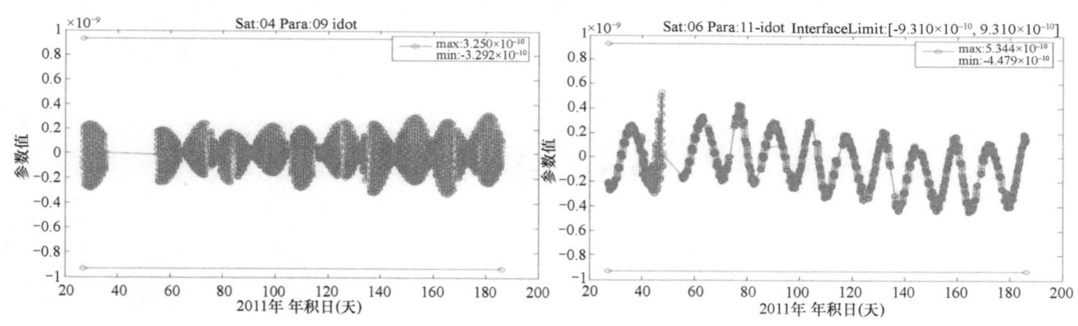

图 5.5 idot 序列星历参数

左：C04（GEO），右：C06（IGSO），图中横线标出了 ICD 中的取值范围

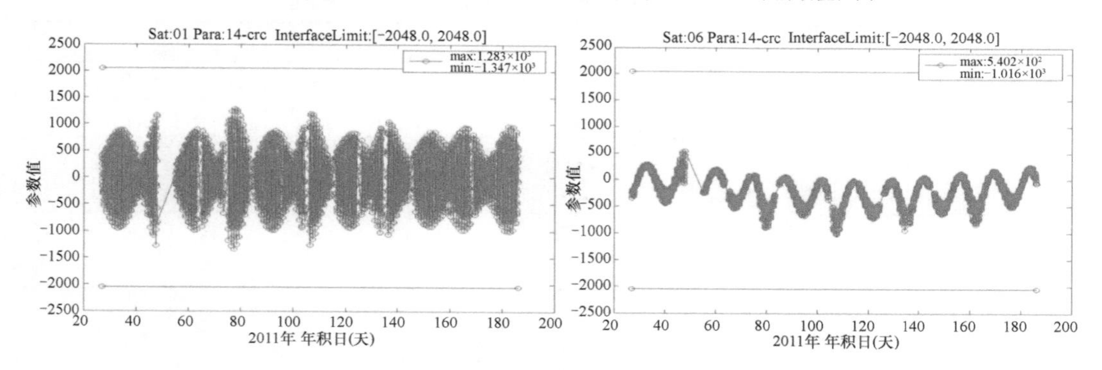

图 5.6 C_{rc} 序列星历参数

左：C01（GEO），右：C06（IGSO），图中横线标出了 ICD 中的取值范围

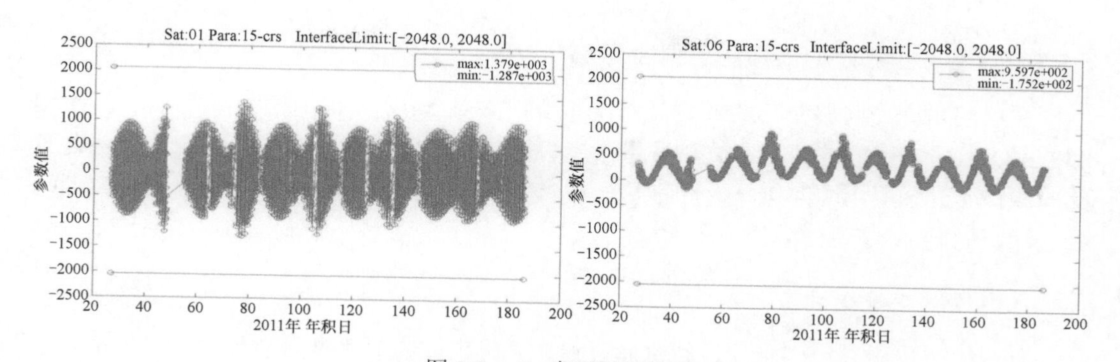

图 5.7 C_{rs} 序列星历参数

左：C01（GEO），右：C06（IGSO），图中横线标出了 ICD 中的取值范围

从上述三种不同类型卫星拟合结果来看，星历参数普遍存在显著的周期性变化，星历参数变化周期长度约为 15 天。对于 GEO 卫星，相对变化范围较大的参数包括 idot、crc、crs 和 Δn，多数参数接口范围相对于参数实际拟合值冗余度较大（超过 50%），但对于不同的 GEO 卫星，拟合参数 Δn 均存在超出接口范围现象。对于 IGSO 卫星和 MEO 卫星，尽管也存在少数变化范围相对较大的参数，但相比于 GEO 卫星，IGSO 卫星和 MEO 卫星拟合结果中所有参数接口范围均满足参数变化，且存在较大的冗余度，因此，现有的参数接口范围对于 IGSO 和 MEO 卫星能够完全适用，但对于 GEO 卫星来说存在一定的参数超限截断的风险。

以 GEO 卫星为例，给出参数超限带来的卫星位置误差影响。采用某日 4 时定轨结果进行星历拟合，得到参考时间 5 时的星历参数 Δn 值为 4.34×10^{-9}，超出接口范围（$\pm3.73\times10^{-9}$），播发时采用接口范围门限值进行截断。同时采用当日 5 时定轨结果进行星历拟合得到该小时的广播星历，其中 Δn 未超出接口范围，则系统发出星历参数中 Δn 为实际拟合结果。利用两组星历分别计算相同时间 10s 内卫星位置，得到的位置差如图 5.8 所示。

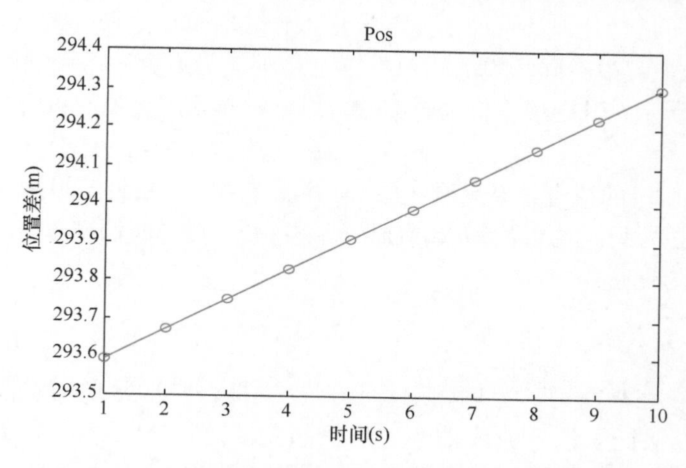

图 5.8 星历参数播发截断带来的卫星位置误差结果

从图中的结果可以看出，用户端使用截断后的 Δn 参数进行卫星位置计算时出现了约 300m 的跳变，因此，参数 Δn 如果产生截断，将会对用户带来显著的定位误差。

5.5.2 基于可变弧段的广播星历拟合算法

在小倾角奇点问题中，GEO 卫星星历拟合时参数 Δn 变化范围偏大，若采用与 MEO 和 IGSO 相同的接口定义，参数容易超出接口范围，对表达精度造成影响。本节将针对此问题，通过采用不同的策略对广播星历拟合算法进行改进，在新算法条件下解决抑制参数超限问题。

5.5.2.1 初值计算方法

星历拟合采用最小二乘法进行求解过程中，提供的初值不准可能导致计算发散。本节提出了基于星历拟合参数的初值计算方法，具体步骤如下。

（1）第一组广播星历拟合条件下初值获取。对第一组广播星历拟合参数，参考历元为 t_{oe}，通过读入轨道数据，得到历元 t_{oe} 的惯性系轨道坐标速度为 $\left(\vec{r},\dot{\vec{r}}\right)=\left(X,Y,Z,\dot{X},\dot{Y},\dot{Z}\right)^{\mathrm{T}}$，通过计算可以得到 t_{oe} 对应的 6 根数 $a,e,i_0,\Omega_0,\omega,M_0$，再转换成对应的地固系根数，以此作为广播星历拟合 15 参数中 6 根数的初值，并将其余 9 摄动参数 $C_{uc},C_{us},C_{rc},C_{rs},C_{ic},C_{is}$ 和 $\Delta n,\dot{\Omega}$,idot 赋值为 0，星历拟合完成后将每次得到的星历参数保留。

（2）非第一组广播星历拟合条件下初值获取。对第一组之后的其余各组广播星历参数拟合，由于之前每组星历拟合之后均保留参数结果，在本组星历进行拟合时直接采用上一组广播星历拟合结果作为本次拟合的初值。由于 1 小时内广播星历参数变化较小，因此采用该初值进行拟合具有较高精度。

5.5.2.2 变弧长的拟合算法

不同的拟合弧长对于拟合精度存在一定的影响，因此在常规最小二乘拟合算法基础上，调整拟合弧长，对广播星历进行重新拟合并评估拟合参数 Δn 的超限情况。具体计算策略如下：在不进行任何约束的前提下设置拟合数据弧长分别为 3h、4h、5h，在上述三种条件下对一个月中不同时段的轨道数据进行了星历拟合，得到的超限星历时段如图 5.9、图 5.10 所示。其中横坐标为时间轴，纵坐标将不同弧长的拟合超限结果分开，数值无意义。

从上述不同时段的拟合结果来看，在原有算法基础上直接调整拟合弧段长度后，3h、4h 和 5h 条件下拟合得到的参数 Δn 超限时段基本一致，这说明调整拟合弧段的方法对于抑制参数 Δn 效果不明显。

5.5.2.3 固定参数算法

GEO 卫星存在高轨道、小倾角等特点，星历拟合中尽管采用了参考坐标面小角度旋转的策略，保证了拟合的成功率，但仍然无法从根本上完全避免拟合方程的病态性。为了验证实测数据条件下方程的病态程度，采用 GEO 卫星轨道数据对星历参数间的相关性进行分析。采用三组不同时段的数据，参数 Δn 与其余 14 参数相关性如表 5.5 所示。

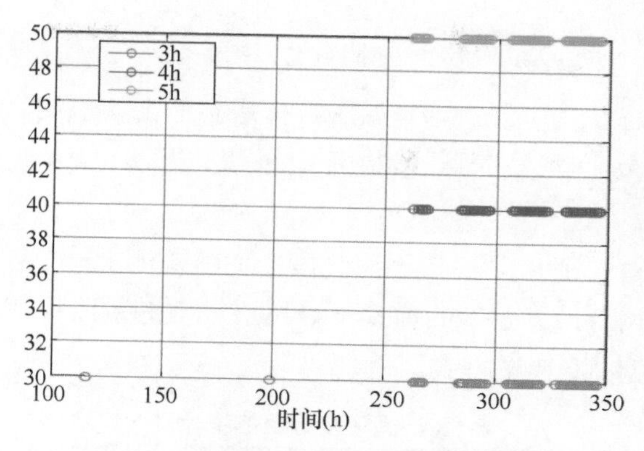

图 5.9　时段 1 中 Δn 参数超限时段图

其中横坐标为时间轴，纵坐标将不同弧长的拟合超限结果分开，数值无意义

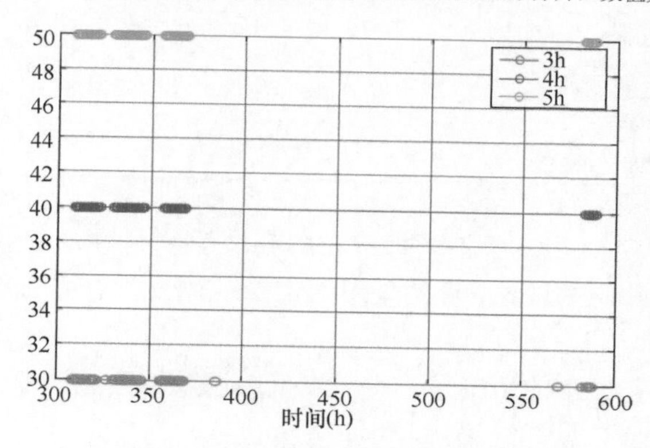

图 5.10　时段 2 中 Δn 参数超限时段图

其中横坐标为时间轴，纵坐标将不同弧长的拟合超限结果分开，数值无意义

表 5.5　GEO 卫星拟合时 Δn 与其余 14 个参数的相关系数表

第一组	第二组	第三组	参数
1	1	1	Δn
0.9999	0.9999	0.9999	$\dot{\Omega}$
0.3922	0.7906	0.9486	idot
0.0230	0.0364	0.0311	C_{uc}
0.0091	0.0192	0.0251	C_{us}
0.0114	0.0092	0.0212	C_{rc}
0.0247	0.0221	0.0188	C_{rs}
0.9995	0.9991	0.9969	C_{ic}
0.3807	0.7827	0.9513	C_{is}
0.0222	0.0074	0.0197	$\sqrt{a}$
0.0201	0.0029	0.0202	e
0.9999	0.9999	0.9999	i_0
0.9999	0.9999	0.9999	ω
0.0087	0.0221	0.0098	Ω_0
0.0094	0.0192	0.0072	M

从计算结果来看，参数Δn与$\dot{\Omega}$、idot、C_{ic}、C_{is}、i_0、ω具有较强的相关性，与Δn相关系数超过0.99的参数有4个，这是导致方程病态的主要原因。为了降低方程求解时的相关性，可采用将Δn固定，求解其余14个参数的方法，Δn的值取为与接口门限接近的Δn_0。

采用该策略，针对一个月中5个不同时段的GEO卫星定轨结果进行了星历拟合试验，在满足广播星历拟合精度要求的前提下着重对参数的超限现象进行统计，拟合得到超限星历组数统计如表5.6所示。

表5.6　超限星历组数统计表

定轨文件时间	星历组数	e超限组数	idot超限组数	e+idot超限	超限组数
时段1	200	9	13	1	21
时段2	200	15	4	0	19
时段3	200	3	5	0	8
时段4	200	4	7	0	11
时段5	200	9	2	0	11

从拟合结果看出，固定Δn条件下拟合求解其余14个参数，在消除Δn超限的同时，出现了参数e和idot超限的现象，说明采用固定Δn+固定拟合弧长的方法无法完全解决参数超限问题。

在计算结果不满足要求的情况下，进一步采用调整拟合数据弧长的策略，重新对该轨道数据进行星历拟合计算，结果如表5.7所示。

表5.7　超限星历组数统计表（调整拟合数据弧长）

时间	星历组数	常规策略，Δn超限组数	固定Δn时，4小时数据参数超限组数	固定Δn时，5或者3小时数据参数超限组数
时段1	280	54	1	0
时段2	280	67	4	0
时段3	280	49	1	1
时段4	280	53	1	1
时段5	280	52	5	0

从表中数据可以看出，通过固定Δn值的同时调整拟合数据弧段长度的方法，一个月中5个时段定轨文件拟合的星历中，Δn超限的组数均有明显的减少，一个月中超限星历组数减少到2组，可见上述方法对于抑制Δn超限的现象具有明显的效果。

5.5.3　基于有偏估计的广播星历拟合算法

针对GEO卫星星历拟合的方程病态问题，采用参数岭估计的方法能够降低方程的病态性。岭估计是一种重要的有偏估计方法，在保证拟合误差的前提条件下，通过外部干预将参数控制在接口范围门限以内，也是解决方程病态性问题的方法之一。基于有偏估计算法，假设式（5.23）解算的参数w超出接口范围，则将w分别设置为w'，w''，w''',…，其中，w'，w''，w''',…为根据前期计算得到的覆盖该参数变化范围的不同经验值；利用下式对广播星历15个参数中其余参数与w的相关性进行分析：

$$\mathrm{cov}_{i,j}=\frac{\sigma_{i,j}}{\sqrt{\sigma_i^2}\sqrt{\sigma_j^2}} \tag{5.62}$$

式中，$\sigma_{i,j}$、σ_i 和 σ_j 均来自式（5.23）法矩阵 $\boldsymbol{N}=\boldsymbol{R}^{\mathrm{T}}\boldsymbol{P}\boldsymbol{R}$，其中 $\boldsymbol{R}$ 为系数矩阵，$\boldsymbol{P}$ 为观测量权矩阵，$\sigma_{i,j}$ 为第 i 个参数与第 j 个参数的协方差，即法矩阵 $\boldsymbol{N}$ 中第 i 行、第 j 列元素，σ_i 和 σ_j 分别为第 i 个参数与第 j 个参数的方差，即法矩阵 $\boldsymbol{N}$ 中对角线上第 i 行和第 j 行元素；计算得到的 $\mathrm{cov}_{i,j}$ 为第 i 个参数与第 j 个参数的相关系数。

假设得到与 w 相关系数大于阈值 H 的参数为 w_1，$w_2,\cdots$，w_i，则选用对任意单个参数或多个参数组合进行压缩：

（1）对单个参数 w_i 进行压缩。

将式（5.23）法矩阵变换为 $\boldsymbol{N}'=\left(\boldsymbol{R}^{\mathrm{T}}\boldsymbol{P}\boldsymbol{R}\right)+\boldsymbol{P}\left(w\right)$，其中 $\boldsymbol{R}$ 为系数矩阵，$\boldsymbol{P}$ 为观测量权矩阵，$\boldsymbol{P}\left(w\right)$ 为参数压缩中新增的权矩阵；$\boldsymbol{P}\left(w\right)$ 矩阵中 w_i 对应行列对角线元素为 $\boldsymbol{P}\left(w_i\right)$，除 $\boldsymbol{P}\left(w_i\right)$ 以外的其余元素全为 0，此时只对 w_i 进行压缩，循环设置 $\boldsymbol{P}\left(w_i\right)$ 的大小。

（2）对多个参数同时进行压缩。

法矩阵 $\boldsymbol{N}'=\left(\boldsymbol{R}^{\mathrm{T}}\boldsymbol{P}\boldsymbol{R}\right)+\boldsymbol{P}\left(w\right)$，其中 $\boldsymbol{R}$ 为系数矩阵，$\boldsymbol{P}$ 为观测量权矩阵，$\boldsymbol{P}\left(w\right)$ 为参数压缩中新增的权矩阵，$\boldsymbol{P}\left(w\right)$ 矩阵中 w_i,w_j 和 w_k 对应行列对角线元素为 $\boldsymbol{P}\left(w_i\right),\boldsymbol{P}\left(w_j\right)$，$\boldsymbol{P}\left(w_k\right)$，除此以外的其余元素全为 0，此时只对 w_i、w_j 和 w_k 进行压缩，循环设置 $\boldsymbol{P}\left(w_i\right),\boldsymbol{P}\left(w_j\right),\boldsymbol{P}\left(w_k\right)$ 的大小。

采用星历拟合算法进行实际数据求解时，岭参数确定的原则须满足（5.24）式或者（5.28）式拟合结果要求。在新算法条件下对上节同时段的 GEO 卫星定轨结果进行星历拟合试验，得到的结果如图 5.11 所示。从一个月中的拟合结果来看，在保证拟合精度的条件下，拟合的 Δn 参数超限后通过有偏估计进行参数压缩，将 Δn 值控制在设定的接口范围限值以内，从而完全消除了 Δn 超限的现象，这也说明基于有偏估计的广播星历拟合算法对于抑制参数 Δn 超限具有明显的效果。

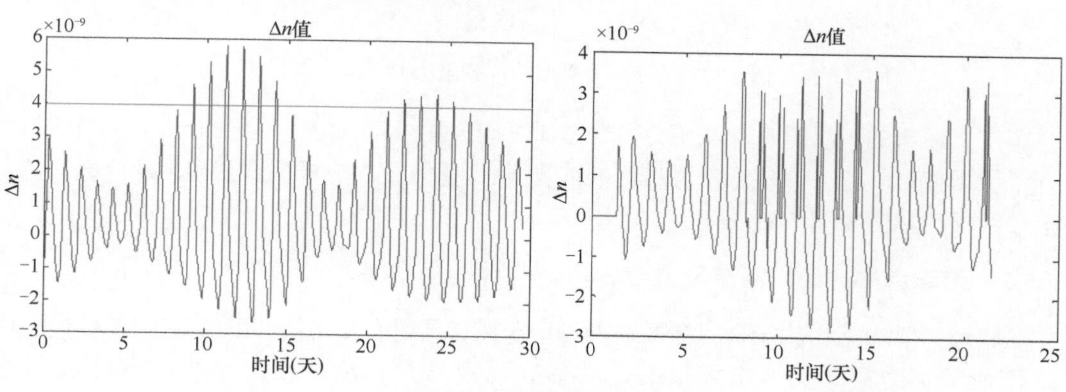

图 5.11　Δn 序列图

左：采用原有算法，右：采用有偏估计算法

5.5.4 抑制参数超限的综合算法

基于前面设计的不同算法在抑制Δn参数超限中的性能，设计了综合上述各算法特性的新算法。算法基本原理如下（何峰，2013）：

（1）首先采用常规星历拟合算法解算星历参数，如果发现参数超限则启动新算法；

（2）新算法中采用了固定Δn参数+有偏估计+调整拟合弧长的策略。

算法流程如图5.12所示。

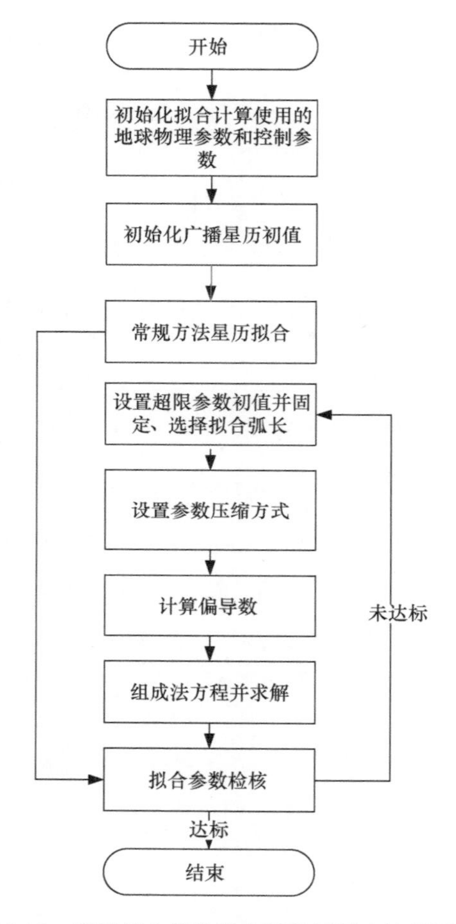

图5.12 基于综合算法的广播星历拟合流程图

在上述新的星历拟合算法条件下，基于一个月中3颗GEO卫星的定轨实测数据进行了星历拟合验证。在保证拟合精度的前提下，3颗GEO卫星拟合超限现象完全消除，拟合结果与精度如图5.13～图5.15所示。

5.5.5 无奇点根数的广播星历拟合算法

轨道力学中常用的无奇点参数有两种，一种是只适用于小偏心率条件下的无奇点根数，通常称为第一类无奇点根数，其形式以及与开普勒根数之间的转换关系为：$\left(a,i,\Omega,\xi = e\cdot\cos\omega,\eta = e\cdot\sin\omega,\lambda = M+\omega\right)$。另一种是同时适用于小偏心率和小倾角

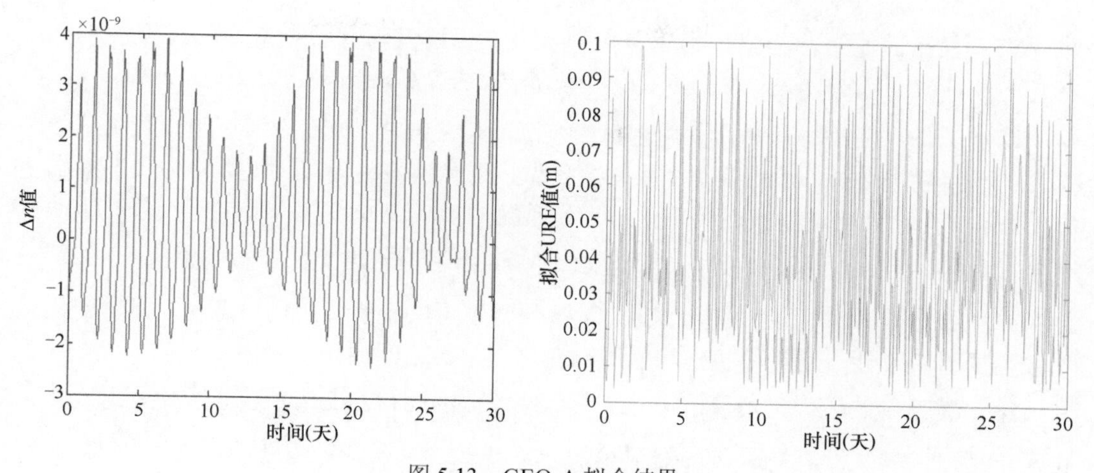

图 5.13　GEO-A 拟合结果

左子图和右子图分别为参数 Δn 和拟合 URE

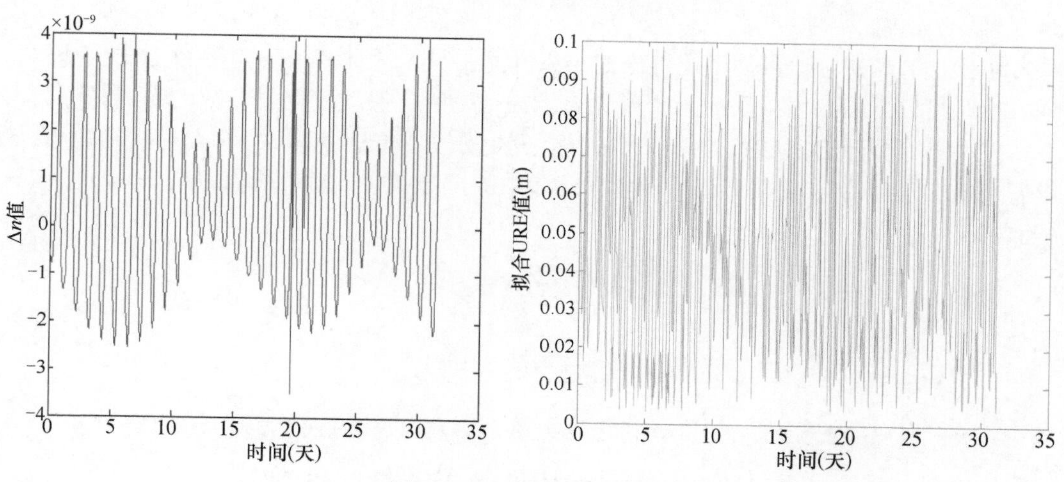

图 5.14　GEO-B 拟合结果

左子图和右子图分别为参数 Δn 和拟合 URE

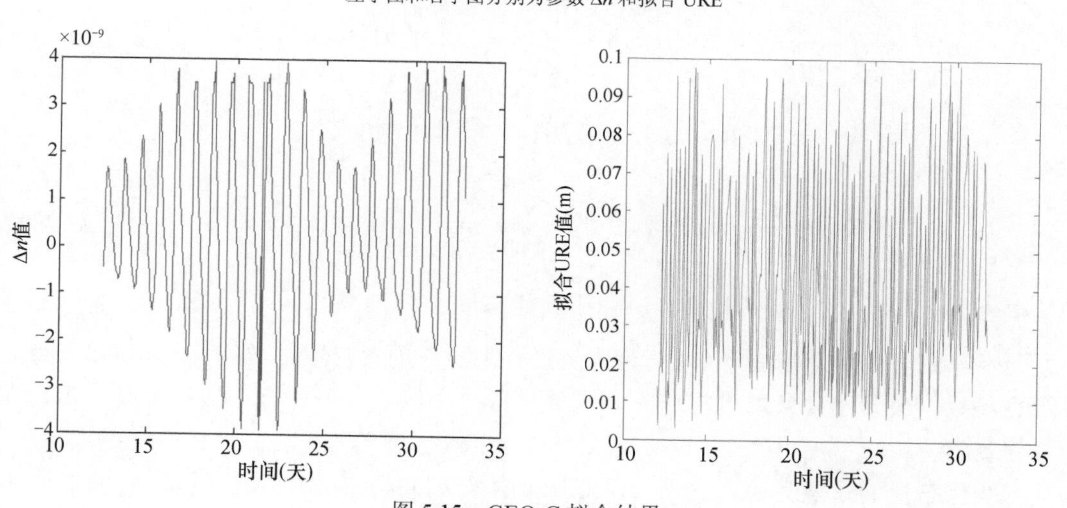

图 5.15　GEO-C 拟合结果

左子图和右子图分别为参数 Δn 和拟合 URE

的无奇点根数，通常称为第二类无奇点根数，其形式及与开普勒根数的转换关系为：$\left(a,\xi = e\cdot\cos\left(\omega+\Omega\right),\eta = e\cdot\sin\left(\omega+\Omega\right),h = \sin i\cdot\cos\Omega,k = \sin i\cdot\sin\Omega,\lambda = M+\omega\right)$。

两类无奇点根数与开普勒根数之间转换都不存在误差，然而广播星历参数除了参考历元的开普勒根数外，还包括 9 个摄动变化量，因此当使用无奇点根数作为状态量求解法方程时，摄动变化量参数也要采用与之相匹配的形式。16 参数广播星历参数的摄动变化量参数包括$\left(\Delta n,\dot{\Omega},\text{idot},C_{rs},C_{rc},C_{us},C_{ui},C_{is},C_{ic}\right)$，由于第二类无奇点参数不包含$i,\Omega$，采用第二类无奇点参数，原来的摄动变化量参数将不再具备明确的物理意义，摄动变化量参数需要重新设计，还需要找到与原摄动变化量参数之间的转换关系。

第一类无奇点根数仍然保留了i,Ω两个参数，因此$\left(\dot{\Omega},\text{idot},C_{is},C_{ic}\right)$形式无需改变。由于广播星历参数没有针对$\omega$的修正参数，$\Delta n$为对卫星平运动速率改正量，因此$\Delta n$实际上相当于对$\lambda = M+\omega$的修正量，$\lambda$也正是第一类无奇点根数的元素，所以$\Delta n$也无需改变。$C_{us},C_{ui}$是对$u=\omega+v$的修正，$C_{rs},C_{rc}$是对地心距$r$的修正，由第一类无奇点根数求出的$r$和$u$与开普勒根数得出的结果并无差异，因此其修正量参数形式也基本相同。由此可以看出，如果采用第一类无奇点根数，所有摄动变化量参数的形式都不用改变，采用第一类无奇点根数代替开普勒根数进行法方程的求解基本可行。关于偏导数的求解，λ的偏导数与M的形式一致，相同参数的偏导数也一样，所以只有ξ和η的偏导数需要重新给出，其形式如下：

$$\begin{aligned}\frac{\partial\vec{r}}{\partial\xi} &= A\vec{r}+B\dot{\vec{r}}\\ \frac{\partial\vec{r}}{\partial\eta} &= C\vec{r}+D\dot{\vec{r}}\end{aligned}\tag{5.63}$$

其中，$\vec{r},\dot{\vec{r}}$为卫星观测历元的位置和速度矢量，A,B,C,D表达形式如下：

$$\begin{aligned}A &= \frac{a}{p}\left(-\left(\cos u+\xi\right)-\left(r/p\right)\left(\sin u+\eta\right)\left(\xi\sin u-\eta\cos u\right)\right)\\ B &= \frac{ar}{\sqrt{p}}\left(\sin u+\left(a/r\right)\eta\frac{\sqrt{1-e^2}}{1+\sqrt{1-e^2}}+\left(r/p\right)\left(\sin u+\eta\right)\right)\\ C &= -\frac{a}{p}\left(\left(\sin u+\eta\right)-\left(r/p\right)\left(\cos u+\xi\right)\left(\varepsilon\sin u-\eta\cos u\right)\right)\\ B &= -\frac{ar}{\sqrt{p}}\left(\cos u+\left(a/r\right)\xi\frac{\sqrt{1-e^2}}{1+\sqrt{1-e^2}}+\left(r/p\right)\left(\cos u+\xi\right)\right)\end{aligned}\tag{5.64}$$

其中，$p=a\left(1-e^2\right)$，r为地心距。由于新状态量中ω和M以λ的形式给出，而ξ和η之间不存在相关性，可以避免法方程求解过程中的严重病态性问题。因此采用第一类无奇点参数代替开普勒参数进行法方程求解是解决小偏心率条件下广播星历参数拟合的可行方法。

新状态量的选取为：$t_{oe},\sqrt{a},i_0,\Omega_0,\xi,\eta,\lambda,\Delta n,\dot{\Omega},\text{idot},C_{uc},C_{us},C_{rc},C_{rs},C_{ic},C_{is}$。新状态量与常规 16 参数中$\xi,\eta,\lambda$为新引入参数，与原有参数$e,\omega,M_0$转换关系为：

$$e = \sqrt{\xi^2 + \eta^2}$$

$$\omega = \tan^{-1}\left(\frac{\eta}{\xi}\right) \tag{5.65}$$

$$M_0 = \lambda - \omega$$

采用以上无奇点算法对 GEO 卫星进行拟合，16 参数采用 4h 拟合弧段，18 参数采用 5h 拟合弧段。统计结果如表 5.8 所示，统计结果表明无奇点算法能改善法方程的病态性，提高拟合的稳定性。总体上，18 参数的拟合精度高于 16 参数。

表 5.8　无奇点算法 GEO 卫星不同偏心率拟合精度统计表

卫星号		平均 URE（m）	平均拟合误差（m）	平均迭代次数	拟合失败组数
GEO-4	16 参	0.032	0.092	6	0
	18 参	0.020	0.051	4	0
GEO-5	16 参	0.034	0.091	6	0
	18 参	0.019	0.062	4	0
GEO-6	16 参	0.030	0.088	5	0
	18 参	0.018	0.048	3	0
GEO-7	16 参	0.033	0.081	4	0
	18 参	0.018	0.042	3	0

虽然只有 GEO 卫星存在小偏心率问题，但是无奇点算法可以适用于任意偏心率（如 MEO 和 IGSO 卫星）的轨道。表 5.9 给出 MEO-1 和 IGSO-1 卫星的拟合精度统计，MEO 卫星采用 3 小时拟合弧长，IGSO 卫星采用 4 小时拟合弧长。其结果与普通算法同等弧长的拟合精度相当。

表 5.9　无奇点算法 MEO、IGSO 卫星不同偏心率拟合精度统计表

卫星号		平均 URE（m）	平均拟合误差（m）	平均迭代次数	拟合失败组数
MEO-1	16 参	0.019	0.050	3	0
	18 参	0.012	0.019	3	0
IGSO-1	16 参	0.007	0.027	4	0
	18 参	0.011	0.019	4	0

5.6　北斗卫星广播星历模型用户算法

根据以上方法拟合出卫星广播星历，以下给出了 16 参数广播星历用户使用的算法，主要包含以下步骤：

（1）计算卫星轨道半长轴：

$$A = \left(\sqrt{A}\right)^2 \tag{5.66}$$

（2）计算卫星平均角速度：

$$n_0 = \sqrt{\frac{GM}{A^3}} \tag{5.67}$$

GM 为表 2.2 中的引力常数。

（3）计算观测历元到参考历元时间差：

$$t_k = t - t_{oe} \tag{5.68}$$

（4）计算改正后的平均角速度：

$$n = n_0 + \Delta n \tag{5.69}$$

（5）计算平近点角：

$$M_k = M_0 + n \times t_k \tag{5.70}$$

（6）计算偏近点角：

$$M_k = E_k - e \times \sin E_k \tag{5.71}$$

（7）计算真近点角：

$$\begin{cases} \cos v_k = \dfrac{\left(\cos E_k - e\right)}{\left(1 - e \times \cos E_k\right)} \\ \sin v_k = \dfrac{\sqrt{1-e^2}\sin E_k}{\left(1 - e \times \cos E_k\right)} \end{cases} \tag{5.72}$$

（8）计算升交距角：

$$\phi_k = v_k + \omega \tag{5.73}$$

（9）计算周期改正项：

$$\begin{cases} \delta u_k = C_{us}\sin\left(2\phi_k\right) + C_{uc}\cos\left(2\phi_k\right) \\ \delta r_k = C_{rs}\sin\left(2\phi_k\right) + C_{rc}\cos\left(2\phi_k\right) \\ \delta i_k = C_{is}\sin\left(2\phi_k\right) + C_{ic}\cos\left(2\phi_k\right) \end{cases} \tag{5.74}$$

（10）计算改正后的升交距角：

$$u_k = \phi_k + \delta u_k \tag{5.75}$$

（11）计算改正后的向径：

$$r_k = A\left(1 - e\cos E_k\right) + \delta r_k \tag{5.76}$$

（12）计算改正后的倾角：

$$i_k = i_o + \delta i_k + it_k \tag{5.77}$$

（13）计算卫星在轨道面内的坐标：

$$\begin{aligned} x_k &= r_k \cos\left(u_k\right) \\ y_k &= r_k \sin\left(u_k\right) \end{aligned} \tag{5.78}$$

（14）计算卫星升交点赤经：

MEO/IGSO 卫星在地固系中，

$$\Omega_k = \Omega_0 + \left(\dot{\Omega} - \dot{\Omega}_e\right) t_k - \dot{\Omega}_e t_{oe} \tag{5.79}$$

GEO 在惯性系中，

$$\Omega_k = \Omega_0 + \dot{\Omega} t_k - \dot{\Omega}_e t_{oe} \tag{5.80}$$

$\dot{\Omega}_e$ 为表 2.2 中的自转角速度。

（15）计算卫星在地固系（CGCS2000）中坐标：

MEO/IGSO 卫星：

$$\begin{cases} X_k = x_k \cos\left(\Omega_k\right) - y_k \sin\left(\Omega_k\right) \cos\left(i_k\right) \\ Y_k = x_k \sin\left(\Omega_k\right) + y_k \cos\left(\Omega_k\right) \cos\left(i_k\right) \\ Z_k = y_k \sin\left(i_k\right) \end{cases} \tag{5.81}$$

GEO 卫星：

先计算 GEO 卫星在自定义坐标系中的坐标，

$$\begin{cases} X_{Gk} = x_k \cos\left(\Omega_k\right) - y_k \sin\left(\Omega_k\right) \cos\left(i_k\right) \\ Y_{Gk} = x_k \sin\left(\Omega_k\right) + y_k \cos\left(\Omega_k\right) \cos\left(i_k\right) \\ Z_{Gk} = y_k \sin\left(i_k\right) \end{cases} \tag{5.82}$$

再计算其在 CGCS2000 中坐标，

$$\begin{bmatrix} X_k \\ Y_k \\ Z_k \end{bmatrix} = R_Z\left(\dot{\Omega}_e t_k\right) R_X\left(-5^\circ\right) \begin{bmatrix} X_{Gk} \\ Y_{Gk} \\ Z_{Gk} \end{bmatrix} \tag{5.83}$$

其中：

$$\begin{aligned} R_X(\varphi) &= \begin{pmatrix} 1 & 0 & 0 \\ 0 & \cos\varphi & \sin\varphi \\ 0 & -\sin\varphi & \cos\varphi \end{pmatrix}; \\ R_Z(\varphi) &= \begin{pmatrix} \cos\varphi & \sin\varphi & 0 \\ -\sin\varphi & \cos\varphi & 0 \\ 0 & 0 & 1 \end{pmatrix} \end{aligned} \tag{5.84}$$

5.7 北斗广播星历精度分析

5.7.1 广播星历参数精度分析

本章前几节中，主要针对广播星历参数超限问题和星历拟合算法进行了分析。以下采用卫星实际定轨数据，采用 0.05m 作为拟合精度的收敛标准，对 16 参数条件下混合星座三种类型卫星星历拟合精度进行全面评估。考虑到广播星历参数是对卫星受摄运动的近似描述，参数的拟合结果与卫星摄动力周期密切相关，因此基于较长时间尺度的拟合结果才能对星历拟合精度作出全面客观的评估。分析试验中，采用了 6 个月的 MEO 轨道数据和约 7 个月的 GEO、IGSO 轨道数据。

得到不同类型卫星的拟合结果，分别举例说明如下。表 5.10 及图 5.16 为两颗 GEO 卫星的统计情况。表 5.11 及图 5.17 为两颗 IGSO 卫星的统计情况。表 5.12 及图 5.18 为 MEO 卫星的统计情况。

表 5.10　GEO 卫星拟合星历参数结果统计表　（单位：m）

统计项	C01	C02
最小值	7.167×10^{-4}	6.874×10^{-4}
最大值	2.523×10^{-2}	2.597×10^{-2}
均值	7.929×10^{-3}	7.960×10^{-3}

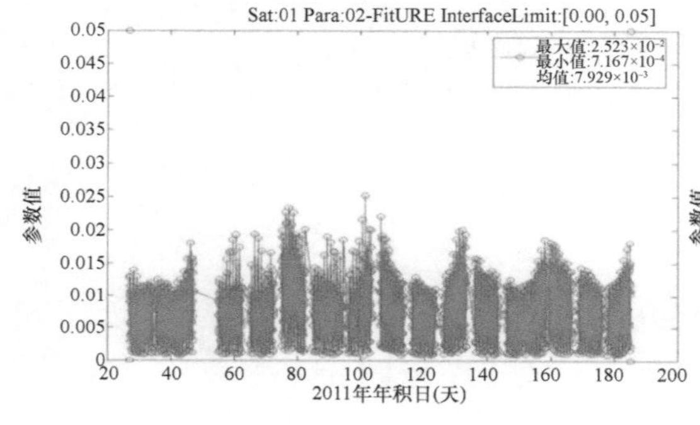

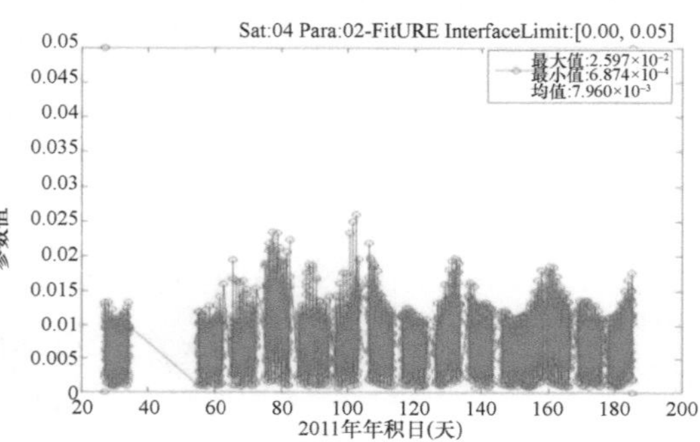

图 5.16　卫星 C01、C02 星历拟合 URE

表 5.11　IGSO 卫星星历拟合参数统计　（单位：m）

统计项	C06	C07
最小值	1.117×10^{-4}	6.902×10^{-4}
最大值	4.611×10^{-2}	4.318×10^{-2}
均值	5.344×10^{-3}	7.476×10^{-3}

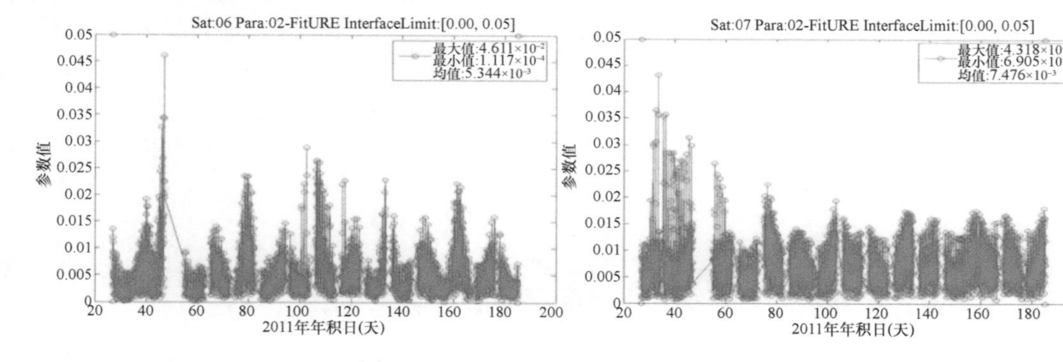

图 5.17　卫星 C06、C07 星历拟合 URE

表 5.12　MEO 卫星星历拟合参数统计　　（单位：m）

统计项	MEO
最小值	6.991×10^{-4}
最大值	4.529×10^{-2}
均值	1.246×10^{-2}

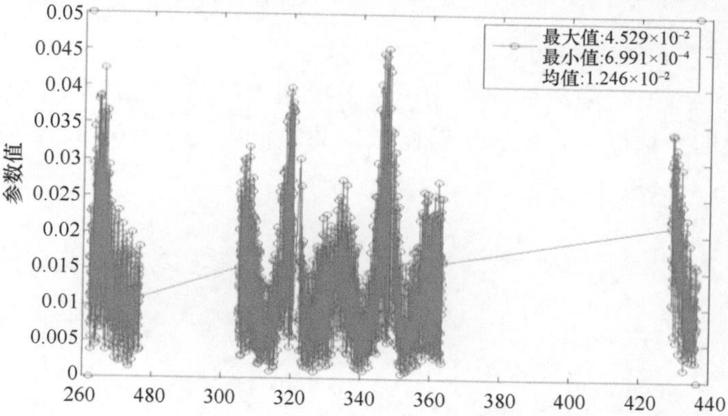

图 5.18　MEO 卫星星历拟合 URE

从上述拟合结果可以看出，对于 GEO 卫星，拟合精度优于 0.03m，其中长期拟合误差均值小于 0.01m；对于 GEO、IGSO 卫星，拟合精度达到了毫米量级。从而 16 参数模型条件下，三种类型卫星广播星历参数拟合精度能够完全优于 0.05m 的拟合标准，多数时段拟合精度优于 1cm，从而星历拟合误差对于用户基本导航服务的影响完全可以忽略。

5.7.2　用户伪距定位精度分析

利用以上拟合得到广播星历的轨道和钟差，并通过北斗卫星进行播发。对北斗二号以及北斗三号广播星历的用户伪距导航定位精度进行统计，进一步评估广播星历的性能。使用了 IGS-MGEX（Montenbruck et al.，2017）2019 年 1 月 20 个站连续 7 天的观测数据，计算 BDS-2 和 BDS-2+BDS-3 双频伪距单点动态定位，每个测站 3 维位置的平均单天 RMS 统计如图 5.19 所示，相应的 RMS 和 95%置信区间的统计如表 5.13 所示。比较可以看到，北斗三号的加入大幅提高了定位的性能。同时，北斗二号系统定位结果可以看到，南北方向的精度好于东西方向的精度，而北斗二号和北斗三号融合定位的情况则相反，这可能是由于北斗三号加入更多的 MEO 卫星。

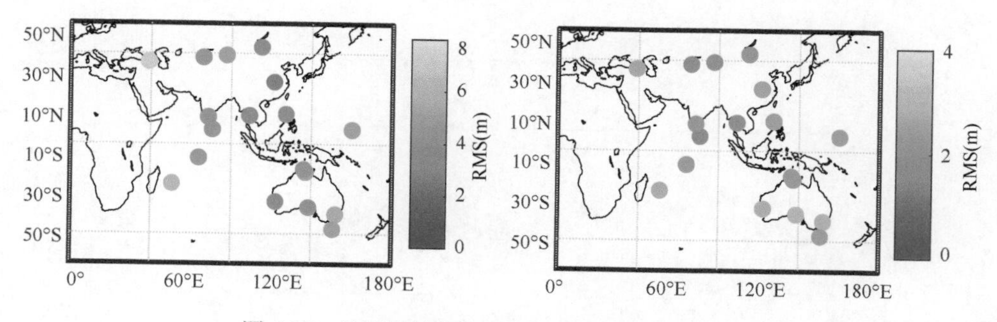

图 5.19　伪距导航定位 3 维位置的平均单天 RMS

BDS-2（左），BDS-2+BDS-3（右）

表 5.13　20 个测站 BDS-2 单系统以及 BDS-2+BDS-3 融合伪距导航定位精度统计

卫星	RMS（m）			95%（m）		
	南北	东西	高程	南北	东西	高程
BDS-2 单系统	0.96	1.10	4.13	1.91	2.08	6.05
BDS-2+BDS-3	0.72	0.56	2.24	1.34	1.07	3.93

以测站 SGOC（6.89°N，79.87°E）为例，图 5.20 显示了 2019 年 1 月 13 日可见卫星情况。发现增加北斗三号系统后，平均可见卫星从 10.6 颗增加 15.5 颗。图 5.21 显示了其伪距导航定位的坐标序列，其三个坐标方向的定位精度从 0.93m、1.35m、1.82m 提升至 0.69m、1.11m、1.68m。

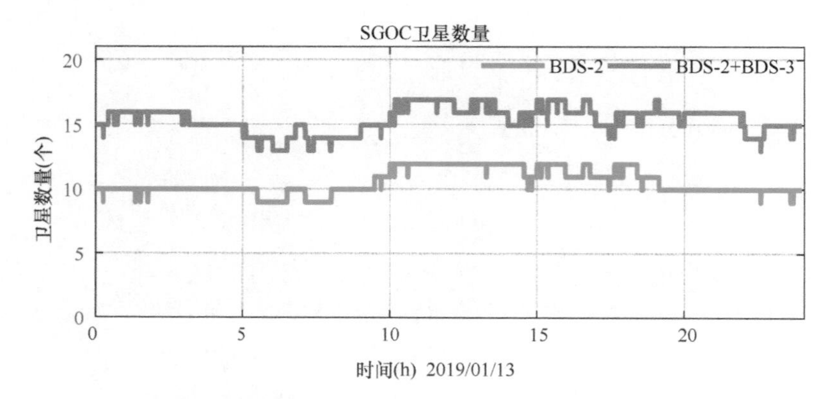

图 5.20　测站 SGOC2019 年 1 月 13 日北斗可见卫星情况

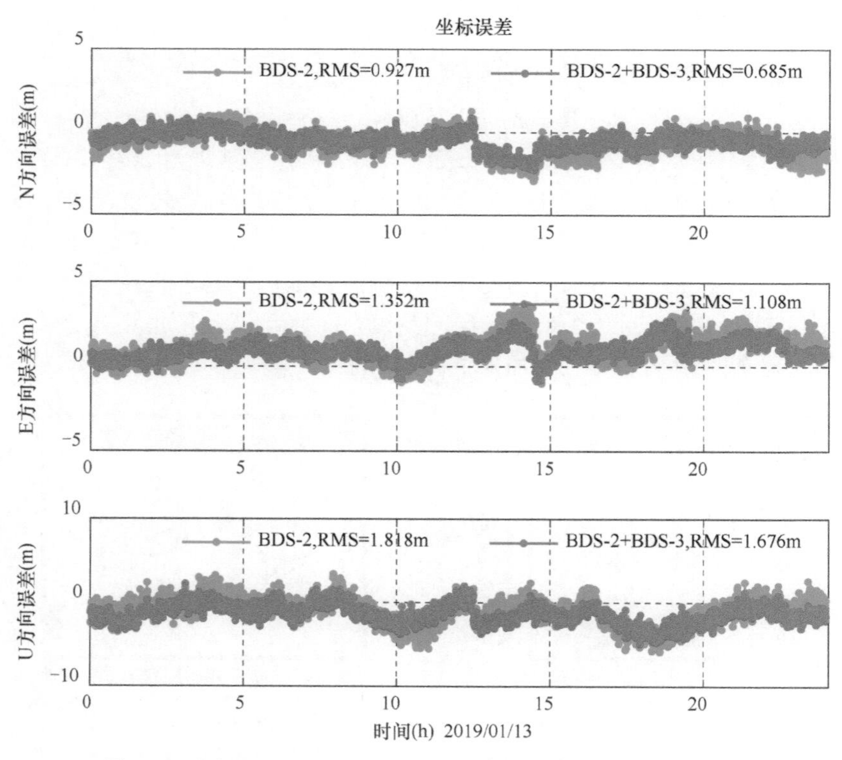

图 5.21　测站 SGOC2019 年 1 月 13 日北斗导航定位时间序列

5.8 本 章 小 结

本章首先介绍了 GNSS 广播星历模型设计的物理意义以及经典拟合算法；针对 BDS 混合星座的特性，分析了经典算法中出现的奇点问题，探讨了各类卫星奇点问题的物理解释以及解决策略；利用北斗实际轨道数据进行了大量的比较验证，提出了几种星历拟合的改进算法。给出了广播星历用户算法，并利用大量数据对北斗系统广播星历参数进行了评估验证。验证结果表明，北斗系统星历拟合精度优于 0.03m；基于广播星历的北斗二号用户双频伪距导航定位平均三维 RMS 小于 4.2m，北斗二号和北斗三号融合的双频用户伪距导航定位平均三维 RMS 小于 2.3m。

第 6 章　电离层修正建模与处理技术

电离层修正参数也是导航系统通过广播电文提供给用户的参数之一。导航系统电离层处理通过地面连续观测站的数据，获取电离层的时空变化，并建立起相应的经验改正模型。本章将介绍电离层监测原理、常用电离层函数模型以及北斗系统采用的广播电离层模型，并分析北斗系统电离层模型的性能。

6.1　概　　述

6.1.1　电离层及其延迟

电离层是从地面 60km 以上到磁层顶之间的整个空间。在此区域，地球高层大气的分子和原子在太阳紫外线、X 射线和高能粒子的作用下电离，产生自由电子和正离子。在电离层中存在着大量的自由电子，当电磁波穿过电离层时，其传播速度和方向都将发生改变。电子密度，即单位体积内所包含的自由电子数，是影响电波传播的主要因素，也是与电波传播紧密相关的主要电离层参数。由于不同高空区域的气体成分与密度的不同，使它们发生电离的太阳辐射谱线或频段也不同。

电离层作为一种传播介质，会发生反射、折射、散射和吸收无线电信号，对电磁波传播产生很大的影响。对于 GPS、GLONASS、Galileo 以及北斗等全球导航卫星系统而言，电离层的影响主要表现在以下几个方面：首先，由于电离层折射率与真空折射率不同，存在折射效应，电波通过电离层时传播速度变慢，产生附加的时间延迟，致使测站至卫星的距离测量不准确，从而影响导航定位的精度；其次，电离层电子密度产生导航信号的附加相位，以信号相位测量距离的导航系统会产生相位变化，使测相导航系统产生误差；再者，由于电离层折射，导航信号在电离层中的传播路径发生弯曲，导致导航信号到达角的变化，这在卫星的仰角很低时特别严重。除此之外，电离层的快速随机变化，尤其是低纬度地区电离层的随机变化引起的电离层闪烁，也产生测距误差。电离层引起的距离误差一般在白天可达 15m，夜晚可达 3m；在天顶方向最大可达 50m，在水平方向最大可达 150m，这种误差对导航定位不可忽视。

6.1.2　电离层的影响因素

衡量自由电子含量的参数为电子密度（Ne），它指的是单位体积中所含的自由电子数。在电离层研究中，需要知道整个信号传播路径而非某一点的电离层电子含量。电离层电子浓度总含量（total electron content，TEC）是单位面积内电子浓度沿卫星信号传播路径的积分。1 个 TEC 单位通常采用“电子数/m^2”，采用这种单位时 TEC 值会很大，所以实际中，常以“10^{16} 个电子/m^2”（TECU）作为 TEC 单位。1TECU 对应 GPS 卫星 L1 频率测距误差约为 16.2cm。

6.1.2.1 电离层活动与太阳活动的关系

因为电离层形成原因与太阳辐射和地球大气层的相互作用密切相关，因此电离层的活动也一定随着太阳活动周期变化而产生相应的周期性变化。太阳黑子是在太阳的光球层上发生的一种太阳活动，是太阳活动中最基本，最明显的活动现象。太阳黑子数存在周期为几天到几个太阳旋转周期（每期 27 天）。根据资料记载，发现近两个半世纪的太阳黑子数时间序列的频谱分析结果呈现半年、周年、11 年等不同程度的周期性。电离层密度与太阳黑子数密切相关，因此电离层电子密度也会有相应的季节、年和 11 年长周期的变化。

6.1.2.2 电离层活动与地磁场的关系

在地球表面附近区域，可将地磁场描述成以地球为中心的极偶。在高空区域，地磁线受太阳风影响而产生变形，进而引起磁暴发生。磁暴期间电离层会受到强烈的扰动，形成电离层暴，电子浓度在白天比平常增大很多，夜晚平均值也会有所增加。早期人们曾对大量电离层暴进行了统计研究，得到电离层暴的基本扰动形态。在磁暴开始后，中高纬地区的 F2 层临界频率一般会有几小时上升，然后大幅度下降并持续几天时间。高纬地区主要以负相暴为主，低纬地区以正相暴为主，而中纬夏季与高纬相似，以负相为主，冬季则反之。此外，电离层暴对磁暴的响应形态不仅有经纬度效应和季节差异，还存在南北半球的不对称性，并且与磁暴开始的世界时和地方时也有关系。在中纬度地区，电离层的变化规律相对简单，能相对容易地实现对电离层活动的观测。在高纬地区和极区，电子密度峰值远小于低纬度地区，且等离子体的不稳定性非常严重，经常表现出强烈的短期变化。

6.1.2.3 总电子含量和地方时的关系

由于不同地方时受到的太阳辐射强度不同，因此电子密度也将随着变化，从而产生 TEC 周日性的特征。通常，TEC 在夜间的大小和变化都将明显小于白天。如图 6.1 所示，TEC 上午逐渐增加，在地方时 14 时左右达到峰值，下午开始减小。

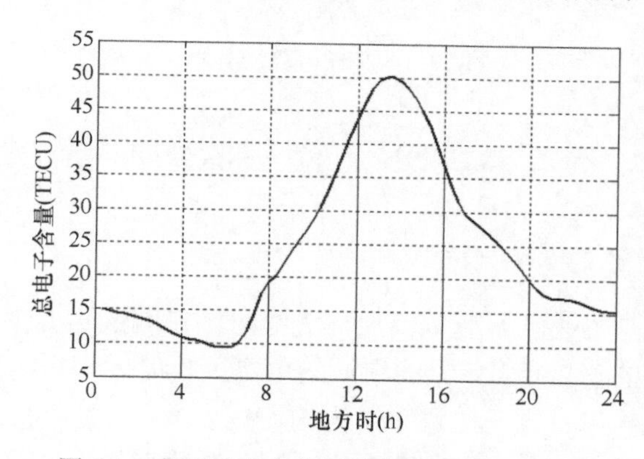

图 6.1 典型垂直电离层总电子含量 24h 变化

6.1.2.4 总电子含量和季节的关系

因为地球离太阳的位置随季节交替而变化，导致受到的太阳辐射强度不同，从而产生 TEC 季节性变化。如图 6.2 所示，夏季总电子含量大于冬季，对北半球而言，7 月份和 11 月份的 TEC 相差最大可达 4 倍。

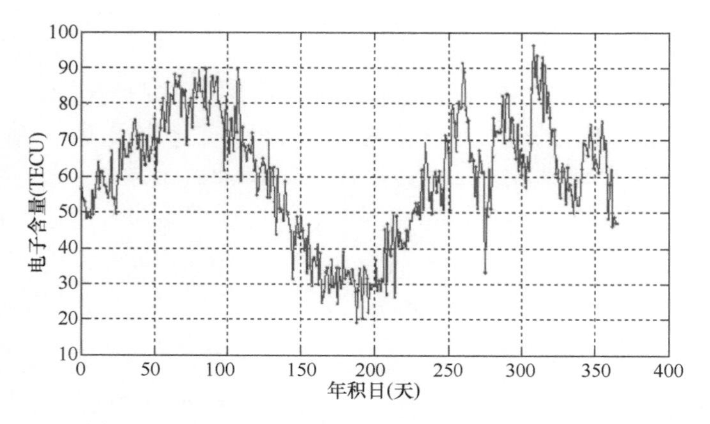

图 6.2　一年内典型电离层总电子含量每日峰值变化

6.1.2.5　总电子含量和地理位置的关系

总电子含量随地理位置的不同而变化，如图 6.3 所示，其最大值靠近地球南北纬 0°～20°附近。同一时刻，不同维度同一经度地方的总电子含量可相差 40TECU，并且同一纬度不同经度的总电子含量也有明显不同。

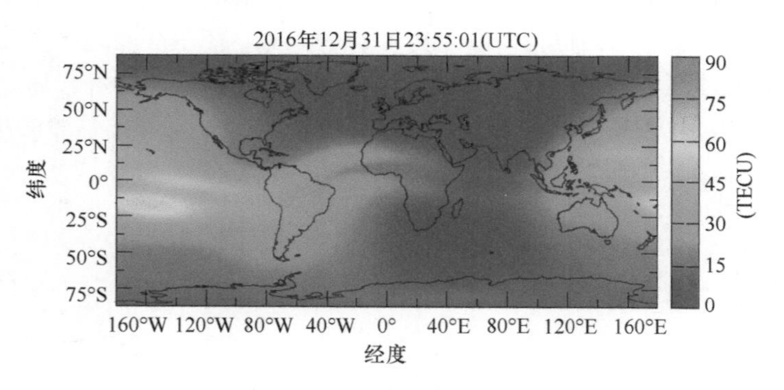

图 6.3　全球电离层分布

6.2　GNSS 电离层监测原理

6.2.1　电离层折射指数的 A-H 公式

电离层折射指数是描述和研究电离层对无线电波影响的重要参数，是量化电离层影响无线电波传播速度的直接指标。无线电波的电离层折射效应与电离层结构参数及物理参数密切相关，电离层垂直方向比水平方向的变化要大 1～3 个量级。研究电离层对电波的影响，一般忽略电离层水平方向的变化，折射指数简化为仅随高度变化的量。在各向异性的电离层中传播的电磁波，其折射指数可以用 Appleton-Hartree 公式来描述：

$$n^2 = 1 - \frac{X}{1 - iZ - \dfrac{Y_T^2}{2(1 - X - iZ)} \pm \sqrt{\dfrac{Y_T^4}{4(1 - X - iZ)^2} + Y_L^2}} \tag{6.1}$$

其中， $i=\sqrt{-1}$ ； $X=\frac{f_p^2}{f^2}=\frac{N_e e^2}{4\pi^2\varepsilon_0 m f^2}=\frac{80.6}{f^2}N_e$ ； $Y_L=\frac{f_H}{f}\cos\theta=\frac{\mu_0 H_0|e|}{m2\pi}\frac{1}{f}\cos\theta$ ；

$Y_T=\frac{f_H}{f}\sin\theta=\frac{\mu_0 H_0|e|}{m2\pi}\frac{1}{f}\sin\theta$； $Z=\frac{v_e}{\omega}$。

各项中，f_p 为等离子体频率；f 为工作频率，即电磁波频率；N_e 为电子的数密度，e 为电子电荷；m 为电子质量，ε_0 为自由空间介电常数；θ 为地磁场与电磁波传播方向的夹角；H_0 为地磁场强度；f_H 为电子磁旋频率；μ_0 为自由空间磁导率；v_e 为电子的有效碰撞频率。

卫星导航系统的主要工作频率为L频段，例如GPS的 L_1 频率为 $f_1=1.57542\text{GHz}$，f_p 和 f_H 的数量级分别为10MHz和1MHz，v_e 则更小（一般约为10000Hz），因此有 $f\gg f_p$，$f\gg f_H$，$f\gg v_e$，即 $X\ll 1$，$Y\ll 1$，$Z\ll 1$。所以公式（6.1）可以简化为：

$$n=1-\frac{f_p^2}{2f^2}=1-40.28\frac{N_e}{f^2} \tag{6.2}$$

式（6.2）即为电离层折射指数公式，由于电离层是一种色散介质，电磁波在电离层中传播时，各频率分量以各自不同的速度传播，最终导致电磁波波包能量的传播速度（即群速度 v_g ）小于光速 c，而载波相位的传播速度（即相速度 v_p ）大于光速。因而，伪距的电离层延迟与载波相位的电离层延迟刚好符号相反。

依据电离层折射指数公式（6.2），导航信号的相速度和群速度分别为：

$$v_p=c\left(1+40.28N_e/f^2\right) \tag{6.3}$$

$$v_g=c\left(1-40.28N_e/f^2\right) \tag{6.4}$$

电离层对伪距和相位观测量的延迟影响分别为：

$$-40.28\frac{\text{TEC}}{f^2}\ (\text{m}),\quad 40.28\frac{\text{TEC}}{f^2}\ (\text{m}) \tag{6.5}$$

式中，TEC的单位是 10^{16} 个电子/m^2，电磁波频率以KMHz为单位。

6.2.2 电离层单层模型及GNSS电离层观测方程

通常以单层模型（single layer model，SLM）来代替整个电离层，即认为所有的自由电子都集中在350km～450km某一高度处的一个无限薄层（球面）上，GPS/北斗系统播发的电离层模型都采取了这种定义模式，GPS系统薄层的高度为350km，北斗薄层高度为375km，薄层的高度对计算电离层延迟模型的影响并不明显。

如图6.4所示，R 为接收机位置，其与卫星连线在穿刺点（IPP）P' 处与薄层相交，OP' 方向上的自由电子被假设为集中于 P' 点。

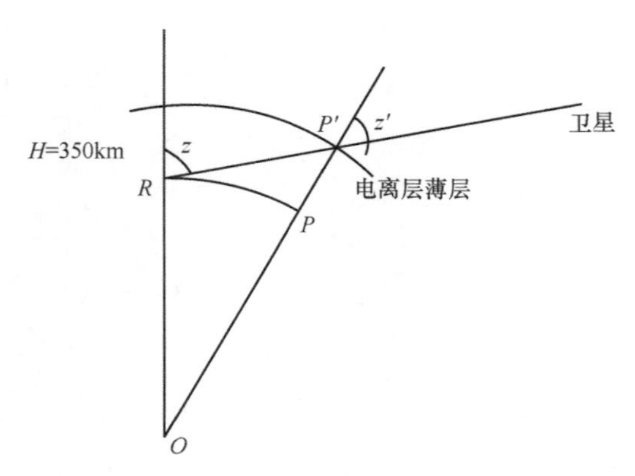

图 6.4　单层电离层模型与卫星观测的几何关系

在地心坐标系中，穿刺点（IPP）的位置以球极坐标(ϕ,λ)表示，以$(x_r,y_r,z_r)^{\mathrm{T}}$表示监测站坐标，以$(x_s,y_s,z_s)^{\mathrm{T}}$表示卫星坐标，可以求出穿刺点$P'$的坐标$(x,y,z)^{\mathrm{T}}$，球心至$P'$方向与监测站至卫星方向的夹角为穿刺点处的天顶距$z'$。

信号从卫星传播到用户接收，其电离层延迟为

$$\Delta d_{\mathrm{ion}} = \pm\frac{40.28}{f^2}\mathrm{VTEC}\cdot mf \tag{6.6}$$

式中的 VTEC（Vertical TEC）是穿刺点P'处天顶方向的总电子含量，mf 是投影函数，可实现倾斜路径上的电离层延迟到单层模型垂直方向上延迟之间的转换，从而实现倾斜观测量到电离层模型参数化。mf 为卫星高度角的函数，常用的电离层投影函数有：Klobuchar（1987）提出的 GPS 广播星历电离层模型的投影函数、分段取值的电离层投影函数、单层模型投影函数等。

Klobuchar 模型的投影函数为

$$mf(z) = 1 + 16(0.53 - z)^3 \tag{6.7}$$

式中，z 为测站处卫星天顶距。

分段取值的电离层投影函数为

$$mf(\mathrm{ele}) = P\cdot\frac{1}{\sqrt{1-\left(\frac{R_0}{R_0+H}\cos E\right)^2}} \tag{6.8}$$

$$P = \begin{cases} \sin(5^\circ + 55^\circ) & \mathrm{ele} < 5^\circ \\ \sin(\mathrm{ele} + 55^\circ) & 5^\circ \leqslant \mathrm{ele} < 40^\circ \\ 1 & \mathrm{ele} \geqslant 40^\circ \end{cases} \tag{6.9}$$

式中，ele 为测站处卫星的高度角，且有$\mathrm{ele} = 90^\circ - z$；$H$ 为薄层高度；R_0 为地球平均半径。

SLM 投影函数为

$$mf(z') = 1/\cos(z') \tag{6.10}$$

其中，

$$\sin\left(z'\right)=\frac{R}{R_0+H}\sin\left(z\right) \tag{6.11}$$

式中，R 为接收机至地心的距离。

采用 SLM 投影函数，伪距观测量可以写为

$$P=\rho-\frac{40.28}{f^2}\cdot \mathrm{VTEC}\cdot\frac{1}{\cos z'}+B^{\mathrm{S}}-B^{\mathrm{R}}+\Delta \tag{6.12}$$

式中，ρ 为接收机至卫星的几何距离；B^{S} 为伪距观测量的卫星电路延迟偏差；B^{R} 为伪距观测量的接收机电路延迟偏差。改正项 Δ 包括：接收机钟差、卫星钟差、对流层延迟、卫星和测站接收机天线相位中心改正、相对论改正、多路径改正等。

对于相位观测量

$$\phi\lambda=\rho+\frac{40.28}{f^2}\cdot \mathrm{VTEC}\cdot\frac{1}{\cos z'}-N\lambda+b^{\mathrm{S}}-b^{\mathrm{R}}+\Delta \tag{6.13}$$

式中，λ、N 分别为波长、整周模糊度；b^{S} 为相位观测值的卫星电路延迟偏差；b^{R} 为相位观测值的接收机电路延迟偏差。

采用伪距观测量，每个历元两个频率上的伪距之差即能解出天顶方向自由电子含量 VTEC，其观测方程如下：

$$P_j-P_i=\left(\frac{40.28}{f_i^2}-\frac{40.28}{f_j^{\,2}}\right)\cdot \mathrm{VTEC}\cdot\frac{1}{\cos z'}+\left(B_j^{\mathrm{S}}-B_i^{\mathrm{S}}\right)-\left(B_j^{\mathrm{R}}-B_i^{\mathrm{R}}\right)$$

$$（i,\ j=1,2\qquad i\neq j） \tag{6.14}$$

式（6.14）被用于计算电离层总电子含量的观测方程。由（6.12）式得出天顶电离层总电子含量 VTEC 的表达式如下：

$$\begin{aligned}\mathrm{VTEC}&=-\frac{\cos z'}{40.28}\frac{f_i^2 f_j^{\,2}}{f_i^2-f_j^{\,2}}\left(P_j-P_i-\left(B_j^{\mathrm{S}}-B_i^{\mathrm{S}}\right)+\left(B_j^{\mathrm{R}}-B_i^{\mathrm{R}}\right)\right)\\&=-\frac{\cos z'}{40.28}\frac{f_i^2 f_j^{\,2}}{f_i^2-f_j^{\,2}}\left(P_{4,ij}-\Delta B_{ij}^{\mathrm{S}}+\Delta B_{ij}^{\mathrm{R}}\right)\end{aligned} \tag{6.15}$$

式中，$P_{4,ij}$ 为伪距之差；$\Delta B_{ij}^{\mathrm{S}}$ 为伪距观测值的卫星相对电路延迟偏差；$\Delta B_{ij}^{\mathrm{R}}$ 为伪距观测值的接收机相对电路延迟偏差。

采用相位观测量时，其观测方程如下：

$$\begin{aligned}\phi_j\lambda_j-\phi_i\lambda_i=&\left(\frac{40.28}{f_i^2}-\frac{40.28}{f_j^{\,2}}\right)\cdot \mathrm{VTEC}\cdot\frac{1}{\cos z'}-N_j\lambda_j+N_i\lambda_i\\&+\left(b_j^{\mathrm{S}}-b_i^{\mathrm{S}}\right)-\left(b_j^{\mathrm{R}}-b_i^{\mathrm{R}}\right)\end{aligned} \tag{6.16}$$

可得：

$$\begin{aligned}\mathrm{VTEC}&=\frac{\cos z'}{40.28}\frac{f_i^2 f_j^{\,2}}{f_i^2-f_j^{\,2}}\left[\left(\phi_j\lambda_j-\phi_i\lambda_i\right)+\left(N_j\lambda_j-N_i\lambda_i\right)-\left(b_j^{\mathrm{S}}-b_i^{\mathrm{S}}\right)+\left(b_j^{\mathrm{R}}-b_i^{\mathrm{R}}\right)\right]\\&=\frac{\cos z'}{40.28}\frac{f_i^2 f_j^{\,2}}{f_i^2-f_j^{\,2}}\left[L_{4,ij}+Amb_{ij}-\Delta b_{ij}^{\mathrm{S}}+\Delta b_{ij}^{\mathrm{R}}\right]\end{aligned} \tag{6.17}$$

式中，$\Delta b_{ij}^{\mathrm{S}}$ 为相位观测值的卫星相对电路延迟偏差；$\Delta b_{ij}^{\mathrm{R}}$ 为相位观测值的接收机相对电路延迟偏差；L_4 为相位观测量组合，其噪声水平要比伪距组合观测量 P_4 低很多，但存在一个模糊度组合常数 Amb。Amb 可由一个序列的观测值解出，因此我们可以 $L_{4,ij}=\phi_j\lambda_j-\phi_i\lambda_i$ 替代 $P_{4,ij}=P_j-P_i$，只需要根据前段时间的 $P_{4,ij}$ 和 $L_{4,ij}$ 观测值，求解 Amb_{ij}，即 $\Delta P_{4,ij}=L_{4,ij}+\overline{Amb}$。这里 $\overline{Amb}$ 可以按下式估计：

$$\overline{Amb}=\frac{1}{n}\sum_{k=1}^{n}\left(N_j\lambda_j-N_i\lambda_i\right)_k=\frac{1}{n}\sum_{k=1}^{n}\left(\Delta P_{4,ij}-L_{4,ij}\right)_k \tag{6.18}$$

N 为观测数据的长度，对于 15～20min 的观测数据按上式进行累加取均值，便可以得到分米级精度的 $\overline{Amb}$。

6.2.3 天顶电离层延迟 VTEC 以及 TGD 参数解算

从观测方程式（6.15）和式（6.17）中可以看出，无论是载波相位观测量，还是伪距观测量，用于求解电离层延迟或总电子含量的电离层观测量中存在着信号的组合硬件延迟，这种延迟是由信号处理的硬件电路引起的。由于卫星上各个频点导航信号发射链路并不完全相同，所以不同频点间的硬件延迟之间会有差值，用来描述该差值的参数称为差分码偏差参数（differential code biases，DCB），通常卫星的 DCB 参数又称为 TGD（timing group delay），而接收机的 DCB 参数又称为 IFB（inter-frequency bias）。地面系统将解算的 TGD 参数通过导航电文发播给导航定位授时用户。

6.2.3.1 卫星 TGD 参数定义与使用

发射链路的硬件延迟相对比较稳定，因此，其在短期内基本为常数，它的线性组合也为常数，计算时它们可包含在卫星钟差的常数项 a_0 中。卫星导航系统一般将其时间信号的参考点定义在某个参考频率上。其中 GPS、GLONASS 广播星历钟差基准是基于 L1L2 无电离层组合，也即其发播的卫星钟差参数中已包含了 L1、L2 频点通道时延组合的误差，对于 L1L2 双频用户定位来说，不需要扣除 TGD 的影响。BDS 广播星历的卫星钟差则基于 B3 频点，用户定位 TGD 参数需要进行单独归算。

每个卫星或者接收机的钟差都是相对于某一频点或频点组合而言的，当计算不同频点的钟差时，由于硬件延迟的差异，需要进行 TGD/DCB 改正。由式（6.15）和式（6.17）可知，若以第一个频点 L1 的卫星钟差为基准，则第二个频点 L2 的卫星钟差为

$$\delta_2^{\mathrm{s}}=\delta_1^{\mathrm{s}}+\left(b_2^{\mathrm{s}}-b_1^{\mathrm{s}}\right)=\delta_{f1}^{\mathrm{s}}+\mathrm{DCB}_{1,2}^{\mathrm{s}} \tag{6.19}$$

式中，称 $\mathrm{DCB}_{1,2}^{\mathrm{s}}$ 为卫星两个频点的 DCB 之差。则无电离层组合的钟差为

$$\delta_{\mathrm{IF}}^{\mathrm{s}}=\frac{f_1^2\delta_1^{\mathrm{s}}-f_2^2\delta_2^{\mathrm{s}}}{f_1^2-f_2^2}=\frac{f_1^2\delta_1^{\mathrm{s}}-f_2^2\left(\delta_1^{\mathrm{s}}+\mathrm{DCB}_{1,2}^{\mathrm{s}}\right)}{f_1^2-f_2^2}=\delta_1^{\mathrm{s}}-\frac{f_2^2\mathrm{DCB}_{1,2}^{\mathrm{s}}}{f_1^2-f_2^2} \tag{6.20}$$

对于 GPS、QZSS 或 IRNSS，通常把上式中的第二项称为 TGD，即

$$\mathrm{TGD}=\frac{f_2^2}{f_1^2-f_2^2}\mathrm{DCB}_{1,2}^{\mathrm{s}} \tag{6.21}$$

GPS、QZSS和IRNSS广播星历中的钟差都是基于无电离层组合的钟差，故其L1、L2 频点的钟差分别为

$$
\begin{aligned}
\delta_1^{\mathrm{s}} &= \delta_{\mathrm{IF}}^{\mathrm{s}} - \mathrm{TGD} = \delta_{\mathrm{IF}}^{\mathrm{s}} - \frac{f_2^2}{f_1^2 - f_2^2}\mathrm{DCB}_{1,2}^{\mathrm{s}} \\
\delta_2^{\mathrm{s}} &= \delta_{\mathrm{IF}}^{\mathrm{s}} - \left(\frac{f_1}{f_2}\right)^2 \mathrm{TGD} = \delta_{\mathrm{IF}}^{\mathrm{s}} - \frac{f_1^2}{f_1^2 - f_2^2}\mathrm{DCB}_{1,2}^{\mathrm{s}}
\end{aligned}
\tag{6.22}
$$

Galileo 的 F/NAV 广播星历的钟差基于 E1E5a 无电离层组合，I/NAV 广播星历的钟差则基于 E1E5b 无电离层组合，并分别给出了类似于 TGD 的 BGD（broadcast group delay），其用法与式（6.22）类似（Galileo ICD，2015）。GLONASS 的广播星历钟差同样基于 L1L2 无电离层组合，但并未给出 TGD 值（GLONASS ICD，2008）。

与其他系统不同，BDS 广播星历的卫星钟差基于 B3 频点（BDS ICD，2016），并同时给出了 B1 和 B2 频点与 B3 频点的硬件延迟偏差 TGD_1 和 TGD_2（图 6.5）。

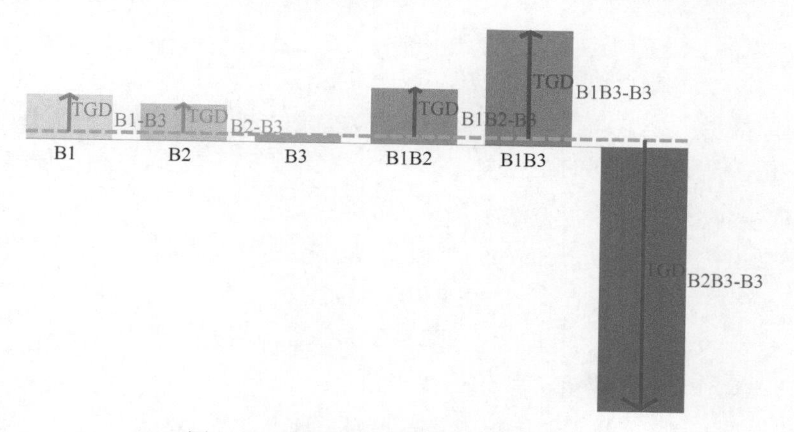

图 6.5　北斗广播星历 TGD 改正示意图

如图 6.5 所示，

$$
\begin{aligned}
\mathrm{TGD}_1 &= b_1^{\mathrm{s}} - b_3^{\mathrm{s}} = -\mathrm{DCB}_{1,3} \\
\mathrm{TGD}_2 &= b_2^{\mathrm{s}} - b_3^{\mathrm{s}} = -\mathrm{DCB}_{2,3} = (\mathrm{DCB}_{1,2} - \mathrm{DCB}_{1,3})
\end{aligned}
\tag{6.23}
$$

因此，北斗其他频率的钟差可表示为

$$
\begin{aligned}
\delta_1^{\mathrm{s}} &= \delta_3^{\mathrm{s}} - \mathrm{TGD}_1 \\
\delta_2^{\mathrm{s}} &= \delta_3^{\mathrm{s}} - \mathrm{TGD}_2 \\
\delta_{12}^{\mathrm{s}} &= \delta_3^{\mathrm{s}} - \frac{f_1^2}{f_1^2 - f_2^2}\mathrm{TGD}_1 + \frac{f_2^2}{f_1^2 - f_2^2}\mathrm{TGD}_2 \\
\delta_{13}^{\mathrm{s}} &= \delta_3^{\mathrm{s}} - \frac{f_1^2}{f_1^2 - f_3^2}\mathrm{TGD}_1 \\
\delta_{23}^{\mathrm{s}} &= \delta_3^{\mathrm{s}} - \frac{f_2^2}{f_2^2 - f_3^2}\mathrm{TGD}_2
\end{aligned}
\tag{6.24}
$$

式（6.24）中，$\delta_{12}^{\mathrm{s}},\delta_{13}^{\mathrm{s}},\delta_{23}^{\mathrm{s}}$ 分别为采用两个不同频率无电离组合的卫星钟差。

国际 GNSS 服务组织 IGS 精密钟差的参考点都是基于 L1L2 无电离组合（GPS、GLONASS、IRNSS、QZSS）、E1E5a（Galileo），其他频点钟差计算如下：

$$\delta_1^s=\delta_{12}^s+\frac{f_2^2}{f_1^2-f_2^2}\text{DCB}_{1,2}^s$$
$$\delta_2^s=\delta_{12}^s+\frac{f_1^2}{f_1^2-f_2^2}\text{DCB}_{1,2}^s \tag{6.25}$$

IGS 提供的北斗精密钟差的参考点是基于 B1B2 无电离层组合，其他频点钟差计算如下：

$$\delta_3^s=\delta_{12}^s-\frac{f_1^2}{f_1^2-f_2^2}\text{DCB}_{1,3}-\frac{f_2^2}{f_1^2-f_2^2}(\text{DCB}_{1,2}-\text{DCB}_{1,3})$$
$$\delta_{13}^s=\delta_{12}^s-\frac{f_2^2}{f_1^2-f_2^2}\text{DCB}_{1,3}-\frac{f_3^2}{f_1^2-f_3^2}(\text{DCB}_{1,2}-\text{DCB}_{1,3}) \tag{6.26}$$
$$\delta_{23}^s=\delta_{12}^s-\left(\frac{f_2^2}{f_1^2-f_2^2}+\frac{f_2^2}{f_2^2-f_3^2}\right)\text{DCB}_{1,3}-\frac{f_3^2}{f_2^2-f_3^2}(\text{DCB}_{1,2}-\text{DCB}_{1,3})$$

当使用广播星历 TGD 时，可以用式(6.21)及式(6.23)进行转换。另外，TGD/DCB 不仅与频率相关，还与不同的码相关。如 GPS 中 C1 和 P1 码之间也存在偏差 DCB_{P1C1}。对于不同类型接收机，其改正方法不一样。

（1）交叉相关（cross-correlated）型接收机，其改正方法如下：

$$\text{P1}=\text{C1}+\text{DCB}_{\text{P1C1}}$$
$$\text{P2}=\text{P2}+\text{DCB}_{\text{P1C1}} \tag{6.27}$$

（2）C1 代替 P1 型接收机，其改正方法如下：

$$\text{P1}=\text{C1}+\text{DCB}_{\text{P1C1}} \tag{6.28}$$

图 6.6 为 GMSD 站使用北斗广播星历进行 B1B2 伪距单点定位时改正和不改正 TGD 的差异。可以看到，当使用不同频点的钟差时，必须进行 TGD 改正。由于接收机端某

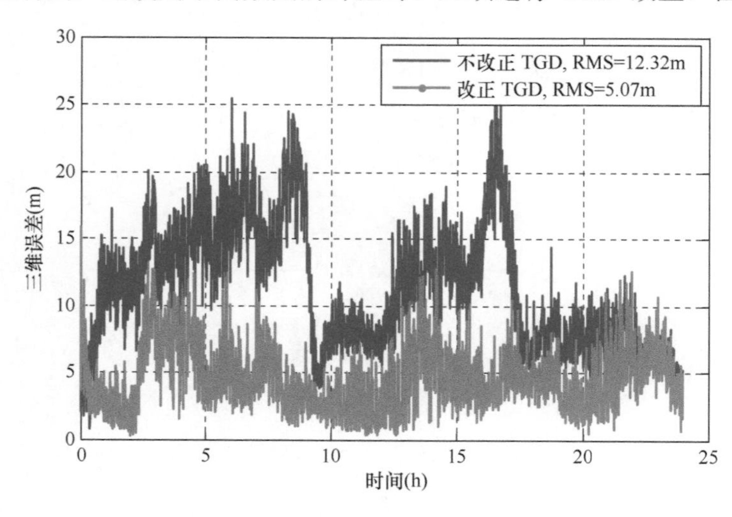

图 6.6　TGD 改正对伪距单点定位的影响

一频点的 DCB 对所有卫星都一样，能被接收机钟差完全吸收，因此当接收机钟差作为未知参数时可以不用考虑接收机端 DCB。

6.2.3.2 VTEC 以及 TGD 参数估计

在观测方程式（6.15）和式（6.17）中，解算时卫星和接收机硬件延迟的系数一样，将其组合设为一个参数，那么假如有 n 颗卫星和 m 个测站，一个测站对应就有 n 个参数，则硬件延迟总参数就为 $n\times m$ 个；如果将其分开独立求解，则参数个数大大减少，变为 $n+m$ 个。但是，将卫星 TGD 与测站 DCB 参数分开独立估计时存在秩亏，需要给定一定的基准条件，基准的差异将造成参数系统性的差异。

以伪距观测为例，（6.15）式中，卫星和接收机各频点硬件延迟的系数一样，进行最小二乘估计时，观测方程的法方程系数矩阵是秩亏的，秩亏数为 1。估计需引入一个约束条件。常用约束条件为

$$\sum_{i=1}^{n} q^{i} = 0 \tag{6.29}$$

其中，n 为观测到的卫星个数；q^i 为第 i 颗卫星的硬件延迟 TGD。

当加入约束方程后，观测方程式（6.15）的法方程变为

$$\begin{cases} \boldsymbol{N}_{BB}\hat{\boldsymbol{X}} = \boldsymbol{W} \\ \boldsymbol{G}^{\mathrm{T}}\hat{\boldsymbol{X}} - \boldsymbol{W}_{G} = 0 \end{cases} \tag{6.30}$$

可解算最终参数 $\hat{\boldsymbol{X}}$：

$$\hat{\boldsymbol{X}} = \left(\boldsymbol{N}_{BB} + \boldsymbol{G}\boldsymbol{G}^{\mathrm{T}}\right)^{-1} \cdot \left(\boldsymbol{W} + \boldsymbol{G}\boldsymbol{W}_{G}\right) \tag{6.31}$$

式中，$\boldsymbol{N}_{BB}$ 为法方程系数阵；$\boldsymbol{W}$ 为常数项阵；$\boldsymbol{W}_G$ 为约束值 0；$\boldsymbol{G}^{\mathrm{T}}$ 为附加设计矩阵，其形式如下：

$$\boldsymbol{G}^{\mathrm{T}} = [0,\cdots,0,1,\cdots,1,0,\cdots,0] \tag{6.32}$$

上式附加阵中 1 对应于卫星 TGD 参数，0 对应接收机 IFB 参数。

（6.29）式中的约束条件也可设定为固定某颗卫星为标定值，利用可固定 1 号卫星为 0，则

$$\boldsymbol{G}^{\mathrm{T}} = \left[0,\cdots,0,1,0,\cdots,0\right] \tag{6.33}$$

上式附加阵中 1 对应于 1 号卫星的硬件延迟，$\boldsymbol{W}_G$ 的值则为 0。

以上解算参数包括 TGD/DCB 以及天顶电离层延迟 VTEC。以上解算过程也可以分步进行，也即先进行 TGD/DCB 的计算，在此基础上式（6.15）和式（6.17）扣除解算得到的 TGD/DCB 参数再计算 VTEC。

分步解算的情况下，TGD/DCB 计算也是基于式（6.15）和式（6.17），其中电离层可先采用经典的经验模型进行改正。经典经验模型一般为物理模型，若其存在系统性的误差，则估计得到的 TGD/DCB 参数也将产生系统性的误差。TGD/DCB 系统性的误差则又会在电离层估计的时候被吸收，而 TGD/DCB 参数与电离层参数的自恰性得到了保持。

6.2.3.3 计算结果分析

采用 2012 年 6 月份全球分布的 230 余个 IGS 测站观测数据，采用以上不同约束条件，解算电离层延迟及硬件延迟值，并与外部结果进行比较分析。

图 6.7 为进行不同约束条件解算得到的 GPS 卫星硬件延迟与 CODE 提供的卫星硬件延迟月均值的差值。可看出，不同约束条件下，其差值整体趋势一致，只是存在一个整体偏移。同时在同一约束条件下，卫星硬件延迟偏移为正时，接收机则为负方向近似等值偏移，其组合值固定不变。

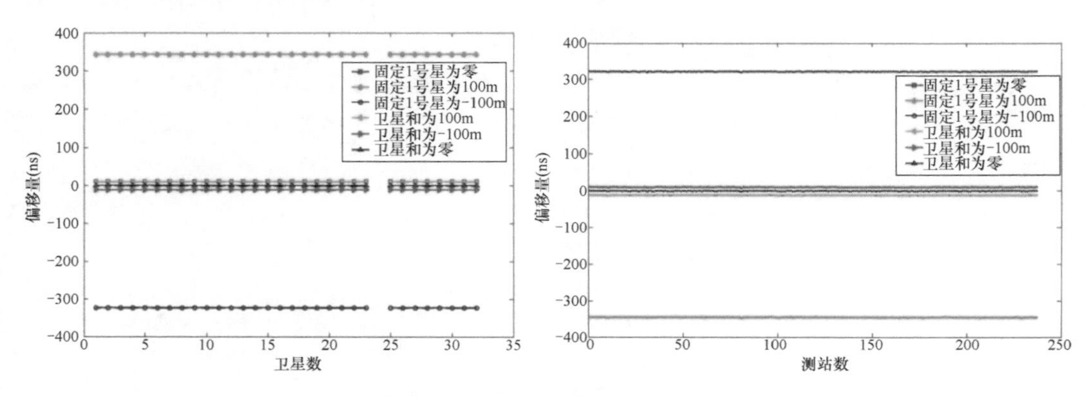

图 6.7 不同约束条件下 DCB 差值

左图为卫星，右图为测站

当固定 1 号星硬件延迟为某值时，其余卫星都是基于 1 号星来解算，因此其偏差是基于 1 号星的偏差。参考当月 CODE 提供的 1 号星的卫星硬件延迟为–10.93ns，因而当固定为 1 号星为 0，100m，–100m 时，其偏差值分别为：10.93ns，344.50ns，322.62ns。当把卫星 DCB 的和约束为某值时，卫星硬件延迟设置为等权观测，因此，和会平均分配到所有观测到卫星，即每颗卫星加上平均值。当扣除掉这些偏差值后，则与 CODE 相比精度都在 0.1ns 以内。而接收机则刚好与卫星的偏差值符号相反，同样扣除掉偏差后，其与 CODE 相比的 RMS 在 1ns 以内。扣除偏差后与 CODE 结果比较的 RMS 可见表 6.1。

表 6.1 不同约束条件下解算得到 DCB 与 CODE 产品差异的 RMS 值（单位：ns）

不同约束条件	卫星扣除系统偏差 RMS	接收机扣除系统偏差 RMS
固定 1 号星为零	0.057	0.519
固定 1 号星为 100m	0.057	0.519
固定 1 号星为–100m	0.057	0.519
卫星和为 100m	0.056	0.526
卫星和为–100m	0.056	0.526

获得 DCB 解算结果后，计算各种约束条件下的天顶垂直电离层延迟 VTEC。为了分析各约束条件对垂直电子含量的影响程度，分析其相对于 CODE 电离层模型的正确率，公式为

$$\mathrm{Cor}=1-\frac{\mathrm{abs}\left(\mathrm{VTEC}_{\mathrm{cal}}-\mathrm{VTEC}_{\mathrm{GIM}}\right)}{\mathrm{VTEC}_{\mathrm{GIM}}} \tag{6.34}$$

式中，$VTEC_{cal}$ 为计算得到的垂直电子含量；$VTEC_{GIM}$ 为 CODE 形成的垂直电子含量。图 6.8 给出中国区域附件的电子含量正确率图，可看出在不同约束条件下，电子含量改正率完全相同；也即不同约束条件下，获取的 VTEC 完全相同。

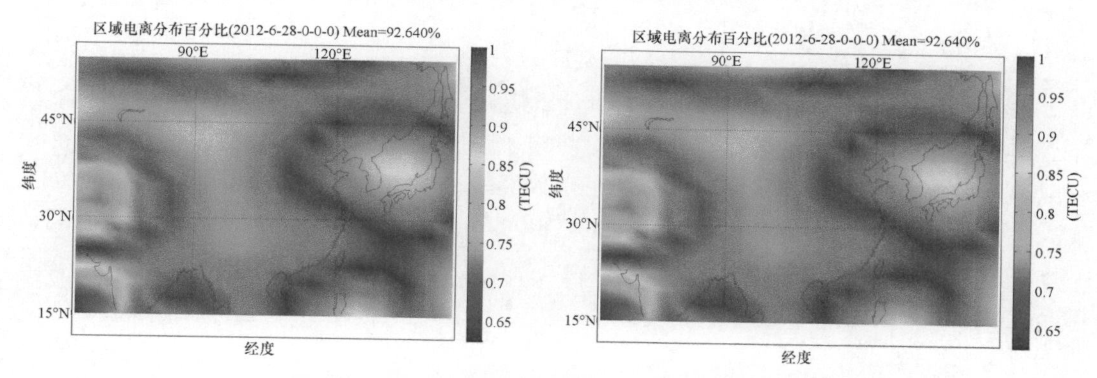

图 6.8　不同约束条件下的电子含量解的正确率

左：固定 1 号星为 100m，右：所有卫星和为零

6.3　电离层模型

在获取了天顶垂直电离层延迟之后，对获取的 VTEC 进行模型化处理，建立方便用户使用的卫星导航系统电离层模型。

基于 GNSS 的电离层 TEC 参数化可在几种参考系上进行。

（1）地固地理系，利用 IPP 点的地理经度和地理纬度作为变量构造垂直 TEC 模型；

（2）地固地磁系，利用 IPP 点的地磁经度和地磁纬度作为变量构造垂直 TEC 模型；

（3）日固地理系，利用 IPP 点的地理经度与太阳地理经度的差值和 IPP 点的地理纬度作为变量构造垂直 TEC 模型；

（4）日固地磁系，利用 IPP 点的地磁经度与太阳地磁经度的差值和 IPP 点的地磁纬度作为变量构造垂直 TEC 模型。

四种坐标系实际上是地磁、地理与日固、地固之间的组合。这种组合考虑了 SLM 单层电离层在时间、空间上四维变化的特性。对于某区域而言，单历元时刻的电离层延迟只存在二维的变化，可以在地理系或地磁系中参数化。而对于某时间段、某区域内电离层延迟的时空三维变化，则需要借助太阳的周日视运动与地方时之间的关系，化算至日固系（二维系）中，再进行参数化。对于地理纬圈而言，太阳周日视运动圈与之基本平行（不考虑地球自转轴的晃动），地理经度与时间的统一性较好，电离层周日变化也与之吻合。因而，日固地理系的两个坐标轴可以很好地反映电离层周日变化特征，适宜于电离层周日尺度上的模型参数化（振幅、周期、相位等）。

对于地磁坐标系，由于地磁轴与地球自转轴之间存在着十几度的差异，此时，地磁纬圈与太阳周日视运动圈之间存在夹角；这会导致日固地磁系在描述电离层周日尺度上的变化参数（振幅、周期、相位等）的扭曲。然而，电离层总电子含量的分布受到地球磁场的影响，地磁坐标系可以较好地反映这一特性。

6.3.1 经典电离层模型

经典电离层模型一般根据电子的物理特性建立的经验模型，可以作为 GNSS 电离层模型建模的先验模型。

（1）Bent 模型

Bent 等（1972）根据卫星测量结果、F2 层峰值模型及地面站位置，推导了适合于计算电子总含量的统计经验模型。该模型将电子密度看成是纬度、经度、时间、季节以及太阳辐射流量的函数。其中，顶部采用指数函数和抛物函数，底部采用双抛物函数描述电子浓度剖面，覆盖的高度范围为 150～3000km。该模型的输入参数为日期、时间、测站位置、太阳辐射流量及太阳黑子数等。当太阳黑子数小于 130 时，在中纬度地区 Bent 模型的误差大约为总量的 20%～30%。

（2）IRI 模型

国际参考电离层模型（international reference ionosphere，IRI）（Bilitza，2018）给出了高度在 1000km 以下的电离层中的电子密度、离子密度和主要正离子成分等参数的时空分布的数学表达式及计算程序。输入日期、时间、地点和太阳黑子数等参数后即可得出电子密度的月平剖面图，从而求出总电子含量和电离层延迟。

6.3.2 Kloubuchar 模型

全球导航卫星系统广播星历中的电离层延迟预报模型只需要从周日尺度上描述电离层的变化。因此，一般只描述电离层延迟周日变化的振幅、周期变化、初始相位这 3 个参数。

Kloubuchar 电离层模型是基于 Bent 电离层经验模型简化而来，包含在 GPS 卫星广播电文中，是单频 GPS 接收机用户所广为采用的电离层延迟改正模型。

Kloubuchar 模型的表达式为

$$I_z(t)=\begin{cases}A_1+A_2\cos\left(\dfrac{2\pi(t-A_3)}{A_4}\right), |t-A_3|<A_4/4\\ A_1 \qquad t\text{为其他值}\end{cases} \tag{6.35}$$

式中，I_z 是以秒为单位的垂直延迟；t 为以秒为单位的接收机至卫星连线与电离层交点 M 处的地方时；$A_1=5\times10^{-9}\text{s}$ 为夜间的垂直延迟常数；A_2 为白天余弦曲线的幅度，GPS 广播星历中给出了 α_n 系数；A_3 为初始相位，对应于余弦曲线极点的地方时，一般取 50400s（当地时间 14：00）；A_4 为余弦曲线的周期。

式（6.35）也可以采用如下表达式（GPS ICD，2012）：

$$I_z(t)=\begin{cases}A_1+A_2\left(1-\dfrac{x^2}{2}+\dfrac{x^4}{24}\right),\ x<\pi/2\\ A_1 \qquad t\text{为其他值}\end{cases} \tag{6.36}$$

式（6.36）中，x 定义为

$$x = \frac{2\pi\left(t - A_3\right)}{A_4} \tag{6.37}$$

式（6.35），（6.36）中，A_2 与电文参数 α_n 的关系如下：

$$A_2 = \begin{cases} \alpha_1 + \alpha_2\phi_M + \alpha_3\phi_M^2 + \alpha_4\phi_M^3 & A_2 \geqslant 0 \\ 0 & A_2 \leqslant 0 \end{cases} \tag{6.38}$$

式中，ϕ_M 是电离层穿刺点的地磁纬度，其计算方法为

$$\phi_M = \phi_i + 0.064\cos\left(\lambda_i - 1.617\right) \tag{6.39}$$

式中，λ_i, ϕ_i 分别为电离层穿刺点的地理经纬度（单位为半圆），其计算方法为

$$\lambda_i = \lambda_u + \frac{\psi \sin A}{\cos\phi_i}$$

$$\phi_i = \begin{cases} \phi_u + \psi\cos A & \left|\phi_i\right| \leqslant 0.416 \\ 0.416 & \phi_i > 0.416 \\ -0.416 & \phi_i < -0.416 \end{cases} \tag{6.40}$$

式中，λ_u, ϕ_i 分别为接收机处的大地经纬度（单位为半圆），ψ 为接收机和穿刺点 IPP 的地心夹角（单位为半圆），A 为卫星的方位角（单位为弧度）。其中 ψ 的表达式为

$$\psi = \frac{0.0137}{z+0.11} - 0.022 \tag{6.41}$$

式中，z 为测站处卫星天顶距。

（6.35），（6.36）式中，A_4 根据电文参数 β_n 系数求得，有

$$A_4 = \begin{cases} \sum_{n=0}^{3} \beta_n \phi_M^n & A_4 \geqslant 72000 \\ 72000 & A_4 < 72000 \end{cases} \tag{6.42}$$

Kloubuchar 模型（也称为 Kloubuchar8 参数模型）是三角余弦函数形式，其参数设置考虑了电离层周日尺度上振幅和周期的变化，将晚间的电离层时延视为常数；而白天的电离层延迟则用余弦函数中正的部分来模拟。模型直观简洁地反映了电离层的周日变化特性，其中模型中的振幅 A_2 考虑了不同纬度上的差异，周期项 A_4 也考虑了不同纬度上的差异。因此，Kloubuchar 模型基本上反映了全球电离层的变化特性，从大尺度上保证了电离层预报的可靠性。基于式（6.35）可获取天顶电离层延迟 VTEC，在此基础上利用（6.7）的投影函数，就能获得斜路径的电离层延迟改正量。

6.3.3 NeQuick 模型

Galileo 采用 NeQuick 作为其全球广播电离层模型（Galileo ICD，2015）。NeQuick 是一种三维电离层模型，与二维电离层模型在某一给定高度的球面上对天顶电离层 TEC（VTEC）分布进行模拟不同，NeQuick 模型不仅能够计算空间任意给定高度（包括 GNSS 卫星高度）的电子密度，还可通过数值积分给出信号传播路径上的电离层 TEC 信息。NeQuick 模型采用 Chapman 函数构造的解析公式描述底层（地面以上 90 km 至 F2 层峰

值高度）及顶层（F2 层峰值高度以上）电离层的电子密度剖面，该模型包括 NeQuickl 及 NeQuick2 两个版本。ESA 等机构对 NeQuick2 的电子密度积分公式进一步优化，形成了适用于 Galileo 单频电离层误差修正的广播电离层模型 NeQuickG。

NeQuick 模型以时间、位置以及太阳活动指数（如太阳黑子数 R12 或 10.7cm 射电辐射通量 F10.7）为标准输入参数，利用数据融合的方式来提高 NeQuick 模型的电离层 TEC 模拟效果。其核心思路是利用实测电离层信息驱动 NeQuick 模型计算得到不同位置处的有效电离层水平因子 Az，并将 Az 代替原有的太阳活动指数作为 NeQuick 模型输入参数。Galileo 实际应用中采用类似的处理策略：主控中心基于各监测站前 24h 的电离层观测数据，处理得到各监测站对应的 Az 值；进而在全球范围内采用二次多项式对其进行拟合，计算得到 NeQuick 电离层模型的 3 个播发参数 a_0、a_1 及 a_2；注入站将电离层参数信息上注至各卫星，Galileo 单频用户利用接收到的 3 个电离层参数即可驱动 NeQuick 模型进行电离层延迟误差修正。

全球范围内 Az 函数形式为

$$\mathrm{Az} = a_0 + a_1\mu + a_1\mu^2 \tag{6.43}$$

其中，

$$\tan\mu = \frac{I}{\sqrt{\cos\phi}} \tag{6.44}$$

式中，μ 表示用户位置的修正磁倾角，I 是距离地面 300 公里高度的磁倾角，ϕ 为用户的地理纬度。

6.3.4 球谐函数模型

欧洲定轨中心（CODE）采用了球谐函数展开式来描述全球电离层总电子含量的时空分布及变化，具体的函数模型如下：

$$E_v(\phi,s) = \sum_{n=0}^{n_{\max}} \sum_{m=0}^{n} \tilde{P}_{nm}(\sin\phi)\left(\tilde{C}_{nm}\cos(ms) + \tilde{S}_{nm}\sin(ms)\right) \tag{6.45}$$

其中，ϕ 为穿刺点的地理纬度或地磁纬度；$s = \lambda - \lambda_0$ 为穿刺点的日固经度，λ 是穿刺点的经度，λ_0 是太阳的经度；$n_{\max}$ 为球函数展开式的最高阶数；$\tilde{P}_{nm} = N_{nm}P_{nm}$ 为完全正规化后的 n 阶 m 次勒让德函数，N_{nm} 是规化函数；P_{nm} 为经典的未完全正规化的勒让德函数；$\tilde{C}_{nm}$、$\tilde{S}_{nm}$ 为待估计的球谐系数，即全球电离层模型参数。

规化函数 N_{nm} 如下：

$$N_{nm} = \sqrt{\frac{(n-m)!(2n+1)(2-\delta_{0m})}{(n+m)!}} \tag{6.46}$$

其中，δ_{0m} 为 Kronecker 型 δ 函数。

上述全球电离层总电子含量的球谐函数模型，其零阶项 C_{00} 代表了该时刻全球电离层总电子含量的平均值。全球电离层总电子含量的个数可表述为 $n_e = 4\pi R'^2 C_{00}$，其中，$R' = R + H$ 是电离层薄球壳的半径。R' 以米为单位、C_{00} 以 TECU 为单位，则 n_e 以 10^{16}

为单位。上述球谐函数的系数个数计算公式为

$$N_{pa} = (n_{\max}+1)^2 - (n_{\max}-m_{\max})(n_{\max}-m_{\max}+1) \tag{6.47}$$

$n_{\max}$、$m_{\max}$ 为球谐函数的最高阶数和最高次数，这两个参数还表征了电离层球谐模型的空间分辨率，其纬度、经度的分辨率计算式分别如下：

$$\Delta\beta = 2\pi/n_{\max}, \quad \Delta s = 2\pi/m_{\max} \tag{6.48}$$

6.3.5 VTEC 多项式模型

单层电离层多项式展开模型是将 VTEC 看作是纬度差 $\phi-\phi_0$ 和太阳时角差 $S-S_0$ 的函数。其具体表达式为

$$\mathrm{VTEC} = \sum_{i=0}^{n}\sum_{k=0}^{m} E_{ik}(\phi-\phi_0)^i (S-S_0)^k \tag{6.49}$$

式中，ϕ_0 为测区中心点的地理纬度；S_0 为测区中心点 (ϕ_0,λ_0) 在该时段中央时刻 t_0 时的太阳时角；$S-S_0=(\lambda-\lambda_0)+(t-t_0)$；$\lambda$ 为信号路径与单层的交点 P' 的地理纬度；t 为观测时刻；E_{ik} 为待求多项式系数。

当时段长度为 4h，测区范围不超过一个洲时，展开式的最佳阶数为：$\phi-\phi_0$ 项取 1～2 阶，$S-S_0$ 项取 2～4 阶。例如，当时段为 4h，并且只根据一个基准站的资料来建立区域电离层模型时，通常只需要用下列模型就能取得较好的效果。

$$\begin{aligned}\mathrm{VTEC} = &E_0 + E_1(\phi-\phi_0) + E_2(\phi-\phi_0)(S-S_0) + E_3(S-S_0) \\ &+ E_4(\phi-\phi_0)(S-S_0)^2 + E_5(S-S_0)^2\end{aligned} \tag{6.50}$$

上述单站多项式模型，适用于区域范围小于 300km 的距离范围。

6.4 应用于中国区域的改进 Kloubuchar 模型 BDSK14 模型

北斗系统也提供 Kloubuchar 8 参数（BDS K8）模型用于电离层改正，但是与 GPS 电离层模型采用地磁坐标系不同，北斗电离层模型基于地理坐标系。此外，电离层的时空变化与地球、太阳之间的相对运动之间有密切的关系。周日尺度上电离层的变化特征是建立 GNSS 电离层延迟预报模型的重要依据，目前用于 GPS 系统的 Kloubuchar 模型是对电离层这一变化特征的最简单、最直接的描述。分析电离层周日变化参数的时域特性，并进行改进可更好地改进电离层模型预报精度。

6.4.1 Kloubuchar 模型与电离层周日变化特征

Kloubuchar 模型中的振幅 A_2 考虑了不同纬度上的差异，周期项 A_4 也考虑了不同纬度上的差异。但实际应用上，GPS 系统 Kloubuchar8 参数模型的预报改正精度不高。主要受两方面因素制约：①电离层延迟改正全球尺度的考量降低了 Kloubuchar 模型的有效性；②Kloubuchar 模型自身参数设定的限制。

Kloubuchar 模型改正时，夜间电离层延迟被看成常数项，即 A_1=5ns，相当于 9.0

TECU。实际上 IGS 的观测结果表明，全球电离层夜间 VTEC 的平均值与太阳活动相关，在一个太阳活动周期内它会从 6 TECU 增加到约 20 TECU。因此，固定 A_1 会导致整个模型的平均偏差在 20%～30%左右。

另外，Kloubuchar 模型中的三角函数使用了固定的初始相位，即假定在任意地磁纬度上空的天顶方向上，VTEC 最大值出现在地方时正午过后 2 h。实际的 VTEC 全球分布表明，在不同的纬度上空 VTEC 含量最大值一般出现在地方时正午过后 0～4 h 左右。图 6.9 给出了中国局部区域（25°～45°N，105°～125°E）内 5 个 GPS 测站同一时间段内电离层延迟的变化曲线。其中 3 个纬度同为 30°的测站，其经度分别为 110°E、115°E、120°E，但是其 VTEC 周日变化曲线都在地方时 13：00 左右达到峰值；而纬度为 35°N 的两个测站（经度分别为 115°E、120°E）的 VTEC 周日变化曲线却在地方时 12：00 左右达到峰值。

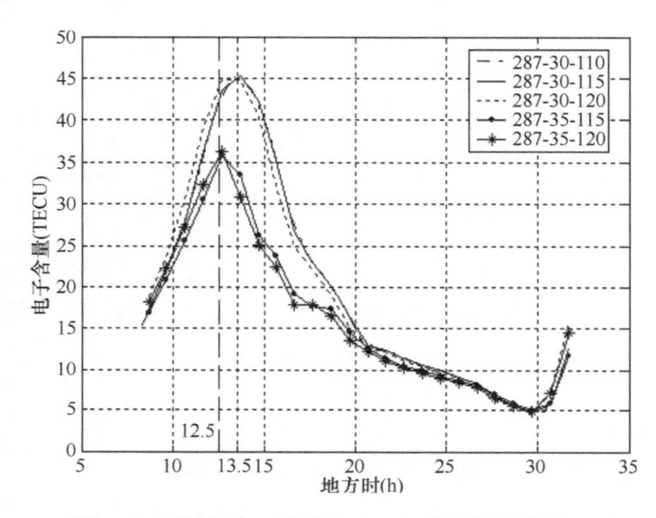

图 6.9　不同经度、纬度上 VTEC 的周日变化情况

6.4.2　电离层周日变化特征参数的提取

图 6.10 是北纬 29 度上空电离层总电子含量的周日变化特征曲线，它代表了不同纬

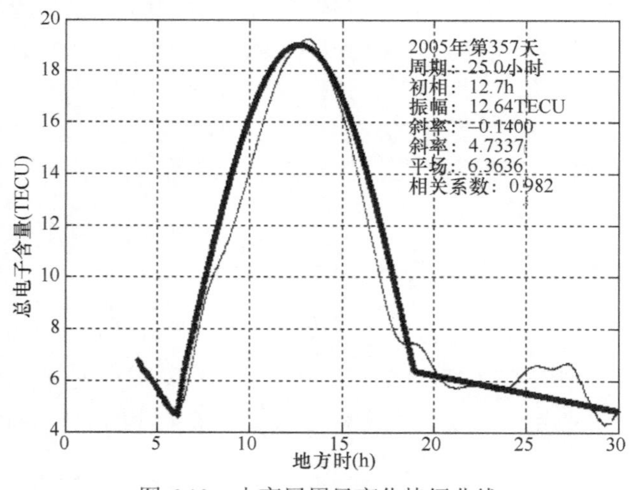

图 6.10　电离层周日变化特征曲线

度上空电离层周日变化的普遍特征。电离层周日曲线中包含电离层周日变化的周期项、振幅、初始相位，以及夜间平稳变化的平场、斜率等。图 6.10 可以分成几个组成部分：①当天电离层 VTEC 上升前的下降沿；②当天电离层 VTEC 的预上升沿；③当天电离层 VTEC 的周期变化部分；④当天电离层的下降延续时段；⑤新的一天电离层 VTEC 上升沿。为了准确地描述电离层周日变化特征，需要找到该曲线中的几个特征点，即：开始上升点 T_{in}；周期变化的起始点 T_{P0}，周期变化的终点 T_{Pe}；当天电离层夜间下降沿的终点 T_{de}。

依据上述讨论，电离层 VTEC 周日变化曲线的描述为

$$\mathrm{VTEC}=\begin{cases} a+k_{\mathrm{in}}\cdot(t-T_{\mathrm{in}}) & T_{\mathrm{in}}\leqslant t<T_{\mathrm{P0}} \\ a+A\cdot\cos\left((t-\varphi)\cdot 2\pi/\mathrm{T}\right) & T_{\mathrm{P0}}\leqslant t\leqslant T_{\mathrm{Pe}} \\ a+k_{\mathrm{de}}\cdot(t-T_{\mathrm{Pe}}) & T_{\mathrm{Pe}}<t\leqslant T_{\mathrm{de}} \end{cases} \tag{6.51}$$

式（6.51）中，$T_{\mathrm{in}},T_{\mathrm{de}}$ 分别为电离层 VTEC 周日变化上升沿起始、终止时刻；$k_{\mathrm{in}},k_{\mathrm{de}}$ 为 VTEC 周日变化上升、下降期间的线性速率；$T_{\mathrm{P0}},T_{\mathrm{Pe}}$ 分别为周期变化的起点及终点时刻，A,T,φ 分别为周期项的振幅、周期以及初相位。

对于图 6.10 中的 VTEC 周日变化时间系列，$T_{\mathrm{in}},T_{\mathrm{de}}$ 发生在早上 6 点和第二天的六点（即图中的 30：00），可在这两个时刻的前后三小时内，计算 VTEC 对时间变化的斜率 $k_{\mathrm{in}},k_{\mathrm{de}}$ 的初值。T_{in} 与 T_{P0} 相差并不远，可认为近似相等，因此 k_{in} 不进行估计，且周日变化的周期大小初值为 $2\cdot(T_{\mathrm{Pe}}-T_{\mathrm{in}})$。对于初始相位 φ 初值的确定，则可以取 T_{in} 和 T_{Pe} 的中间时刻。另外，依据斜率确定上述几个节点时，斜率的变化还需要考虑 VTEC 的量级。一般而言，当 VTEC 周日变化的峰值比较小时，电离层 VTEC 周日变化的上升速度与下降速度比较小，此时对应的斜率绝对值也较小，而 VTEC 周日变化峰值比较大时，VTEC 上升和下降的速度则刚好相反。对于振幅 A 和平场 a，可以认为 a 是 T_{in} 时刻 VTEC 时间系列的值，VTEC 最大值与 a 的差值为振幅 A 的初值。

按上述方法确定出公式（6.51）中的几个参数的初值后，将公式（6.51）线性化，采用最小二乘的方法，迭代解算周日变化的五参数（$a,A,\varphi,T,k_{\mathrm{de}}$）。图 6.11 给出了相关处理的流程。该方法主要针对已存在的电离层 VTEC 周日变化系列，依据公式（6.51）计算相应的一组系列，然后计算这两个系列所构成的向量之间的相关系数，以及它们之间的差异（rms）。为了寻找这两个向量最佳吻合时的电离层周日变化五参数，需要设定这五个参数可能的取值范围，循环计算，得到若干组相关系数和均方根误差（rms）。当相关系数达到最大且 rms 较小时，可以认为此时的五参数为最佳选择。

对于五参数可能的取值范围，可以采用上述方法确定的初值，在其附近选择一个浮动区间，然后依据一定的步长，计算相关系数和 rms，选取最佳的一组。其中：周期区间设置为初值前后六小时的区间，初始相位取值区间设定为 11：00～17：00，步长为 6 分钟，振幅设定为 VTEC 最大值（$\mathrm{VTEC}_{\max}$）与 $\mathrm{VTEC}_{\max}-10.0$ 之间，步长为 0.1TECU。

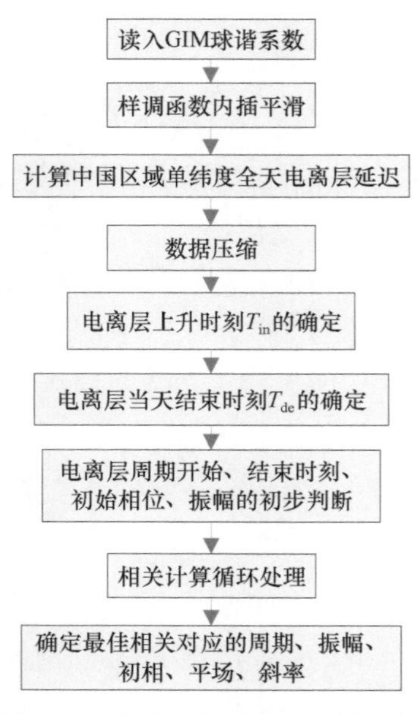

图 6.11　电离层周日曲线计算流程

6.4.3　电离层周日变化特征参数分析

利用历史的 IGS 提供的电离层文件，计算了 1998～2006 年各个纬度上 VTEC 观测数据的电离层周日变化的五参数，并进行参数特性的分析。VTEC 数据生成时以天为单位（UTC00：00～24：00）、分钟为间隔、纬度以 3°为间隔（11°～49°N）、经度以 5°为间隔（60°～140°E），计算各纬度不同经度上的 VTEC 结果，并按照经度与地方时的关系归算至太阳方向固定的地理坐标系中。对于上述中国区域内每天的 VTEC 时间系列，时间轴跨越了地方时当天 4：00 至第二天 9：20。为了减少相关计算的时间，对各个纬度上归算至太阳方向固定的地理坐标系后的系列，在整分钟时刻左右取采样的平均值，进行数据压缩；另外，时间轴跨越的时段也缩短至第二天的 7：00。然后依据图 6.11 的流程进行相关计算，得到各个纬度上的 VTEC 周日变化五参数（a,A,φ,T,k_{de}）的时间系列。

1）周日变化初始相位 φ

图 6.12 为 11°～49°N 区域内 14 个纬度上电离层周日变化初始相位的年变化规律。GPS 广播星历中的电离层预报模型 Klobuchar 模型将电离层周日变化余弦曲线的初始相位设定为 14：00；而图 6.12 表明，这个初始相位是变化的，且与 14：00 存在着较大的差异，最大可达到 2 小时。而且，初始相位的变化与季节、地理纬度和太阳活动的剧烈程度有关。在太阳活动的高峰年（1999～2003 年），初始相位的年变化表现出双峰的准半年周期特性，在春季的 3、4 月份、秋季的 9、10 月份左右出现峰顶，此时，太阳在地固坐标系中都在绕赤道作周日运动。在太阳活动低峰年，初始相位的年变化则表现出了周年变化特性，一般在年中 6 月底（此时，太阳在北回归线 23 度左右作周日运动）左右达到峰值。初始相位年变化的震荡幅度在太阳活动高峰年小，而在太阳活动低峰年大，且纬度越高，震荡幅度越大。另外，即使在太阳活动低峰年，低纬度地区（23°N 以下）初始相位的年变化仍然表现出了双峰的准半年周期特性，但在高峰年更明显。

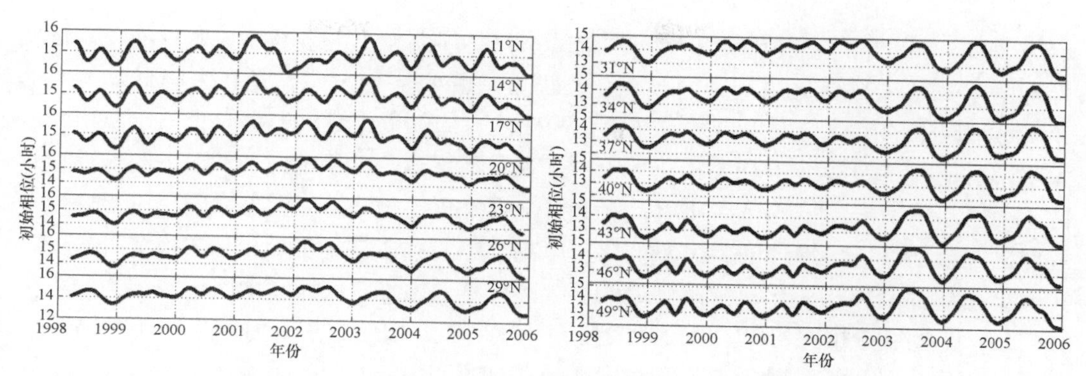

图 6.12　不同纬度上电离层周日变化初始相位的年变化规律

左图为 11°～29°N，右图为 31°～49°N

2）周日变化周期项振幅 A

图 6.13 给出了不同纬度上电离层周日变化振幅项的年变化规律。周日变化振幅项的年变化曲线表明，所有纬度上都出现了年变化的双峰，即半年的准周期项。从振幅项变化曲线的振动幅度来看，低纬度地区较大，而高纬度地区较小。由于太阳的星下点在南北回归线（南北纬 23 度）之间作周年运动，地球上距离太阳星下点越近的低纬度区域，电离层总电子含量的周日变化特征曲线受太阳辐射能量控制的主导作用越强，吸收的辐射能量越大，振幅也就越大。在高纬度地区，由于距离太阳星下点较远，大气温度低，电离层电离程度较小，振幅也就小，容易受到大气涡流、湍流等大气局部不规则运动的影响，电离层总电子含量的周日变化曲线容易变形。另外，所有纬度上的曲线随年度变化整体表现出弧形的弯曲特征，且在 2001～2002 年处于弧形顶，这与太阳活动黑子数的 11 年周期变化有关，而 2001 年底太阳处于活动的极大期。从振幅的量级来看，低纬度高峰年周日变化振幅项可以达到 100TECU，而低峰年则只有 20～30TECU。

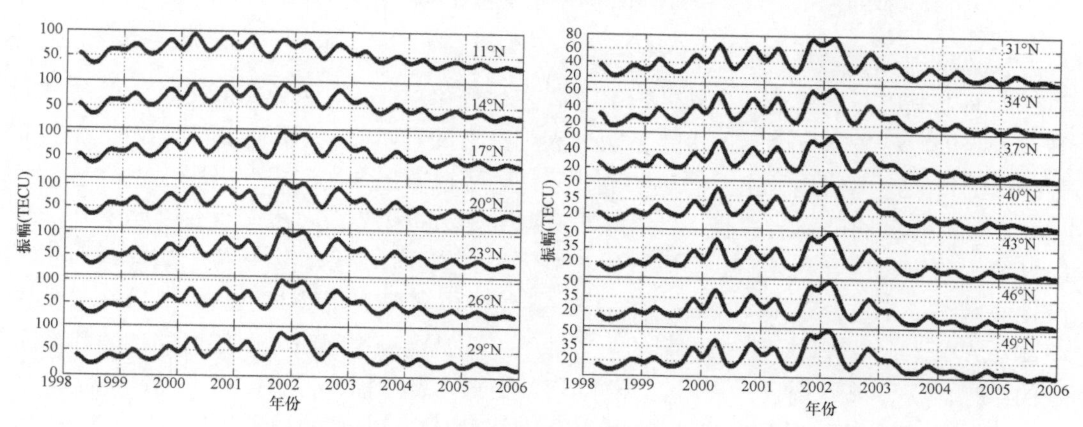

图 6.13　不同纬度上电离层周日变化振幅项的年变化规律

左图为 11°～29°N，右图为 31°～49°N

3）周日变化周期项周期 T

图 6.14 给出了不同纬度上电离层周日变化周期项的年变化规律；电离层周日变化周期项的年变化曲线表明，在中、高纬度地区，电离层周日变化周期项年变化震荡的幅度较大（在 24h～48h 之间变化），且规则有序，基本上可以用三角函数来描述。而在低纬

度地区，周期项的年变化曲线平缓，振幅较小，且周期大小大多在36h附近变化。低纬度地区电离层周日变化周期项的年变化会出现双峰的情形，尤其是在太阳活动的高峰年。这种现象的出现与太阳星下点在南北回归线之间的周年运动有关，也与电离层吸收太阳辐射的能量及其维持有关。在一年中，太阳星下点会两次经过23°以下的低纬度地区，会引起电离层周日变化周期项、初始相位的年变化双峰。但由于太阳星下点两次穿过时的辐射通量、离地球的距离不一样，电离层吸收太阳辐射能量的维持状态不一样，因而会引起周期项年变化双峰时刻处的振幅不一样。另外，低纬度地区电离层吸收太阳辐射多，能量维持相对稳定，周日衰减慢，因而，周日变化周期项一般较大（大于30h），且其年变化相对平缓。对于中、高纬度地区（31°以上），太阳星下点不会经过，不会出现年变化的双峰情形。但由于电离层吸收太阳辐射能量相对较少，VTEC周日变化振幅也较小，其衰减速度也较快，周日变化周期一般小于低纬度地区；而当太阳位于北回归线做周日视运动时，二者才会比较接近。

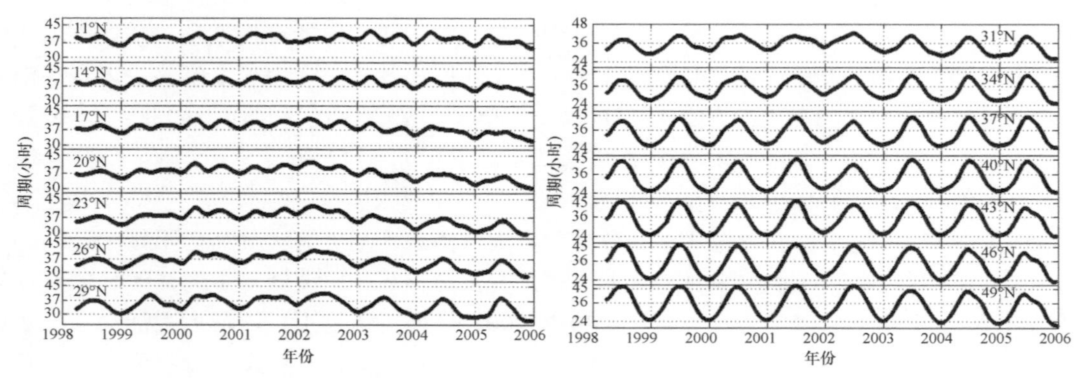

图 6.14　不同纬度上电离层周日变化周期项的年变化规律

左图为11°～29°N，右图为31°～49°N

4）周日上升时刻T_{in}

地面上空电离层总电子含量的周日升降规律变化曲线，在两天的衔接时刻存在一个第一天夜间电子含量下降沿的中止，第二天上升沿的开始时刻，即T_{in}。图6.15给出了各纬度上每天电离层周日上升时刻的变化规律。可以看出，在夏季，由于太阳位于北半球，中、高纬度的电离层在凌晨4：00左右就开始大量电离，总电子含量开始上升，低纬度地区的电离层则在5：00左右开始相对大量电离。在冬季，太阳位于南半球，低纬度地区则在5：00～6：00之间开始，中、高纬度电离层则在早上6：00以后开始大量电离，总电子含量开始了新的一天的上升曲线，这是电离层吸收太阳辐射能量随纬度衰减的结果。在低纬度地区，周日上升时刻T_{in}的变化震荡幅度较小，而中、高纬度地区的T_{in}震荡幅度较大，且周期性更明显。另外，图6.15中曲线的周年变化与图6.14表现出了相位相反的特征，这与太阳星下点的南北半球中低纬度地区的周年摆动直接相关。

5）周日变化平场a

Kloubuchar模型中，全球所有地区电离层夜间VTEC都看成平场，忽略了夜间VTEC斜率的影响，且认为VTEC平场的大小为5ns（GPS系统L1波段电离层延迟）。事实上，如图6.16所示，在不同的季节、不同的年份、不同的纬度上，VTEC周日变化夜间平场

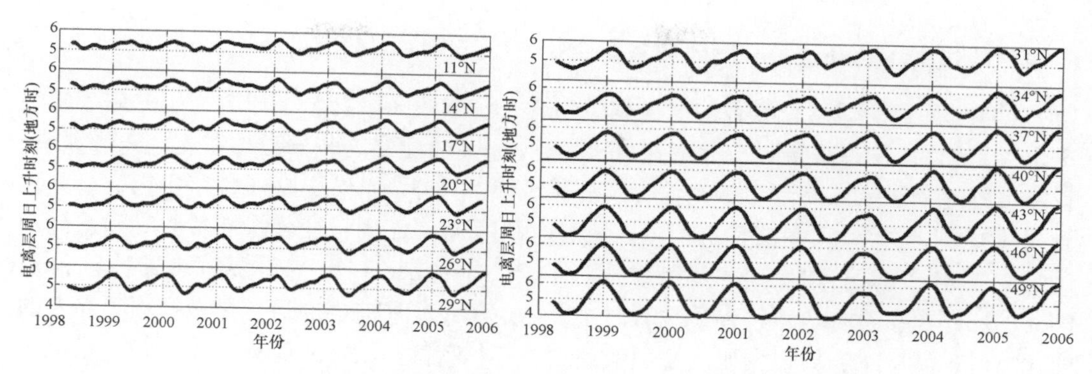

图 6.15　不同纬度上电离层周日上升时刻的年变化规律

左图为 11°～29°N，右图为 31°～49°N

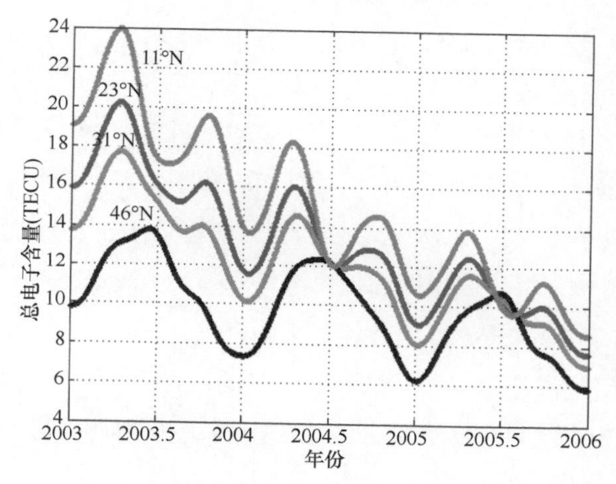

图 6.16　不同纬度上电离层 VTEC 周日变化平场的变化规律

存在较大的差异。在太阳活动次高峰年（2003 年）的春分左右、低纬度地区的 VTEC 周日变化平场可达到 24TECU，高纬度地区的 VTEC 平场则在 14TECU 左右；在太阳活动的低峰年（2006 年）的冬季，各纬度 VTEC 周日变化的平场一般为 8TECU 左右，且差异不大。而且，各纬度 VTEC 周日变化的平场表现出了与周期项、振幅项年变化相似的特性，即存在准半周年的周期变化；且随着太阳活动指数的下降，呈现逐渐下降的趋势。另外，对于各纬度上电离层 VTEC 周日变化夜间递减的速率 k_{de}，它一般大于–0.5，且 k_{de} 越小，夜间 VTEC 持续的时间越短，对夜间 VTEC 的整体量级影响也不大，一般在 1～2TECU 左右。

上述分析表明，反应电离层 VTEC 周日变化特性的几个主要参数：振幅、周期、初始相位、平场，它们都表现出了很强的规律性变化。引起这种规律变化的主要因素有：①太阳活动指数（太阳黑子数）的 11 周年变化引起了各纬度上电离层 VTEC 周日变化特征参数振幅的长期变化趋势；②地球绕太阳公转的椭圆轨道引起的季节变化引起了各参数的周年变化趋势；③黄赤夹角引起的太阳在南北回归线之间的周年摆动引起了不同纬度上各参数年变化规律与半年变化的差异；④高低纬度的差异引起了各纬度上电离层 VTEC 变化量级和升降时刻的差异。

6.4.4 改进的 Kloubuchar 模型及其实现

VTEC 周日变化特征参数的变化规律为进一步描述区域乃至全球电离层 VTEC 模型奠定了基础。从 VTEC 周日变化的尺度上考虑，只需要建立这些参数与纬度之间的关系，就能很好地描述区域乃至全球的电离层变化规律。另外，如果从 VTEC 年变化或者更长时间（如 11 周年）尺度上考察，可以更好地利用 VTEC 周日变化特征参数时间系列，进行这些参数的时间系列建模和预报。结合 Kloubuchar 模型的参数设置特征，对 Kloubuchar 模型进行改进，参数设置时主要考虑了：①VTEC 周日变化振幅项随纬度的变化特性；②VTEC 周日变化周期项随纬度的变化特性；③VTEC 周日变化初始相位项随纬度的变化特性；④VTEC 周日变化夜间平场随纬度的变化特性。

改进后的 Klobuchar 模型具体公式如下：

$$I_z'(t)=\begin{cases}A_1+B\phi_M+A_2\cos\dfrac{2\pi(t-A_3)}{A_4} & A_4/4>|t-A_3| \\ A_1+B\phi_M & A_4/4\leqslant|t-A_3|\end{cases} \tag{6.52}$$

式中，I_z' 是电离层垂直天顶延迟，单位为 s，相应频率为第一个频率，t 是以 s 为单位的接收机至卫星连线与电离层 SLM 交点处的地方时，ϕ_M 是电离层穿刺点的大地纬度。对于计算不同频率信号穿过电离层的天顶电离层延迟 I_z，需要乘一个与频率有关的映射函数 $mf(z)$（见 6.2.2 节）。其中各项具体定义如下：

（1）A_1,B 为夜间电离层延迟的常数和随纬度的线性变化项。

（2）A_2 为白天电离层延迟余弦曲线的幅度，用 α_n 系数计算得到

$$A_2=\begin{cases}\sum_{n=0}^{3}\alpha_n\phi_M^n & A_2\geqslant 0 \\ 0 & A_2\leqslant 0\end{cases} \tag{6.53}$$

（3）A_4 为余弦曲线的周期，用 β_n 系数求得

$$A_4=\begin{cases}172800 & A_4\geqslant 172800 \\ \sum_{n=0}^{3}\beta_n\phi_M^n & A_4\geqslant 72000 \\ 72000 & A_4<72000\end{cases} \tag{6.54}$$

（4）A_3 是余弦函数的初始相位，对应于曲线极点的地方时，用 γ_n 系数求得

$$A_3=\begin{cases}50400+\sum_{i=0}^{3}\gamma_i\phi_M^i & 43200\leqslant A_3\leqslant 55800 \\ 43200 & A_3<43200 \\ 55800 & A_3>55800\end{cases} \tag{6.55}$$

以上即为改进的 Kloubuchar 模型，也即 BDSK 14 模型，估计的参数包括 A_1,B,A_2,A_3,A_4 总共 14 个参数。实现过程可以分成三步进行：①利用 6.2.3 节的方法，基于地基观测数

据计算电离层 VTEC 时间序列；②利用电离层 VTEC 周日变化特征参数的时间系列，建立电离层延迟预报模型各参数的趋势值；③依据实测数据和预报模型各参数的趋势值，采用约束平差的方法，实时更新预报模型参数。具体过程如下流程图（图 6.17）所示（章红平，2006）。

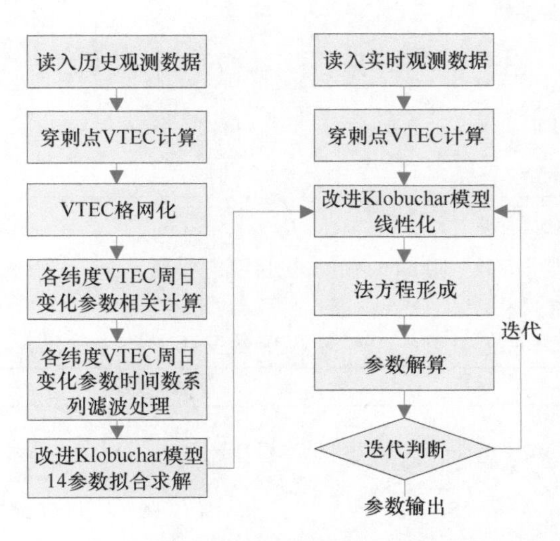

图 6.17　改进 Kloubuchar 模型参数解算流程图

以上流程图 6.17 中，历史数据能够解算出 Kloubuchar 改进模型各参数的趋势值，用于实测数据预报时模型的线性化；并且历史的电离层参数数据可作为虚拟观测量，在实时数据处理中提供可按照加权匹配的方法，利用附加约束最小二乘准则 $V^{\mathrm{T}}PV + V_X{}^{\mathrm{T}}PV_X = \min$ 的原则下，实时（定时）解算更新 14 参数。

以上参数拟合过程中用到的偏导数为

$$\frac{\partial I'_z}{\partial \mathrm{X}} = \left(1,\ \phi_{\mathrm{M}}, \frac{\partial I'_z}{\partial \alpha_0}, \frac{\partial I'_z}{\partial \alpha_1}, \frac{\partial I'_z}{\partial \alpha_2}, \frac{\partial I'_z}{\partial \alpha_3}, \frac{\partial I'_z}{\partial \beta_0}, \frac{\partial I'_z}{\partial \beta_1}, \frac{\partial I'_z}{\partial \beta_2}, \frac{\partial I'_z}{\partial \beta_3}, \frac{\partial I'_z}{\partial \gamma_0}, \frac{\partial I'_z}{\partial \gamma_1}, \frac{\partial I'_z}{\partial \gamma_2}, \frac{\partial I'_z}{\partial \gamma_3}\right) \tag{6.56}$$

$$\mathrm{X} = \left(A_1,\ B,\ \alpha_0,\ \alpha_1,\ \alpha_2,\ \alpha_3,\ \beta_0,\ \beta_1,\ \beta_2,\ \beta_3,\ \gamma_0,\ \gamma_1,\ \gamma_2,\ \gamma_3\right)^{\mathrm{T}} \tag{6.57}$$

图 6.18 给出了 15°N、35°N 区域 Kloubuchar 改进 14 参数模型电离层 VTEC 的观测与预报效果。利用图中 6：00～8：00 之间的电离层观测数据离散点（蓝色离散点），依据图 6.17 右半部分的实测预报流程，在历史数据提供的 14 参数趋势值的约束下，按最小二乘的方法，计算电离层改进模型（红色曲线所示）。图 6.18 中还给出了所有时间段电离层观测值（绿色离散点），可以看出，14 参数预报两小时的改正效果可以达到 80%以上，大大优于 Klobuchar8 参数模型。

6.4.5　电离层改正参数量化表达及信息位数设计

为了确定电离层延迟修正模型中各参数的变化规律与范围。利用 IGS 提供的 1995 年 2 日至 2007 年 295 日（年积日）共计 12 年的 GPS 电离层观测数据，拟合 8 参数电离层模型和 14 参数改进电离层模型，统计分析电离层模型各参数的变化特性。根据 12 年 GPS 数据计算的 14 参数范围如表 6.2 所示。

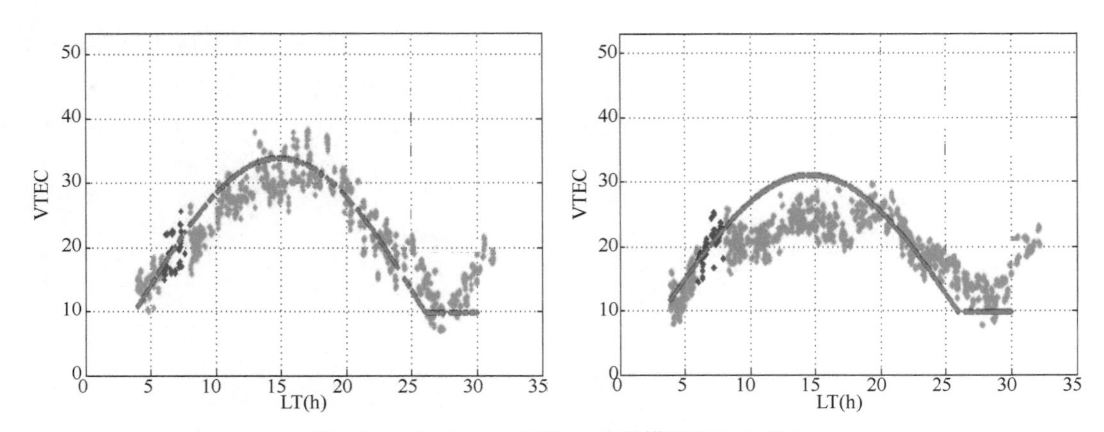

图 6.18　Kloubuchar 改进 14 参数模型 VTEC 结果

左图为 15°N，右图为 35°N；其中红色曲线是模型，散点是实测

表 6.2　1995～2007 年 GPS 数据统计 14 参数结果

参数	单位	最小值	最大值
α_0	s	5.31×10^{-8}	8.80×10^{-8}
α_1	s/π	-2.89×10^{-7}	1.23×10^{-6}
α_2	s/（π）^{2}	-8.24×10^{-6}	1.43×10^{-6}
α_3	s/（π）^{3}	-2.77×10^{-6}	1.58×10^{-5}
β_0	s	7.41×10^{4}	1.93×10^{5}
β_1	s/π	-1.45×10^{6}	1.60×10^{6}
β_2	s/（π）^{2}	-1.07×10^{7}	1.19×10^{7}
β_3	s/（π）^{3}	-2.69×10^{7}	2.76×10^{7}
γ_0	s	-6.7×10^{3}	1.20×10^{4}
γ_1	s/π	-1.74×10^{5}	2.64×10^{5}
γ_2	s/（π）^{2}	-2.14×10^{6}	1.96×10^{6}
γ_3	s/（π）^{3}	-4.75×10^{6}	5.16×10^{6}
A_1	ns	−4.705	55.43
B	ns/π	−57.96	149.8

部分参数在 12 年内的变化特性如图 6.19 所示。

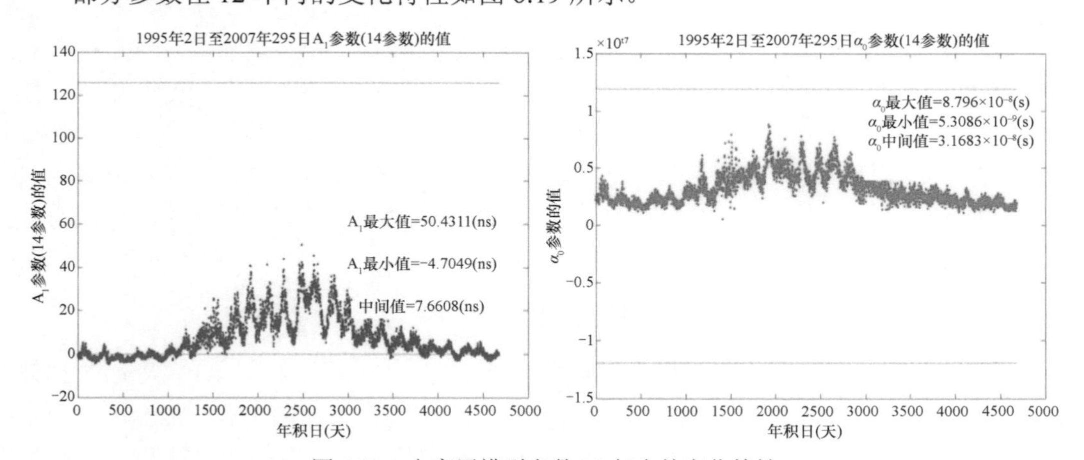

图 6.19　电离层模型参数 12 年内的变化特性

左：A_1，右：α_0

由图 6.19 可以看出，所有参数都具有明显的 11 年周期性变化，且在太阳活动高峰年达到最大值。根据以上数据计算的部分参数范围如表 6.3 所示。基于此，北斗二号系统电离层延迟修正部分参数模型设计如表 6.4。

表 6.3　1995～2007 年数据统计电离层 8 参数

参数	单位	最小值	最大值
α_0	s	5.945×10^{-9}	1.0697×10^{-7}
α_1	s/π	-3.2905×10^{-7}	1.2022×10^{-6}
α_2	s/（π）^{2}	-1.0118×10^{-5}	1.3859×10^{-6}
α_3	s/（π）^{3}	-2.2421×10^{-6}	1.9988×10^{-5}
β_0	s	7.4125×10^{4}	1.9258×10^{5}
β_1	s/π	-1.4474×10^{6}	1.60471×10^{6}
β_2	s/（π）^{2}	-1.0797×10^{7}	1.19118×10^{7}
β_3	s/（π）^{3}	-2.68529×10^{7}	2.7625×10^{7}

表 6.4　电离层延迟修正 8 参数设计

参数	比特	量化单位	单位	范围
α_0	8[1]	2^{-30}	s	$\pm1.19\times10^{-7}$
α_1	8[1]	2^{-27}	s/π	$\pm9.53\times10^{-7}$
α_2	8[1]	2^{-24}	s/（π）^{2}	$\pm7.63\times10^{-6}$
α_3	8[1]	2^{-24}	s/（π）^{3}	$\pm7.63\times10^{-6}$
β_0	8[1]	2^{11}	s	$\pm2.62\times10^{5}$
β_1	8[1]	2^{14}	s/π	$\pm2.1\times10^{6}$
β_2	8[1]	2^{16}	s/（π）^{2}	$\pm8.4\times10^{6}$
β_3	8[1]	2^{17}	s/（π）^{3}	$\pm1.68\times10^{7}$

注：标有上标 1 的参数是 2 的补码，最高有效位是符号位

6.5　应用于中国区域的改进球谐函数模型 BDGIM

北斗二号系统采用地理坐标系下的 Kloubuchar 电离层修正模型，该模型在北半球中国区域内，修正精度优于 GPS 广播 Kloubuchar 模型。而在靠近两极的高纬度地区，北斗二号电离层模型修正精度区域精度有所降低。为提高全球范围内的北斗系统服务性能，可通过北斗全球电离层延迟修正模型（BeiDou global ionospheric delay correction model，BDGIM）进行电离层修正（Yuan et al.，2019）。

BDGIM 以改进的球谐函数为基础，包含非发播参数和 9 个发播参数 $\alpha_i\left(i=1,2,\cdots,9\right)$，发播参数通过导航电文向用户播发，计算方法如下（CSNO，2017）：

$$T_{\text{ion}} = M_F \cdot K \cdot \text{VTEC} = M_F \cdot \frac{40.28\times10^{16}}{f^2} \cdot \left(A_0 + \sum_{i=1}^{9} \alpha_i \cdot A_i\right) \tag{6.58}$$

$$A_i = \begin{cases} N_{n_i,m_i} \cdot P_{n_i,m_i}\left(\sin\varphi'\right)\cos\left(m_i\lambda'\right), m_i \geqslant 0 \\ N_{n_i,m_i} \cdot P_{n_i,m_i}\left(\sin\varphi'\right)\sin\left(-m_i\lambda'\right), m_i < 0 \end{cases} \tag{6.59}$$

式中，T_{ion} 为卫星与接收机视线方向的电离层延迟改正值，单位为 m；VTEC 是穿刺点处天顶方向总电子含量，单位为 TECU；M_F 为投影函数，用于天顶和视线方向电离层总电子含量（TEC）之间的转换；K 是把电子含量转换为测距误差的系数，和观测值载波频率 f 有关。A_i 为根据穿刺点位置计算的电离层系数，穿刺点的地磁纬度和经度为 φ' 与 λ'，单位为弧度；n_i,m_i 分别表示第 i 个播发参数对应的球谐函数阶次；$N_{n,m}$ 为正则化函数，$P_{n,m}$ 为标准勒让德函数。

A_0 为通过非发播参数计算的电离层延迟预报值，单位为 TECU，A_0 的计算公式如下所示：

$$A_0=\sum_{j=1}^{17}\beta_j\cdot B_j,B_j=\begin{cases}N_{n_j,m_j}\cdot P_{n_j,m_j}\left(\sin\varphi'\right)\left(\cos m_j\lambda'\right),m_j\geqslant 0\\ N_{n_j,m_j}\cdot P_{n_j,m_j}\left(\sin\varphi'\right)\left(\sin\left(-m_j\lambda'\right)\right),m_j<0\end{cases} \tag{6.60}$$

式中，B_j 为根据穿刺点位置计算的电离层系数，n_j,m_j 分别表示第 j 个非播发参数对应的球谐函数阶次；β_j 为 BDGIM 模型的非播发参数，由一系列预报系数计算得到

$$\begin{cases}\beta_j=\sum_{k=0}^{12}\left(a_{k,j}\cos\omega_k t_k+b_{k,j}\sin\omega_k t_k\right)\\ \omega_k=\dfrac{2\pi}{T_k}\end{cases} \tag{6.61}$$

式中，T_k 表示非播发参数对应的第 k 个周期（天）；t_k 表示预报时刻（天），用约化儒略日（MJD）表示；$a_{k,j},b_{k,j}$ 表示三角级数函数的预报系数（单位 TECU）；非发播参数每天计算一次，每次需生成 12 组，分别对应当天 01：00、03：00、05：00 直至 23：00 时刻。

BDGIM 的电离层薄层高度为 400km，利用 BDGIM 计算电离层延迟的流程如图 6.20 所示。根据空间信号接口文件，在每天的 01：00、03：00、05：00 直至 23：00 时刻，通过非发播系数表计算生成相应的非发播参数 β_j，计算电离层延迟时，只需按照计算时间点选取合适的 β_j 参数使用，无需重复计算。非发播参数详细的计算公式和 n、m 数值参考北斗全球系统接口控制文件（CSNO，2017）。与北斗 Kloubuchar 8 参数模型相比，BDGIM 模型算法相对复杂，计算步骤更多。

BDGIM 9 个播发参数每 2 小时更新计算一次，每天有 12 组参数。BDS 监测站主要集中在中国境内，而球谐函数的特性要求其必须基于全球分布的观测数据实现球谐系数的精确解算。为了解决这一难题，通过引入设计合理的背景电离层信息，基于境内监测站及少量境外监测站观测数据实现 BDGIM 模型播发系数的解算。以 STEC_1 表示实测电离层信息向量，STEC_2 表示电离层设计信息向量，X_{ion} 表示待估的模型播发参数，X_{fix} 表示非播发参数，则观测方程可表示为

$$\text{STEC}=\begin{bmatrix}A_{\text{ion}} & A_{\text{fix}}\end{bmatrix}\begin{bmatrix}X_{\text{ion}}\\ X_{\text{fix}}\end{bmatrix} \tag{6.62}$$

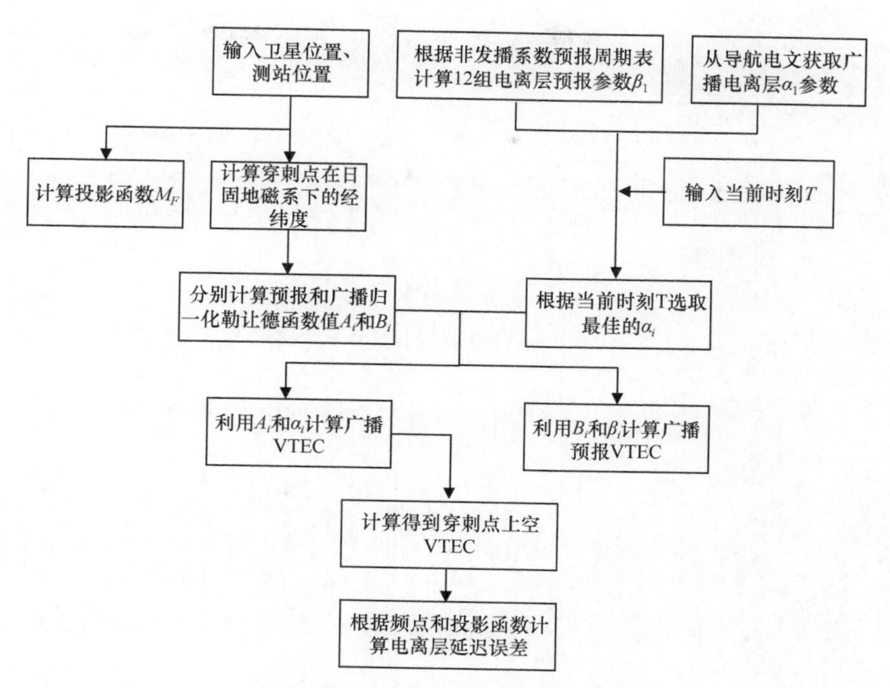

图 6.20　BDGIM 电离层延迟解算流程

式中，$\text{STEC}=\begin{bmatrix}\text{STEC}_1\\\text{STEC}_2\end{bmatrix}$，$\boldsymbol{A}_{\text{ion}}$，$\boldsymbol{A}_{\text{fix}}$ 分别表示为模型播发参数与非播发参数对应的系数矩阵。基于最小二乘即可实现 BDGIM 模型播发参数 X_{ion} 的解算。

由于观测数据分布不均匀等原因，电离层球谐函数模型在高纬度地区计算得到的 TEC 值在高纬度地区可能会出现负值；实际上，电离层 TEC 在任意时刻任意位置均不可能为负值。为解决 BDGIM 的 TEC 计算值出现负值的情况，需要在 BDGIM 播发参数估计时增加 TEC 估值为负的处理策略：当根据上式解算得到的模型播发参数确定的电离层 TEC 估值为负的区域，基于“选权拟合”思想在电离层 TEC 为负值的区域引入虚拟电离层观测信息，重新构造 BDGIM 的观测方程，并根据计算结果不断调整虚拟电离层观测信息的权值，直至计算得到 BDGIM 播发参数的最优解。

为评估北斗系统 8 参数（BDS K8）与 9 参数（BDGIM）电离层模型在全球范围的改正精度，采用中国境内 8 个监测站，全球范围内 41 个 IGS 站进行的观测数据，采用 2019 年 7 天的观测数据对北斗 8 参数和 9 参数电离层模型精度进行评估。

依据电离层模型特性，将所有测站由北纬向南纬统计其电离层模型精度，结果如图 6.21 所示。KIRU 站至 BOGT 站为北半球测站，GLPS 站至 MCM4 站为南半球测站。可看出，BDGIM 电离层模型在北半球精度略高于南半球模型精度，而 BDS K8 电离层模型在高纬度地区精度差，在中低纬度区域精度相对较高；对于中国境内测站两种模型精度修正效果相近。

采用相同时段的数据对上述测站进行单频伪距单点定位，分析 BDS K8 与 BDGIM 单频伪距定位精度的差异。所有测站的三维位置误差 RMS 统计如图 6.22 所示。由图可以看出，绝大部分的测站使用 BDGIM 的定位精度优于 BDS K8 电离层模型。表 6.5 统

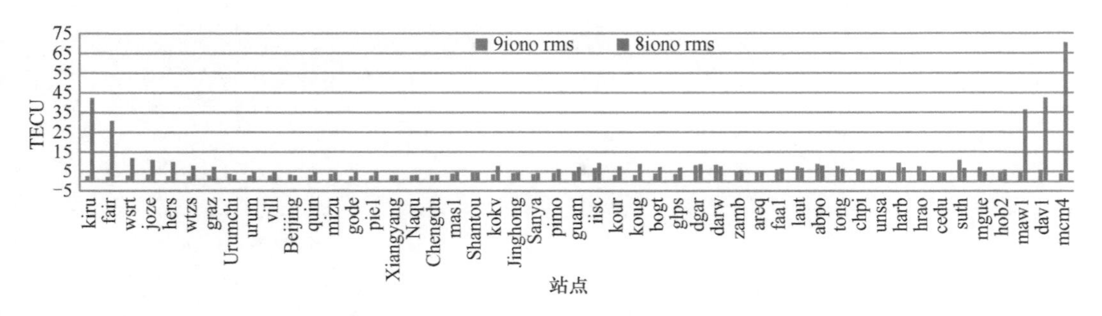

图 6.21　各站 BDGIM 误差与 BDS K8 电离层模型误差

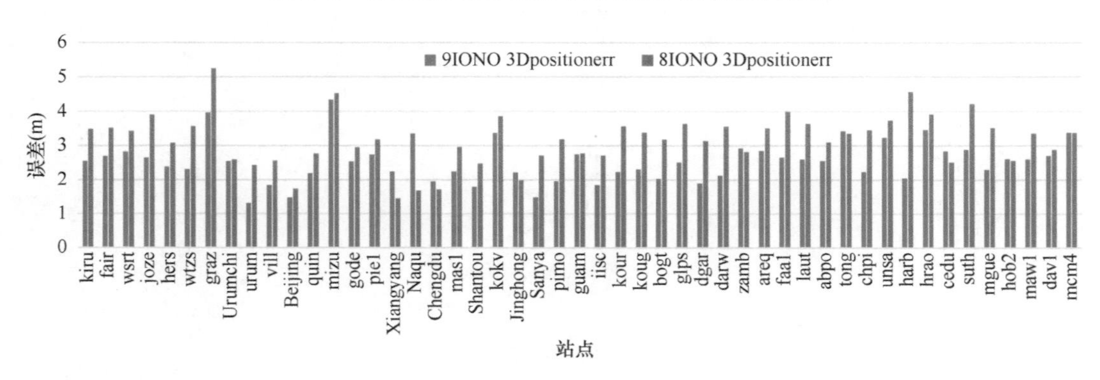

图 6.22　采用不同广播电离层模型伪距单频单点定位性能比较

表 6.5　各区域采用 BDGIM 与 BDS K8 电离层模型单频定位统计　（单位：m）

区域	BDGIM				BDS K8			
	东西	南北	高程	位置误差	东西	南北	高程	位置误差
境内	0.69	0.51	1.90	2.13	0.59	0.49	1.86	2.03
同纬度境外	1.48	1.37	1.56	2.64	1.78	1.58	2.07	3.35
北半球	1.16	1.09	1.63	2.41	1.35	1.31	2.04	2.98
南半球	1.55	1.52	1.44	2.69	1.98	1.80	1.84	3.43

计了不同区域定位性能的情况，可看出，中国境内测站采用两种电离层模型的定位精度基本相当，并且明显优于同纬度境外站的定位精度。BDGIM 对北半球的定位精度略优于南半球，BDS K8 模型在北半球中低纬度其定位精度优于其余纬度带。

整体上，BDGIM 与 BDS K8 模型在中国及周边地区的修正精度相当，但在 70°以上的高纬地区，BDGIM 精度明显优于 BDS K8 模型。BDGIM 在全球范围内具有更强的电离层动态描述能力，虽然在南半球高纬度地区 BDGIM 精度略差，但在全球范围内的其他地区，BDGIM 精度优于 BDS K8 模型。

6.6　本 章 小 结

本章概述了电离层延迟对导航系统的影响及其随太阳活动、磁场等的变化规律。给出了 GNSS 电离层监测的基本原理，介绍了常用的电离层模型。重点研究分析了中国区域电离层变化特性，介绍了改进的BDS K14模型及BDGIM，并设计了电离层广播电文模型。利用实际观测分析验证了北斗二号及北斗三号系统广播星历电离层模型性能。结果表明：BDGIM与BDS K8模型在中国及周边地区的修正精度相当，但在70°以上的高纬地区，BDGIM精度明显优于BDS K8模型。在全球范围BDGIM模型单频伪距导航定位平均三维RMS约为2.5 m，北半球定位精度略优于南半球。BDS K8模型在北半球中低纬度区域单频定位精度较高，达到了2.9 m，其余区域定位精度在3.3 m左右。

第 7 章　卫星导航星基增强技术

北斗系统设计了基本导航、广域差分以及精密定位为一体的服务体系。其中基本导航功能服务是基于广播电文中的轨道、钟差以及电离层模型参数实现，广域差分以及精密定位等星基增强服务在基本导航电文的基础上，通过向用户实时播发四重广域差分改正参数，实现更高精度的服务。本章将介绍北斗星基增强轨道、钟差、格网电离层、分区综合改正数等四重参数的计算原理，并分析评估了北斗星基增强系统的服务性能。

7.1　概　　述

随着 GPS 和 GLONASS 等全球导航卫星系统应用的推广与深入，用户对导航系统的定位精度、服务连续性、完好性等方面要求越来越高。在此背景下，星基增强系统得到了蓬勃发展。

目前世界范围内的星基增强系统主要有美国的 WAAS（wide area augmentation system）、欧洲的 EGNOS（European geostationary navigation overlay service）、日本的 MSAS（multi-functional satellite augmentation system），以及印度的 GAGAN（GPS aided GEO augmented navigation）、俄罗斯的 SDCM（system for differential correction and monitoring）等。

1）WAAS

WAAS 系统由美国联邦航空局开始建设于 1992 年，主要应用于民航领域，其服务范围为北美地区。WAAS 的空间部分由三颗分布在 98°W、107.3°W、133°W 的 GEO 卫星组成，同时还有分布于北美和夏威夷等地的 30 多个地面监测站。WAAS 系统要求满足航空中一类精密进近的要求，WAAS 系统的发展将从 L1 单频转向 L1/L5 双频。

2）EGNOS

EGNOS 是欧空局建设的支持 GPS、GLONASS、Galileo 的广域星基增强系统，它由 40 个地面监测站和 3 颗位于 15.5°W 至 31.5°E 的 GEO 卫星组成。与 WAAS 类似，EGNOS 也将从单频转向双频定位。

3）MSAS

MSAS 是日本的 GPS 星基增强系统，于 2007 年 9 月 27 日正式对外宣布运行。它使用两颗 MSAS 卫星（MTSAT-1R，位于 140°E；MTSAT-2，位于 145°E）发播增强信息，这两颗卫星不仅用于导航，还用于气象应用。

4）SDCM

SDCM 是俄罗斯的 GLONASS 星基增强系统。SDCM 的空间部分由三颗 GEO 卫星组成，分别为 Luch-5A、Luch-5B 和 Luch-4；其地面部分由 20 多个分布在俄罗斯和其他国家的地面站组成。

5）GAGAN

GAGAN 是印度政府从 2001 年开始建设的 GPS 星基增强系统，一共分为技术论证、初步试验、完全运行三个阶段。空间部分共有三颗 GEO 卫星，分别为 GSAT-8、GSAT-10 和 GSAT-15，地面部分有 15 个参考站，3 个注入站和 3 个控制中心。

此外，目前商业星基增强系统也在不断发展，已提供服务的系统包括：天宝（Trimble）公司 RTX 系统，荷兰 Fugro 集团旗下 StarFix、MarineStar 系统，美国 NAVCOM 公司建立的 StarFire 系统等。商用星基增强系统（如 RTX）与各个国家政府建立的星基增强系统（如 WAAS）的不同主要体现在：

（1）WAAS 主要针对 GPS 进行增强，而 RTX 可对包括 GPS、GLONASS、Galileo、BDS 在内的多 GNSS 系统进行增强；

（2）RTX 能提供最高达厘米级的定位精度，而 WAAS 等系统用户定位精度只能在米级。

（3）RTX 服务范围几乎为全球范围，而 WAAS 等系统仍然只能局限于特定区域。

（4）WAAS 等系统用户定位一般用伪距进行定位，而 RTX 用户则使用伪距及相位进行定位。

与其他基增强系统都需要通过另外发射或者租用 GEO 卫星来实现导航增强不同，我国北斗系统采用了独特的 GEO+IGSO+MEO 卫星星座设计，在系统设计层面就统一考虑公开的基本导航服务和授权的星基增强服务，从而满足不同用户的使用需求。其中开放服务为用户提供基本导航信息，授权服务为用户提供广域差分和精密定位信息，实现更安全更高精度的用户 PNT 服务。其中授权服务播发的信息由地面运控系统星基增强系统处理得到，并通过 GEO 卫星将增强信息发送给用户。

北斗星基增强系统实时播发的改正数包括：卫星钟差、卫星轨道、格网电离层改正、分区综合改正数等四重星基增强改正数（陈俊平等，2018；周建华等，2019；Chen et al., 2020b）以及各类参数的完好性信息。四重星基增强差分改正数中，前三项用于实现北斗系统广域差分定位服务，在此基础上叠加分区综合改正数可实现北斗系统精密定位服务。北斗四重星基增强模型可使北斗空间信号精度最高优于 0.15 m。

7.2 卫星轨道、钟差改正数模型

7.2.1 轨道误差对测距误差的影响分析

卫星钟差误差与方向无关，卫星轨道误差对测量的影响主要体现在用户视线方向的投影，即卫星轨道径向方向，如图 7.1 所示。

图中 R 为卫星距离地心的距离，$\mathrm{d}R$ 为轨道径向误差，$\mathrm{d}R^{\perp}$ 为径向垂直方向的轨道误差。从图中可以得出：忽略 $\mathrm{d}R^{\perp}$ 的影响，如果卫星轨道在径向 $\vec{\mathrm{R}}$ 方向存在一个偏差 $\mathrm{d}R$，则该偏差在卫星天底角 z' 视向方向的观测改正量 $\mathrm{d}R(z')$ 可以表示为：

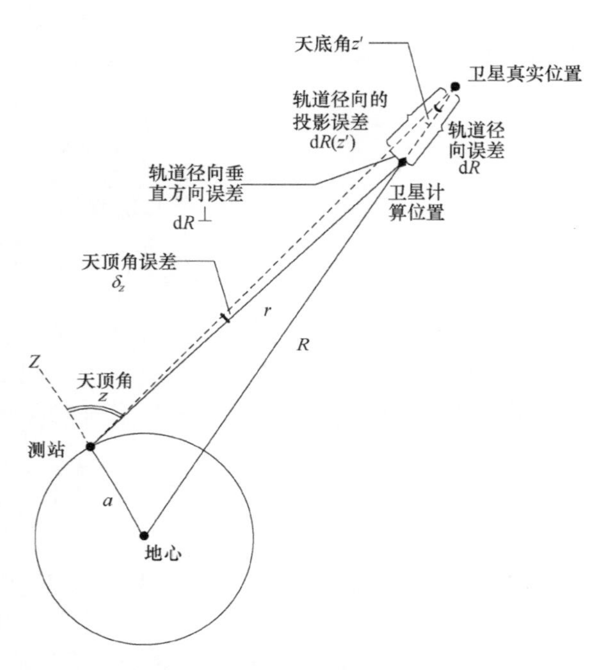

图 7.1　卫星轨道误差对测站测距影响示意图

$$dR(z') = dR \cdot \cos z' \tag{7.1}$$

超过 95%以上轨道径向误差 dR 会被钟差参数吸收，因此轨道误差对用户定位的影响主要是由于不同视向上观测改正的差值 $\Delta dR(z')$，即

$$\Delta dR(z') = dR \cdot (1 - \cos z') \tag{7.2}$$

根据卫星星座参数，GPS 卫星最大天底角约为 14°，GLONASS 卫星最大天底角约为 14.3°，北斗 GEO、IGSO 卫星最大天底角约为 8.7°，而北斗 MEO 卫星最大天底角约为 13.5°。从而以上卫星轨道径向误差在不同天底角引起的测距误差占轨道径向误差的比例为 1.2%～3.1%。考虑到目前米级的轨道精度，轨道径向误差在不同方向造成的测距误差在厘米量级。

图 7.2 表示了包括轨道切向和法向在内的各个方向误差引起的用户测距误差。

图中，轨道径向方向对用户测距的影响 $dR(z')$ 由公式（7.1）计算，轨道的切向和法向的误差均垂直于轨道径向，将轨道法向和切向综合方向的轨道误差表示为 $dR^{\perp}$，其对用户测距的影响 $dR^{\perp}(z')$ 为

$$dR^{\perp}(z') = dR^{\perp} \cdot \sin(z') \tag{7.3}$$

测站若位于卫星对地径向方向则测距不受轨道误差 $dR^{\perp}$ 的影响，而在卫星高度角为 0 的时候 $dR^{\perp}$ 的影响达到最大。根据北斗卫星星座参数，卫星轨道径向垂直方向的误差在不同天底角引起的测距误差占轨道误差 $dR^{\perp}$ 的比例，GEO、IGSO 卫星最大可达 15%，MEO 卫星最大可达 23%。

北斗 GEO 卫星轨道绝对切向误差为 8～10m，轨道法向误差为 1～2m，IGSO、MEO 卫星轨道切向和法向误差均为 1～2m。从而轨道法向以及切向的误差在不同视线方向影

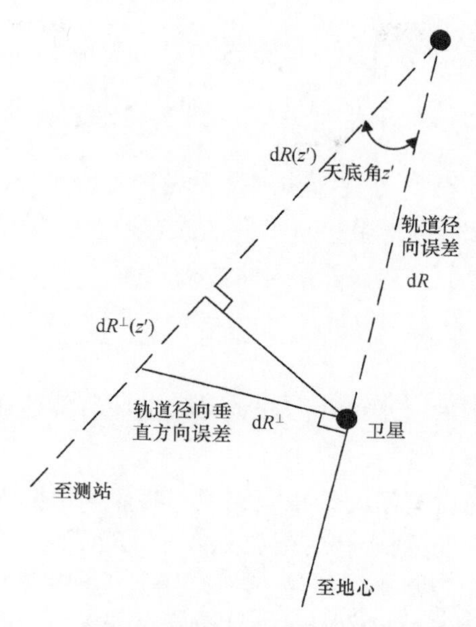

图 7.2 轨道各分量误差对测站测距影响示意图

响较大，全球范围内 GEO 卫星法向以及切向轨道误差投影差异最大可达到米级，IGSO、MEO 卫星法向以及切向轨道误差投影差异最大可达到分米级。因此对于更高精度的星基增强定位需求，需要在星基增强中考虑轨道误差在不同测站方向投影差异不同这一问题。

7.2.2 轨道、钟差改正数基本模型

任意测站对一颗卫星 sat 的无电离层组合伪距、相位观测方程为

$$\begin{aligned} P_i &= \rho\left(x^{\mathrm{sat}}\right) + \mathrm{c}\cdot\left(\tau^{\mathrm{rec}} - \tau^{\mathrm{sat}}\right) + \left(B^{\mathrm{ifb}} - B^{\mathrm{tgd}}\right) + m\cdot \mathrm{ZTD} + \varsigma \\ L_i &= \rho\left(x^{\mathrm{sat}}\right) + \mathrm{c}\cdot\left(\tau^{\mathrm{rec}} - \tau^{\mathrm{sat}}\right) + N + \left(b^{\mathrm{rec}} - b^{\mathrm{sat}}\right) + m\cdot \mathrm{ZTD} + \varepsilon \end{aligned} \tag{7.4}$$

式中，P_i, L_i 分别伪距、相位观测值；ρ 为星地理论距离，受卫星轨道 x^{sat} 误差的影响；i 为频点标识；$\tau^{\mathrm{rec}}, \tau^{\mathrm{sat}}$ 分别为测站和卫星钟差；$B^{\mathrm{ifb}}, B^{\mathrm{tgd}}$ 分别为测站和卫星伪距的硬件延迟；$b^{\mathrm{rec}}, b^{\mathrm{sat}}$ 为载波相位的未标定小数偏差部分；N 为模糊度参数；m 和 ZTD 为对流层投影函数以及天顶对流层延迟；ς, ε 为包含多路径误差等的噪声。在（7.4）式中，卫星伪距硬件延迟频间偏差参数 B^{tgd} 的残余误差会被吸收到卫星钟差中，而测站伪距硬件延迟频间偏差参数 B^{ifb} 的残余误差会被吸收到测站钟差参数中。

基于几何法定轨的原理，定义（7.4）式待求参数为 $\mathrm{d}p=\left(\mathrm{d}x^{\mathrm{sat}}, \mathrm{d}y^{\mathrm{sat}}, \mathrm{d}z^{\mathrm{sat}}, \mathrm{d}\tau^{\mathrm{rec}}, \mathrm{d}\tau^{\mathrm{sat}}\right)$。将（7.4）式伪距观测值展开为

$$\begin{aligned} P &= \rho^0 + \frac{\partial P\left(\mathrm{x}\right)}{\partial \mathrm{p}}\mathrm{d}p + \varsigma \\ &= \rho^0 - \frac{x^{\mathrm{sat}} - x}{\left|\bar{r}^{\mathrm{sat}} - \bar{r}\right|}\cdot \mathrm{d}x^{\mathrm{sat}} - \frac{y^{\mathrm{sat}} - y}{\left|\bar{r}^{\mathrm{sat}} - \bar{r}\right|}\cdot \mathrm{d}y^{\mathrm{sat}} - \frac{z^{\mathrm{sat}} - z}{\left|\bar{r}^{\mathrm{sat}} - \bar{r}\right|}\cdot \mathrm{d}z^{\mathrm{sat}} + c\cdot \mathrm{d}\tau^{\mathrm{rec}} - c\cdot \mathrm{d}\tau^{\mathrm{sat}} + \varsigma \\ &= \rho^0 + \boldsymbol{A}\cdot \mathrm{d}p + \varsigma \end{aligned} \tag{7.5}$$

其中 ρ^0 为修正了公共误差的星地几何距离；$\left(x^{\text{sat}},y^{\text{sat}},z^{\text{sat}}\right)$ 为基于广播星历获取的该历元卫星轨道，而 $\bar{r}_i^{\text{sat}}$ 为其矢量；$\left(\text{d}x^{\text{sat}},\text{d}y^{\text{sat}},\text{d}z^{\text{sat}}\right)$ 为待求的轨道改正数；(x,y,z) 为测站的坐标，$\bar{r}$ 为其矢量；$\text{d}\tau^{\text{rec}},\text{d}\tau^{\text{sat}}$ 分别为测站、卫星钟差改正数；$\boldsymbol{A}$ 为系数阵。

以上模型求解的改正数仅包括卫星轨道径向改正数及卫星钟差改正数。由于此时求解的卫星钟差改正数还包含了其它误差，因此被称为等效钟差（曹月玲，2014；杨赛男，2017）。

7.3 卫星轨道、钟差改正数改进模型

以上采用的计算数据为监测站的伪距观测值，其计算精度受到伪距噪声的影响。为提高星基增强参数求取的精度，需要在伪距观测值处理的基础上增加相位观测值。式(7.4)中的相位观测值处理包含了模糊度参数。在实时逐历元处理模式下，模糊度参数的存在将造成实时差分参数存在较长时间的收敛过程。此外在出现数据中断或者周跳的情况下，模糊度参数需要重新收敛。为此可采用历元间相位差分的方法，求取卫星轨道及钟差改正数在历元间的变化。

对式（7.4）中相邻历元 t_i,t_{i-1} 的相位观测值作差分，可以得到

$$\Delta L\left(t_{i-1},t_i\right)=\Delta\rho\left(x_{i-1}^{\text{sat}},x_i^{\text{sat}}\right)+c\cdot\left(\Delta\tau^{\text{rec}}-\Delta\tau^{\text{sat}}\right)+\Delta m\cdot\text{ZTD}+\Delta\varepsilon \tag{7.6}$$

式中，Δ 为差分算子，可以看到历元间差分后，在没有周跳的情况下，模糊度得到了消除；历元间对流层延迟的差异体现在投影函数的差异上，在轨道改正数更新的周期内（一般为 6 分钟）该项影响可忽略。式（7.6）中的待求参数包括卫星轨道、钟差改正数以及测站钟差改正数，由于没有模糊度参数，因此以上方程解算不存在收敛性的问题。并且在数据丢失或者周跳的情况下，只会影响一个历元的处理。以上历元间相位差分的方法，求取的是轨道改正数在历元间的变化。

应用 Taylor 级数一阶展开，定义待求参数为 $\text{d}p=\left(\text{d}x^{\text{sat}},\text{d}y^{\text{sat}},\text{d}z^{\text{sat}},\text{d}\tau^{\text{rec}},\text{d}\tau^{\text{sat}}\right)$ 对（7.6）式线性化得

$$\begin{aligned}\Delta L\left(t_{i-1},t_i\right)&=\Delta L^0\left(t_{i-1},t_i\right)+\frac{\partial\Delta L\left(p_i,p_{i-1}\right)}{\partial p_i}\text{d}p_i+\frac{\partial\Delta L\left(p_i,p_{i-1}\right)}{\partial p_{i-1}}\text{d}p_{i-1}=\Delta\rho^0\left(x_{i-1}^{\text{sat}},x_i^{\text{sat}}\right)\\&-\frac{x_i^{\text{sat}}-x}{\left|\bar{r}_i-\bar{r}\right|}\text{d}x_i^{\text{sat}}-\frac{y_i^{\text{sat}}-y}{\left|\bar{r}_i-\bar{r}\right|}\text{d}y_i^{\text{sat}}-\frac{z_i^{\text{sat}}-z}{\left|\bar{r}_i-\bar{r}\right|}\text{d}z_i^{\text{sat}}+c\cdot\text{d}\tau_i^{\text{rec}}-c\cdot\text{d}\tau_i^{\text{sat}}\\&+\frac{x_{i-1}^{\text{sat}}-x}{\left|\bar{r}_{i-1}-\bar{r}\right|}\text{d}x_{i-1}^{\text{sat}}+\frac{y_{i-1}^{\text{sat}}-y}{\left|\bar{r}_{i-1}-\bar{r}\right|}\text{d}y_{i-1}^{\text{sat}}+\frac{z_{i-1}^{\text{sat}}-z}{\left|\bar{r}_{i-1}-\bar{r}\right|}\text{d}z_{i-1}^{\text{sat}}-c\cdot\text{d}\tau_{i-1}^{\text{rec}}+c\cdot\text{d}\tau_{i-1}^{\text{sat}}+\Delta\varepsilon\end{aligned} \tag{7.7}$$

其中，$\Delta\rho^0(x_{i-1}^{\text{sat}},x_i^{\text{sat}})$ 修正了轨道、钟差初值及公共误差之后的理论观测值历元间差值；$\left(x_i^{\text{sat}},y_i^{\text{sat}},z_i^{\text{sat}}\right)$，$\left(x_{i-1}^{\text{sat}},y_{i-1}^{\text{sat}},z_{i-1}^{\text{sat}}\right)$ 分别为历元 t_i，t_{i-1} 轨道的初值，而 $\bar{r}_i$，$\bar{r}_{i-1}$ 为其矢量；$\left(\text{d}x_i^{\text{sat}},\text{d}y_i^{\text{sat}},\text{d}z_i^{\text{sat}},\text{d}\tau_i^{\text{rec}},\text{d}\tau_i^{\text{sat}}\right)$，$\left(\text{d}x_{i-1}^{\text{sat}},\text{d}y_{i-1}^{\text{sat}},\text{d}z_{i-1}^{\text{sat}},\text{d}\tau_{i-1}^{\text{rec}},\text{d}\tau_{i-1}^{\text{sat}}\right)$ 分别为历元 t_i，t_{i-1} 轨道及钟差

的改正数；(x,y,z)为测站的坐标，$\bar{r}$为其矢量。

定义$p=(p_i,p_{i-1})$为（7.7）式的待求参数，应用最小二乘，在p_0处将其写成误差方程的形式：

$$\Delta L(t_{i-1},t_i)-\Delta L^0(t_{i-1},t_i)=A_i\cdot \mathrm{d}p_i-A_{i-1}\cdot \mathrm{d}p_{i-1} \tag{7.8}$$

A_i,A_{i-1}为t_i,t_{i-1}的系数矩阵。定义$\mathrm{d}\Delta p_i=\mathrm{d}p_i-\mathrm{d}p_{i-1}$为轨道及钟差参数在历元间的变化，同时定义$l=\Delta L(t_{i-1},t_i)-\Delta L^0(t_{i-1},t_i)$，则（7.8）式可以重新写为：

$$A_i\cdot \mathrm{d}\Delta p_i-\delta A_i\cdot \mathrm{d}p_{i-1}=l \tag{7.9}$$

式中，$\delta A_i=A_i-A_{i-1}$，对于钟差改正数δA_i为0矩阵。对于轨道改正数，δA_i与历元间隔以及卫星运动速度有关，根据陈俊平（2007）的分析，忽略$\delta A_i\cdot \mathrm{d}p_{i-1}$引起的最大误差约为$\sqrt{\dfrac{3}{2}}\cdot \mathrm{d}p_{i-1}\cdot \mathrm{d}\theta$，其中$\mathrm{d}\theta$为卫星运动弧段相对地面的角度变化。北斗导航卫星的最大运动速度小于4km/s，在采用率为20s，基于目前轨道精度，忽略$\delta A_i\cdot \mathrm{d}p_{i-1}$产生的误差不超过1cm。因此，对于轨道及钟差改正参数的求取，忽略（7.9）式中的$\delta A_i\cdot \mathrm{d}p_{i-1}$项，式（7.9）可重新写为

$$A_i\cdot \mathrm{d}\Delta p_i=l \tag{7.10}$$

从式（7.10）可以看到，通过历元间差分，硬件延迟以及模糊度在历元间不变的参数得到了消除；而对流层延迟历元间的差异体现在投影函数的差异上。此外，式（7.7）中的钟差参数变成了历元间的变化量$\Delta \mathrm{d}t_{\mathrm{rec}},\Delta \mathrm{d}t^{\mathrm{sat}}$。由于没有模糊度参数，因此以上方程解算不存在收敛性的问题。可采用与伪距一致的处理方法，获取卫星轨道及钟差在历元间的高精度变化值。采用以上模型，在数据丢失或者周跳的情况下，只会影响一个历元的处理。

7.4 电离层格网模型

广播星历提供了经验的电离层模型改正，但是其是利用简单函数进行全球电离层的拟合，实时改正效果无法达到最优。为了有效地消除实时导航定位中电离层误差的影响，星基增强系统一般采用实时格网电离层模型进一步提升电离层改正性能。北斗星基增强系统中的格网电离层延迟将重点服务区域划分为分辨率为2.5°×5°（纬度×经度）的格网点，给出每个格网点的天顶电离层延迟改正值。

7.4.1 电离层格网模型算法

电离层格网确定的基本方案是利用伪距观测值提取的电离层信息构建统一的格网电离层改正模型，电离层格网算法如下：

1）伪距获取电离层延迟的绝对值

对于双频GNSS的导航定位信号，其两个频率上的伪距观测方程分别为

$$
\begin{cases} P_1 = \rho\left(\mathrm{x}^{\mathrm{sat}}\right) + c \cdot \left(\tau^{\mathrm{rec}} - \tau^{\mathrm{sat}}\right) + B_1 + m \cdot \mathrm{ZTD} + I_1 + \varepsilon_1 \\ P_2 = \rho\left(\mathrm{x}^{\mathrm{sat}}\right) + c \cdot \left(\tau^{\mathrm{rec}} - \tau^{\mathrm{sat}}\right) + B_2 + m \cdot \mathrm{ZTD} + I_2 + \varepsilon_2 \end{cases} \tag{7.11}
$$

相对于式（7.4），式（7.11）增加了每个频率上的电离层延迟改正 I_1, I_2 并将测站和卫星伪距的硬件延迟合并为 B_1, B_2。

由双频伪距观测值计算 L_1 频率上的电离层延迟的表达式为

$$
I_1 = \frac{f_2^2}{f_1^2 - f_2^2}\left(\left(P_2 - P_1\right) - \left(B_2 - B_1\right)\right) \tag{7.12}
$$

利用式（7.12）实时计算电离层延迟建立电离层格网时，首先利用 6.2.3 的方法，基于地基观测数据计算电离层 VTEC 时间序列，进而利用所有伪距观测值的电离层时延值计算格网点的电离层延迟。

2）格网天顶电离层延迟的计算

利用上述获得的精确电离层延迟信息的基础上，采用站际分区法构建格网电离层模型，按跟踪站位置将整个服务区域分成若干子区，每个子区由一个或若干个跟踪站提供服务。按就近选取原则为格网点提供电离层延迟值，构建格网电离层模型。

对于格网面上任一格点 j，用其周围一定范围的穿刺点，则可实时计算格网点上的电离层垂直延迟值 I_{IGP}^j，同时得到延迟值的误差估计。计算方法通常采用加权插值法，计算式如下：

$$
I_{\mathrm{IGP}}^j = \sum_{i=1}^{n}\left(\frac{I_{\mathrm{norm},j}}{I_{\mathrm{norm},i}}\right)\frac{W_{ij}}{\sum_{k=1}^{n} W_{kj}} I_{\mathrm{IPP}}^i \tag{7.13}
$$

式中，$I_{\mathrm{norm},j}$ 和 $I_{\mathrm{norm},i}$ 是由广播星历电离层模型估算的网格点 j 及穿刺点 i 的垂直电离层延迟，I_{IPP}^i 为穿刺点处的电离层延迟；n 为参与计算的穿透点个数；W_{ij}, W_{kj} 为穿透点 i，k 至网格点 j 的权。应用广播星历电离层模型，可反映地磁经纬度及时间季节的变化对电离层变化的影响，使得整个格网模型是连续的。

权 W_{ij} 一般简单地取为距离的倒数，即

$$
W_{ij} = 1/d_{ij} \tag{7.14}
$$

也可结合来自平滑的电离层延迟方差估计值 σ^2 赋权，即

$$
W_{ij} = \sqrt{1/\sigma^2 + 1/d_{ij}^2} \tag{7.15}
$$

式中，d_{ij} 的计算公式为

$$
d_{ij} = \left(R_0 + H\right)\cos^{-1}\left(\sin\varphi_i \sin\varphi_j + \cos\varphi_i \cos\varphi_j \cos\left(\lambda_i - \lambda_j\right)\right) \tag{7.16}
$$

其中，H 为电离层薄层高度，R_0 为地球平均半径；$\left(\varphi_i, \lambda_i\right)$ 是穿透点 i 的纬度和经度，$\left(\varphi_j, \lambda_j\right)$ 是网格点 j 的纬度和经度。当距离 d_{ij} 为 0，直接用该穿透点的延迟值。

3）格网电离层天顶改正误差（GIVE）的计算

网格点电离层垂直改正误差（GIVE）是广域增强系统完好性的一项重要指标，利用各穿刺点的电离层延迟误差估计值其计算过程如下：

（1）首先计算穿刺点处由观测数据计算的I_{IPP}与由格网数据内插得到的电离层延迟$\hat{I}_{\text{IPP}}$的差值：

$$e_{\text{IPP}} = I_{\text{IPP}} - \hat{I}_{\text{IPP}} \tag{7.17}$$

（2）统计该格网点周围四个格网内有效穿刺点的标准差：

$$\sigma = \sqrt{\frac{\sum_{i=1}^{n}\left(e_{\text{IPP}}\right)^2}{n-1}} \tag{7.18}$$

$$E_{\text{IPP}} = \left|e_{\text{IPP}}\right| + k\left(pr\right)\cdot\sigma \tag{7.19}$$

式中，$k\left(pr\right)$为99.9%置信概率的分位数。

（3）计算格网点的GIVE：

$$\begin{aligned} \text{GIVE} &= E_{\text{IPP}} + \hat{e}_{\text{IGP}} \\ \hat{e}_{\text{IGP}} &= \frac{\sum_{i=1}^{m} W_i \left|e_{\text{IPP}}\right|}{\sum_{i=1}^{m} W_i} \end{aligned} \tag{7.20}$$

式中，$\hat{e}_{\text{IGP}}$为绝对误差；W_i为权值，取值参见式（7.14）。

根据以上方法，得到实时电离层延迟格网的GIVE值，并按照下表7.1给出对应格网点GIVEI完好性等级信息。当GIVEI值小于14时表示该格网点可用，格网点GIVEI为15时代表此格网点无效不可用。

表7.1　电离层格网点GIVEI完好性信息等级划分

GIVE（m）	GIVEI	GIVE（m）	GIVEI	GIVE（m）	GIVEI
0≤GIVE≤0.3	0	1.8<GIVE≤2.1	6	4.5<GIVE≤6.0	12
0.3<GIVE≤0.6	1	2.1<GIVE≤2.4	7	6.0<GIVE≤9.0	13
0.6<GIVE≤0.9	2	2.4<GIVE≤2.7	8	9.0<GIVE≤14.0	14
0.9<GIVE≤1..2	3	2.7<GIVE≤3.0	9	GIVE>14.0	15
1.2<GIVE≤1.5	4	3.0<GIVE≤3.6	10		
1.5<GIVE≤1.8	5	3.6<GIVE≤4.5	11		

为了提高电离层格网的可用性和精度，可将不同系统（例如 GPS 和北斗）的数据进行融合，从而增加穿刺点的观测个数，提高格网电离层解算的精度，扩大电离层格网的服务范围。

7.4.2　载波相位历元间差分电离层延迟解算算法

以上电离层延迟所采用的计算数据为观测站的伪距观测值，其计算精度受到伪距噪声的影响。为获得更高精度的电离层延迟值，可以利用高精度的相位观测值。同（7.12）式相似，任意测站对一颗卫星的信号传播路径上 L_1 频率上的电离层延迟，可由双频载波相位观测值计算得到，其表达式为

$$I_1 = \frac{f_2^2}{f_1^2 - f_2^2}\left(\left(\lambda_1\varphi_1 - \lambda_2\varphi_2\right) + \left(\lambda_1 N_1 - \lambda_2 N_2\right) - \left(b_2 - b_1\right)\right) \tag{7.21}$$

式中，λ_1、λ_2 分别为频率 L_1、L_2 的波长；φ_1、φ_2 分别为 L_1、L_2 上的载波相位观测值；测站的载波相位的未标定小数偏差部分将被整周模糊度吸收，卫星载波相位的未标定小数偏差部分为 b_1,b_2；N_1、N_2 分别为 φ_1、φ_2 的初始整周模糊度。与式（7.12）相比，表达式中多了模糊度参数 N_i。

采用以上观测模型，综合伪距和相位观测能够进行电离层延迟的处理，相比伪距观测的数据处理，相位观测值包含了模糊度的处理。通常在实时逐历元处理模式下，模糊度的连续处理存在较长的收敛时间，此外在数据中断或者周跳的情况下，需要重新收敛。考虑到以上因素，对于实时格网电离层延迟计算，可对相邻历元的相位观测值作差分，可得到

$$\Delta I\left(t_{i-1},t_i\right) = \frac{f_2^2}{f_1^2 - f_2^2}\left(\lambda_1 \cdot \Delta\varphi_1\left(t_{i-1},t_i\right) - \lambda_2 \cdot \Delta\varphi_2\left(t_{i-1},t_i\right)\right) \tag{7.22}$$

由式（7.22）中可知，通过历元间差分，未标定小数偏差以及模糊度等在历元间不变的参数得到了消除。由于没有模糊度的参数，因此以上方程解算不存在收敛性的问题。可采用与伪距一致的处理方法，获取电离层延迟在历元间的高精度变化值（房成贺等，2019）。采用以上模型，在数据丢失或者周跳的情况下，只会影响一个历元的处理。

7.5 伪距相位综合的星基广域差分模型

利用式（7.8）、式（7.22）计算得到的是轨道、钟差改正数以及电离层延迟的历元间变化量。基于伪距观测值利用式（7.5）、式（7.12）解算的是轨道、钟差改正数以及电离层延迟的绝对值。在参数历元间变化结果中，只要已知其中任意一个历元的绝对值，所有与该历元一起形成连续观测的广域差分参数也被确定，这在测量平差领域就归结为基准问题。

将历元 t_i 基于伪距的广域差分改正数为 $p_{c,i}$ 作为实际参数的虚拟观测值，可写为

$$\hat{p}_i - p_{c,i} = v_{c,i} \tag{7.23}$$

式中，$\hat{p}_i$ 为历元 t_i 参数的真实值；$v_{c,i}$ 为残差。

定义历元 t_i 基于相位的广域差分改正数历元间变化为 $p_{\varphi,i} - p_{\varphi,i-1}$，将其也作为虚拟观测值，可写为

$$\left(\hat{p}_i - \hat{p}_{i-1}\right) - \left(p_{\varphi,i} - p_{\varphi,i-1}\right) = v_{\Delta\varphi,i} \tag{7.24}$$

式中，$\hat{p}_i$，$\hat{p}_{i-1}$ 为历元 t_i、t_{i-1} 参数的真实值；$v_{\Delta\varphi,i}$ 为残差。

以每个历元的方差阵 $\boldsymbol{P}_i$ 作为权阵，设定伪距相位权重比。对处理弧段的所有 n 个历元迭加，式（7.23）写为法方程的形式为

$$\boldsymbol{E}^{\mathrm{T}} \cdot \boldsymbol{P}_c \cdot \boldsymbol{E} \cdot \hat{p} = \boldsymbol{E}^{\mathrm{T}} \cdot \boldsymbol{P}_c \cdot x_{\mathrm{c}} \tag{7.25}$$

式中，$\boldsymbol{E}$ 为单位阵。式（7.24）写为法方程的形式：

$$\boldsymbol{C}^{\mathrm{T}} \cdot \boldsymbol{P}_{\varphi} \cdot \boldsymbol{C} \cdot \hat{p} = \boldsymbol{C}^{\mathrm{T}} \cdot \boldsymbol{P}_{\varphi} \cdot \Delta p_{\varphi} \tag{7.26}$$

式（7.26）中，C 为式（7.24）对应的系数阵，为

$$\boldsymbol{r} = \begin{pmatrix} -1 & 1 & 0 & \cdots & 0 & 0 \\ 0 & -1 & 1 & \cdots & 0 & 0 \\ \cdots & \cdots & \cdots & \cdots & \cdots & \cdots \\ \cdots & \cdots & \cdots & \cdots & \cdots & \cdots \\ 0 & 0 & 0 & \cdots & -1 & 1 \end{pmatrix}_{n \times n} \tag{7.27}$$

$\boldsymbol{P}_c$ 和 $\boldsymbol{P}_{\varphi}$ 为伪距和相位的分块权矩阵，且有

$$\begin{aligned} \hat{p} &= \begin{pmatrix} \hat{p}_1 & \hat{p}_2 & \cdots & \hat{p}_n \end{pmatrix}^{\mathrm{T}} \\ p_c &= \begin{pmatrix} p_{c,1} & p_{c,2} & \cdots & p_{c,n} \end{pmatrix}^{\mathrm{T}} \\ \Delta p_{\varphi} &= \begin{pmatrix} p_{\varphi,2} - p_{\varphi,1} & p_{\varphi,3} - p_{\varphi,2} & \cdots & p_{\varphi,n} - p_{\varphi,n-1} \end{pmatrix}^{\mathrm{T}} \end{aligned} \tag{7.28}$$

联合式（7.25）、式（7.26）就可以得到基于伪距相位综合的卫星轨道、钟差、电离层延迟等广域差分改正数的计算。在实时系统连续处理时，可采用实时滑动窗口的处理模式，也即每次处理采用固定弧长的数据，每来一个新数据原弧段内最早的一个数据将被剔除。

7.6 分区综合改正处理技术

采用以上卫星轨道、钟差、格网电离层延迟等广域差分改正数，大部分的空间段误差得到了消除。为进一步提高北斗系统性能，实现北斗精密定位的服务能力，我们提出了分区综合改正数体制，为北斗用户提供基于载波相位观测值的定位服务能力。

7.6.1 分区综合改正数原理和计算策略

7.6.1.1 分区综合改正数原理

选取位于中国境内的两个相距 340km 的北斗观测站 Sta1 和 Sta2，使用精密星历对其进行 BDS 精密单点定位，计算定位后的相位残差。图 7.3 左边为 C06 卫星的相位定位残差，由图中可以看到，两个站虽然相距 340km，但其相位残差变化趋势高度相关，这说明除了相位随机噪声外，这两个站还存在相近的轨道、钟差、对流层或多路径的残余误差。同样以这两个站为例，利用北斗广播星历和星基增强信息计算无电离层组合相位观测值的残差，将这两个站上所有卫星的相位观测值残差进行比较，见图 7.3 右图所示。可看到，两个站对所有卫星的综合改正呈现完全线性相关。

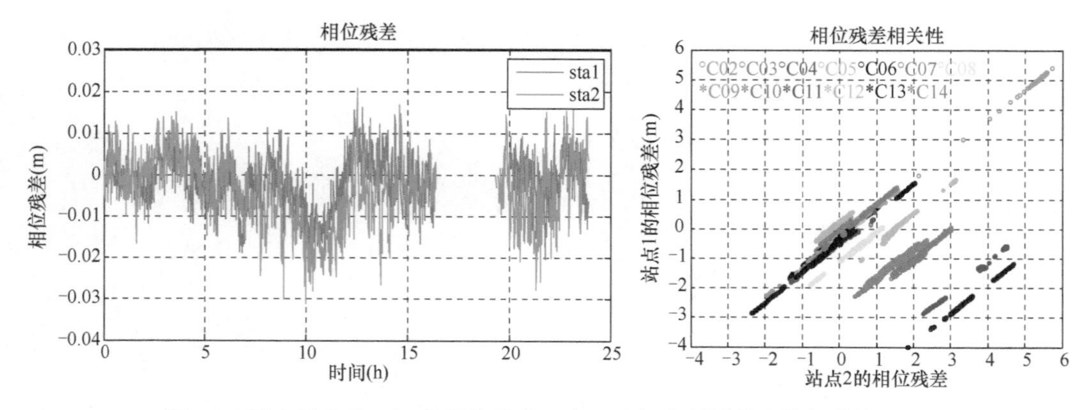

图 7.3　两个站北斗 C06 的相位残差（左）及相位观测值残差相关性（右）

图 7.3 中的相位观测值残差中存在大小不同的常量平移，这是由于相位模糊度初值不准确造成的。由相位观测方程可知，相位观测值残差中，除了常量的模糊度偏差，还包含了广域差分信息改正剩余的轨道、钟差和对流层模型残差。如果将其中一个测站的综合改正信息用于修正另一个测站相应的观测值，由于相位观测残差中的模糊度偏差能被模糊度参数完全吸收，剩余的部分能够大大减小观测值的误差，从而提高用户定位的收敛速度和精度。

基于以上结果可以认为，经过广域增强差分信息修正后的观测值在一定区域内具有相关性，包括含有共同或相近的剩余轨道误差、钟差误差、对流层误差、电离层误差等。在一定区域范围内，这些误差很难完全分离。因此我们将这些误差按照区域进行划分，将其综合误差称为分区综合改正数（Chen et al.，2015；陈俊平等，2018，2019，2020b；张益泽，2017）。

7.6.1.2　分区综合改正数计算策略

以 B1、B2 双频观测为例，参考站 r 上的伪距和相位观测值无电离层组合可写为

$$
\begin{aligned}
P_{\mathrm{IF},r} &= \rho_r + \mathrm{d}\rho_r + c\cdot\left(\delta t_0 + \mathrm{d}t_r\right) - c\cdot\left(\delta t^{\mathrm{s}} + \mathrm{d}t^{\mathrm{s}}\right) - \Delta_{\mathrm{rela}} + T + \mathrm{d}T_r + \delta_{\mathrm{ESC}} + \delta_{\mathrm{orb}} + \varepsilon_{P_{\mathrm{IF}}} \\
L_{\mathrm{IF},r} &= \rho_r + \mathrm{d}\rho_r + c\cdot\left(\delta t_t + \mathrm{d}t_r\right) - c\cdot\left(\delta t^{\mathrm{s}} + \mathrm{d}t^{\mathrm{s}}\right) - \Delta_{\mathrm{rela}} + T + \mathrm{d}T_r + \delta_{\mathrm{ESC}} + \delta_{\mathrm{orb}} \\
&\quad + \lambda_{\mathrm{IF}}\cdot\left(N_0 + \mathrm{d}N_r\right) + \frac{c}{f_1 + f_2}W + \varepsilon_{L_{\mathrm{IF}}}
\end{aligned}
\tag{7.29}
$$

式中，δ_{ESC} 和 δ_{orb} 分别为北斗广播星历差分信息中的等效钟差和轨道改正数；ρ_r 和 δt^{s} 为由广播星历计算得到的几何距离和卫星钟差；$\mathrm{d}\rho_r$ 和 $\mathrm{d}t^{\mathrm{s}}$ 为广播星历经过等效钟差和轨道改正后剩余的误差；δt_0 为参考站接收机钟差近似值；$\mathrm{d}t_r$ 为接收机钟差近似值误差；T 为根据实测气象数据或者对流层延迟模型计算的对流层延迟；$\mathrm{d}T_r$ 为对流层改正残余部分；N_0 为卫星模糊度近似值；$\mathrm{d}N_r$ 为卫星模糊度近似值与真值差异。

定义伪距、相位的综合改正数为

$$
\begin{aligned}
\mathrm{d}P_{\mathrm{IF},r} &= \mathrm{d}\rho_r + c\cdot\mathrm{d}t_r - c\cdot\mathrm{d}t^{\mathrm{s}} + \mathrm{d}T_r + \varepsilon_{P_{\mathrm{IF}}} \\
\mathrm{d}L_{\mathrm{IF},r} &= \mathrm{d}\rho_r + c\cdot\mathrm{d}t_r - c\cdot\mathrm{d}t^{\mathrm{s}} + \mathrm{d}T_r + \lambda_{\mathrm{IF}}\cdot\mathrm{d}N_r + \varepsilon_{L_{\mathrm{IF}}}
\end{aligned}
\tag{7.30}
$$

可以看到，$\mathrm{d}P_{\mathrm{IF},r}$ 和 $\mathrm{d}L_{\mathrm{IF},r}$ 实际上为这些误差的综合。

对于距离参考站较近的用户站 u，同样可以列立形如式（7.29）的观测方程，将式（7.30）代入用户观测方程中，可得：

$$
\begin{aligned}
P_{\mathrm{IF},u} &= \rho_u + \mathrm{d}\rho_u - \mathrm{d}\rho_r + c\cdot\left(\delta t_0 - \mathrm{d}t_r\right) - c\cdot\left(\delta t^{\mathrm{s}} + \mathrm{d}t_u^{\mathrm{s}} - \mathrm{d}t_r^{\mathrm{s}}\right) - \Delta_{\mathrm{rela}} \\
&\quad + T + \mathrm{d}T_u - \mathrm{d}T_r + \delta_{\mathrm{ESC}} + \delta_{\mathrm{orb}} + \mathrm{d}P_{\mathrm{IF},r} + \varepsilon_{P_P} \\
L_{\mathrm{IF},u} &= \rho_u + \mathrm{d}\rho_u - \mathrm{d}\rho_r + c\cdot\left(\delta t_0 - \mathrm{d}t_r\right) - c\cdot\left(\delta t^{\mathrm{s}} + \mathrm{d}t_u^{\mathrm{s}} - \mathrm{d}t_r^{\mathrm{s}}\right) - \Delta_{\mathrm{rela}} + T \\
&\quad + \mathrm{d}T_u - \mathrm{d}T_r + \delta_{\mathrm{ESC}} + \delta_{\mathrm{orb}} + \lambda_{\mathrm{IF}}\cdot\left(N + \mathrm{d}N_r\right) + \frac{c}{f_1 + f_2}W + \mathrm{d}L_{\mathrm{IF},r} + \varepsilon_{\mathrm{L_{IF}}}
\end{aligned}
\tag{7.31}
$$

假定在很短时间差异内，卫星钟差误差、轨道误差和对流层残余部分变化很小，若用户站和参考站在一定距离范围内，则用户站和参考站的卫星轨道、卫星钟差、对流层延迟的残余误差可以互相抵消。则上式可以改写为

$$
\begin{aligned}
P_{\mathrm{IF},u} &= \rho_u + c\cdot\left(\delta t_0 - \mathrm{d}t_r\right) - c\cdot\delta t^{\mathrm{s}} - \Delta_{\mathrm{rela}} + T + \delta_{\mathrm{ESC}} + \delta_{\mathrm{orb}} + \mathrm{d}P_{\mathrm{IF},r} + \varepsilon_{P_{\mathrm{IF}}} \\
L_{\mathrm{IF},u} &= \rho_u + c\cdot\left(\delta t_0 - \mathrm{d}t_r\right) - c\cdot\delta t^{\mathrm{s}} - \Delta_{\mathrm{rela}} + T + \delta_{\mathrm{ESC}} + \delta_{\mathrm{orb}} + \lambda_{\mathrm{IF}}\cdot\left(N + \mathrm{d}N_r\right) \\
&\quad + \frac{c}{f_1 + f_2}W + \mathrm{d}L_{\mathrm{IF_F}} + \varepsilon_{L_{\mathrm{IF}}}
\end{aligned}
\tag{7.32}
$$

上式中，参考站接收机钟差近似值误差可以被用户接收机钟差吸收，参考站卫星模糊度近似值误差可以被用户站卫星模糊度吸收。因此，使用广播星历、钟差改正、轨道改正和伪距及相位综合改正信息就可以对用户进行精密定位。

单个参考站有时会出现数据中断、数据延迟、数据质量较差等故障，为保证伪距、相位综合改正数的连续性和可靠性，需通过多参考站进行计算。在单参考站基础上，设计以指定点位为中心，按照一定距离划定区域作为一个分区。在该分区内，综合区域内所有参考站观测数据计算每颗卫星的伪距、相位综合改正数，即为分区综合改正数。

对于分区内的每一个参考站，都可以计算形如式（7.30）的分区综合改正数，理想状态下，可通过加权平均计算该分区的综合改正数。

$$
\begin{aligned}
\delta P_{\mathrm{zone}} &= \frac{\sum_{i=1}^{n} w_i \mathrm{d}P_i}{\sum_{i=1}^{n} w_i} \\
\delta L_{\mathrm{zone}} &= \frac{\sum_{i=1}^{n} w_i \mathrm{d}L_i}{\sum_{i=1}^{n} w_i}
\end{aligned}
\tag{7.33}
$$

式中，w_i 为第 i 个参考站的权重。

由式（7.30）和（7.33）可知，基于多参考站的分区相位综合改正数中包含各个参考站对同一颗卫星的模糊度近似值残余误差，即

$$
\mathrm{d}N=\frac{\sum_{i=1}^{n} w_i \mathrm{d}N_i}{\sum_{i=1}^{n} w_i} \tag{7.34}
$$

当某一个参考站未观测到某一卫星，而其他参考站观测到该卫星，或某个测站该卫星发生周跳重新初始化，都会导致 $\mathrm{d}N_i$ 与原来的不一致，若仍按照式（7.34）计算，则会导致 $\mathrm{d}N$ 发生跳变。因此需要采用模糊度归算的算法（张益泽，2017；陈俊平等，2019）。

模糊度的归算是在一个分区内由于相位观测值周跳或者卫星失锁造成综合改正数跳变的情况下，对分区改正中包含的模糊度进行处理，以保证相位综合改正数的连续性。由于对于未发生周跳的测站或卫星，其模糊度初值误差 $\mathrm{d}N_i$ 保持不变，因此采用基于参考历元和前后历元的变化量来计算分区综合改正数，即

$$
\delta L_{\text{zone}}\left(t_i\right)=\delta L_{\text{zone}}\left(t_{i-1}\right)+\frac{\sum_{i=1}^{n} w_i\left(\mathrm{d}L_i\left(t_i\right)-\mathrm{d}L_{i-1}\left(t_{i-1}\right)\right)}{\sum_{i=1}^{n} w_i} \tag{7.35}
$$

式中，$\mathrm{d}L_i\left(t_i\right)-\mathrm{d}L_{i-1}\left(t_{i-1}\right)$ 为未发生周跳的卫星的前后历元相位改正数的变化。当发生周跳时，可将该卫星排除。若某个参考站存在故障需要从系统中切出，或者新的参考站加入分区综合改正数的计算时，也可按照上式进行模糊度归算。

基于多参考站的分区伪距和相位综合改正数中包含各个参考站接收机钟差近似值误差，即

$$
\mathrm{d}t_r=\frac{\sum_{i=1}^{n} w_i \mathrm{d}t_i}{\sum_{i=1}^{n} w_i} \tag{7.36}
$$

理论上，$\mathrm{d}t_r$ 能被用户接收机钟差吸收。但是，当某一颗卫星无法被所有参考站观测到时，如果仍然按照式（7.36）计算，导致参考站上不同卫星的 $\mathrm{d}t_r$ 不一致，无法被用户接收机钟差吸收。

由于 $\mathrm{d}t_r$ 不像 $\mathrm{d}N_i$ 那样在未发生周跳时保持不变，因此无法像模糊度那样通过前后历元的变化进行归算。对于这种情况，为了保证所有卫星具有相同的 $\mathrm{d}t_r$ 被用户站接收机钟差吸收，在不同参考站上观测的卫星不一致时，选择其中卫星数最多或数据质量最好的测站，并按照式（7.35）进行模糊度归算。

这样，分区综合改正数计算流程主要分为以下三步：

（1）计算同一分区各个站的伪距相位观测值残差；

（2）计算同一分区各个站的伪距相位观测值残差历元间变化；

（3）对各个站分区改正数历元间变化进行综合并与参考历元合并。

北斗系统将中国范围划分成 18 个分区，利用全国分布的监测站在每个分区按照上

一节介绍的方法计算各分区的相位综合改正数，并通过 GEO 卫星实时广播给用户。目前，由于 GEO 卫星星上资源的限制，只能播发相位分区综合改正数。

7.6.2 分区综合改正数播发频度

北斗星基增强系统采用的观测数据的采用率为 1Hz，因此分区综合改正数的计算频度最高可为 1s。分区综合改正数的播发要求在北斗现有播发协议的基础上，增加每个分区当前观测到卫星的综合改正数。受星上资源限制，根据所需信息量以及接口剩余信息资源，系统支持的分区综合改正数的播发频度最高为 36s。考虑到卫星上下行的播发时延，用户使用该参数时需要预报 1.5～3min，因而需要评估不同播发频度下对用户信号精度和定位误差的影响。

分区综合改正数的更新频率设为从 0～6min，也即用户定位中采用的分区综合改正数的预报时间为 0～6min。不同预报时间下广播星历轨道和钟差的径向合成误差的变化见图 7.4（0 分钟下没有误差）。左图和中图从上到下依次为 C01、C06、C11 三种不同类型卫星，左图和中图分别为预报 1min 的和 6min 的径向合成误差变化，右图为所有卫星在 1～6min 预报时间下的径向合成误差变化。

由图 7.4 可知，预报时间越长，轨道和钟差误差变化越大，基本上时间每增加 1min，预报误差便增加 1cm。因此应尽量控制预报时间的长度。为评价分区改正数更新频度对用户定位性能的影响，对 2016 年 4 月 8 日共 10 个站的用户数据进行动态 PPP 定位，统计其 B1B2 双频平面和高程定位误差的 RMS。

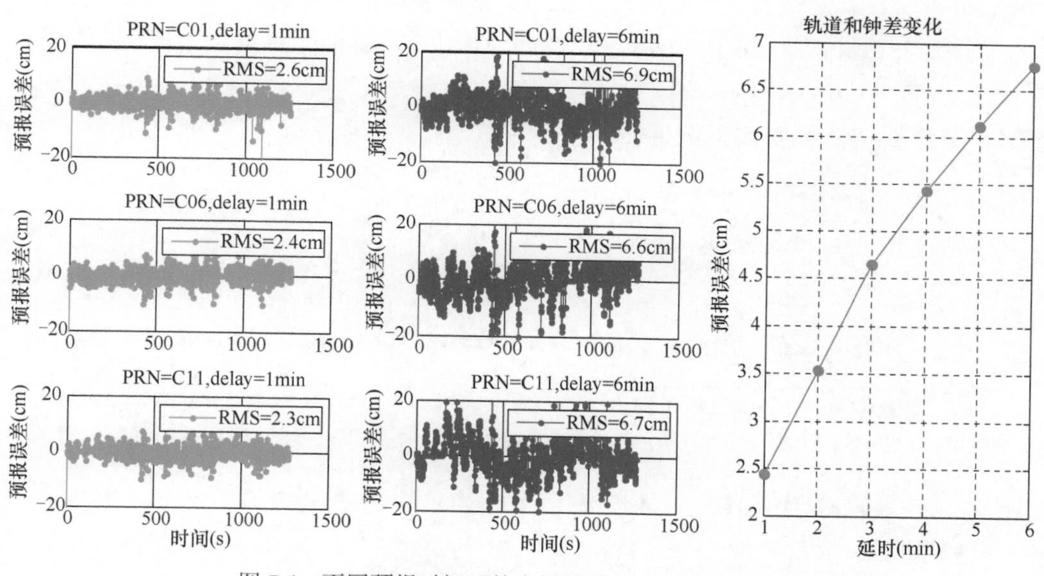

图 7.4　不同预报时间下的广播星历径向合成误差变化

计算时，分区综合改正数的更新频率设为从 0～6min，也即用户定位中采用的分区综合改正数的预报时间为 0～6min，结果如图 7.5 所示。从图中可以看到，用户定位精度随播发时延的增加而逐步降低；播发时延小于 2min 的情况下，精度变化幅度较小，而大于 2min 后，定位精度降低比较明显。播发时延小于 2 分钟的情况下，各站平均平面和高程精度都优于 0.2m。

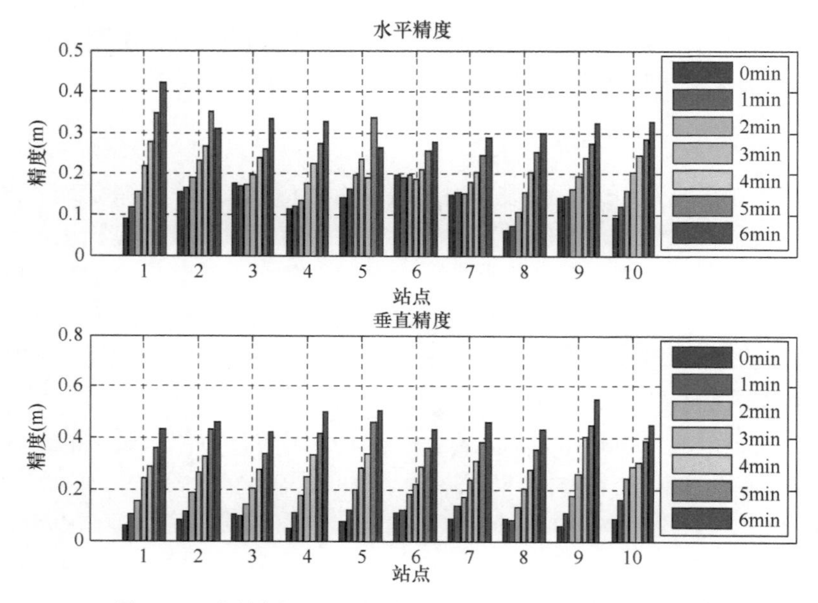

图 7.5 不同播发时延下用户的分区综合改正定位精度变化

7.7 北斗星基增强系统评估

使用以上星基增强改正模型，采用北斗实测数据，对轨道改正、钟差改正、格网电离层改正和分区综合改正为一体的北斗四重星基增强模型进行试验分析。评估的指标包括：空间信号精度、系统服务（差分用户定位）精度等（Zhang et al.，2017；陈俊平等，2017c；张益泽等，2019）。

7.7.1 卫星轨道、钟差改正数评估

7.7.1.1 卫星钟差、轨道改正数

分别选取北斗一颗 GEO、IGSO、MEO 卫星，图 7.6、图 7.7 表示了 2019 年 2 月份

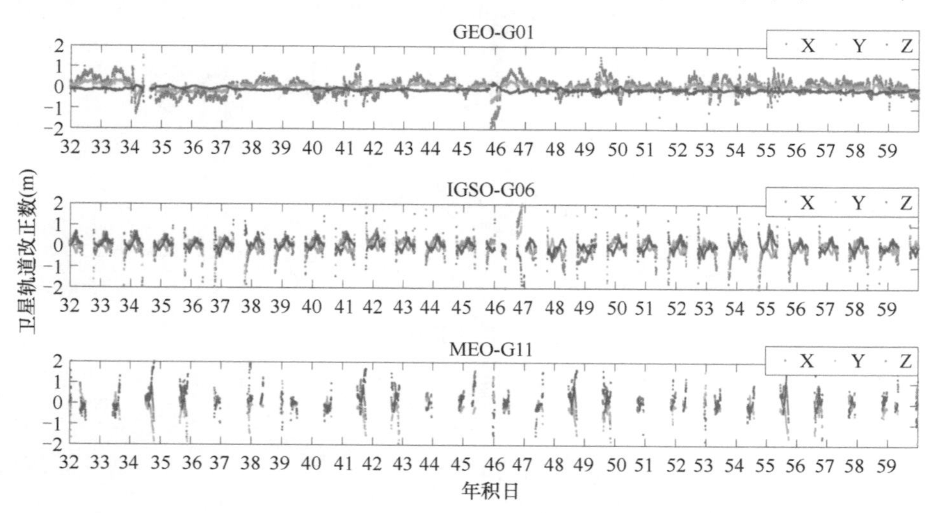

图 7.6 北斗卫星轨道改正数时间序列图

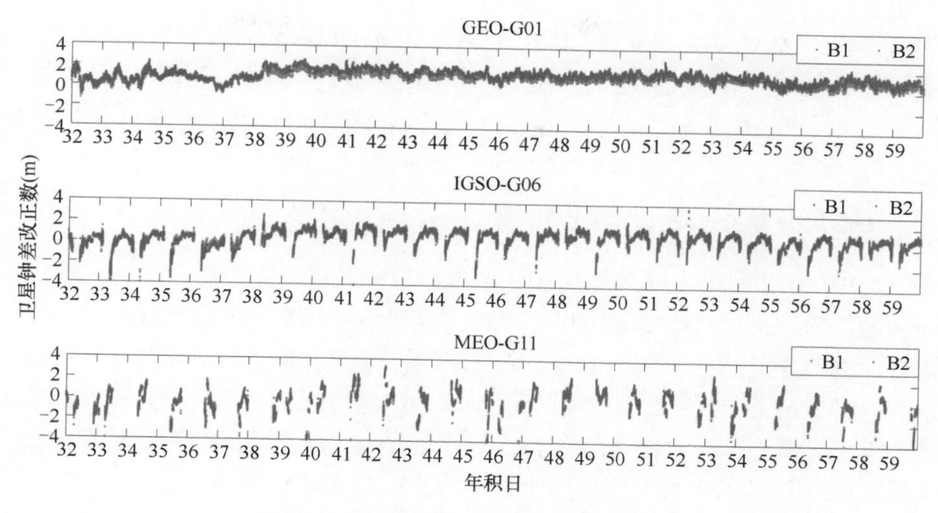

图 7.7　北斗卫星钟差改正数时间序列图

北斗系统播发的卫星轨道改正数以及钟差改正数的序列。从中可以看到 GEO 卫星的改正数都是连续的，并且相对比较平稳，变化幅度较小。IGSO、MEO 卫星的改正数伴随着卫星的出入境存在不连续的情况，其相对于北斗地面监测站网单天不可见时间分别在 6 小时（25%）和 17 小时（70%）以上。在出入境期间改正数明显增大，这反映了卫星在境外无法监测的弧段轨道、钟差长时间的预报误差。北斗钟差改正数在每个频点都进行播发，并且对于 B1 及 B3 频点观测值的改正数完全一致。

7.7.1.2　卫星钟差、轨道改正数精度

图 7.8 比较了以上一个月时间段内基于伪距等效钟差模型以及改进模型北斗二号卫星 UDRE 的结果。图中，卫星编号 1～5 为 GEO 卫星，6～10 为 IGSO 卫星，11～14 为 MEO 卫星；模型 1 代表等效钟差模型，模型 2 代表综合伪距相位的改进模型。对于 GEO 卫星，模型 1 平均 UDRE 为 0.48m，模型 2 平均 UDRE 为 0.35m，提高百分比为 27%；对于 IGSO 卫星，模型 1 平均 UDRE 为 0.56m，模型 2 平均 UDRE 为 0.36m，提高百分

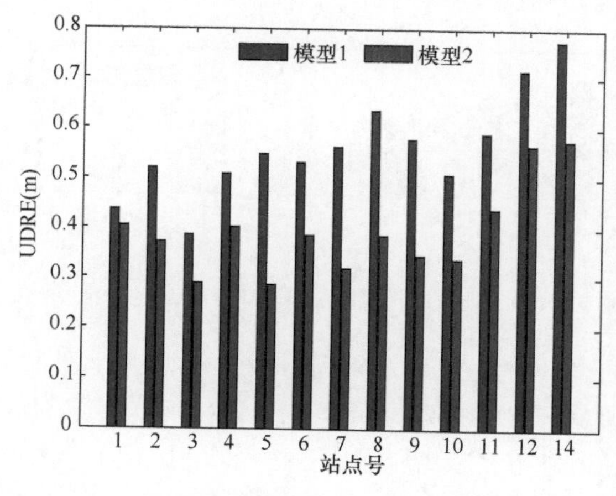

图 7.8　北斗二号各颗卫星不同广域差分模型下 UDRE 对比

比为 35%；对于 MEO 卫星，模型 1 平均 UDRE 为 0.69m，模型 2 平均 UDRE 为 0.52m，提高百分比为 24%。MEO 移动卫星的 UDRE 结果较大，原因是 MEO 卫星入境弧度过短，出入境过程中伪距多路径误差较大，并且出入境时几何构型差影响了差分改正数的精度。

7.7.1.3　双频用户差分动态定位精度分析

利用 2019 年 2 月份北斗测站的实测数据比较等效钟差模型以及改进模型下的伪距双频动态定位的结果，双频差分用户使用钟差和轨道改正数，电离层误差采用双频无电离层组合观测值进行修正。图 7.9 统计了中国国土范围内 8 个测站在测站站心地平坐标系中东西（E）、南北（N）及高程（U）方向的单天动态定位精度（RMS）。模型 1 代表等效钟差模型，模型 2 代表综合伪距相位的改进模型。所选测站坐标已精密测定，位置精度优于 2 厘米，可以作为准确值用于评估用户的动态定位误差。图 7.9 中，三个子图分别显示了不同测站在南北、东西、高程方向 10 天动态定位结果的统计情况。两种差分服务下用户动态定位三维精度分别为 1.17m 和 0.85m。对于不同测站，增强服务模型 2 相对于模型 1，用户动态定位精度在南北、东西，特别是高程方向，都得到了显著提高。基于广域差分增强模型计算的参数，双频用户伪距动态定位在南北、东西、高程方向的定位精度分别提升了 23%，32%和 52%。

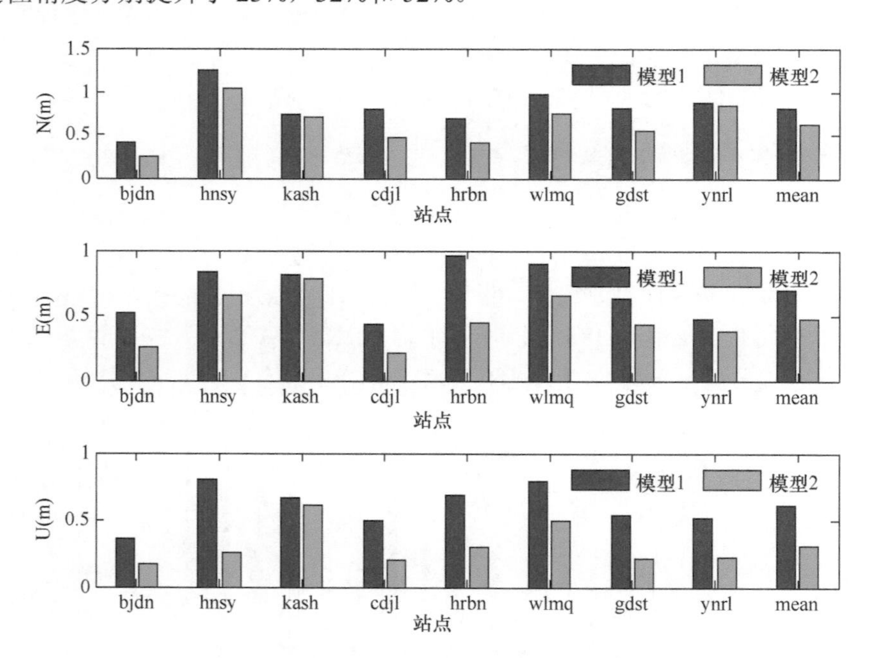

图 7.9　用户站不同广域差分模型下动态定位精度对比

进一步采用以上 1 个月的数据对广域差分改进模型进行评估，图 7.10 表示了中国国土范围内代表性测站双频差分动态定位精度（RMS）。动态定位使用了广播星历和轨道、钟差改正数，电离层延迟采用无电离层组合进行消除。连续 1 个月的测站差分定位结果较为稳定。大部分测站双频差分定位的水平方向精度在 0.6m 左右，高程精度在 1m 左右。

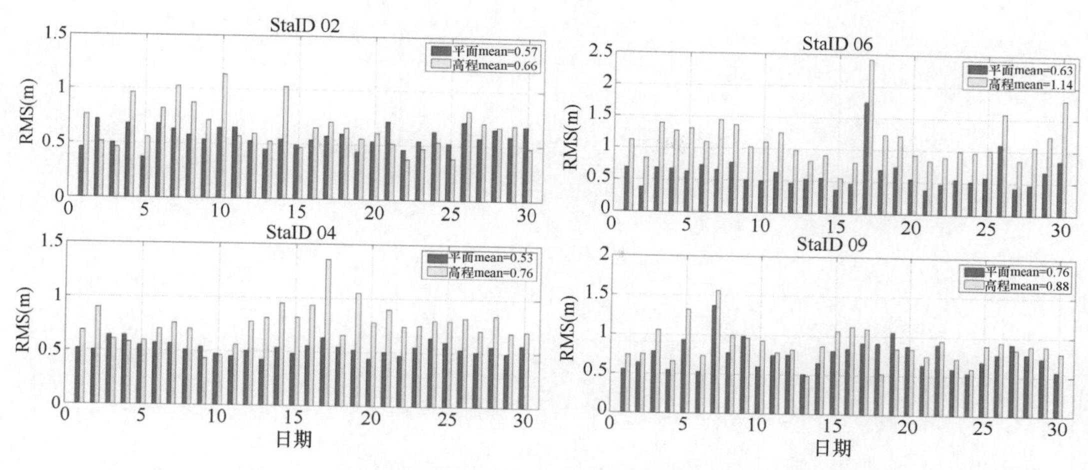

图 7.10　广域差分改进模型下测站双频差分动态定位统计

7.7.2　电离层格网改正数评估

7.7.2.1　电离层格网改正数

图 7.11 为 2019 年 2 月第 16 号格网的格网电离层改正数。图中还画出了每小时和每天的平均值。格网电离层显示出明显的周日特性，并且单日的平均电离层显示出线性递增的趋势，表明该时间段电离层有变活跃的趋势。日间电离层远大于夜间电离层，差异最大达到了 2.2m 左右。

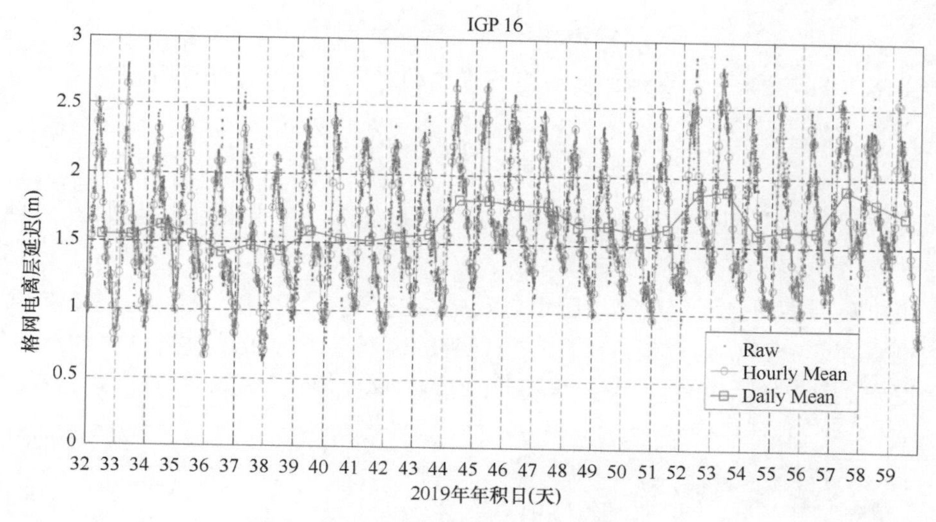

图 7.11　北斗格网电离层数据时间序列

7.7.2.2　电离层格网改正数精度评估方法

用户端可根据接收到的星基格网电离层延迟信息，计算信号传播方向的电离层延迟改正值。如图 7.12 所示，用户端至卫星视线方向对应的电离层穿刺点为 $\mathrm{IPP}(\lambda_u,\beta_u)$，其位于 IGP1、IGP2、IGP3 和 IGP4 包围的格网中，利用这 4 个格网点的电离层时延改正信息，采用一定的加权插值方法便可计算出穿刺点处的电离层改正数。

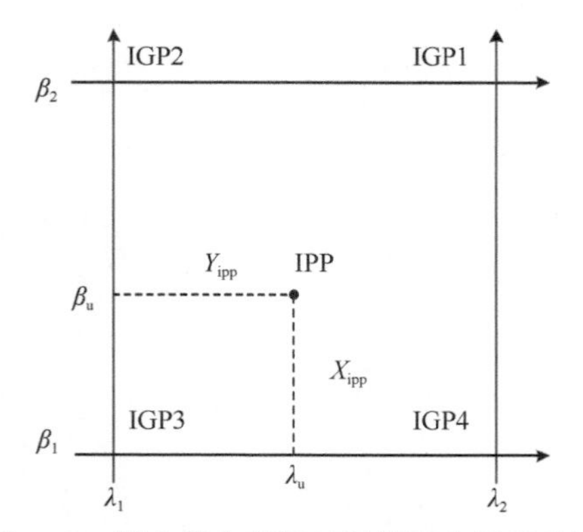

图 7.12 用户端电离层延迟格网内插示意图

内插公式为

$$I_{\mathrm{IPP}}=\sum_{i=1}^{4} w_i\left(x,y\right) I_i \tag{7.37}$$

式中，

$$\begin{cases} w_1\left(x,y\right)=w\left(x_{\mathrm{IPP}},y_{\mathrm{IPP}}\right) \\ w_2\left(x,y\right)=w\left(1-x_{\mathrm{IPP}},y_{\mathrm{IPP}}\right) \\ w_3\left(x,y\right)=w\left(1-x_{\mathrm{IPP}},1-y_{\mathrm{IPP}}\right) \\ w_4\left(x,y\right)=w\left(x_{\mathrm{IPP}},1-y_{\mathrm{IPP}}\right) \end{cases} \tag{7.38}$$

权函数计算公式可为

$$w\left(x,y\right)=x^2 y^2\left(9-6x-6y+4xy\right) \tag{7.39}$$

$x_{\mathrm{IPP}},y_{\mathrm{IPP}}$ 可以根据穿刺点经纬度与格网点的相对位置由下式计算得到

$$x_{\mathrm{IPP}}=\frac{\lambda_{\mathrm{u}}-\lambda_1}{\lambda_2-\lambda_1},\ y_{\mathrm{IPP}}=\frac{\beta_{\mathrm{u}}-\beta_1}{\beta_2-\beta_1} \tag{7.40}$$

将计算得到的穿刺点天顶方向的电离层延迟改正 I_{IPP} 再乘上投影函数 mf，便可得到信号传播方向的电离层延迟改正数。

利用电离层格网点天顶电离层延迟以及式（7.37），可得到每个穿刺点的 VTEC。将格网内插得到的 VTEC 与穿刺点实际计算得到的电离层进行比较，进行格网电离层延迟的精度评定。图 7.13 为单纯伪距法、伪距相位综合算法较两种方案解算生成的实时电离

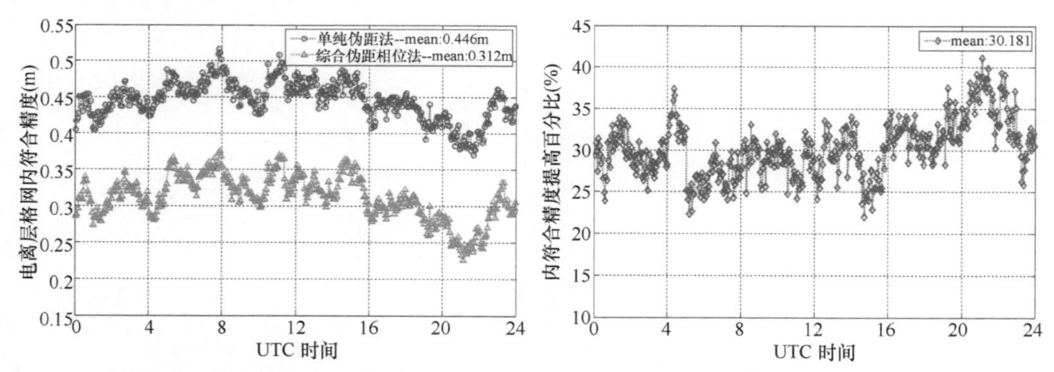

图 7.13 单纯伪距法和伪距相位综合算法的实时电离层延迟格精度及提高百分比

层延迟格网精度时间序列对比图。可以看出由伪距相位综合算法较单纯伪距法生成的格网的内符合精度有明显提高，其全天所有格网的内符合精度的平均值由 0.446m 提高到 0.312m，几乎所有格网的内符合精度提高百分比都位于 25%～35%之间，平均提高 30.18%。

7.7.2.3 单频用户差分动态定位结果

格网电离层模型的性能还可以通过单频用户定位进行评估。图 7.14 表示了中国国土范围内代表性测站连续 1 个月的单频差分定位动态定位精度（RMS）。动态定位使用了广播星历和轨道、钟差改正数，电离层延迟采用电离层格网点进行修正。连续 1 个月的测站差分动态定位结果较为稳定，大部分测站单频差分动态定位，水平方向精度在 1m 左右，高程方向精度基本在 1.5m 以内。

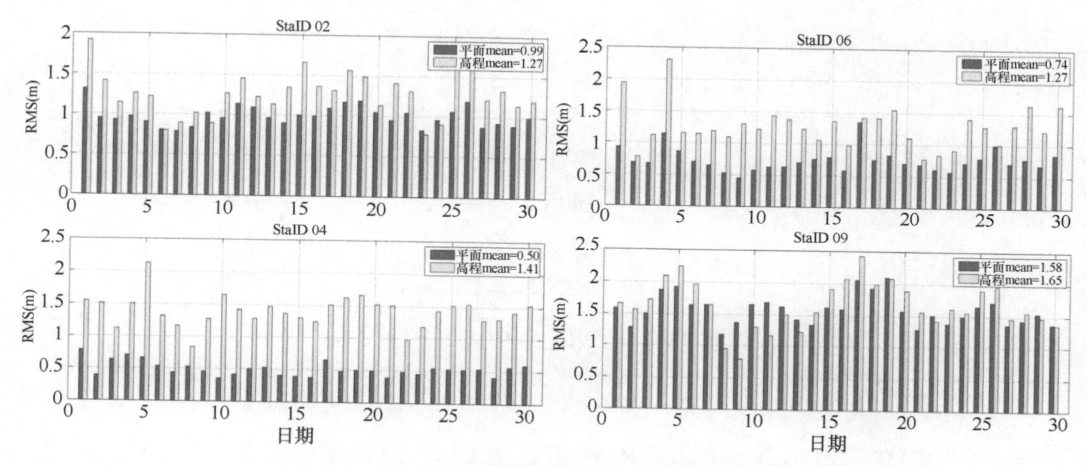

图 7.14 广域差分改进模型下测站单频差分动态定位统计

综合测站单频/双频动态定位结果，表 7.2 统计了 1 个月代表性测站的动态定位性能。综合起来，北斗单频差分用户的平均动态定位精度，水平方向为 0.83m，高程为 1.44m，三维精度为 1.69m；双频差分用户的平均动态定位精度，水平方向为 0.58m，高程为 0.88m，三维精度为 1.07m。

表 7.2 单/双频测站差分定位平均结果 RMS 统计 （单位：m）

测站编号	单频差分定位			双频差分定位		
	平面	高程	三维	平面	高程	三维
2	0.99	1.27	1.62	0.57	0.66	0.88
4	0.50	1.41	1.50	0.53	0.76	0.93
6	0.74	1.27	1.48	0.63	1.14	1.31
9	1.58	1.65	2.29	0.76	0.88	1.17
7	0.59	1.26	1.39	0.25	0.79	0.83
30	0.57	1.79	1.88	0.73	1.07	1.31
平均	0.83	1.44	1.69	0.58	0.88	1.07

7.7.3 北斗星基增强系统空间信号精度评估

用户的定位导航精度与卫星信号精度以及卫星空间几何分布相关，可用 $\mathrm{POS}_{\mathrm{error}} = \mathrm{UERE} \times \mathrm{DOP}$ 表达。UERE 主要与空间信号的用户距离误差（URE）和用户设备误差（UEE）有关，DOP 值与空间卫星几何分布有关。其中与北斗系统控制段相关的是空间信号精度，卫星空间信号精度仅与卫星的星钟和轨道有关。而北斗星基增强系统生成的差分改正数的目的就是提升空间信号的精度。

实时空间信号精度评估采用综合多个监测站对卫星的 UERE 结果，来评估一颗卫星的区域用户距离精度（regional user range accuracy，RURA）。

采用无电离层组合的观测值进行处理，UERE 的计算公式如下：

$$\mathrm{UERE} = \mathrm{PC} - \rho - c \cdot \left(\tau^{\mathrm{rec}} - \tau^{\mathrm{sat}}\right) - \Delta\mathrm{corr} \tag{7.41}$$

式中，PC 为伪距无电离层组合观测值；c 代表光速；τ^{rec}，τ^{sat} 分别为测站和卫星钟差；$\Delta\mathrm{corr}$ 为公共误差，包含对流层延迟、地球自转以及卫星和接收机硬件延迟等；ρ 为几何距离，$\rho = \sqrt{\left(X^s - X_r\right)^2 + \left(Y^s - Y_r\right)^2 + \left(Z^s - Z_r\right)^2}$，$\left(X_r, Y_r, Z_r\right)$ 为监测站坐标，已精确测定，$\left(X^s, Y^s, Z^s\right)$ 为卫星坐标，通过广播星历计算得到。

对于某一历元卫星的 RURA，需要综合多个监测站的 UERE 结果。

$$\mathrm{RURA} = \sqrt{\sum_{i=1}^{n} \mathrm{UERE}_i^2 / n} \tag{7.42}$$

式中，UERE_i 代表不同测站对同一颗卫星监测的信号精度，n 为监测站个数。对于某颗卫星一天的 RURA 值，通常采用其 RMS 值进行统计，其值越小则表示系统精度越高。

相应的，采用用户差分距离误差（user differential ranging error，UDRE）对星基增强系统空间信号的精度进行评估。UDRE 计算公式为

$$\mathrm{UDRE} = \mathrm{PC} - \rho - c \cdot \left(\tau^{\mathrm{rec}} - \tau^{\mathrm{sat}}\right) - \Delta\mathrm{corr} - \delta_{\mathrm{SBAS}} \tag{7.43}$$

式中，δ_{SBAS} 为增加钟差改正数、轨道改正数信息后的距离改正。通常对不同历元的 UDRE 进行 RMS 统计，它反映星基增强系统空间信号的精度，其值越小，代表差分改正数的精度越高。

采用 7.7.2 节中 2019 年 2 月连续 1 个月的北斗实测数据，根据以上 RURA、UDRE 的算法，计算出北斗二号 1～14 号卫星的 RURA 和 UDRE 结果，统计每颗卫星每一天 RURA 和 UDRE 的 RMS 值，结果如图 7.15～图 7.17 所示。图中，红色曲线代表北斗卫星的区域用户距离精度 RURA（仅使用广播星历），绿色的柱状数据代表北斗星基增强系统卫星的用户差分距离误差（使用广播星历+轨道、钟差差分改正数），每 1 个数据点代表 1 天结果的 RMS 统计值。可看到所有卫星使用钟差和轨道改正数后，卫星信号精度 UDRE 相对于 RURA 得到显著的提升。

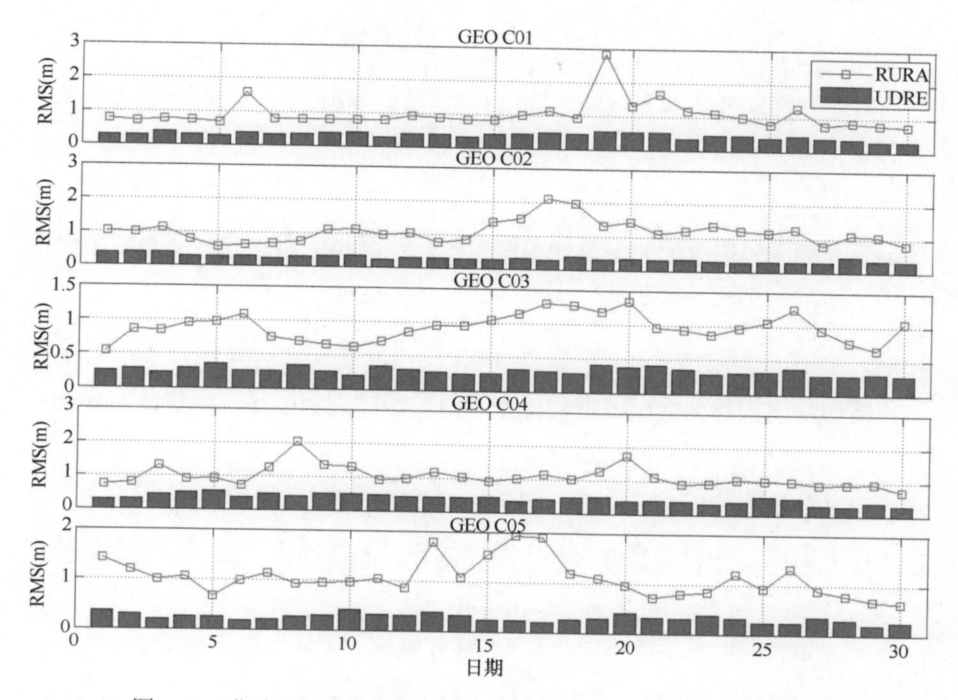

图 7.15　北斗二号 GEO 卫星的 1 个月的 RURA 和 UDRE 时间序列

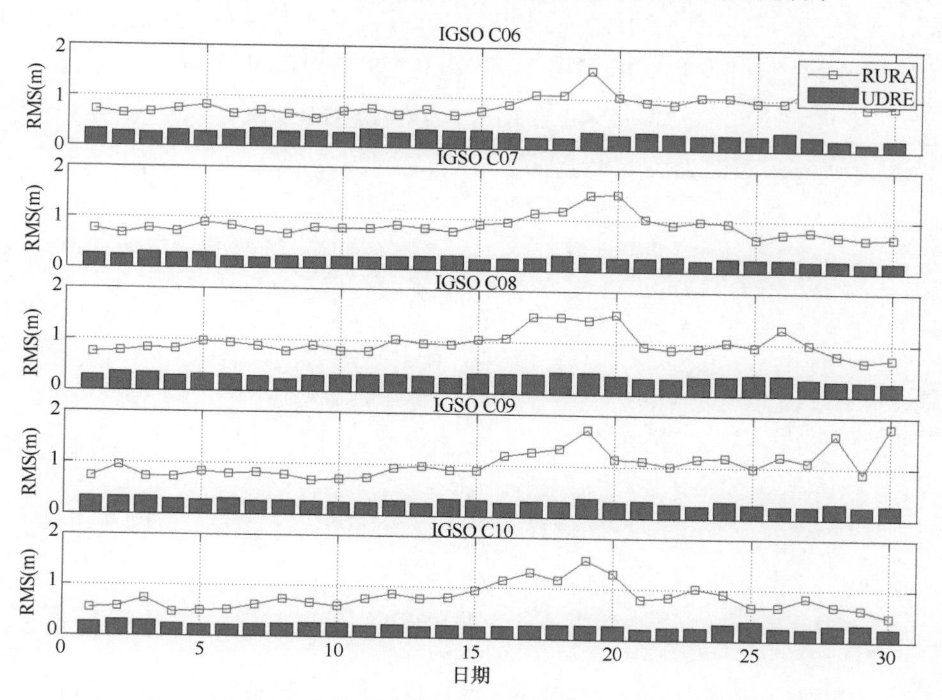

图 7.16　北斗 IGSO 卫星的 1 个月的 RURA 和 UDRE 时间序列

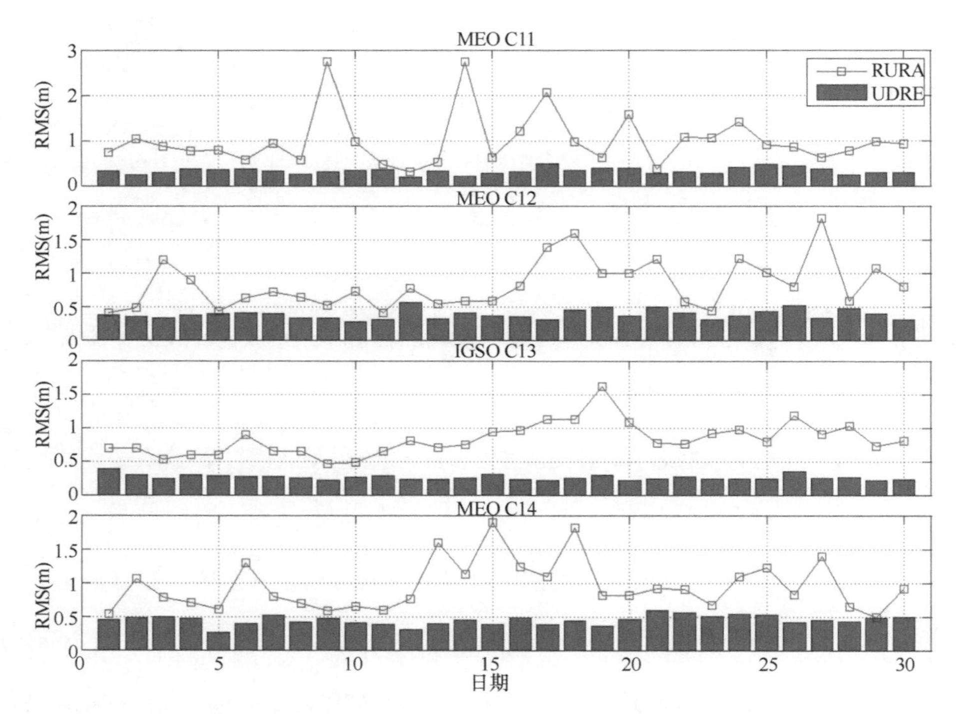

图 7.17　北斗 MEO 卫星的 1 个月的 RURA 和 UDRE 时间序列

连续 1 个月的统计值如表 7.3 所示。使用北斗系统星基增强系统生成的钟差和轨道改正数后，空间信号精度有不同程度的提升，GEO 卫星信号精度由 1.04m 提升为 0.34m，IGSO 卫星由 0.9m 提升为 0.35m，MEO 卫星由 0.93m 提升为 0.39m。

表 7.3　北斗卫星 RURA 和 UDRE 统计均值

卫星号	RURA（m）	UDRE（m）
1	1.00	0.39
2	1.10	0.31
3	0.94	0.30
4	1.06	0.42
5	1.09	0.30
6	0.87	0.29
7	0.87	0.35
8	0.98	0.33
9	1.03	0.39
10	0.80	0.46
11	1.01	0.33
12	0.83	0.38
13	0.83	0.26
14	0.95	0.45
GEO	1.04	0.34
IGSO	0.9	0.35
MEO	0.93	0.39
均值	0.95	0.35

7.7.4 北斗星基增强精密定位性能分析

7.7.4.1 分区综合改正数

分别选取北斗一颗 GEO、IGSO、MEO 卫星，图 7.18 为 2019 年 2 月份第 6 分区几颗卫星的分区综合改正数。从图中可以看到分区综合改正数的变化幅度相较钟差改正数小，GEO 卫星的改正数都是连续的，并且相对比较平稳。IGSO、MEO 卫星的改正数伴随着卫星的出入境存在不连续的情况。GEO 卫星的分区综合改正数的变化幅度相对最小，这是由于 GEO 卫星相对地面的几何构型几乎不变，因而观测值受周围环境等误差影响的变化也小。

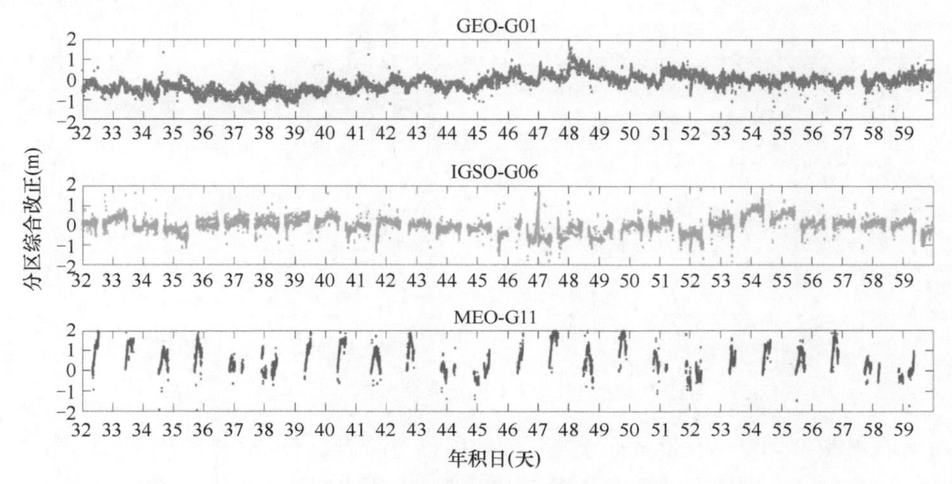

图 7.18 北斗分区综合改正数数据时间序列

7.7.4.2 基于分区综合改正数的精密单点定位

利用精密单点定位 PPP 方法验证分区改正数的精度和可靠性。选取 2019 年 2 月份中国范围内的约 30 个北斗观测站，这些用户站能同时观测北斗二号和北斗三号卫星的数据。分别寻找 1000km 以内的分区，利用该分区的分区改正数进行精密定位。统计发现，用户至分区中心的平均距离为 597km。表 7.4 给出了定位时的处理策略和参数估计方法，数据处理采用了模拟实时的方式，即先把实时接收的北斗四重星基增强参数以文件的方式存储，定位程序逐历元读取改正参数进行定位解算。

表 7.4 分区改正精密定位处理策略

估计方法	卡尔曼滤波
卫星轨道和钟差	广播星历
星基增强改正信息	等效钟差，轨道改正，相位分区综合改正
数据采样率	30s
卫星截止高度角	10°
电离层误差	双频：无电离层组合；单频：北斗 14 参数模型
对流层误差	GPT2w+SAAS+VMF1
固体潮，海潮	IERS 协议
测站坐标	估计，静态：常数；动态：白噪声。先验信息 10km
测站钟差	估计，白噪声，先验信息 1ms
模糊度	估计，先验信息 20m

数据计算中，每个测站使用轨道、钟差、格网电离层以及1000km以内距离最近分区的分区综合改正数，采用北斗二号和北斗三号平稳过渡信号B1和B3频点数据，每6小时一个弧段，分别对B1B3双频无电离层组合以及B1、B2单频进行静态、动态分区改正数精密定位。

1）收敛性分析

对于实时动态用户，更关心的是短时间内定位收敛情况，图7.19是一组典型的B1B2组合和B1频点分区改正动态定位结果，该测站距离分区中心696km。可以看到，双频在20分钟内收敛至0.5m以内，单频在30分钟内收敛至0.5m以内。

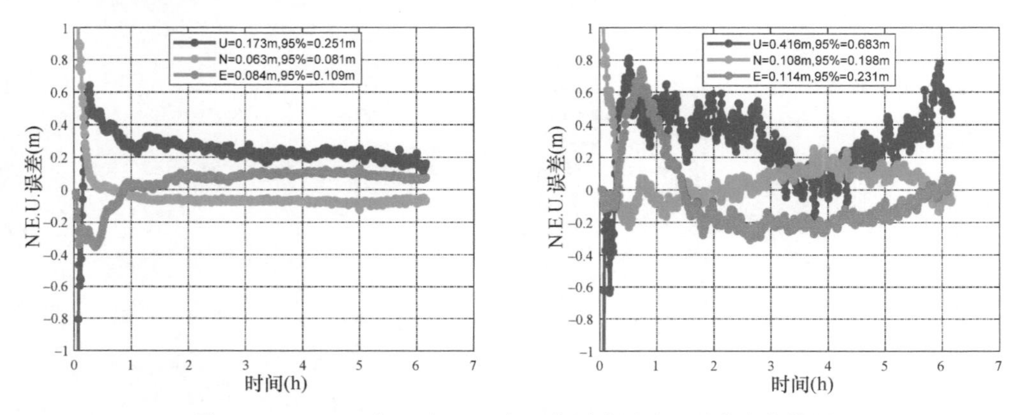

图7.19　B1B2（左）及B1（右）典型分区改正动态定位结果

对所有结果1小时内的分区动态定位结果进行统计。图7.20给出了B1B3组合和B1频点动态定位收敛情况。统计三维误差收敛在不同时间内平均三维定位误差。从图中可以看出，双频用户在10min内三维误差可收敛至0.5m以内，单频用户在30min内三维误差可收敛至0.5m以内。

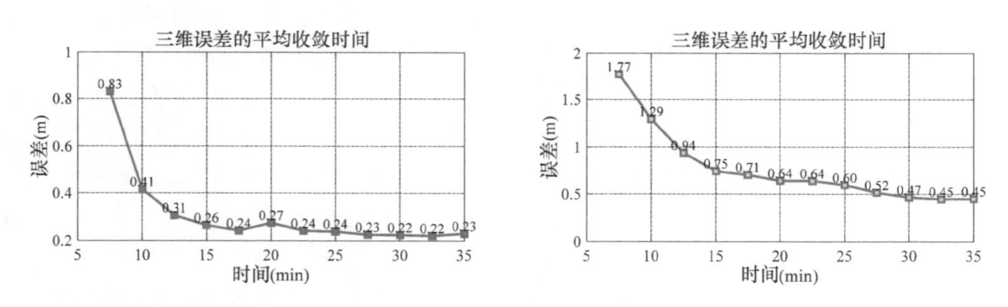

图7.20　B1B3（左）和B1（右）分区改正动态精密定位结果在的收敛时间分布（左）、误差分布（右）

2）对流层参数影响

分区综合改正数包含了分区范围内对流层延迟模型的剩余部分，因此前文的结果均为不估计对流层延迟参数。作为对比，在PPP定位中对对流层湿延迟参数进行估计，并与前面结果进行比较。估计时对流层参数采用随机游走模型，其方差为1cm/sqrt（h）。图7.21为B1B3组合频点上估计和不估计对流层延迟参数的定位误差在平面和高程上的分布及统计结果。由图中可以看出，不估计对流层延迟参数的定位结果好于估计对流层延迟参数，尤其是在高程方向上。

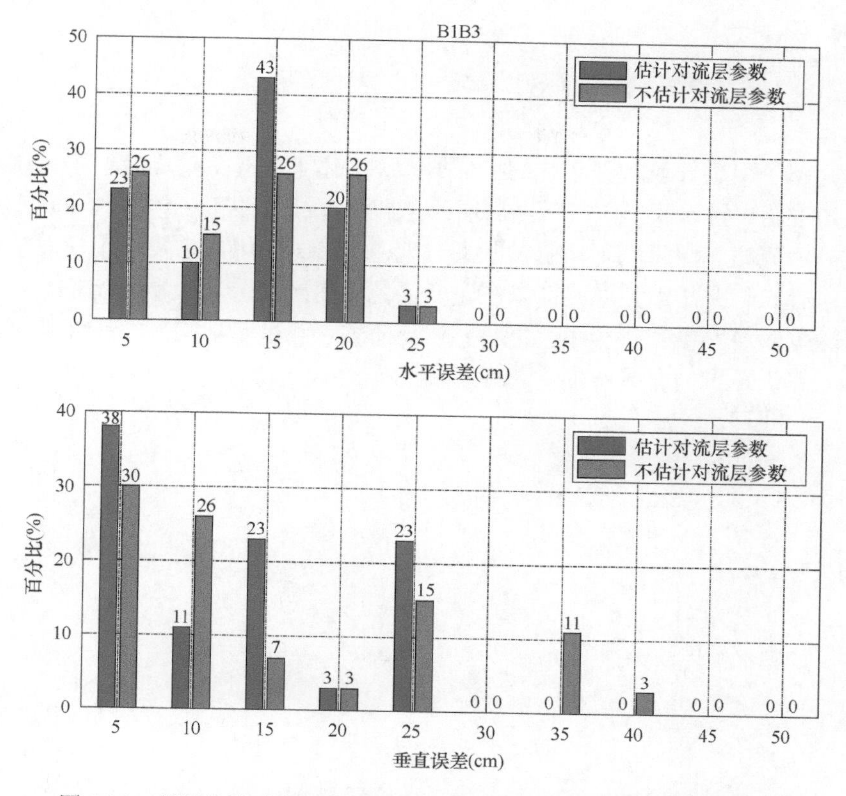

图 7.21　是否估计对流层参数对分区改正 B1B3 动态定位误差的影响

3）北斗星基增强精密定位覆盖范围

北斗二号的分米级星基增强系统覆盖区域如图 7.22 左图所示。可以看到，服务覆盖区域主要集中在中国及周边区域。根据北斗星基增强服务系统的设计原则，基于每个地面连续站的观测数据可实现半径约 1000 km 区域内的分米级星基增强服务。基于“一带一路”沿线的观测情况，进一步规划了 18 个连续观测台站，在此基础上北斗分米级星基增强服务覆盖区域如图 7.22 右图所示。图中的红点为新增连续台站的站址。表 7.8 统计了“一带一路”北斗分米级星基增强覆盖区域的位置服务性能。通过在该区域新建少量北斗连续观测台站，能够实现用户三维位置精度优于 0.25m 的服务性能（周建华等，2019）。

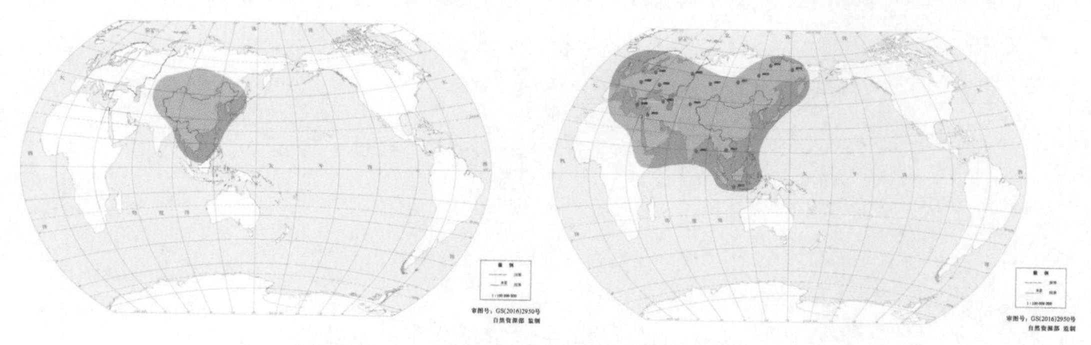

图 7.22　北斗系统分米级星基增强服务覆盖范围

左：当前服务范围，右：“一带一路”区域监测站分布及服务范围

7.8 本 章 小 结

本章介绍了卫星导航增强系统的工作原理，阐述了北斗星基广域增强系统基于载波相位的轨道改正、钟差改正、格网电离层改正和分区综合改正一体的北斗四重星基增强模型以及处理策略。四重星基增强参数通过北斗 GEO 向用户播发，用户对接收机按照接收协议进行软件升级改造，就可以在服务区范围内实现分米级精密定位。并利用北斗全球观测数据对各类参数进行了性能评估，验证了北斗星基增强系统在北斗重点服务区及“一带一路”范围内分米级的定位服务能力。

第 8 章　抗多径技术

伪距是接收机接收到的包括各种测量误差的星地测距值，是卫星导航系统的基本观测量之一。伪距观测数据中没有整周模糊度及周跳误差，在精密定轨、电离层模型与星基增强等业务处理中都起着重要作用，多路径效应是影响伪距测量精度的主要因素。本章将分析多路径对导航业务的影响，介绍抗多径的算法及其对业务处理系统的作用。

8.1　概　　述

北斗系统各测站接收机接收卫星下行 L 波段伪码观测数据中存在波动现象，接收 GEO 卫星的伪距观测量中的波动尤其严重。伪距波动的存在使得双频伪距差不能反映电离层延迟真实情况，采用双频伪距差不仅不能进行电离层延迟改正，还引入新的偏差。在同一天线场区内利用 3 台不同型号接收机接收测量卫星下行导航信号，其测量误差见图 8.1，（a）图为 3 台接收机在各接一副天线条件下每台接收机对 C03 卫星伪距波动变

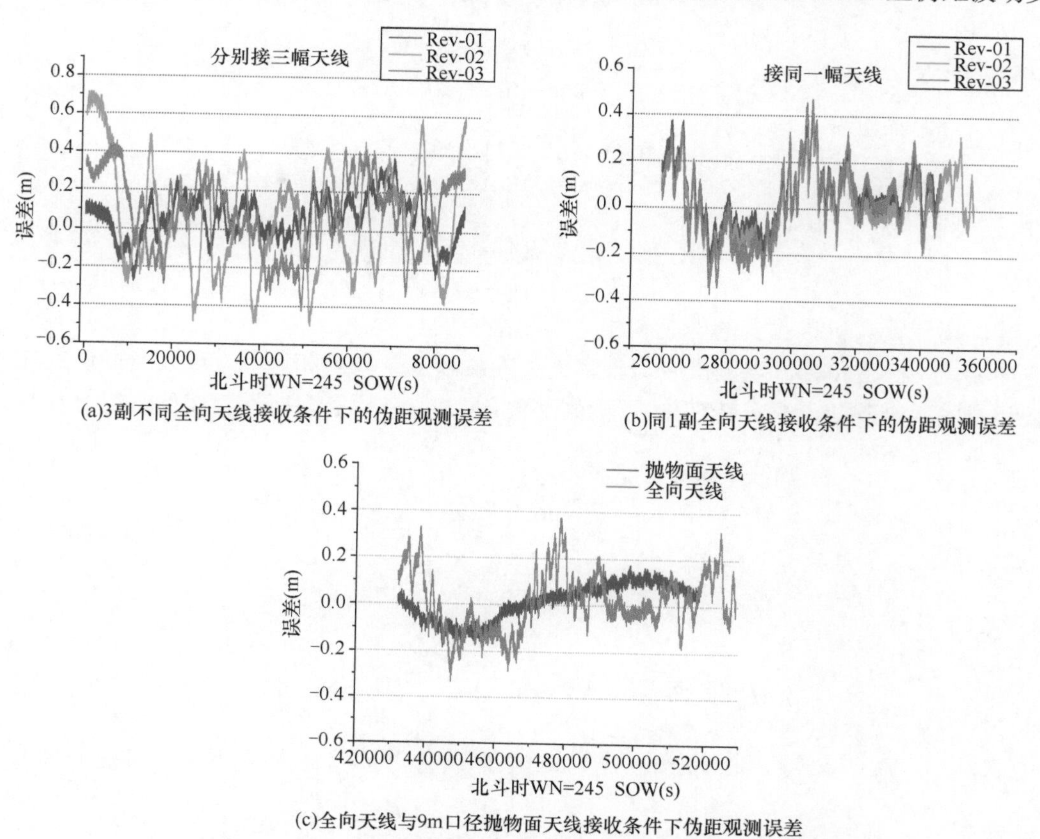

(a)3副不同全向天线接收条件下的伪距观测误差

(b)同1副全向天线接收条件下的伪距观测误差

(c)全向天线与9m口径抛物面天线接收条件下伪距观测误差

图 8.1　2010 年 9 月 12 日接收机在不同接收条件下的伪距观测误差

化趋势，（b）图为 3 台接收机同接一副天线（零基线）条件下每台接收机伪距波动变化趋势，（c）图为同 1 台接收机在全向天线与 9 m 口径抛物面天线条件下伪距波动变化趋势。从图中可以看出，3 种接收条件下伪距波动表现规律各不相同，表明接收机伪距波动现象主要产生因素是地面多径效应。

图 8.2 给出了哈尔滨测站对 C03 卫星 B1B2 频点观测数据得到的电离层周日变化与当天 IGS 给出的结果的比较，其中红色曲线为双频伪距得到的电离层周日变化；蓝色曲线为双频相位得到的电离层周日变化；黑色曲线为 IGS 提供的 GIM 模型在相应穿刺点的电离层周日变化。从图 8.2 中可以看出，由于多径效应导致的伪距观测量波动现象会影响系统的业务性能，其双频组合伪距观测量波动幅度超过 3 m，导致电离层的真实情况完全淹没其中。

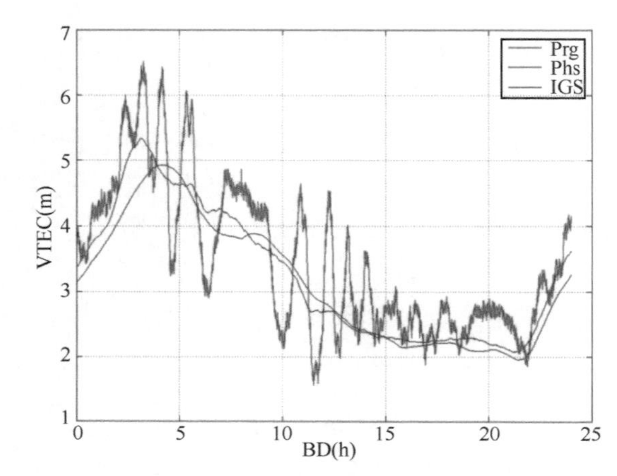

图 8.2　2010 年 10 月 3 日哈尔滨站监测电离层

Prg 为采用伪距的结果，Phs 为双频相位的结果，IGS 为 GIM 模型结果

8.2　多径的影响分析

同历元接收机接收到的伪距和相位观测量中的与频率相关的电离层延迟大小相等，方向相反；伪距和相位观测量中与频率无关的各项改正均是相等的。可以通过伪距和载波相位的组合观测值来分析伪距观测数据的质量。三个频率同历元载波伪距组合观测值可定义为如下式：

$$M_{P1} = P_1 + \frac{1+\alpha_{12}}{1-\alpha_{12}} \text{phs1} \cdot \lambda_1 - \frac{2}{1-\alpha_{12}} \text{phs2} \cdot \lambda_2 \tag{8.1}$$

$$M_{P2} = P_2 + \frac{2\alpha_{12}}{1-\alpha_{12}} \text{phs1} \cdot \lambda_1 - \frac{1+\alpha_{12}}{1-\alpha_{12}} \text{phs2} \cdot \lambda_2 \tag{8.2}$$

$$M_{P3} = P_3 + \frac{2\alpha_{13}}{1-\alpha_{13}} \text{phs1} \cdot \lambda_1 - \frac{1+\alpha_{13}}{1-\alpha_{13}} \text{phs3} \cdot \lambda_3 \tag{8.3}$$

式中，P_1、P_2、P_3 为三个频点的伪距观测量；phs1、phs2、phs3 为三个频点的相位观测量；λ_1、λ_2、λ_3 为三个频点载波的波长；$\alpha_{12} = \frac{f_1^2}{f_2^2}$、$\alpha_{13} = \frac{f_1^2}{f_3^2}$；$f_1$、$f_2$、$f_3$ 为三

个频点的频率。

上述三个公式中消除了轨道、钟差、各项误差改正（包括对流层延迟和电离层延迟）的影响，只体现模糊度和通道时延组合量、多径干扰和噪声。检测出周跳后可求解出模糊度和通道时延组合量，将多径干扰和噪声提取出来，分析接收机分析北斗系统下行导航信号伪距观测数据，如图 8.3 所示。

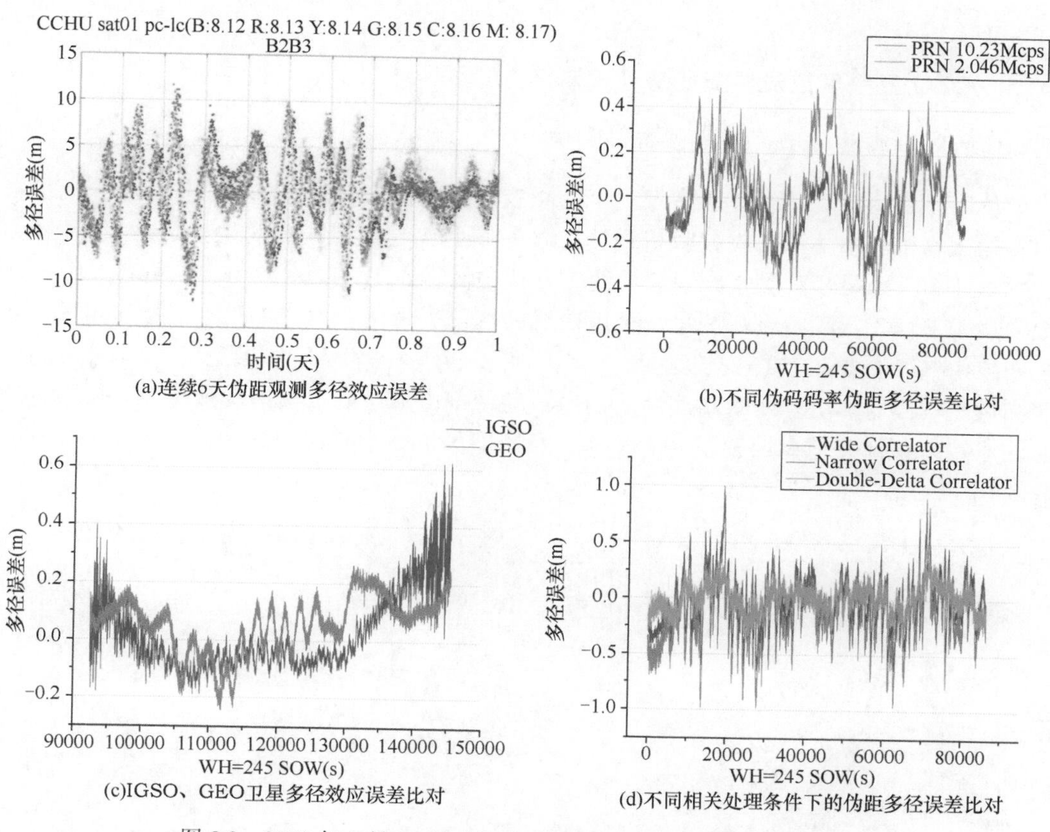

图 8.3　2010 年 9 月 12 日对北斗下行导航伪距多径效应误差分析

8.2.1　MEO 卫星多径特性

卫星导航的测量中，地面接收机除了接收直接从卫星天线发射来的直接信号外，还会接收到地面反射波、星体反射波、介质散射波等间接波。这些间接波对直接波的破坏性干涉，影响卫星信号测量精度的误差称为多路径效应。多路径效应是卫星导航测量中一种重要的误差源，经过多年的实验，发现 MEO 卫星多路径效应有如下特点：①无论是伪距观测值还是相位观测值，都受多路径误差影响，伪距观测值的多路径影响更为复杂；②其误差性质属于偶然误差，伪距观测值的噪声主要表现为高频变化；③静态测量中，在反射很强的环境下会更严重；④多路径误差包括常数部分和周期性部分，其中常数部分在观测时间段内一直存在，无法削弱，周期部分可以通过延长观测时间予以削弱或消除。

8.2.2　GEO/IGSO 卫星多径特性

伪距波动噪声情况复杂，表现出如下现象及特征：①与 MEO 数据相比，低频波动噪声显著；②有较明显的周日可重复性；③与站星高度角相关，低高度角的波动较大；④与码速率相关，B3 频点数据波动较小，B1 频点数据波动较大；⑤与卫星视运动相关，IGSO 卫星低频波动较小，GEO 卫星波动较大；⑥与接收机相关处理相关，抗多路径数据波动较小，宽相关数据波动较大；⑦对于不同频点数据组合（如无电离层组合、宽项组合等），波动会不同程度地放大；⑧波动幅度的 RMS 值约为 1～2ns，而峰值最大可达 1～2m。

8.2.3 GEO 卫星多径对导航业务处理影响

8.2.3.1 伪距波动对电离层模型解算影响

从电离层组合观测量分析中发现，伪距波动对电离层有严重影响，图 8.4 给出了福州测站接收机和哈尔滨测站接收机观测 C01 星得到的电离层周日变化。其中红色曲线为伪距 B1B2 双频组合观测量，黑色曲线为相位平滑伪距 B1B2 双频组合观测量，绿色曲线为伪距 B1B3 双频组合观测量，黄色曲线为相位平滑伪距 B1B3 双频组合观测量，蓝色曲线为 IGS 数据插值得到的结果。从图中可以看出，福州站的伪距波动对该站电离层观测量基本没有影响，而哈尔滨站的伪距波动使得电离层的真实情况被掩盖。采用有波动的原始伪距计算电离层模型，14 参和 8 参模型预报 2 小时误差分别达到了 7.25 TECU 和 8.16 TECU。

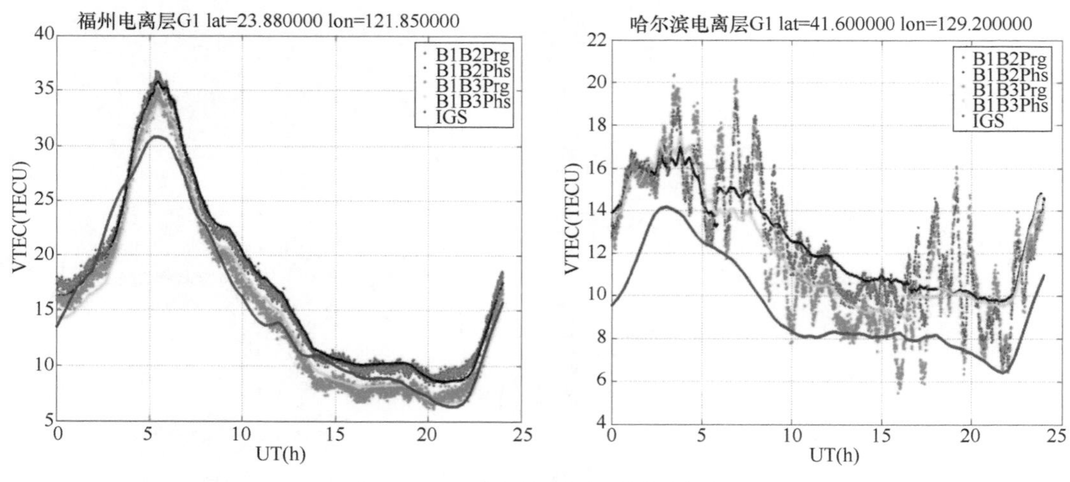

图 8.4 C01 星监测电离层周日变化

左图为福州站，右图为哈尔滨站

8.2.3.2 伪距波动对精密定轨影响

采用有波动的原始伪距进行精密定轨，并以载波相位观测值处理结果为标准值对伪距定轨的结果进行评估。定轨时采用所有境内测站 3 天的无电离层组合观测数据。

基于伪距的定轨与载波相位定轨得到的卫星轨道的差值如图 8.5 所示，可见采用伪距观测量进行定轨的定轨误差达到了数十米。进一步分析伪距定轨结果，图 8.6 给出了定轨后的北京站伪距残差（蓝色）与伪距波动（红色）。从图中可以看出，伪距波动被定轨残差吸收，从而不影响精密定轨的参数估计。

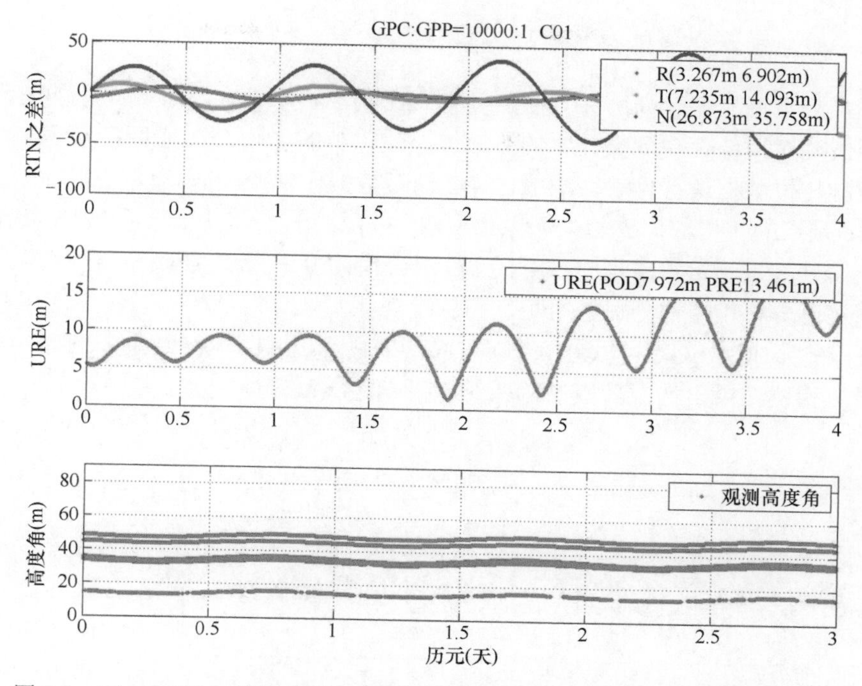

图 8.5 C01（GEO）采用纯伪距以及伪距+载波相位两种解算策略定轨结果之差

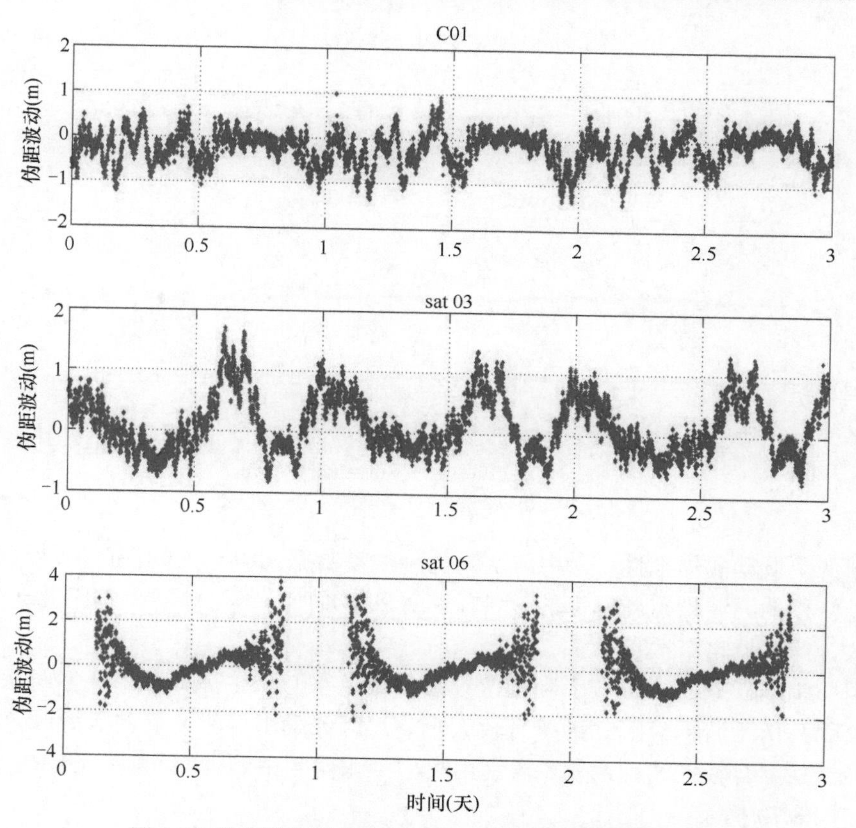

图 8.6 北京站伪距残差与无电离层组合观测量伪距波动

8.2.3.3 伪距波动对广域差分与完好性解算影响

相位观测数据精度较高，并且多路径效应影响小，不存在伪距数据中的波动情况。分析伪距波动对用伪距观测量计算的等效钟差改正数的影响，分别采用伪距数据和修正了模糊度的相位数据进行计算。取 B1、B2 伪距数据作伪距无电离层组合（PC 组合），取 B1、B2 频点的相位数据作相位无电离层组合（LC 组合），以消除数据中电离层影响。其中相位模糊度采用定轨过程中解算的 LC 组合模糊度进行离线修正。

按照上述分析策略，分别采用相位和伪距观测量解算得到的等效钟差改正数，并进行 UDRE 评估。以 GEO 卫星 C01、C03，IGSO 卫星 C06 为例，结果如图 8.7 所示，可见相对载波相位结果，伪距获取的等效钟差受伪距波动影响明显。

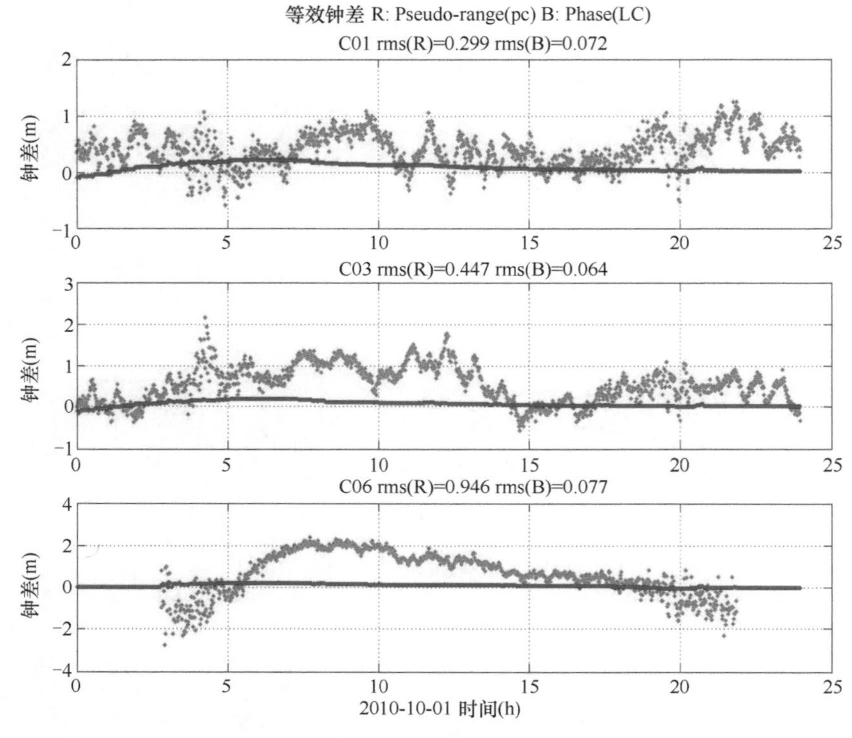

图 8.7 GEO/IGSO 卫星的等效钟差对比

红色为采用伪距观测量，蓝色为采用相位观测量

根据伪距波动的周期性，采用前两天伪距波动数据预报当天的伪距波动，并进行修正。通过修正伪距波动重新解算等效钟差。如图 8.8 所示，可以看出伪距波动建模修正后，等效钟差结果略有改善。

采用 2010 年 10 月 1 日伪距和相位观测数据计算 UDRE，计算结果如图 8.9 所示，可以看出因为伪距波动对等效钟差有较大影响，因此采用伪距计算的等效钟差改正后，UDRE 仍然残留有较大波动误差。若利用模型消弱伪距中波动的影响，UDRE 误差有所减小，如图 8.10 所示。

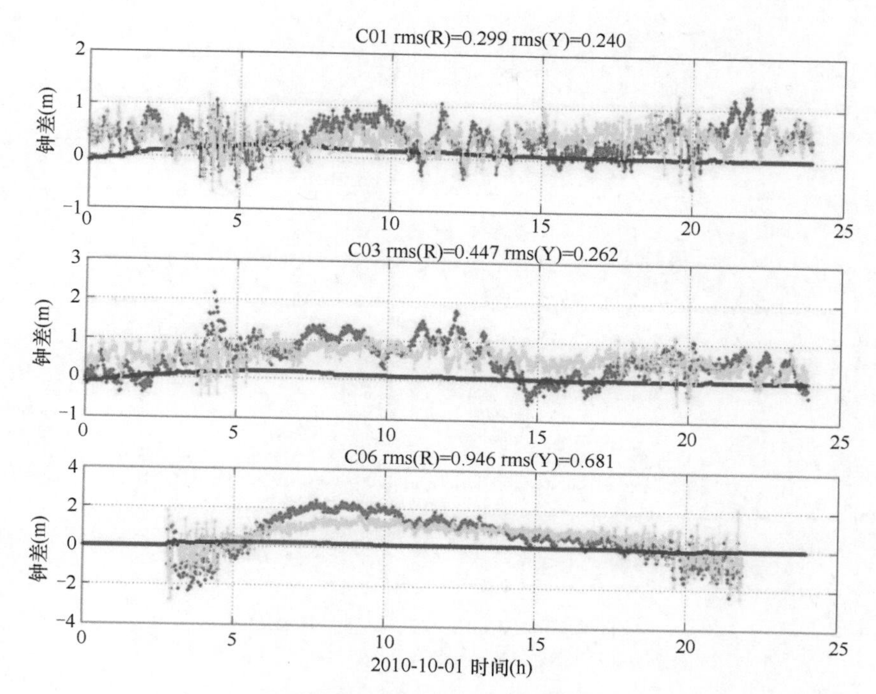

图 8.8　GEO/IGSO 卫星的等效钟差

红色为采用伪距量，蓝色为采用相位，黄色为采用扣除波动后的伪距

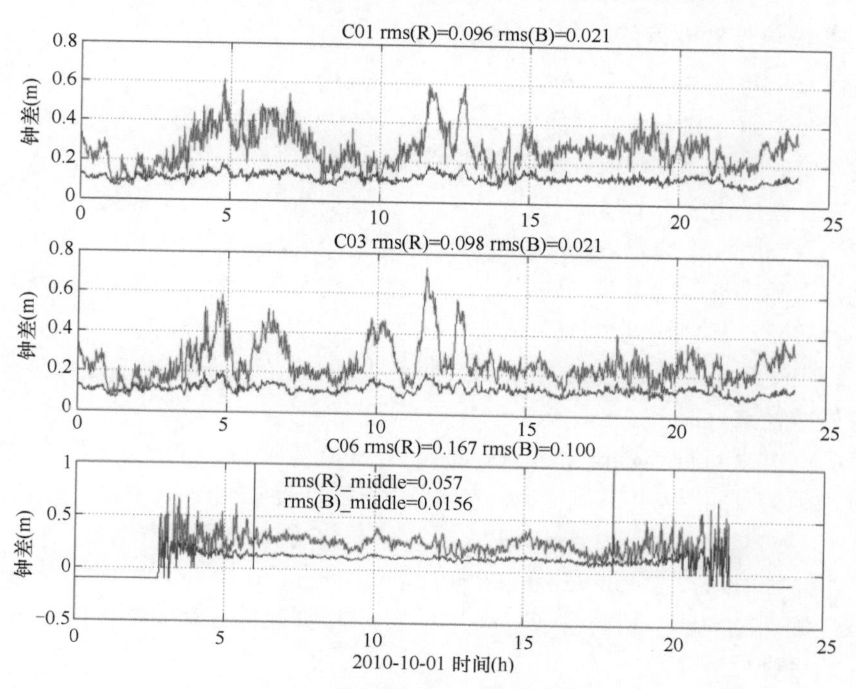

图 8.9　GEO/IGSO 卫星的 UDRE

红色为采用伪距数据，蓝色为采用相位数据

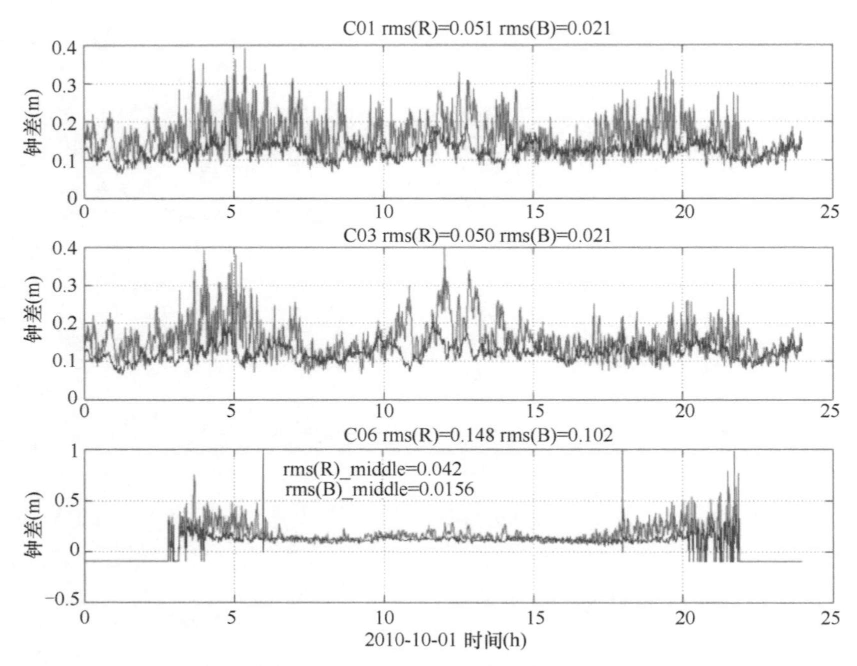

图 8.10　GEO/IGSO 卫星的 UDRE

红色为采用扣除波动后的伪距数据，蓝色为采用相位数据

8.3　抗多径方法

8.3.1　抗多径信号处理方法

用于接收机的抗多径信号处理方法主要通过两种技术途径实现：一是抗多径天线设计，通过天线设计抑制多径信号的接收；二是基带信号处理，通过基带跟踪环路算法抑制测量过程中的多径误差量值。常用方法主要有以下几种：

（1）右旋圆极化接收天线。卫星导航信号为右旋圆极化信号，而信号经过奇数次反射后，变为左旋圆极化信号，将接收机极化方式设计成与导航信号极化方式一致，可以有效抑制经奇数次反射的多路径信号。然而，经偶数次反射的信号能量衰减程度一般较大，即使被接收，其影响也相对较小。

（2）扼流圈天线。该设计减小了天线对地平线以下空间方向上以及低仰角区的增益，因此能有效减轻来自地面及低仰角散射体的多路径信号。

（3）窄距相关（narrow correlation spacing）。在其他条件相同的情况下，若减小码伪距测量时的相关器间距，将有利于码环抵制多路径效应，减小由多路径造成的码伪距测量误差。

（4）多路径消除技术（multipath elimination technology，MET）。利用对称分布在自相关函数主峰两侧的四个相关器（每侧各两个），根据两侧计算的斜率推导出多路径信号情况，然后进行消除。

（5）多路径估计延迟锁定环路（multipath estimation delay lock loop，MEDLL）。这种方法是通过一组相关器采样和测量自相关函数主峰来分离直射信号与反射信号。仿真测试表明，该方法能消除高达 90%的多路径误差。

通过天线设计的方法抑制多路径误差有一定的局限性，右旋极化天线只能解决一部分问题，扼流圈虽能抑制大部分多径信号，但仅对来自低仰角多路径信号起到抑制作用，且造价高、体积大、携带不便；MET、MEDLL 等基于接收机跟踪环路的信号处理算法，可以较好地解决长延迟多径信号对伪距测量的影响，但很难消除短延迟多径信号（0.1～0.2 码片长度的延迟）的影响，如图 8.11 所示，在 0.1～0.2 chip 范围内，存在显著的伪距跟踪误差，并且这两种处理方法会大幅增加接收机跟踪环路的复杂性和设备成本。

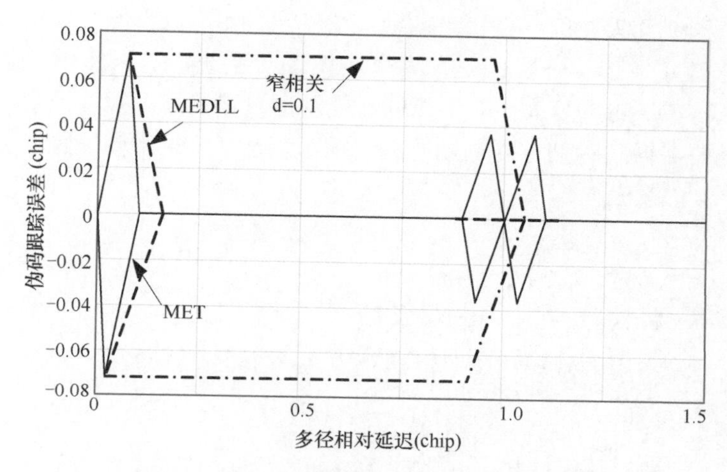

图 8.11　不同技术的伪码跟踪误差包络曲线

8.3.2　抗多径数据处理方法

基于数据处理的消除或抑制多路径误差方法包括：

（1）信噪比（SNR）定权。SNR 能反映信号质量，一般认为多路径误差大时，SNR 小，而当多路径误差小时，SNR 值较大。因此，在 GNSS 定位解算时，根据 SNR 对观测值进行定权，可以有效地减弱多路径对定位结果的影响。

（2）载波相位平滑码伪距。从前述可知，多路径对码伪距观测值的影响远大于对载波相位观测值的影响，因此，通过载波相位平滑码伪距可以有效地降低伪距中的多路径误差。

（3）恒星日滤波（sidereal filtering，SF）。GPS 卫星的运行周期约为 11h58min，考虑到地球的自转，对于地面上固定的某一测站，GPS 卫星每隔约一个恒星日（23h56min04s）的时间将重现在测站上空同一位置，或者说卫星每天提前约 4min 出现在同一位置。对于固定的测站，假设测站周边环境不变，多路径误差跟卫星相对于测站的几何位置相关，可认为多路径是以恒星日为周期。利用这一规律，可以用前一天或几天的多路径值来修正当前观测值，这一方法称为恒星日滤波。

前一天或几天的多路径值可通过计算后的观测值残差或坐标残差获取（分别对应观测值域和坐标域的恒星日滤波），其中残差包含多路径误差与接收机噪声，一般通过各种滤波手段分离多路径误差与接收机噪声。当利用多天数据时，可以通过多天对应时刻残差值取平均的方法降低噪声对多路径估值的影响。

（4）多路径半天球图法（multipath hemisphere map，MHM）（Dong et al.，2016）。对于周边环境保持不变的固定测站，多路径跟卫星相对于测站的几何关系相关。若两颗不同的卫星，它们在经过同一高度角和方位角的半天球位置时，其所产生的多路径误差值比较接近。

多路径半天球图法根据测站位置，将测站上空半天球按高度角和方位角以一定的间隔划分成网格，将落入每一格的所有卫星的残差值取平均值，作为这一格点的多路径改正值。这一方法克服了恒星日滤波只能在时间上进行滤波的限制，使得多径修正不仅仅可由该卫星前一天或几天在同一个格点的数据来改正，还可以由经过该格点的其他卫星的多路径数据来改正。值得一提的是，对于我国北斗系统，其星座由多类卫星组成，MEO 与 IGSO 或 GEO 的重复周期并不相同，使用恒星日滤波（北斗卫星不是以恒星日周期重复，而是要根据实际的重复周期滤波）相对复杂，而采用多路径半天球图法相对易于实现。

8.3.2.1 双频相位平滑伪距

1）Hatch 滤波

Hatch 滤波是最常用的双频相位平滑伪距方法（Hatch，1982），其表达式为

$$\begin{cases} \overline{P_1}(t_1) = P_1(t_1) \\ \overline{P_1}(t_i) = \left(1 - \dfrac{1}{i}\right)\left(\overline{P_{\mathrm{IF}}}(t_{i-1}) + L_{\mathrm{IF}}(t_i) - L_{\mathrm{IF}}(t_{i-1})\right) + \dfrac{1}{i} P_{\mathrm{IF}}(t_i) \end{cases} \tag{8.4}$$

由式中可以看出，由于伪距相位电离层延迟相反的特性，式中伪距相位均为无电离层组合观测值。若相位发生周跳，则平滑过程重新初始化。

2）CNMC 相位平滑伪距

针对单频数据的相位平滑伪距，CNMC（code noise and multipath correction）算法的计算过程如下：

以 L1 频点为例，假设初始时刻的伪距多路径误差为 0，包含 L1 相位模糊度、伪距多路径误差、伪距相位硬件延迟偏差、相位缠绕在内的偏差 CBias_1 为

$$\mathrm{CBias}_1(t_1) = P_1(t_1) - L_1(t_1) - \frac{2f_2^2}{f_1^2 - f_2^2}\left(L_1(t_1) - L_2(t_1)\right) \tag{8.5}$$

若未发生周跳，则 CBias_1 可类似式（8.4）表达为

$$\mathrm{CBias}_1(t_i) = \frac{i-1}{i}\mathrm{CBias}_l(t_{i-1}) + \frac{1}{i}\left(P_1(t_i) - L_1(t_i) - \frac{2f_2^2}{f_1^2 - f_2^2}\left(L_1(t_i) - L_2(t_i)\right)\right) \tag{8.6}$$

则伪距观测值可表达为

$$\begin{cases} \overline{P_1}(t_1) = P_1(t_1) \\ \overline{P_1}(t_i) = L_1(t_i) + \dfrac{2f_2^2}{f_1^2 - f_2^2}\left(L_1(t_i) - L_2(t_i)\right) + \mathrm{CBias}_1(t_i) \end{cases} \tag{8.7}$$

比较 Hatch 滤波和 CNMC，可以发现 Hatch 滤波主要对双频无电离层组合伪距进行

平滑，而 CNMC 则可以分别对单频伪距进行平滑，但 CNMC 仍然依赖于双频相位数据求得电离层延迟误差。相关文献表明，Hatch 滤波与 CNMC 本质上是等价的（常志巧，2015）。

以 2016 年 1 月 1 日 ONSA 站的数据为例。分别利用 Hatch 滤波和 CNMC 算法进行相位平滑伪距，并进行双频无电离层组合伪距单点定位，将其与原始伪距的定位结果进行比较。图 8.12 为原始伪距、Hatch 滤波和 CNMC 算法的 G02 卫星伪距观测值残差 OMC（observation minuse correction）的比较结果，可以看到两种相位平滑伪距方法都能大大减小观测值噪声，且两种方法结果等价。图 8.13 给出了原始伪距和 CNMC 伪距定位在 N、E、U 三个方向的定位误差（Hatch 滤波结果与 CNMC 结果相同），可以看到平滑后的定位结果噪声大大减小，定位误差也从 1.44m、0.86m、2.58m 减小至 0.62m、0.41m、1.25m。

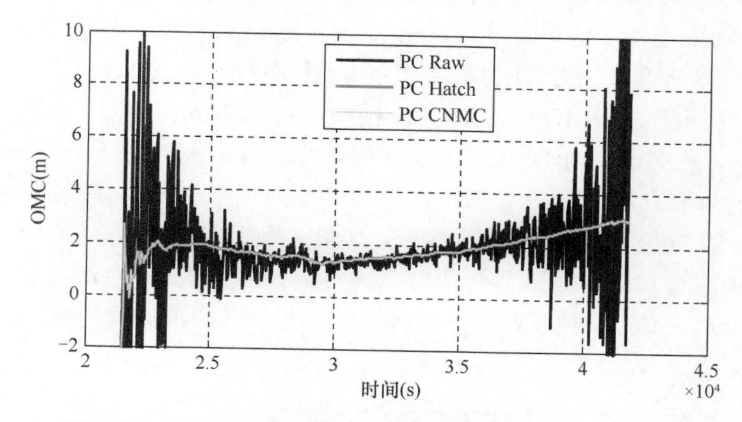

图 8.12　ONSA 站 G02 卫星不同相位平滑伪距方法的 OMC

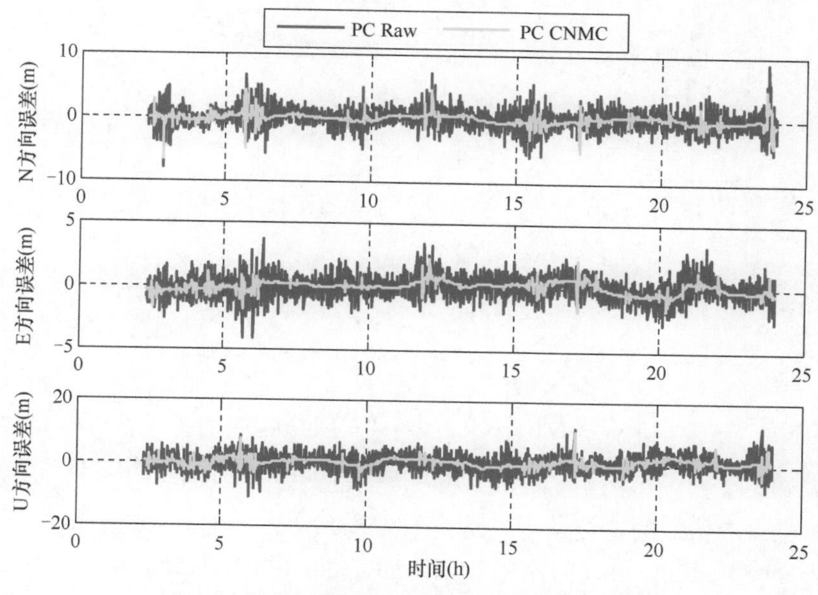

图 8.13　原始伪距与 CNMC 伪距双频定位结果

8.3.2.2　单频相位平滑伪距

对于单频伪距相位数据，可采用 divergence-free smoother 平滑方法（Subirana，2013）。

由于伪距与相位电离层延迟影响相反，当电离层在一定时间内变化比较稳定时，与多历元平均的结果差异很小，因此可以在滑动时间窗口内利用历元间相位的变化对伪距进行平滑。仿照式（8.4），以 L1 频点伪距相位为例，有

$$\begin{cases} \overline{P_1}(t_1) = P_1(t_1) \\ \overline{P_1}(t_i) = \left(1-\dfrac{1}{i}\right)\left(\overline{P_1}(t_{i-1}) + L_1(t_i) - L_1(t_{i-1})\right) + \dfrac{1}{i}P_1(t_i) \end{cases} \tag{8.8}$$

上式中，滑动时间窗口可以根据经验进行设置，一般数据采样率越高，窗口时间可以设置越小。

图 8.14 为 ONSA 站 P1 单频采用原始伪距（P1 Raw）、divergence-free smoother 1800s 平滑窗口（P1 Smooth 1800s）、divergence-free smoother 300s 平滑窗口（P1 Smooth 300s）、CNMC 双频平滑方法的 G02 卫星的伪距观测值残差 OMC 及其电离层延迟变化，其中电离层模型采用 IGS 事后 GIM 模型。可以看到 CNMC 方法由于不受电离层延迟的影响，最接近真实 OMC。当电离层延迟变化较稳定时，两种 divergence-free smoother 方法都能取得较好的效果。由于 1800s 时间大大平滑了伪距噪声，因此 P1 Smooth 1800s 较 300s 的 OMC 变化更稳定，也更接近 CNMC 方法。但当电离层变化较大时，电离层延迟与多历元平均结果差异较大，P1 Smooth 1800s 的 OMC 出现发散，而 P1 Smooth 300s 仍然接近真实 OMC。可见合适的滑动时间窗口对单频相位平滑伪距的影响很大。

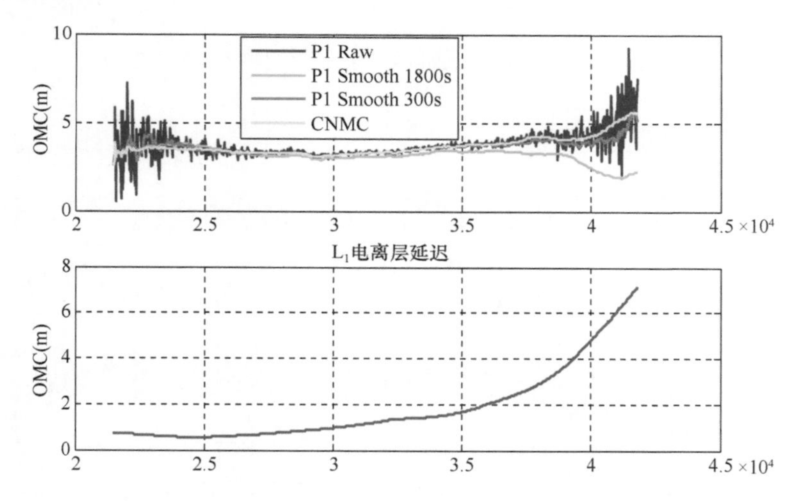

图 8.14 ONSA 站 G02 卫星不同单频相位平滑伪距方法的 OMC（上图）及电离层变化（下图）

图 8.16 和表 8.1 给出了这四种方法的定位结果比较。CNMC 的定位效果最好，甚至优于双频相位平滑伪距的定位结果，这是因为双频伪距无电离层组合放大了观测值噪声。而 divergence-free smoother 方法中 P1 Smooth 300s 较 P1 Smooth 1800s 更接近 CNMC 的结果，P1 Smooth 1800s 在某些时段定位结果出现偏差。总体上，不同的单频相位平滑伪距定位结果都较原始单频伪距有改善。

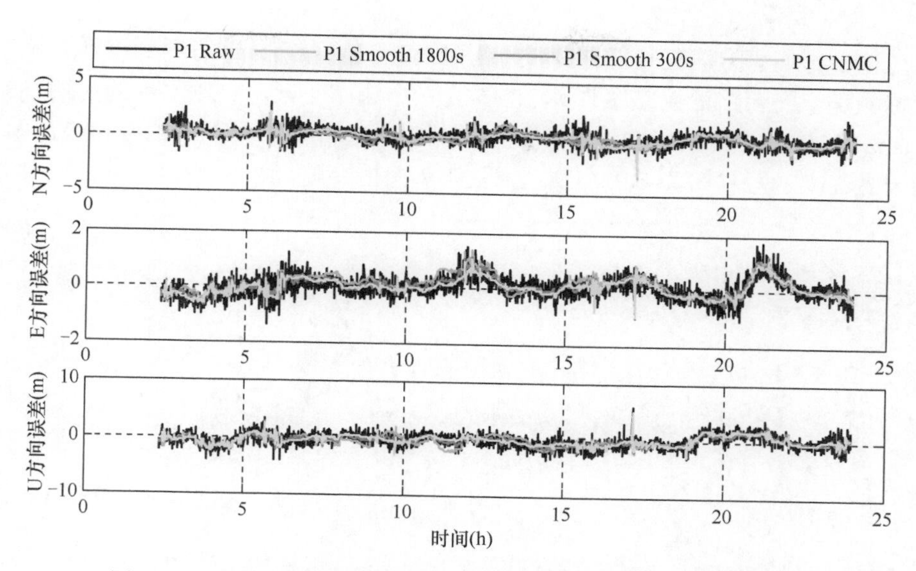

图 8.15　原始单频伪距与不同单频相位平滑伪距方法定位结果比较

表 8.1　几种单频相位平滑伪距的效果　　（单位：m）

方向	P1 Raw	P1 Smooth 1800s	P1 Smooth 300s	P1 CNMC
N	0.57	0.45	0.39	0.37
E	0.39	0.39	0.32	0.30
U	1.15	1.01	0.87	0.87

8.3.2.3　恒星日滤波

恒星日滤波是根据卫星轨道运行周期的重复性发展而来的方法，它利用多天同时段的重复观测进行多路径建模以削弱后续观测中同时段的重复性多路径效应。对于GPS卫星来说，卫星设计的运行周期为半个恒星日，约11h58min。但卫星在实际运动过程中，受到日月引力，大气阻力，太阳辐射压力，地球潮汐引力等摄动力的影响，其卫星轨道的运行周期也是不断变化的，因此卫星轨道的运行周期可由式（8.9）计算得到。

$$\begin{cases} T = \dfrac{2\pi}{n} \\ n = \sqrt{GM} \times \sqrt{a}^{-3} + \Delta n \end{cases} \tag{8.9}$$

其中，n为平均角速度摄动参数；GM为地球引力常数；$\sqrt{a}$为卫星轨道的长半轴的平方根；Δn为卫星平均运动速率与计算值之差。$\sqrt{a}$与Δn可以通过实时广播星历获取。

多路径信息提取包括测量域与坐标域两种。其中观测域的多路径提取利用非组合PPP进行事后处理，固定测站坐标为已知精确值，卫星星历和钟差采用IGS最终产品，通过正反向滤波获取每一历元的最优估计，得到每一历元的伪距和载波相位观测量的残差。

通过移动平均等方法进行低通滤波，消除高频测量噪声，即可得到每颗卫星伪距和载波相位测量值的多路径误差序列。图 8.16 为一个测站 4 天同一颗卫星的观测残差序列（Dong et al.，2016），除了时间上存在一个整体平移之外，不同天的残差趋势基本一致。相邻两天时间上的平移即为 GPS 恒星日与 24 小时的差值。

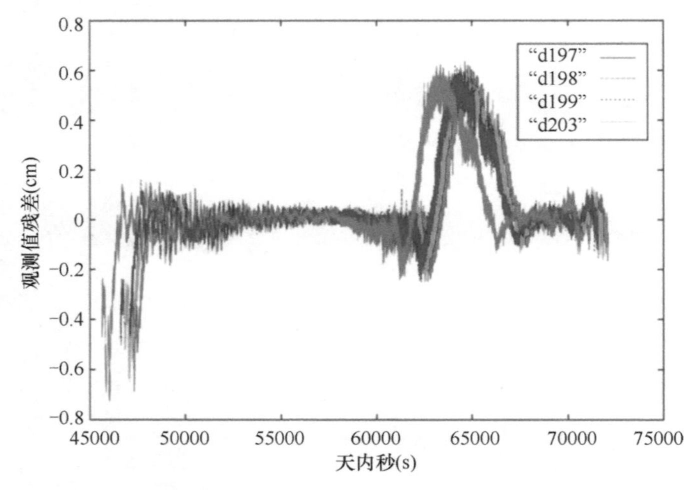

图 8.16　测站对同一卫星 2015 年不同天观测值残差的比较

以上残差恒星日的重复，是因为轨道重复性和周围环境基本相同，其相邻几天的结果所受多路径影响相似。利用低通滤波器消除高频噪声的影响，基于观测域对前 k 天的结果提取多路径误差，同时通过广播星历获得的平均卫星轨道重复周期进行相应的平移，最后将平移后的多路径误差进行预报，可用于改善第 N 天的测量结果，实现基于恒星日滤方法削弱重复性多路径效应。

8.3.2.4　多路径半天球图法

多路径半天球模型依赖于多路径时空不变性的特征，适用于天线与周围多路径反射源保持相对静止（包括静态和天线与反射源相对静止的动态）环境，用来消除低频多路径效应。图 8.17 为一个静态测站所有卫星的观测残差按照高度角/方位角的分布情况，

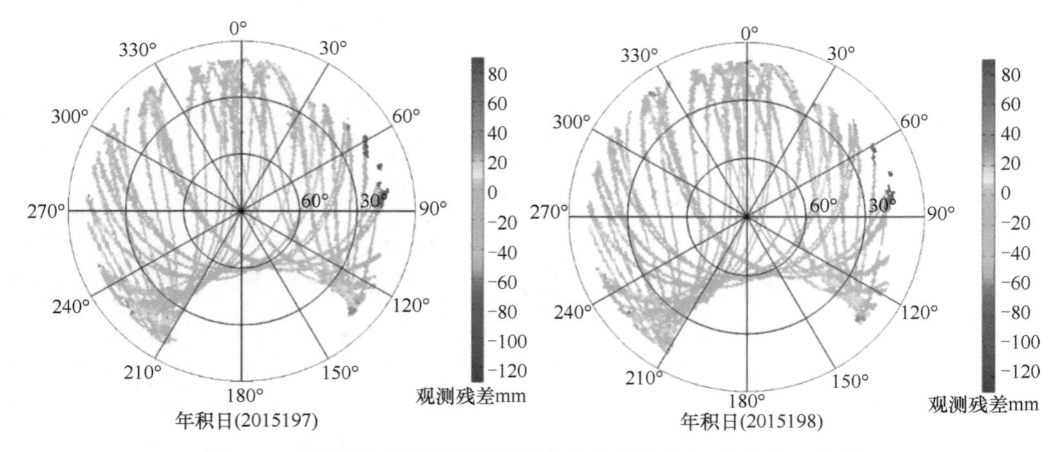

图 8.17　相邻两天所有卫星观测值残差的高度角/方位角二维图

左右两个子图分别为相邻两天的情况。从左右两个子图的对比可以看出，测站相邻两天的观测值多路径残差在相同高度角、方位角空间上存在很好的重复性。

根据以上特性可建立多路径半天球模型（Dong et al.，2016）。其流程为：①将每个历元的观测值残差结果从地心地固坐标系转为地理坐标系，并建立以基准站天线为原点的载体坐标系，计算每个历元卫星信号所对应的高度角和方位角。②根据卫星的高度角和方位角，将空间依照高度角和方位角分为网状半球，根据具体需要确定所用多路径半天球模型网格格点大小。③将经过同一格点内的卫星，经过该格点时的历元所对应的残差值求平均，平均后的数值即为多路径半天球模型在该格点的数值，平均后的数值可以削弱观测噪声和高频多路径效应的影响，保留低频多路径效应。

用户在使用多路径半天球模型的进行多路径的改正过程为：①将得到的观测数据的高度角和方位角转换至地理坐标系或载体坐标系所对应的高度角和方位角。②从多路径半天球模型中找到该高度角与方位角所对应的格点，并通过该格点内的多路径误差值，计算得到改正值。

8.3.3 试验验证

8.3.3.1 CNMC 单频点波动分析

利用 CNMC 方法对 2011 年 3 月 18 日北斗参考站接收机原始观测数据进行分析，与原始观测数据伪距波动进行比较。各个测站各单频点中多径 RMS 如下表 8.2～表 8.6 所示。

表 8.2 各测站对 C01 星各频点伪距波动 RMS 统计 （单位：m）

测站	B1 原始	B1CNMC	B2 原始	B2CNMC	B3 原始	B3CNMC
0201	0.060	0.011	0.021	0.005	0.026	0.014
0401	0.294	0.064	0.267	0.067	0.039	0.019
0601	0.793	0.130	0.341	0.087	0.219	0.083
0701	0.150	0.112	0.054	0.031	0.038	0.025
0901	0.244	0.193	0.062	0.045	0.061	0.043
1001	0.304	0.090	0.196	0.150	0.147	0.099
1101	0.152	0.050	0.172	0.090	0.060	0.028
1301	0.418	0.139	0.418	0.126	0.286	0.088
1601	0.256	0.094	0.162	0.047	0.132	0.076
1801	0.488	0.254	0.311	0.173	0.320	0.170
1901	0.223	0.082	0.083	0.040	0.071	0.040
2002	0.229	0.039	0.050	0.022	0.060	0.024
2401	0.253	0.130	0.099	0.046	0.174	0.091

表 8.3 各监测站对 C03 星各频点伪距波动 RMS 统计 （单位：m）

测站	B1 原始	B1CNMC	B2 原始	B2CNMC	B3 原始	B3CNMC
0201	0.103	0.064	0.041	0.028	0.039	0.017
0401	0.067	0.024	0.059	0.028	0.051	0.015
0601	0.099	0.032	0.063	0.030	0.094	0.036
0701	0.046	0.022	0.020	0.007	0.020	0.011

续表

测站	B1 原始	B1CNMC	B2 原始	B2CNMC	B3 原始	B3CNMC
0901	0.436	0.225	0.132	0.074	0.115	0.055
1001	0.097	0.038	0.089	0.073	0.115	0.063
1101	0.301	0.118	0.113	0.053	0.111	0.028
1301	0.627	0.176	0.358	0.083	0.381	0.111
1601	0.166	0.096	0.238	0.116	0.150	0.061
1801	0.228	0.112	0.126	0.060	0.105	0.059
1901	0.130	0.051	0.084	0.039	0.071	0.035
2002	0.152	0.041	0.126	0.031	0.126	0.058
2402	0.107	0.054	0.132	0.073	0.178	0.093

表 8.4　各监测站对 C04 星各频点伪距波动 RMS 统计　（单位：m）

测站	B1 原始	B1CNMC	B2 原始	B2CNMC	B3 原始	B3CNMC
0201	0.105	0.031	0.059	0.039	0.028	0.012
0401	0.260	0.121	0.060	0.021	0.060	0.015
0601	0.499	0.366	0.186	0.087	0.161	0.104
0701	0.259	0.115	0.071	0.038	0.071	0.051
0901	0.466	0.183	0.177	0.073	0.200	0.074
1001	0.202	0.051	0.120	0.046	0.177	0.080
1101	0.105	0.031	0.059	0.039	0.028	0.012
1301	0.574	0.174	0.320	0.086	0.240	0.041
1601	0.323	0.103	0.252	0.117	0.119	0.032
1701	0.487	0.501	0.204	0.208	0.208	0.159
1801	1.051	0.534	0.519	0.250	0.518	0.185
1901	0.185	0.071	0.214	0.132	0.166	0.108
2002	0.255	0.077	0.084	0.040	0.084	0.054
2401	0.323	0.177	0.228	0.186	0.227	0.104

表 8.5　各监测站对 C06 星各频点伪距波动 RMS 统计　（单位：m）

测站	B1 原始	B1CNMC	B2 原始	B2CNMC	B3 原始	B3CNMC
0201	0.192	0.107	0.171	0.127	0.160	0.220
0401	0.284	0.152	0.186	0.107	0.180	0.188
0601	0.438	0.158	0.171	0.103	0.159	0.177
0603	0.356	0.153	0.192	0.118	0.207	0.191
0701	0.253	0.134	0.117	0.056	0.128	0.062
0901	0.265	0.169	0.130	0.098	0.124	0.087
1001	0.244	0.159	0.180	0.122	0.162	0.083
1101	0.236	0.083	0.248	0.104	0.243	0.148
1301	0.372	0.192	0.383	0.202	0.302	0.244
1601	0.376	0.175	0.274	0.132	0.229	0.225
1701	0.219	0.226	0.189	0.192	0.329	0.202
1801	0.460	0.166	0.238	0.105	0.230	0.112
1901	0.390	0.100	0.266	0.187	0.311	0.309
2002	0.203	0.106	0.165	0.140	0.160	0.206
2401	0.326	0.309	0.295	0.193	0.324	0.263

表 **8.6** 各监测站对 **C07** 星各频点伪距波动 **RMS** 统计 （单位：m）

测站	B1 原始	B1CNMC	B2 原始	B2CNMC	B3 原始	B3CNMC
0201	0.231	0.161	0.195	0.150	0.139	0.248
0401	0.339	0.153	0.210	0.133	0.177	0.233
0601	0.382	0.184	0.179	0.145	0.164	0.263
0701	0.260	0.075	0.112	0.046	0.104	0.060
0901	0.218	0.086	0.138	0.085	0.105	0.092
1001	0.317	0.183	0.176	0.093	0.162	0.088
1101	0.299	0.119	0.272	0.119	0.256	0.207
1301	0.389	0.169	0.399	0.178	0.332	0.225
1601	0.335	0.153	0.252	0.148	0.239	0.231
1701	0.244	0.244	0.224	0.224	0.339	0.274
1801	0.389	0.094	0.274	0.131	0.237	0.144
1901	0.349	0.187	0.184	0.125	0.229	0.211
2001	0.222	0.140	0.154	0.124	0.153	0.205
2401	0.331	0.186	0.262	0.132	0.200	0.150

图 8.18～图 8.22 分别为采用 CNMC 算法前后不同站接收机对不同星单频点的多径干扰情况。

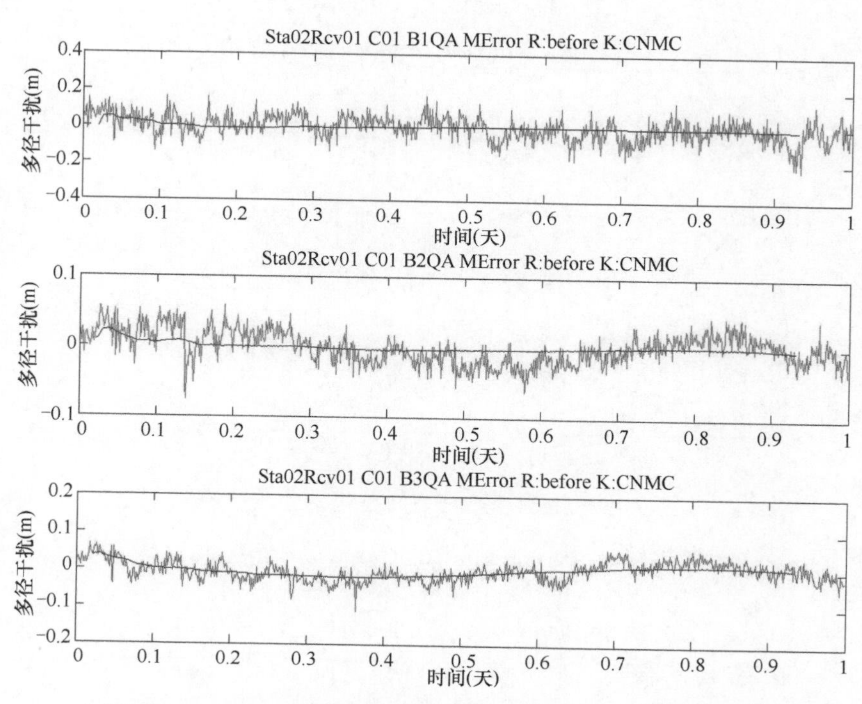

图 8.18 CNMC 算法前后北京站对 C01 星 B1/B2/B3 频点多径

红色为采用原始数据，黑色为 CNMC 数据

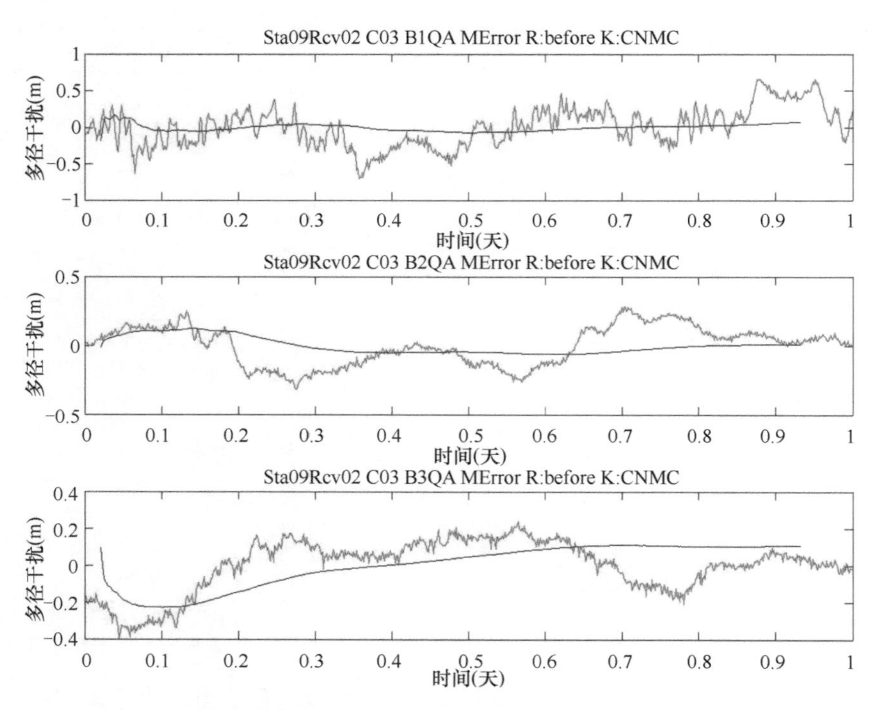

图 8.19　CNMC 算法前后哈尔滨站对 C03 星 B1/B2/B3 频点多径

红色为采用原始数据，黑色为 CNMC 数据

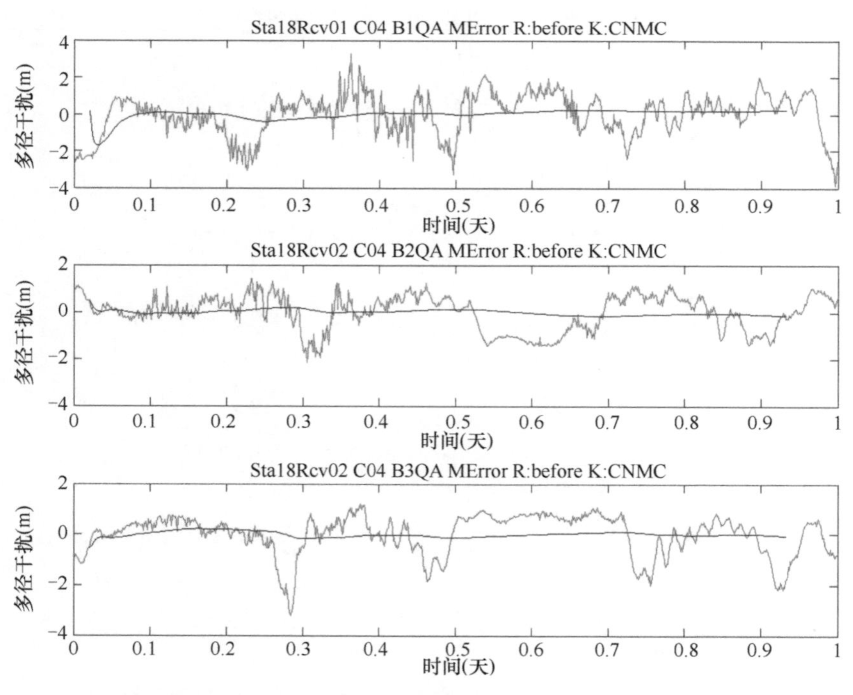

图 8.20　CNMC 算法前后格尔木对 C04 星 B1/B2/B3 频点多径

红色为采用原始数据，黑色为 CNMC 数据

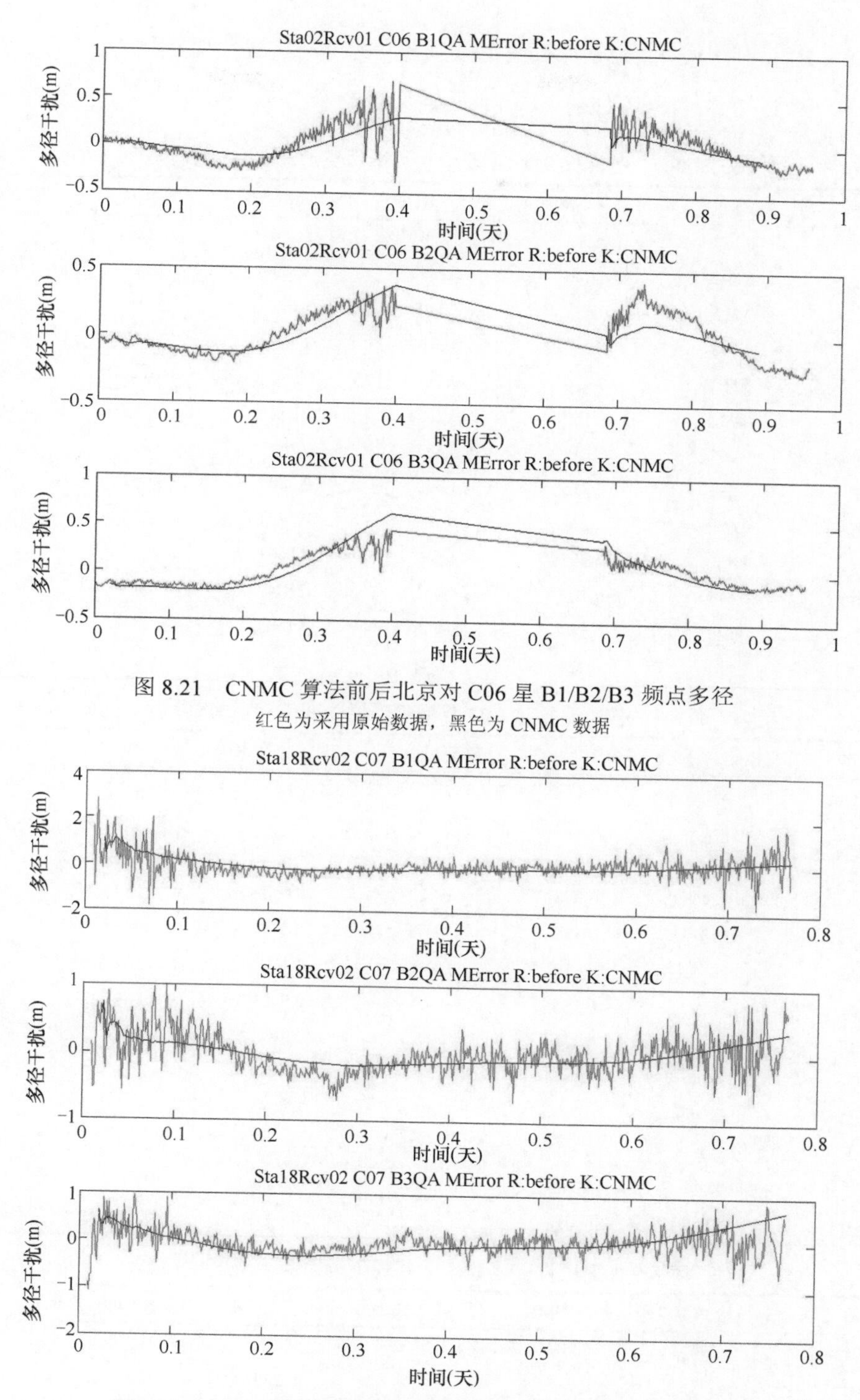

图 8.21　CNMC 算法前后北京对 C06 星 B1/B2/B3 频点多径

红色为采用原始数据，黑色为 CNMC 数据

图 8.22　CNMC 算法前后格尔木对 C07 星 B1/B2/B3 频点多径

红色为采用原始数据，黑色为 CNMC 数据

8.3.3.2　CNMC 算法双频伪距波动分析

获得每个频点伪距波动之后，利用式（2.41）计算伪距及载波相位无电离层组合之

差PL3=$P_3 - L_3$；利用式（2.42）计算两个频点之间的电离层组合观测量P_4（第 1，2 频点为$P_4(1,2)$，第 1，3 频点为$P_4(1,3)$）。统计不同组合的多径 RMS，如表 8.7～表 8.11 所示。

表 8.7　各测站对 C01 双频观测量伪距波动 RMS 统计　　（单位：m）

测站	原始 PL3	PL3CNMC	原始 P4(1,2)	P4(1,2)CNMC	原始 P4(1,3)	P4(1,3)CNMC
0201	0.148	0.022	0.135	0.018	0.185	0.037
0401	0.392	0.096	0.254	0.089	0.445	0.458
0601	2.323	0.428	2.349	0.457	2.219	0.487
0701	0.393	0.280	0.373	0.267	0.442	0.310
0901	0.567	0.426	0.497	0.356	0.696	0.378
1001	0.737	0.182	0.705	0.252	1.011	0.602
1101	0.491	0.218	0.557	0.269	0.452	0.100
1301	1.221	0.316	1.342	0.320	1.653	0.362
1601	0.629	0.252	0.608	0.248	0.578	0.103
1801	1.450	0.805	1.512	0.856	2.101	1.040
1901	0.517	0.160	0.461	0.124	0.633	0.189
2002	0.841	0.173	0.748	0.156	1.045	0.221
2401	2.451	1.220	3.707	1.830	0.522	0.214

表 8.8　各监测站对 C03 双频观测量伪距波动 RMS 统计　　（单位：m）

测站	原始 PL3	PL3CNMC	原始 P4(1,2)	P4(1,2)CNMC	原始 P4(1,3)	P4(1,3)CNMC
0201	0.235	0.121	0.205	0.088	0.285	0.168
0401	0.131	0.022	0.124	0.017	0.221	0.096
0601	0.270	0.090	0.272	0.097	0.514	0.189
0701	0.124	0.056	0.122	0.053	0.165	0.083
0901	1.118	0.535	1.053	0.489	1.410	0.678
1001	0.214	0.079	0.216	0.119	0.262	0.202
1101	0.860	0.366	0.857	0.376	1.064	0.387
1301	1.502	0.431	1.421	0.403	2.233	0.395
1601	0.370	0.111	0.459	0.111	0.829	0.422
1801	0.590	0.285	0.576	0.276	0.625	0.271
1901	0.352	0.114	0.356	0.104	0.449	0.148
2002	0.501	0.117	0.540	0.122	0.611	0.126
2401	0.548	0.164	0.504	0.147	0.584	0.196

表 8.9　各监测站对 C04 双频观测量伪距波动 RMS 统计　　（单位：m）

测站	原始 PL3	PL3CNMC	原始 P4(1,2)	P4(1,2)CNMC	原始 P4(1,3)	P4(1,3)CNMC
0201	0.296	0.107	0.300	0.125	0.328	0.115
0401	0.665	0.285	0.618	0.250	0.772	0.344
0601	1.203	0.846	1.095	0.762	1.631	1.183
0701	0.680	0.325	0.647	0.320	0.816	0.320
0901	1.135	0.474	1.030	0.393	1.530	0.720
1001	0.526	0.144	0.520	0.154	0.849	0.304
1101	1.305	0.327	1.194	0.242	1.664	0.590

续表

测站	原始 PL3	PL3CNMC	原始 P4(1,2)	P4(1,2)CNMC	原始 P4(1,3)	P4(1,3)CNMC
1301	1.305	0.327	1.194	0.242	1.664	0.590
1601	0.821	0.360	0.838	0.412	0.808	0.250
1801	2.677	1.458	2.589	1.460	3.200	1.490
1901	0.551	0.312	0.627	0.379	0.803	0.469
2002	0.636	0.218	0.589	0.219	0.882	0.361
2401	2.698	1.318	3.987	1.929	0.945	0.214

表 8.10　各监测站对 C06 双频观测量伪距波动 RMS 统计　（单位：m）

测站	原始 PL3	PL3CNMC	原始 P4(1,2)	P4(1,2)CNMC	原始 P4(1,3)	P4(1,3)CNMC
0201	0.388	0.093	0.293	0.091	0.418	0.290
0401	0.364	0.077	0.354	0.069	0.321	0.235
0601	1.182	0.262	1.113	0.166	1.372	0.098
0701	0.592	0.377	0.530	0.363	0.653	0.469
0901	0.664	0.341	0.592	0.207	0.709	0.146
1001	0.512	0.241	0.496	0.117	0.603	0.346
1101	0.568	0.077	0.613	0.111	0.801	0.287
1301	1.178	0.269	1.089	0.193	1.234	0.430
1601	1.184	0.154	1.280	0.032	1.038	0.275
1801	1.369	0.238	1.320	0.217	1.727	0.382
1901	0.757	0.459	0.631	0.120	0.864	0.246
2001	0.908	0.085	0.855	0.147	1.235	0.411
2401	2.300	1.969	3.302	2.776	0.660	1.131

表 8.11　各监测站对 C07 双频观测量伪距波动 RMS 统计　（单位：m）

测站	原始 PL3	PL3CNMC	原始 P4(1,2)	P4(1,2)CNMC	原始 P4(1,3)	P4(1,3)CNMC
0201	0.418	0.143	0.375	0.038	0.478	0.316
0202	0.556	0.349	0.493	0.031	0.651	0.298
0401	0.236	0.066	0.280	0.039	0.345	0.157
0402	0.267	0.061	0.288	0.035	0.329	0.166
0601	0.925	0.128	0.877	0.025	1.050	0.181
0603	0.803	0.122	0.798	0.029	1.006	0.220
0701	0.516	0.180	0.481	0.157	0.582	0.222
0702	0.645	0.343	0.607	0.339	0.811	0.393
0901	0.661	0.177	0.645	0.102	0.654	0.138
0902	0.439	0.162	0.420	0.038	0.415	0.374
1001	0.680	0.323	0.651	0.291	0.833	0.364
1002	0.770	0.159	0.737	0.029	0.923	0.243
1101	0.463	0.073	0.501	0.035	0.602	0.176
1102	0.454	0.068	0.525	0.043	0.582	0.192
1301	1.205	0.636	1.192	0.155	1.407	0.497
1302	0.861	0.293	0.909	0.073	0.931	0.184
1601	0.727	0.148	0.751	0.029	0.954	0.303
1801	0.950	0.208	0.924	0.187	1.250	0.390

续表

测站	原始 PL3	PL3CNMC	原始 P4(1,2)	P4(1,2)CNMC	原始 P4(1,3)	P4(1,3)CNMC
1802	0.996	0.104	0.984	0.034	1.313	0.201
1901	0.469	0.229	0.458	0.122	0.684	0.315
1903	0.575	0.271	0.563	0.230	0.794	0.388
2001	0.868	0.115	0.813	0.035	1.019	0.288
2002	0.361	0.132	0.362	0.038	0.448	0.199
2401	1.121	0.028	1.856	0.243	0.636	0.165
2402	0.388	0.090	0.407	0.045	0.628	0.216

图 8.23、图 8.24 为不同测站双频伪距抗多径的效果。图中横轴为观测弧段（单位：天），纵轴为根据双频观测量计算的斜路径上的总电子含量 TEC 观测量（单位：TECU），没有扣除卫星和接收机的通道时延偏差，所以计算得到的观测量会出现负值，而且不同频率组合计算得到的曲线不重合。

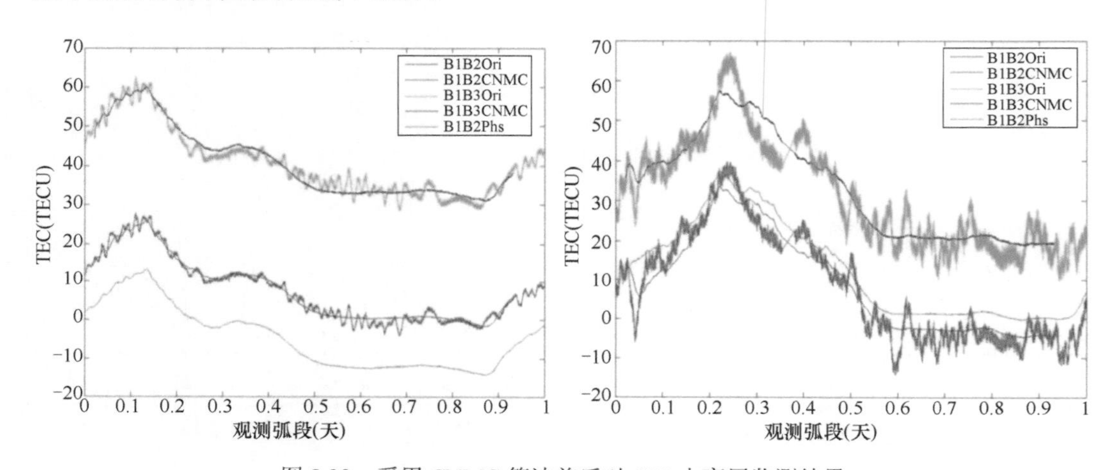

图 8.23　采用 CNMC 算法前后对 C01 电离层监测结果

B1B2Ori 为基于原始双频伪距，B1B3Ori 为基于 B1B3 双频伪距，B1B2CNMC 为基于 CNMC 处理后 B1B2 双频伪距，B1B3CNMC 为基于 CNMC 处理后 B1B3 双频伪距，B1B2Phs 为基于 B1B2 双频相位。左：哈尔滨站，右：乌鲁木齐站

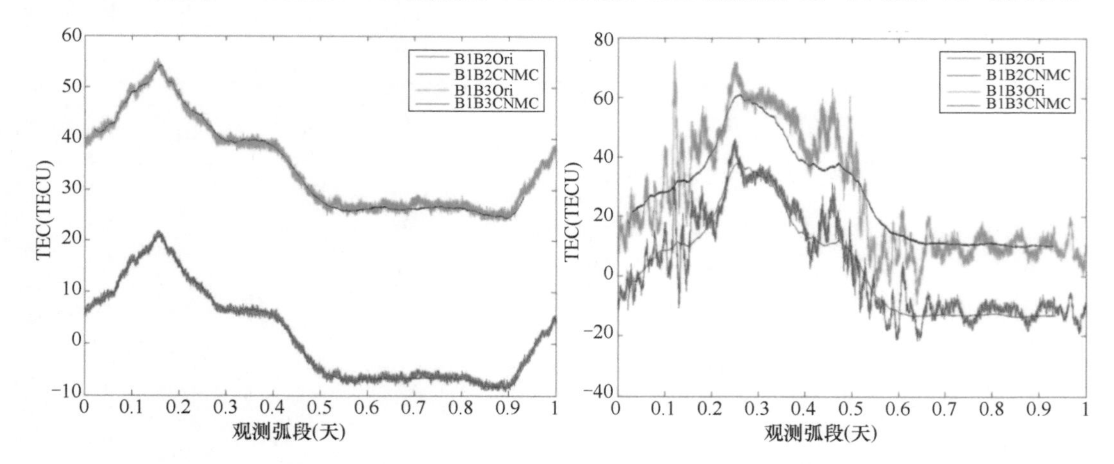

图 8.24　采用 CNMC 算法前后对 C01 电离层监测结果

左图为北京站，右图为喀什站

8.4 抗多径算法与北斗广播星历偏差

8.4.1 北斗广播星历 TGD 序列

北斗地面运控系统将系统时间基准定义在 B3 频点，并且提供 TGD 参数不同频点用户实现基准一致的服务。从上一节分析结果可以看出，BDS 不同频率及频率组合存在系统性的偏差。图 8.25 给出了北斗广播星历 TGD1（B1B3 星上设备时延差）参数与中科院测地所发布的 IGG DCB（Wang et al.，2016）产品的差异。考虑到 IGG DCB 产品与北斗系统的 TGD 参数存在基准问题，在比较时以 C01 卫星作为基准进行扣除。北斗广播星历不同卫星的 TGD1 参数在 2017 年 7 月之前的一致性较差，与 IGGDCB 产品的差异也较为明显；而自 2017 年 7 月 22 日开始，不同卫星的 TGD1 参数表现较高的一致性，与 IGGDCB 产品的差异明显减小。

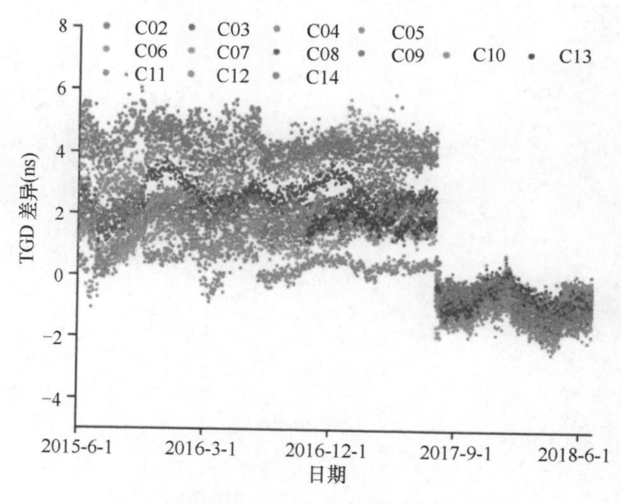

图 8.25 TGD1 与 IGG DCB 产品差异

造成北斗系统 TGD 参数变化的原因，是北斗地面接收机所采取的抗多径信号处理方法在 2017 年 7 月份做了调整。该接收机信号算法的改变消除了北斗广播星历存在的系统性偏差。

8.4.2 北斗广播星历偏差序列

选取对北斗卫星可视性较好的一共 18 个 MGEX 监测站，监测站分布见图 8.26。对 2016 年年积日从 200～296 共 97 天的数据进行单点定位，定位时固定站坐标，计算各个频点定位后的伪距观测值残差。计算时北斗轨道和钟差分别采用北斗广播星历以及 IGS 后处理精密产品。数据采样率为 150s，卫星截止高度角为 10°，其余各项误差改正采用常规模型进行改正。

对 2016 年年积日 200～296 的数据进行伪距动态定位，获取定位后的伪距残差，将各站的伪距残差按照每天进行统计，计算每天各卫星对所有观测站的伪距残差的均值及标准差。图 8.27 是 B1 频点不同卫星的伪距残差随时间的变化趋势，其中误差棒表示每天的标准差。

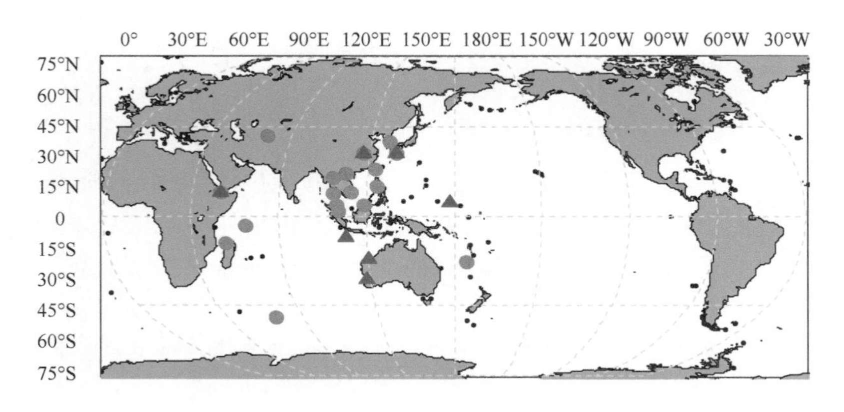

图 8.26 MGEX 监测站

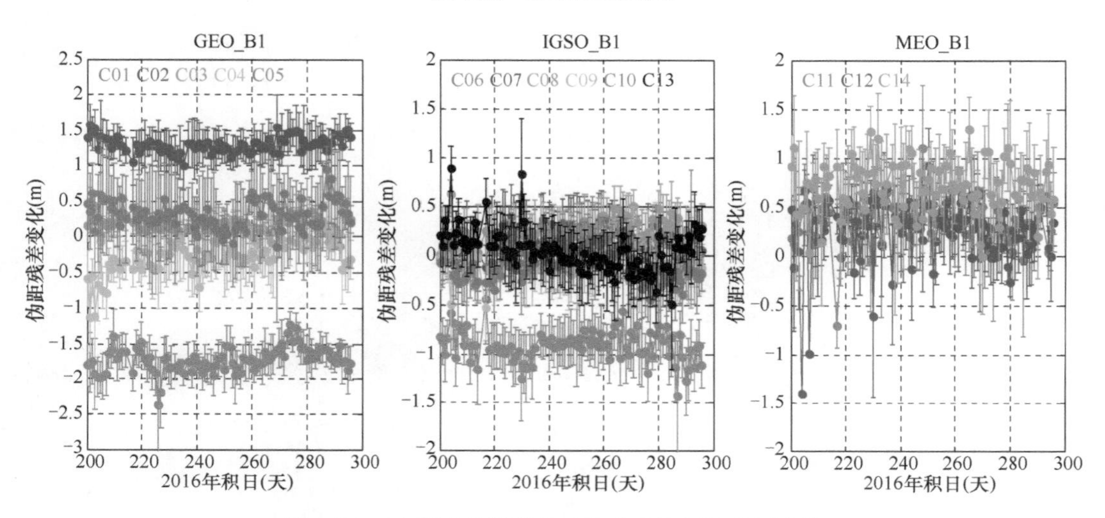

图 8.27 B1 频点伪距残差变化单天均值及其标准差

从图 8.27 可以看出，基于北斗广播星历和 IGS 精密产品计算的伪距残差均值存在系统偏差，且该偏差变化较为平稳，我们把这种偏差称为广播星历偏差（broadcast ephemeris bias，BEB）。

基于以上结果，统计了所有卫星不同频点的广播星历偏差及其标准差，见表 8.12。结合图 8.27，可以看到，C01、C02、C06 的 BEB 值较大，其他卫星都在 0.5m 内。

表 8.12 各卫星不同频点广播星历偏差值

卫星号	Bias±STD（m）			卫星号	Bias±STD（m）		
	B1	B2	B3		B1	B2	B3
1	−1.72±0.31	−1.19±0.42	−1.19±0.22	8	0.22±0.29	0.16±0.40	−0.08±0.32
2	1.30±0.28	0.56±0.38	0.77±0.34	9	−0.08±0.29	0.24±0.36	−0.02±0.31
3	0.18±0.19	−0.02±0.29	0.19±0.28	10	−0.10±0.32	−0.20±0.43	0.01±0.42
4	−0.25±0.43	0.11±0.62	0.10±0.34	11	0.36±0.41	0.42±0.55	0.01±0.49
5	0.31±0.59	0.40±0.75	0.16±0.80	12	0.29±0.43	0.26±0.54	0.02±0.52
6	−0.92±0.31	−0.59±0.42	−0.80±0.32	13	0.04±0.36	0.17±0.45	0.36±0.28
7	0.17±0.30	0.09±0.40	−0.15±0.43	14	0.71±0.47	0.42±0.61	0.23±0.62

另外，从表 8.12 中可以看到不同频点的 BEB 值并不一样。将 IGGDCB 与广播星历中的 TGD 相减得到的 dTGD（differential TGD），并与本文中获取的 BEB 进行比较。图 8.28 显示了 B1B2 无电离层组合的 BEB 和 dTGD 的比较结果。从图中可以看出，大部分卫星的差异较为接近。采用线性回归分析，二者相关系数达到 0.88，这说明 BEB 和 dTGD 之间相关性很大。也即上述北斗监测站接收机抗多径信号处理方法与 IGS 监测站接收机存在不一致，导致北斗广播星历 TGD 用于 IGS 测站接收机时存在偏差。随着北斗监测站接收机抗多径信号处理方法的调整，该偏差在 2017 年 7 月后不再出现。

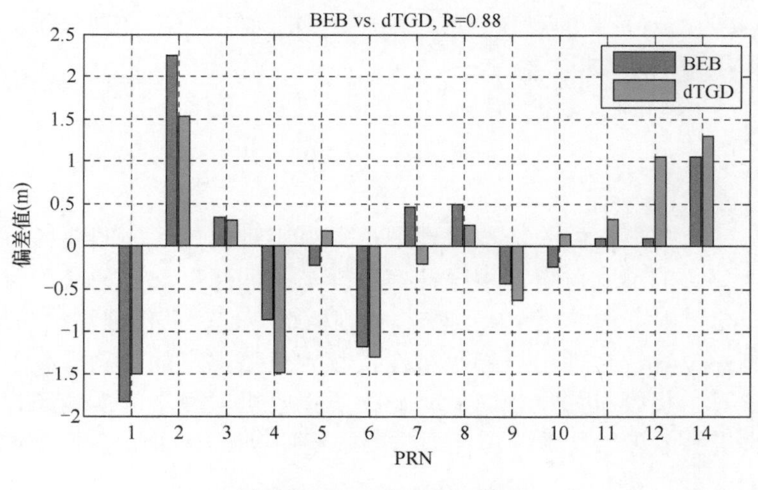

图 8.28　BEB 与 dTGD 比较

8.5　本 章 小 结

本章针对北斗系统混合星座测量中的多径效应问题，分析了其对轨道、卫星钟差、电离层等导航业务处理的影响；介绍了北斗抗多径的信号处理方法、单双频数据处理方法。并分析了抗多径算法在北斗地面站的应用效果。

第 9 章　卫星导航系统用户定位算法

卫星导航系统在轨运行卫星作为无线电信号发射台，发射测距信号的同时还发播广播电文为用户提供卫星的空间坐标、时间及各种改正等信息。接收机接收卫星播发的电文信息，根据接收机对卫星的观测信息，求出接收机的坐标值，实现导航、定位及授时，本章介绍其中用到的用户定位算法。

9.1　基 本 原 理

卫星导航系统用户定位的基本原理是在卫星实时位置已知的前提下采用距离交会原理来实现位置的准确测定。根据几何原理，空间两个球面相交，可得一个圆；空间三个球相交，则可构成两个圆相交，得到两个交点，而根据测站与地球的关系，可唯一确定测站位置。也即用户接收机在接收到三颗卫星的观测信息，得到三个距离后，可以解算出接收机的位置。此外，由于接收机对卫星的观测还存在一个与位置无关的接收机钟差未知参数，因此通常要求观测到至少 4 颗卫星能够实现用户接收机的定位。

如图 9.1 所示，在 t_k 时刻接收机测得 S1～S4 卫星的距离 d1～d4，距离交会的坐标计算方程为

$$d_i^2 = \left(X - X^i\right)^2 + \left(Y - Y^i\right)^2 + \left(Z - Z^i\right)^2, i = 1,2,3,4 \tag{9.1}$$

式中，i 表示第 i 颗卫星，$\left(X,Y,Z\right)$ 表示接收机位置。$\left(X^i,Y^i,Z^i\right)$ 表示第 i 颗卫星的位置，可基于导航电文或后处理精密星历进行计算。

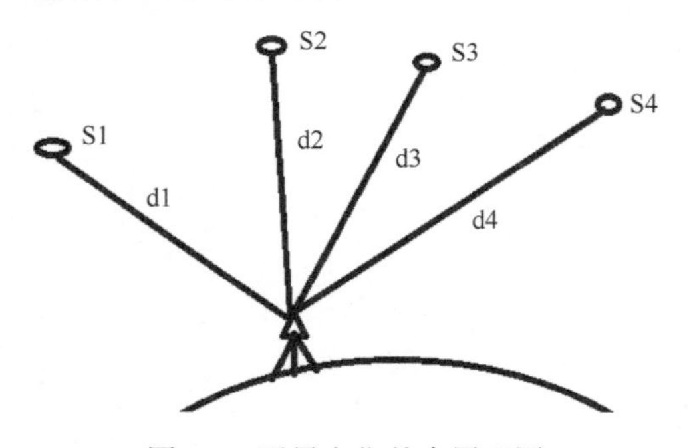

图 9.1　卫星定位基本原理图

由于存在卫星钟差、测站钟差以及电离层和对流层延迟等误差，用户机观测到的距离与以上距离观测 d_i 存在差别。参考式（2.31），某历元 k，测站 j 对卫星 i 的观测

方程为

$$P_j^i + v_j^i = \sqrt{\left(X^i - X_j\right)^2 + \left(Y^i - Y_j\right)^2 + \left(Z^i - Z_j\right)^2} + c\left(\delta t_j - \delta t^i\right) + \mathrm{Trop}_j^i + \mathrm{Iono}_j^i + \varepsilon_j^i \quad (9.2)$$

式中，v_j^i为残差项；P_j^i表示伪距观测量；$\left(X^i, Y^i, Z^i\right)$为卫星坐标；$\left(X_j, Y_j, Z_j\right)$为接收机坐标；$\delta t^i$、$\delta t_j$分别为卫星、接收机钟差；$\mathrm{Trop}_j^i$、$\mathrm{Iono}_j^i$为对流层延迟、电离层延迟；$\varepsilon_j^i$为其他误差改正项，包括相对论效应改正、地球自转效应改正等。

以上定位观测过程中，卫星的坐标可通过广播星历计算得出，也可以基于精密的后处理卫星轨道。卫星的位置和用户的位置必须在同一个坐标系下，坐标系可以是惯性或者是地心地固坐标系。

伪距定位方程式是一个关于接收机位置(X, Y, Z)和接收机钟差δt的非线性方程式，每一次迭代求解主要包括以下运算。

1）数据准备与初值设置

对于所有可见卫星i，收集到它们在同一测量时刻的伪距测量值ρ_i，计算测量值ρ_i中的各项偏差，包括卫星钟差δt^i以及电离层和对流层延迟Iono和Trop。如果定位精度要求不高，则可以不考虑电离层和对流层延迟的影响。

在解算之前，需要给出接收机当前位置的初始估计值$\bar{X}_{j0} = \left[X_{j0}, Y_{j0}, Z_{j0}\right]$和接收机钟差初始估计值$\delta t_{j0}$。一般可将接收机钟差初始值$\delta t_{j0}$设为 0，接收机位置设置为观测文件中的近似坐标，或者设置为0。

2）非线性方程线性化及参数求解

将式（9.2）在初值处进行泰勒展开线性化，有：

$$\begin{aligned}
v_j^i &= \left(l^i \ m^i \ n^i \ 1\right)\left[\delta x \quad \delta y \quad \delta z \quad c\delta t_j\right]^{\mathrm{T}} \\
&\quad - \left(P_j^i + c\delta t^i - \left(\mathrm{Trop}_j^i + \mathrm{Iono}_j^i + \varepsilon_j^i\right)\right) \\
l^i &= \frac{X^i - X_j}{\rho_0} \\
m^i &= \frac{Y^i - Y_j}{\rho_0} \\
n^i &= \frac{Z^i - Z_j}{\rho_0} \\
\rho_0 &= \sqrt{\left(X^i - X_j\right)^2 + \left(Y^i - Y_j\right)^2 + \left(Z^i - Z_j\right)^2}
\end{aligned} \quad (9.3)$$

观测到四颗及以上卫星，线性化的观测方程为

$$
\begin{bmatrix} v_j^1 \\ v_j^2 \\ v_j^3 \\ v_j^4 \\ \cdots \end{bmatrix} = \begin{bmatrix} l^i & m^i & n^i & 1 \\ l^i & m^i & n^i & 1 \\ l^i & m^i & n^i & 1 \\ l^i & m^i & n^i & 1 \\ \cdots \end{bmatrix} \begin{bmatrix} \delta x \\ \delta y \\ \delta z \\ c\delta t_j \end{bmatrix} - \begin{bmatrix} P_j^1 + c\delta t^1 - \left(\mathrm{Trop}_j^1 + \mathrm{Iono}_j^1\right) \\ P_j^2 + c\delta t^2 - \left(\mathrm{Trop}_j^2 + \mathrm{Iono}_j^2\right) \\ P_j^3 + c\delta t^3 - \left(\mathrm{Trop}_j^3 + \mathrm{Iono}_j^3\right) \\ P_j^4 + c\delta t^4 - \left(\mathrm{Trop}_j^4 + \mathrm{Iono}_j^4\right) \\ \cdots \end{bmatrix} \tag{9.4}
$$

令：

$$
\boldsymbol{v} = \begin{bmatrix} v_j^1 \\ v_j^2 \\ v_j^3 \\ v_j^4 \\ \cdots \end{bmatrix}, \boldsymbol{B} = \begin{bmatrix} l^i & m^i & n^i & 1 \\ l^i & m^i & n^i & 1 \\ l^i & m^i & n^i & 1 \\ l^i & m^i & n^i & 1 \\ \cdots \end{bmatrix}, \delta\boldsymbol{X} = \begin{bmatrix} \delta x \\ \delta y \\ \delta z \\ c\delta t_j \\ \cdots \end{bmatrix}, \boldsymbol{L} = \begin{bmatrix} P_j^1 + c\delta t^1 - \left(\mathrm{Trop}_j^1 + \mathrm{Iono}_j^1\right) \\ P_j^2 + c\delta t^2 - \left(\mathrm{Trop}_j^2 + \mathrm{Iono}_j^2\right) \\ P_j^3 + c\delta t^3 - \left(\mathrm{Trop}_j^3 + \mathrm{Iono}_j^3\right) \\ P_j^4 + c\delta t^4 - \left(\mathrm{Trop}_j^4 + \mathrm{Iono}_j^4\right) \\ \cdots \end{bmatrix} \tag{9.5}
$$

按照最小二乘准则有：

$$
\begin{aligned}
\boldsymbol{v} &= \boldsymbol{B} \cdot \delta\boldsymbol{X} - \boldsymbol{L} \\
\boldsymbol{N} &= \boldsymbol{B}^{\mathrm{T}} \boldsymbol{P} \boldsymbol{B} \\
\boldsymbol{U} &= \boldsymbol{B}^{\mathrm{T}} \boldsymbol{P} \boldsymbol{L} \\
\delta\boldsymbol{X} &= \boldsymbol{N}^{-1} \boldsymbol{U}
\end{aligned} \tag{9.6}
$$

式中，$\boldsymbol{P}$ 为观测值权阵，按照（9.6）式运用加权最小二乘法就能求解相应的参数。常用的权阵 $\boldsymbol{P}$ 颗根据卫星高度角进行计算：

$$
\boldsymbol{P}_i = \begin{cases} 2\sin\theta_i & 0° \leqslant \theta_i < 30° \\ 1 & \theta_i \geqslant 30° \end{cases} \tag{9.7}
$$

3）迭代解算

进行初步解算后，可得第 n 次迭代更新后的接收机位置坐标 X_n 和钟差 $\delta t_{j,n}$：

$$
\bar{\boldsymbol{X}}_n = \bar{\boldsymbol{X}}_{n-1} + \Delta\bar{\boldsymbol{X}} = \bar{\boldsymbol{X}}_{n-1} + \begin{bmatrix} \Delta\boldsymbol{X} \\ \Delta\boldsymbol{Y} \\ \Delta\boldsymbol{Z} \end{bmatrix} \tag{9.8}
$$

$$
\delta t_{j,n} = \delta t_{j,n-1} + \Delta\delta t_j \tag{9.9}
$$

每次解算完成后判断是否满足迭代收敛条件。判断迭代是否收敛，一般可检查此次迭代计算得到的位移向量 $\Delta\bar{\boldsymbol{X}}$ 的长度 $\left\|\Delta\bar{\boldsymbol{X}}\right\|$ 或者 $\sqrt{\left\|\Delta\bar{\boldsymbol{X}}\right\|^2 + \left(\Delta\delta t_j\right)^2}$ 的值是否已经小于一个预先设置的阈值。

若迭代至收敛所需要的精度，则终止循环，并将当前这一次迭代计算后的更新值 $\left(\boldsymbol{X}_n, \delta t_{j,n}\right)$ 作为接收机此时刻的定位、定时结果；否则 n 值增加 1，返回至第 2 步重复进行迭代计算。

若接收机本次迭代已经成功地解得定位结果，那么下个历元定位的初始值可以采用本次定位结果。动态定位时，每个历元利用所有可用卫星的观测数据按照以上过程计算当前历元测站的坐标。静态定位时，在每个历元建立观测方程，并对每个历元的方程(9.6)进行叠加，进行整体解算。当处理载波相位观测值时，需要同时解算整周模糊度。

以上系数阵 $\boldsymbol{B}$ 又被称为几何因子矩阵，只和各颗卫星相对于用户的几何位置有关。在此基础上计算精度因子矩阵 $\boldsymbol{Q}_{xx}$，在空间大地直接坐标系中，其表达式为

$$\boldsymbol{Q}_{xx}=\begin{bmatrix} q_{11} & q_{12} & q_{13} & q_{14} \\ q_{21} & q_{22} & q_{23} & q_{24} \\ q_{31} & q_{32} & q_{33} & q_{34} \\ q_{41} & q_{42} & q_{43} & q_{44} \end{bmatrix}=\left(\boldsymbol{B}^{\mathrm{T}}\boldsymbol{B}\right)^{-1} \tag{9.10}$$

为评估坐标解的位置精度，需要将其转换到大地坐标系中，则有

$$\begin{gathered}\boldsymbol{Q}_{B}=\begin{bmatrix} q'_{11} & q'_{12} & q'_{13} \\ q'_{21} & q'_{22} & q'_{23} \\ q'_{31} & q'_{32} & q'_{33} \end{bmatrix}=\boldsymbol{R}^{\mathrm{T}}\tilde{\boldsymbol{Q}}_{xx}\boldsymbol{R} \\ \boldsymbol{R}=\begin{bmatrix} -\sin\boldsymbol{B}\cos\boldsymbol{L} & -\sin\boldsymbol{B}\sin\boldsymbol{L} & \cos\boldsymbol{B} \\ -\sin\boldsymbol{L} & \cos\boldsymbol{L} & 0 \\ \cos\boldsymbol{B}\cos\boldsymbol{L} & \cos\boldsymbol{B}\sin\boldsymbol{L} & \sin\boldsymbol{B} \end{bmatrix}\end{gathered} \tag{9.11}$$

式中，$\tilde{\boldsymbol{Q}}_{xx}$ 为 $\boldsymbol{Q}_{xx}$ 左上侧的 3×3 矩阵。

平面位置精度因子 HDOP 以及相应的平面精度 M_H 为

$$\begin{gathered}\mathrm{HDOP}=\sqrt{q'_{11}+q'_{22}} \\ M_H=\mathrm{HDOP}\times\sigma_0\end{gathered} \tag{9.12}$$

σ_0 为定位解算的单位权中误差。高程精度因子 VDOP 以及相应的高程精度 M_V 为

$$\begin{gathered}\mathrm{VDOP}=\sqrt{q'_{33}} \\ M_V=\mathrm{VDOP}\times\sigma_0\end{gathered} \tag{9.13}$$

空间位置精度因子 PDOP 以及相应的精度 M_P 为

$$\begin{gathered}\mathrm{PDOP}=\sqrt{q'_{11}+q'_{22}+q'_{33}}=\sqrt{q_{11}+q_{22}+q_{33}} \\ M_P=\mathrm{PDOP}\times\sigma_0\end{gathered} \tag{9.14}$$

接收机钟差精度因子 TDOP 以及接收机钟差精度 M_T 为

$$\begin{gathered}\mathrm{TDOP}=\sqrt{q_{44}} \\ M_T=\mathrm{TDOP}\times\sigma_0\end{gathered} \tag{9.15}$$

几何精度因子 GDOP，即三维坐标和时间综合影响的中误差 M_G 为

$$\begin{gathered}\mathrm{GDOP}=\sqrt{q_{11}+q_{22}+q_{33}+q_{44}} \\ M_G=\mathrm{GDOP}\times\sigma_0\end{gathered} \tag{9.16}$$

9.2 载波相位精密单点定位模型

卫星轨道和钟差以及各类误差修正精度的不断提高，使得分米级、厘米级精密单点定位成为可能。精密单点定位技术（precise point positioning，PPP）是一种利用高精度卫星轨道和钟差数据，以及伪距和载波相位观测值进行单点定位的方法。

9.2.1 双频无电离层组合精密单点定位模型

双频伪距和载波相位观测值的无电离层组合模型是精密单点定位的常用模型，通过不同频率间的线性组合消除电离层一阶项的影响，方程如下：

$$
\begin{aligned}
P_{\mathrm{IF}} &= \frac{f_1^2 P_1 - f_2^2 P_2}{f_1^2 - f_2^2} = \rho + c\left(\mathrm{d}t_j - \mathrm{d}t^i\right) + \mathrm{Trop}_j^i + \varepsilon_{P_{\mathrm{IF}}} \\
L_{\mathrm{IF}} &= \frac{f_1^2 L_1 - f_2^2 L_2}{f_1^2 - f_2^2} = \rho + c\left(\mathrm{d}t_j - \mathrm{d}t^i\right) + \mathrm{Trop}_j^i + \lambda_{\mathrm{IF}} \cdot N_{\mathrm{IF}} + \varepsilon_{L_{\mathrm{IF}}}
\end{aligned}
\tag{9.17}
$$

式中，P_{IF} 为双频伪距观测值 P_1、P_2 的消电离层模型组合观测值；L_{IF} 为双频载波相位观测值 L_1、L_2 的消电离层模型组合观测值；f_1、f_2 为观测值的两个频率；$\mathrm{d}t_j$ 为测站接收机钟差；$\mathrm{d}t^i$ 为卫星钟钟差；c 为光在真空中的传播速度；Trop_j^i 为对流层引起的信号延迟；N_{IF} 为无电离层组合载波相位观测值的整周模糊度；λ_{IF} 为无电离层组合观测值的波长；$\varepsilon_{p_{\mathrm{IF}}}$、$\varepsilon_{L_{\mathrm{IF}}}$ 为伪距和载波相位观测值的噪声误差，包括多路径效应、观测噪声等。

在精密单点定位中，卫星钟差通过精密卫星钟差进行改正，对流层延迟 Trop_j^i 可以表示为天顶方向延迟 ZTD 和映射函数 M_w 的乘积。对流层延迟可以分为干延迟 ZHD 和湿延迟，一般把湿延迟 ZWD 作为未知参数进行估计。因此，双频消电离层组合模型可表示为

$$
\begin{aligned}
P_{\mathrm{IF}} &= \frac{f_1^2 P_1 - f_2^2 P_2}{f_1^2 - f_2^2} = \rho + c\mathrm{d}t_j + M_w \cdot \mathrm{ZWD} + \varepsilon_{p_{\mathrm{IF}}} \\
L_{\mathrm{IF}} &= \frac{f_1^2 L_1 - f_2^2 L_2}{f_1^2 - f_2^2} = \rho + c\mathrm{d}t_j + M_w \cdot \mathrm{ZWD} + \lambda_{\mathrm{IF}} \cdot N_{\mathrm{IF}} + W_{\mathrm{IF}} + \varepsilon_{L_{\mathrm{IF}}}
\end{aligned}
\tag{9.18}
$$

对上式建立误差方程，未知参数包括测站位置 (X,Y,Z)、接收机钟差 $\mathrm{d}t_j$、对流层延迟湿分量 ZWD 和整周模糊度 N_{IF}。其中，三维坐标参数和接收机钟差参数通常采用随机游走或者一阶高斯-马尔科夫过程进行估计；天顶方向对流层湿延迟参数采用随机游走过程估计；对于整周模糊度参数，在没发生周跳的情况下，当作常数处理，在周跳发生后，模糊度参数需要重新初始化。

对式（9.18）中双频消电离层观测方程在 $\left(x_0,y_0,z_0,\mathrm{d}t_{j0},\mathrm{ZWD}_0,N_0\right)$ 处进行线性化处理，线性化后的伪距和载波相位观测方程为：

$$
\begin{aligned}
P_{\mathrm{IF}} - P_0 = & \frac{\partial P_{\mathrm{IF}}}{\partial x}\mathrm{d}x + \frac{\partial P_{\mathrm{IF}}}{\partial y}\mathrm{d}y + \frac{\partial P_{\mathrm{IF}}}{\partial z}\mathrm{d}z \\
& + \frac{\partial P_{\mathrm{IF}}}{\partial(\mathrm{d}t)}\mathrm{d}t + \frac{\partial P_{\mathrm{IF}}}{\partial(\mathrm{ZWD})}\mathrm{dZWD}
\end{aligned} \tag{9.19}
$$

$$
\begin{aligned}
L_{\mathrm{IF}} - L_0 = & \frac{\partial L_{\mathrm{IF}}}{\partial x}\mathrm{d}x + \frac{\partial L_{\mathrm{IF}}}{\partial y}\mathrm{d}y + \frac{\partial L_{\mathrm{IF}}}{\partial z}\mathrm{d}z \\
& + \frac{\partial L_{\mathrm{IF}}}{\partial(\mathrm{d}t)}\mathrm{d}t + \frac{\partial L_{\mathrm{IF}}}{\partial(\mathrm{ZWD})}\mathrm{dZWD} + \frac{\partial L_{\mathrm{IF}}}{\partial N}\mathrm{d}N
\end{aligned} \tag{9.20}
$$

式中，$\frac{\partial P_{\mathrm{IF}}}{\partial x} = \frac{\partial L_{\mathrm{IF}}}{\partial x} = \frac{x - x_0}{\rho}$，$\frac{\partial P_{\mathrm{IF}}}{\partial y} = \frac{\partial L_{\mathrm{IF}}}{\partial y} = \frac{y - y_0}{\rho}$，$\frac{\partial P_{\mathrm{IF}}}{\partial z} = \frac{\partial L_{\mathrm{IF}}}{\partial z} = \frac{z - z_0}{\rho}$，$\frac{\partial P_{\mathrm{IF}}}{\partial(\mathrm{d}t)} = \frac{\partial L_{\mathrm{IF}}}{\partial(\mathrm{d}t)} = c$，$\frac{\partial P_{\mathrm{IF}}}{\partial(\mathrm{ZWD})} = \frac{\partial L_{\mathrm{IF}}}{\partial(\mathrm{ZWD})} = M_w$，$\frac{\partial L_{\mathrm{IF}}}{\partial N} = 0$或1。

建立误差方程为

$$
V = B\tilde{X} - L \tag{9.21}
$$

式（9.21）中，B 为设计矩阵，只与各颗卫星相对于用户的几何位置有关。$\tilde{X}$ 为待估参数，当观测卫星个数为 n 时，待估参数个数为 n+5，$\tilde{X} = \left(x,y,z,\mathrm{d}t,\mathrm{ZWD},N^j_{j=1,n\mathrm{sat}}\right)^{\mathrm{T}}$，$V$ 为残差，$P = P_{\mathrm{IF}} - P_0$ 或 $L = L_{\mathrm{IF}} - L_0$。

$$
B = \begin{bmatrix}
\frac{\partial P_{\mathrm{IF}}}{\partial x} & \frac{\partial P_{\mathrm{IF}}}{\partial y} & \frac{\partial P_{\mathrm{IF}}}{\partial z} & \frac{\partial P_{\mathrm{IF}}}{\partial \mathrm{d}t} & \frac{\partial P_{\mathrm{IF}}}{\partial \mathrm{ZWD}} & 0 \\
\frac{\partial L_{\mathrm{IF}}}{\partial x} & \frac{\partial L_{\mathrm{IF}}}{\partial y} & \frac{\partial L_{\mathrm{IF}}}{\partial z} & \frac{\partial L_{\mathrm{IF}}}{\partial \mathrm{d}t} & \frac{\partial L_{\mathrm{IF}}}{\partial \mathrm{ZWD}} & \frac{\partial L_{\mathrm{IF}}}{\partial N}
\end{bmatrix} \tag{9.22}
$$

双频观测值的优势在于可通过不同频率观测值间的线性组合，实现对相关误差的消除。双频载波相位观测值可以组合成多种形式。其通用形式为

$$
\varphi = n_1\varphi_1 + n_2\varphi_2 \tag{9.23}
$$

组合后频率为

$$
f = n_1 f_1 + n_2 f_2 \tag{9.24}
$$

载波相位线性组合为

$$
L_\varphi = \alpha_1\varphi_1 + \alpha_2\varphi_2 \tag{9.25}
$$

组合相位模糊度为

$$
N = n_1\boldsymbol{N}_1 + n_2\boldsymbol{N}_2 \tag{9.26}
$$

如 φ_1 的观测误差为 σ_1，φ_2 的观测误差为 σ_2，则双频无电离层组合观测值的误差可表示为

$$
\sigma = \sqrt{\alpha_1^2\sigma_1^2 + \alpha_2^2\sigma_2^2} \tag{9.27}
$$

9.2.2 单频精密单点定位模型

对于只有一个频率伪距和载波相位观测值的用户，也可采用精密单点定位模型进行

定位。单频 PPP 定位主要有三类模式：①直接利用电离层模型进行电离层延迟改正；②利用伪距与载波相位观测值组合出无电离层组合观测值进行定位；③附加电离层约束的非差非组合单频精密单点定位模型。

其中第①类定位精度受电离层产品精度的影响；第②类由于组合后的观测值噪声较大，定位的收敛时间会变长；第③类消除了电离层延迟对定位的影响，且观测值噪声较低，定位的收敛速度也较快。

9.2.2.1 传统单频精密单点定位模型

传统单频精密单点定位模型中，电离层延迟误差直接利用预报或事后的电离层产品，根据电离层产品精度的高低修正一定比例的电离层延迟误差。以第 1 频点观测值为例，其观测方程如下：

$$\begin{aligned} P_1 &= \rho + c\left(\mathrm{d}t_j - \mathrm{d}t^i\right) + B + \mathrm{Trop}_j^i + \mathrm{Iono}_j^i + \varepsilon_{P_1} \\ L_1 &= \rho + c\left(\mathrm{d}t_j - \mathrm{d}t^i\right) + b + \mathrm{Trop}_j^i + \mathrm{Iono}_j^i + \lambda_1 \cdot N_1 + \varepsilon_{L_1} \end{aligned} \tag{9.28}$$

式中，P_1 为第一频点伪距观测值；L_1 为第一频点载波相位观测值；$\mathrm{d}t_j$ 为测站接收机钟差；$\mathrm{d}t^i$ 为卫星钟钟差；c 为光在真空中的传播速度；B 和 b 分别为伪距和相位的硬件延迟；Trop_j^i 为对流层引起的信号延迟；Iono_j^i 为电离层引起的斜路径信号延迟；N_1 为第 1 频点载波相位观测值的整周模糊度；λ_1 为第 1 频点载波相位观测值的波长；ε_{P_1}、ε_{L_1} 为第 1 频点伪距和载波相位观测值的噪声误差，包括多路径效应、观测噪声等。

与双频精密单点定位模型类似，$\mathrm{d}t^i$ 可采用精密卫星钟差直接修正；硬件延迟 T_{DCB} 包含接收机端和卫星端两类硬件延迟，其中接收机端 DCB 可以被站钟吸收，卫星段 DCB 可利用 IGS 公布的 DCB 文件或者广播电文播发的参数进行改正；对流层延迟误差采用模型改正加参数估计的方式处理，电离层延迟误差则通过已有的电离层模型（如 Klobuchar 模型，GIM 全球电离层模型）进行改正以削弱其对定位的影响。因此，传统的单频精密单点定位模型可表示为

$$\begin{aligned} P_1 &= \rho + c\mathrm{d}t_j + M_w \cdot \mathrm{ZWD} + \varepsilon_{P_1} \\ L_1 &= \rho + c\mathrm{d}t_j + M_w \cdot \mathrm{ZWD} + \lambda_1 \cdot N_1 + \varepsilon_{L_1} \end{aligned} \tag{9.29}$$

对上式建立误差方程，未知参数包括测站位置 (X,Y,Z)、接收机钟差 $\mathrm{d}t_j$、对流层延迟湿分量 ZWD 和整周模糊度 N_1。

9.2.2.2 伪距/相位半和法单频精密单点定位模型

伪距和载波相位观测方程中，观测值受到电离层延迟的影响大小相等、符号相反。因此，可以将伪距与载波相位观测值相加消除电离层延迟，也就是经典的伪距/相位半和法观测模型。伪距/相位半和法的观测方程如下（Gao et al.，2002）：

$$
\begin{aligned}
&P_1 = \rho + c\left(\mathrm{d}t_j - \mathrm{d}t^i\right) + B + \mathrm{Trop}_j^i + \varepsilon_{P_1} \\
&\frac{L_1 + P_1}{2} = \rho + c\left(\mathrm{d}t_j - \mathrm{d}t^i\right) + \mathrm{Trop}_j^i + \frac{B+b}{2} + \frac{\lambda_1 \cdot N_1}{2} + \frac{\varepsilon_{L_1} + \varepsilon_{P_1}}{2}
\end{aligned} \tag{9.30}
$$

上式中所有符号的表示意义与式（9.28）保持一致。经过以上的组合后，在单频观测值中消除了电离层延迟的影响，同时将伪距观测值噪声降低为原来的一半。经过各项误差改正后，无电离层组合的单频精密单点定位模型可表示为

$$
\begin{aligned}
&P_1 = \rho + c\mathrm{d}t_j + M_w \cdot \mathrm{ZWD} + \varepsilon_{P_1} \\
&L_1 = \rho + c\mathrm{d}t_j + M_w \cdot \mathrm{ZWD} + \frac{\lambda_1 \cdot N_1}{2} + \frac{\varepsilon_{L_1} + \varepsilon_{P_1}}{2}
\end{aligned} \tag{9.31}
$$

通过上述误差方程可知，待估的未知参数包括测站位置(X,Y,Z)、接收机钟差$\mathrm{d}t_j$、对流层延迟湿分量ZWD和整周模糊度$\frac{N_1}{2}$。

9.2.2.3 附加电离层约束的单频精密单点定位模型

根据先验电离层模型和电离层的时空特性，在观测方程中增加电离层改正值作为附加约束条件，可提高单点定位的收敛速度和定位精度。常用的电离层约束方法有3类：①根据不同地区电离层延迟的不同时空特性，虚拟电离层观测量的先验方差由测站电离层穿刺点（ionospheric pierce point，IPP）的当地时间和纬度确定，这种方法称为时空约束法；②逐步松弛约束法，是一种虚拟电离层观测量的时变权重方案，即随着滤波时间逐步降低虚拟电离层观测量的权重，以逐渐减小它们在定位收敛后对定位解的贡献；③恒定约束法，其中虚拟电离层观测量的先验方差设定为经验值，该方法也成为常数约束法。

引入斜路径电离层延迟参数后，单频PPP的观测方程如下：

$$
\begin{aligned}
&P_1 = \rho + c\left(\mathrm{d}t_j - \mathrm{d}t^i\right) + B + \mathrm{Trop}_j^i + \mathrm{Iono}_j^i + \varepsilon_{P_1} \\
&L_1 = \rho + c\left(\mathrm{d}t_j - \mathrm{d}t^i\right) + b + \mathrm{Trop}_j^i - \mathrm{Iono}_j^i + \lambda_1 \cdot N_1 + \varepsilon_{L_1} \\
&\mathrm{Iono}_j^i = \mathrm{Iono}_j^i + \varepsilon_{\mathrm{ion}}
\end{aligned} \tag{9.32}
$$

上式中所有符号的表示意义与式（9.28）保持一致。经过各项误差改正后，附件电离层约束的单频PPP模型可表示为

$$
\begin{aligned}
&P_1 = \rho + c\mathrm{d}t_j + M_w \cdot \mathrm{ZWD} + K \cdot I_j^i + \varepsilon_{P_1} \\
&L_1 = \rho + c\mathrm{d}t_j + M_w \cdot \mathrm{ZWD} - K \cdot I_j^i + \lambda_1 \cdot N_1 + \varepsilon_{L_1} \\
&I_j^i = I_j^i + \varepsilon_j^i
\end{aligned} \tag{9.33}
$$

式中K为电离层延迟参数的系数，I_j^i为由外部电离层模型计算的天顶电离层延迟，其余符号与前面保持一致。待估的未知参数包括测站位置(X,Y,Z)、接收机钟差$\mathrm{d}t_j$、对流层延迟湿分量ZWD、电离层天顶延迟参数I_j^i以及整周模糊度N_1。

9.2.3 基于北斗四重星基增强参数的PPP定位模型

北斗用户可基于四重星基增强改正数进行PPP定位：即利用北斗基本广播电文参数，结合卫星钟差和轨道改正，格网电离层改正以及分区综合改正数，进行实时单站精密定位。

9.2.3.1 双频定位模型

四重星基增强改正数的计算是基于双频无电离层组合观测值，双频PPP既可用于B1B3双频用户，也可用于其他双频组合定位。以B1B2用户为例，采用无电离层组合消除电离层误差，其定位模型为

$$
\begin{aligned}
P_{\mathrm{IF}} &= \frac{f_1^2 P_1 - f_2^2 P_2}{f_1^2 - f_2^2} = \rho + c\left(\mathrm{d}t_j - \mathrm{d}t^i\right) + M_w \cdot \mathrm{ZWD} + \delta_{\mathrm{ESC}} + \delta_{\mathrm{Orb}} + \delta P_{\mathrm{zone}} + \varepsilon_{P_{\mathrm{IF}}} \\
L_{\mathrm{IF}} &= \frac{f_1^2 L_1 - f_2^2 L_2}{f_1^2 - f_2^2} = \rho + c\left(\mathrm{d}t_j - \mathrm{d}t^i\right) + M_w \cdot \mathrm{ZWD} + \delta_{\mathrm{ESC}} + \delta_{\mathrm{Orb}} + \delta L_{\mathrm{zone}} \\
&\quad + \lambda_{\mathrm{IF}} \cdot N_{\mathrm{IF}} + \varepsilon_{L_{\mathrm{IF}}}
\end{aligned} \tag{9.34}
$$

式中，δ_{ESC}为卫星钟差改正数；δ_{Orb}为轨道改正数；δP_{zone}为伪距分区综合改正数；δL_{zone}为相位分区综合改正数；其余符号的表示意义与前式保持一致。式（9.34）的误差主要表现为观测噪声、因地区差异造成的卫星轨道平面误差及对流层模型误差的差异。待估的未知参数包括测站位置(X,Y,Z)、接收机钟差$\mathrm{d}t_j$、对流层延迟湿分量ZWD和整周模糊度N_{IF}。

9.2.3.2 单频定位模型

电离层误差是影响单频用户定位精度的重要原因。北斗广播电文为基本导航用户提供了K8参数、BDGIM 9参数电离层模型，为增强导航用户提供了14参数电离层模型以及格网电离层信息（BDS ICD，2019）。以B1频点为例，其定位模型为

$$
\begin{aligned}
P_1 &= \rho + c\left(\mathrm{d}t_j - \mathrm{d}t^i\right) + M_w \cdot \mathrm{ZWD} + \mathrm{Iono}_j^i + \delta_{\mathrm{ESC}} + \delta_{\mathrm{Orb}} + \delta P_{\mathrm{zone}} + \varepsilon_{P_1} \\
L_1 &= \rho + c\left(\mathrm{d}t_j - \mathrm{d}t^i\right) + M_w \cdot \mathrm{ZWD} - \mathrm{Iono}_j^i + \delta_{\mathrm{ESC}} + \delta_{\mathrm{Orb}} + \delta L_{\mathrm{zone}} + \lambda_1 \cdot N_1 + \varepsilon_{L_1}
\end{aligned} \tag{9.35}
$$

上式中，Iono为利用14参数电离层模型或格网模型计算的B1频点上的电离层斜路径延迟。需要注意的是，δt^s为B1频点上的卫星钟差，而式（9.35）中的为B1B2或B1B3组合频点的卫星钟差，二者之间存在TGD差异，改正方法见6.2.3节。待估的未知参数包括测站位置(X,Y,Z)、接收机钟差$\mathrm{d}t_j$、对流层延迟湿分量ZWD和整周模糊度N_1。

北斗格网电离层改正的精度仅为约0.5m（Wu et al.，2014），进一步提高单频PPP定位的性能，可基于GRAPHIC组合（Gao，2002），建立单频伪距相位用户的定位模型。仍以B1频点为例，有

$$
\begin{aligned}
P_1 &= \rho + c\left(\mathrm{d}t_j - \mathrm{d}t^i\right) + M_w \cdot \mathrm{ZWD} + \mathrm{Iono}_j^i + \delta_{\mathrm{ESC}} + \delta_{\mathrm{Orb}} + \delta P_{\mathrm{zone}} + \varepsilon_{P_1} \\
\frac{L_1 + P_1}{2} &= \rho + c\left(\mathrm{d}t_j - \mathrm{d}t^i\right) + M_w \cdot \mathrm{ZWD} + \delta_{\mathrm{ESC}} + \delta_{\mathrm{Orb}} + + \frac{\delta P_{\mathrm{zone}} + \delta L_{\mathrm{zone}}}{2} \\
&\quad + \frac{\lambda_1 \cdot N_1}{2} + \frac{\varepsilon_{L_1} + \varepsilon_{P_1}}{2}
\end{aligned} \tag{9.36}
$$

上式中所有符号的表示意义与式（9.35）保持一致。待估的未知参数包括测站位置$\left(X,Y,Z\right)$、接收机钟差$\mathrm{d}t_j$、对流层延迟湿分量ZWD和整周模糊度$\frac{N_1}{2}$。

由于伪距/相位半和法模型中相位观测值中引入了一半的伪距噪声，使得单点定位的收敛时间变长，为了克服这一缺点，加快单频PPP的收敛速度，可建立附加电离层约束的北斗分区改正PPP改正模型，仍以B1频点为例，有

$$
\begin{aligned}
P_1 &= \rho + c\left(\mathrm{d}t_j - \mathrm{d}t^i\right) + M_w \cdot \mathrm{ZWD} + K \cdot I_j^i + \delta_{\mathrm{ESC}} + \delta_{\mathrm{Orb}} + \delta P_{\mathrm{zone}} + \varepsilon_{P_1} \\
L_1 &= \rho + c\left(\mathrm{d}t_j - \mathrm{d}t^i\right) + M_w \cdot \mathrm{ZWD} - K \cdot I_j^i + \delta_{\mathrm{ESC}} + \delta_{\mathrm{Orb}} + \delta L_{\mathrm{zone}} + \lambda_1 \cdot N_1 + \varepsilon_{L_1} \\
I_j^i &= I_j^i + \varepsilon_j^i
\end{aligned}
\tag{9.37}
$$

式中，K为电离层延迟参数的系数；I_j^i为由14参数电离层模型或格网模型计算的B1频点电离层天顶延迟；其余符号与式（9.35）保持一致。待估的未知参数包括测站位置$\left(X,Y,Z\right)$、接收机钟差$\mathrm{d}t_j$、对流层延迟湿分量ZWD、电离层天顶延迟参数I_j^i以及整周模糊度N_1。

9.3　载波相位数据预处理

在GNSS用户定位时，数据质量是确保定位性能的重要前提。本节将对数据预处理质量控制中的实时周跳探测方法进行介绍。

9.3.1　双频周跳探测

对于双频数据，目前最常用的方法是TurboEdit周跳探测方法（Blewitt，1990）。

1）基于GF组合的周跳探测

根据式（2.42），双频伪距GF组合后，剩余部分为两个频点的电离层延迟差异和硬件延迟差异；双频相位GF组合后，剩余部分为两个频点的电离层延迟差异、双频模糊度差异及硬件延迟差（可被模糊度吸收）。如果历元间未发生周跳，则历元间的GF组合差异即为双频电离层延迟的差异。由于伪距不含模糊度，因此其电离层延迟变化信息可以为载波相位信息利用。但根据表2.4，GPS伪距GF组合噪声约为42cm，远大于相位观测值波长。为了减小伪距噪声的影响，可对伪距GF组合观测值进行N阶多项式拟合，形成拟合值Q。TurboEdit方法中GF组合探测周跳模型为

$$\Delta L_{\mathrm{GF}} = L_{\mathrm{GF}} - Q = \lambda_1 N_1 - \lambda_2 N_2 \tag{9.38}$$

GF组合周跳判断条件为

$$\left|\Delta L_{GF}\left(i\right) - \Delta L_{GF}\left(i-1\right)\right| > 6 \cdot \left(\lambda_2 - \lambda_1\right) \tag{9.39}$$

$$\left|\Delta L_{GF}\left(i+1\right) - \Delta L_{GF}\left(i\right)\right| < 1 \cdot \left(\lambda_2 - \lambda_1\right) \tag{9.40}$$

若同满足式（9.39）和式（9.40），则认为发生周跳；若只满足式（9.39），则认为是粗差。

2）基于 MW 组合的周跳探测

MW 组合的公式见式（2.45），MW 组合周跳探测模型为

$$N_{\mathrm{MW}}=N_1-N_2=\Phi_1-\Phi_2-\frac{f_1-f_2}{c\cdot(f_1-f_2)}\cdot(f_1P_1+f_2P_2) \tag{9.41}$$

N_{MW} 为宽巷模糊度，由于上式中含有伪距观测值，为了减小伪距的噪声影响，可以求多个历元的平均值 $\overline{N_{\mathrm{MW}}}$，则 MW 组合周跳判断条件为

$$\left|\overline{N_{\mathrm{MW}}}(i-1)-N_{\mathrm{MW}}(i)\right|>4\sigma(i-1) \tag{9.42}$$

$$\left|N_{\mathrm{MW}}(i+1)-N_{\mathrm{MW}}(i)\right|<1 \tag{9.43}$$

式中，σ 为前 i–1 个历元的 MW 组合的标准差。若同满足式（9.42）和（9.43），则认为发生周跳；若只满足式（9.42），则认为是粗差。

9.3.2 单频周跳探测

单频数据无法组成 GF、MW 等组合，因此无法使用 TurboEdit 方法探测周跳。目前常用的方法主要为多项式拟合、星间单差等方法。为了消除几何运动状态的影响，可采用单频伪距相位组合进行周跳探测（Subirana，2013）：

$$\Phi-P=2\frac{I}{f^2}+\lambda N-K+\varepsilon \tag{9.44}$$

式（9.44）中，K 为与伪距相位硬件延迟差异，一般变化非常小。

从式（9.44）可以看出，伪距相位组合除了包含模糊度，还包含电离层差异。由于电离层在一定时间内变化比较稳定，因此可以通过滑动多项式拟合来预报电离层误差。

9.4 常用用户定位模型参数估计方法

最小二乘估计、Kalman 滤波、均方根滤波都是 GNSS 定位比较常用的参数估计方法。

9.4.1 最小二乘估计

最小二乘估计是 GNSS 数据处理的经典理论，对于以上各类定位模型，都可建立 GNSS 定位的数学模型：

$$y=\boldsymbol{G}x+\boldsymbol{\varepsilon},\qquad \boldsymbol{R} \tag{9.45}$$

其中，ε 满足 $\boldsymbol{E}[\boldsymbol{\varepsilon}]=0$ 及 $\boldsymbol{R}=\boldsymbol{E}\left[\boldsymbol{\varepsilon}\boldsymbol{\varepsilon}^{\mathrm{T}}\right]$。

根据最小二乘原理，可以建立估计参数的法方程：

$$(\boldsymbol{G}^{\mathrm{T}}\boldsymbol{R}^{-1}\boldsymbol{G})\hat{x}=\boldsymbol{G}^{\mathrm{T}}\boldsymbol{R}^{-1}y \tag{9.46}$$

基于上式，可得到上式的最小二乘最优无偏解：

$$\begin{aligned}\hat{x}&=(\boldsymbol{G}^{\mathrm{T}}\boldsymbol{R}^{-1}\boldsymbol{G})^{-1}\boldsymbol{G}^{\mathrm{T}}\boldsymbol{R}^{-1}y\\ \boldsymbol{P}&=(\boldsymbol{G}^{\mathrm{T}}\boldsymbol{R}^{-1}\boldsymbol{G})^{-1}\end{aligned} \tag{9.47}$$

式中，$\boldsymbol{P}$ 为参数的协方差阵，一般为对称正定矩阵。对称正定矩阵可以采用基于 Cholesky 分解（平方根法）的方法求逆（同济大学，2004）。

若有两组观测方程，包含部分或全部相同的未知参数，可以采用序贯平差对参数进行进行处理。设这两组观测方程的数学模型为

$$\begin{aligned} y_1 &= \boldsymbol{G}_1 x + \varepsilon_1, \quad \boldsymbol{R}_1 \\ y_2 &= \boldsymbol{G}_2 x + \varepsilon_2, \quad \boldsymbol{R}_2 \end{aligned} \tag{9.48}$$

与式（9.47）类似，其参数解为

$$\begin{aligned} \hat{\boldsymbol{x}} &= [\boldsymbol{G}_1^{\mathrm{T}} \boldsymbol{R}_1^{-1} \boldsymbol{G}_1 + \boldsymbol{G}_2^{\mathrm{T}} \boldsymbol{R}_2^{-1} \boldsymbol{G}_2]^{-1} [\boldsymbol{G}_1^{\mathrm{T}} \boldsymbol{R}_1^{-1} y_1 + \boldsymbol{G}_2^{\mathrm{T}} \boldsymbol{R}_2^{-1} y_2] \\ \boldsymbol{P} &= [\boldsymbol{G}_1^{\mathrm{T}} \boldsymbol{R}_1^{-1} \boldsymbol{G}_1 + \boldsymbol{G}_2^{\mathrm{T}} \boldsymbol{R}_2^{-1} \boldsymbol{G}_2]^{-1} \end{aligned} \tag{9.49}$$

其递归算法为

$$\begin{aligned} \hat{\boldsymbol{x}}_1 &= \boldsymbol{P}_1 \cdot [\boldsymbol{G}_1^{\mathrm{T}} \boldsymbol{R}_1^{-1} y_1] \\ \boldsymbol{P}_1 &= [\boldsymbol{G}_1^{\mathrm{T}} \boldsymbol{R}_1^{-1} \boldsymbol{G}_1]^{-1} \\ \hat{\boldsymbol{x}}_2 &= \boldsymbol{P}_2 \cdot [\boldsymbol{G}_1^{\mathrm{T}} \boldsymbol{R}_1^{-1} y_1 + \boldsymbol{G}_2^{\mathrm{T}} \boldsymbol{R}_2^{-1} y_2] \\ \boldsymbol{P}_2 &= [\boldsymbol{P}_1^{-1} + \boldsymbol{G}_2^{\mathrm{T}} \boldsymbol{R}_2^{-1} \boldsymbol{G}_2]^{-1} \end{aligned} \tag{9.50}$$

上式即为序贯平差的参数解。

需要注意的是，序贯平差中相同参数在每个历元的解并不相同，只有最后一个历元的解才是最终的解。序贯平差相比最小二乘平差的优点是在法方程中可以消去后续不再关心的参数，如 GNSS 定位中每个历元的接收机钟差，发生周跳后前面历元的相位模糊度等，因此大大减小了法方程矩阵的大小（杨元喜，2006）。

GNSS 实时定位中采用序贯平差处理时，每个历元都要消去接收机钟差参数，发生周跳时需对模糊度参数进行消去。对于动态定位，可以在每个历元处理前消去原来的坐标参数。

另外，对于最小二乘或序贯平差，可以在平差前在法方程中增加一些先验约束信息：

$$\begin{aligned} y &= \boldsymbol{G}x + e, \quad \boldsymbol{R} \\ l &= \boldsymbol{A}x + e_1, \quad \boldsymbol{R}_1 \end{aligned} \tag{9.51}$$

上式中第二式即为先验约束信息，如对流层延迟可以根据对流层模型精度进行先验约束。其处理方法与序贯平差中式（9.50）类似。

9.4.2 Kalman 滤波

GNSS 定位中，更常用的是 Kalman 滤波。Kalman 滤波主要分为状态预测和参数更新两部分。对于第 n–1 和第 n 历元，其参数和协方差的预测模型为

$$\begin{aligned} \hat{\boldsymbol{x}}^{-}(n) &= \boldsymbol{\Phi}(n-1)\hat{\boldsymbol{x}}^{-}(n-1) \\ \boldsymbol{P}_{\hat{x}(n)}^{-} &= \boldsymbol{\Phi}(n-1)\boldsymbol{P}_{\hat{x}(n-1)}^{-}\boldsymbol{\Phi}^{\mathrm{T}}(n-1) + \boldsymbol{Q}(n-1) \end{aligned} \tag{9.52}$$

式中，$\boldsymbol{\Phi}$ 为参数状态转移矩阵，$\boldsymbol{Q}$ 为过程噪声矩阵，通过 $\boldsymbol{Q}$ 可以在观测方程中增加先验信息和未被模型化的误差。

预测模型和历元 n 的观测模型可以组成形如式（9.53）的观测模型：

$$\begin{bmatrix} \hat{\boldsymbol{x}}^-(n) \\ y(n) \end{bmatrix} = \begin{bmatrix} \boldsymbol{I} \\ \boldsymbol{G}(n) \end{bmatrix} \boldsymbol{x}(n), \quad \boldsymbol{P}(n) = \begin{bmatrix} \boldsymbol{P}_{\hat{x}(n)}^- & 0 \\ 0 & \boldsymbol{R}(n) \end{bmatrix} \tag{9.53}$$

与序贯平差类似，上式的最小二乘解为

$$\begin{gathered} \boldsymbol{P}_{\hat{x}(n)} = \left[\left(\boldsymbol{P}_{\hat{x}(n)}^- \right)^{-1} + \boldsymbol{G}^{\mathrm{T}}(n) \boldsymbol{R}^{-1}(n) \boldsymbol{G}(n) \right]^{-1} \\ \hat{\boldsymbol{x}}(n) = \boldsymbol{P}_{\hat{x}(n)} \left[\left(\boldsymbol{P}_{\hat{x}(n)}^- \right)^{-1} \hat{\boldsymbol{x}}^-(n) + \boldsymbol{G}^{\mathrm{T}}(n) \boldsymbol{R}^{-1}(n) y(n) \right] \end{gathered} \tag{9.54}$$

可以看到 Kalman 滤波的公式和序贯平差除了过程噪声矩阵的差异外，其他方面几乎没有区别。

传统的 Kalman 滤波的公式为

$$\begin{gathered} \boldsymbol{P}_{\hat{x}(n)} = \left[\boldsymbol{I} - \boldsymbol{K}(n) \boldsymbol{G}(n) \right] \boldsymbol{P}_{\hat{x}(n)}^- \\ \hat{\boldsymbol{x}}(n) = \hat{\boldsymbol{x}}^-(n) + \boldsymbol{K}(n) \left[y(n) - \boldsymbol{G}(n) \hat{\boldsymbol{x}}^-(n) \right] \end{gathered} \tag{9.55}$$

其中 $\boldsymbol{K}(n)$ 为 Kalman 滤波的增益矩阵。

$$\boldsymbol{K}(n) = \boldsymbol{P}_{\hat{x}(n)}^- \boldsymbol{G}^{\mathrm{T}}(n) \left[\boldsymbol{G}(n) \boldsymbol{P}_{\hat{x}(n)}^- \boldsymbol{G}(n)^{\mathrm{T}} + \boldsymbol{R}(n) \right]^{-1} \tag{9.56}$$

基于序贯平差的 Kalman 滤波与传统 Kalman 滤波在本质上是一样的，二者的计算过程可用图 9.2 表示。

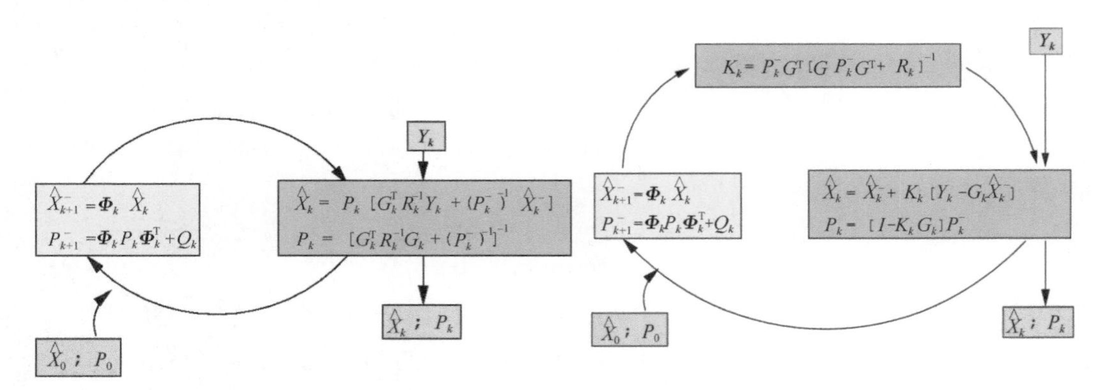

图 9.2　基于序贯平差的 Kalman 滤波与传统 Kalman 滤波计算流程

静态定位的坐标参数不变，钟差参数为随机噪声模型，对流层参数一般为随机游走模型，模糊度参数为常数。故 Kalman 滤波中包含的坐标、接收机钟差、对流层湿延迟和模糊度参数的状态转移矩阵 $\boldsymbol{\Phi}$ 和过程噪声矩阵 $\boldsymbol{Q}$ 分别为

$$\boldsymbol{\Phi} = \begin{bmatrix} 1 & & & & & \\ & 1 & & & & \\ & & 1 & & & \\ & & & 0 & & \\ & & & & 1 & \\ & & & & & 1 \end{bmatrix}, \quad \boldsymbol{Q} = \begin{bmatrix} 0 & & & & & \\ & 0 & & & & \\ & & 0 & & & \\ & & & \sigma_{\delta t}^2 & & \\ & & & & \sigma_{\mathrm{trop}}^2 & \\ & & & & & 0 \end{bmatrix} \tag{9.57}$$

式中，$\sigma_{\delta t}^2$，σ_{trop}^2 分别为钟差及对流层参数的噪声。对于动态定位，若其运动速度未知，坐标参数为随机噪声模型，其状态转移矩阵 $\boldsymbol{\Phi}$ 和过程噪声矩阵 $\boldsymbol{Q}$ 可定义为

$$\boldsymbol{\Phi} = \begin{bmatrix} 0 & & & & & \\ & 0 & & & & \\ & & 0 & & & \\ & & & 0 & & \\ & & & & 1 & \\ & & & & & 1 \end{bmatrix}, \quad \boldsymbol{Q} = \begin{bmatrix} \sigma_{\text{d}x}^2 & & & & & \\ & \sigma_{\text{d}y}^2 & & & & \\ & & \sigma_{\text{d}z}^2 & & & \\ & & & \sigma_{\delta t}^2 & & \\ & & & & \sigma_{\text{trop}}^2 & \\ & & & & & 0 \end{bmatrix} \tag{9.58}$$

式中，$\begin{bmatrix}\sigma_{\text{d}x} & \sigma_{\text{d}y} & \sigma_{\text{d}z}\end{bmatrix}$ 为坐标噪声。

对于动态定位，若运动速度确定，则坐标参数可变为随机游走模型，此时其状态转移矩阵 $\boldsymbol{\Phi}$ 和过程噪声矩阵 $\boldsymbol{Q}$ 可定义为

$$\boldsymbol{\Phi} = \begin{bmatrix} 1 & & & & & \\ & 1 & & & & \\ & & 1 & & & \\ & & & 0 & & \\ & & & & 1 & \\ & & & & & 1 \end{bmatrix}, \quad \boldsymbol{Q} = \begin{bmatrix} \boldsymbol{Q}_{\text{d}x}'\Delta t & & & & & \\ & \boldsymbol{Q}_{\text{d}y}'\Delta t & & & & \\ & & \boldsymbol{Q}_{\text{d}z}'\Delta t & & & \\ & & & \sigma_{\delta t}^2 & & \\ & & & & \sigma_{\text{trop}}^2 & \\ & & & & & 0 \end{bmatrix} \tag{9.59}$$

$\begin{bmatrix}\boldsymbol{Q}_{\text{d}x}' & \boldsymbol{Q}_{\text{d}y}' & \boldsymbol{Q}_{\text{d}z}'\end{bmatrix}$ 为运动速度噪声。

9.4.3 均方根滤波

均方根滤波（squre root information filter，SRIF）的方法（Bierman，1977），本质上与序贯平差和 Kalman 滤波等价。其处理过程包括参数估计以及预报过程。

1）参数估计

对于观测方程：

$$z = \boldsymbol{A}x + v \tag{9.60}$$

式中，z 为常数项；x 为待估参数；$\boldsymbol{A}$ 为系数矩阵；v 为残差。对应的先验信息为$\begin{bmatrix}\tilde{\boldsymbol{R}} & \tilde{z}\end{bmatrix}$，且有 $\tilde{z} = \tilde{\boldsymbol{R}}x + \tilde{v}$。联合以上先验信息，观测方程为

$$\begin{bmatrix}\tilde{\boldsymbol{R}} \\ \boldsymbol{A}\end{bmatrix}x = \begin{bmatrix}\tilde{z} \\ z\end{bmatrix} - \begin{bmatrix}\tilde{v} \\ v\end{bmatrix} \tag{9.61}$$

对式（9.61）进行 Householder 变换可得

$$\begin{bmatrix}\tilde{\boldsymbol{R}} \\ 0\end{bmatrix}x = \begin{bmatrix}\tilde{z} \\ e\end{bmatrix} - \begin{bmatrix}\tilde{v} \\ v_e\end{bmatrix} \tag{9.62}$$

从而可得到参数的解：

$$x = \hat{\boldsymbol{R}} \cdot \hat{z} \tag{9.63}$$

参数协方差为

$$\boldsymbol{P}_{xx} = (\hat{\boldsymbol{R}}^{\mathrm{T}} \hat{\boldsymbol{R}})^{-1} \tag{9.64}$$

扩展至一般形式，在 GNSS 数据处理中，未知参数一般分为三大类：①与过程噪声相关的参数 p，如卫星钟差、接收机钟差和对流层参数等。②随时间变化但无过程噪声的参数 x，如卫星轨道参数。③不变参数 y，如测站坐标、模糊度参数等。

在 j 历元处待估参数先验信息满足

$$\begin{bmatrix} \tilde{\boldsymbol{R}}_p & \tilde{\boldsymbol{R}}_{px} & \tilde{\boldsymbol{R}}_{py} \\ \tilde{\boldsymbol{R}}_{xp} & \tilde{\boldsymbol{R}}_x & \tilde{\boldsymbol{R}}_{xy} \\ 0 & 0 & \tilde{\boldsymbol{R}}_y \end{bmatrix} \begin{bmatrix} p_j \\ x_j \\ y \end{bmatrix} = \begin{bmatrix} \tilde{z}_p \\ \tilde{z}_x \\ \tilde{z}_y \end{bmatrix} - \begin{bmatrix} \tilde{v}_p \\ \tilde{v}_x \\ \tilde{v}_y \end{bmatrix} \tag{9.65}$$

j 历元处新增观测值的观测方程为

$$z = \boldsymbol{A}_p p_j + \boldsymbol{A}_x x_j + \boldsymbol{A}_y y + v \tag{9.66}$$

联立式（9.65）和式（9.66）观测方程变为

$$\begin{bmatrix} \tilde{\boldsymbol{R}}_{pp} & \tilde{\boldsymbol{R}}_{px} & \tilde{\boldsymbol{R}}_{py} \\ \tilde{\boldsymbol{R}}_{xp} & \tilde{\boldsymbol{R}}_{xx} & \tilde{\boldsymbol{R}}_{xy} \\ 0 & 0 & \tilde{\boldsymbol{R}}_{yy} \\ \boldsymbol{A}_p & \boldsymbol{A}_x & \boldsymbol{A}_y \end{bmatrix} \begin{bmatrix} p_j \\ x_j \\ y \end{bmatrix} = \begin{bmatrix} \tilde{z}_p \\ \tilde{z}_x \\ \tilde{z}_y \\ z \end{bmatrix} - \begin{bmatrix} \tilde{v}_p \\ \tilde{v}_x \\ \tilde{v}_y \\ v \end{bmatrix} \tag{9.67}$$

对矩阵中参数 p 和参数 x 部分进行 Householder 正交变换

$$\boldsymbol{T}_{xp} \cdot \begin{bmatrix} \tilde{\boldsymbol{R}}_{pp} & \tilde{\boldsymbol{R}}_{px} & \tilde{\boldsymbol{R}}_{py} \\ \tilde{\boldsymbol{R}}_{xp} & \tilde{\boldsymbol{R}}_{xx} & \tilde{\boldsymbol{R}}_{xy} \\ 0 & 0 & \tilde{\boldsymbol{R}}_{yy} \\ \boldsymbol{A}_p & \boldsymbol{A}_x & \boldsymbol{A}_y \end{bmatrix} = \begin{bmatrix} \hat{\boldsymbol{R}}_{pp} & \hat{\boldsymbol{R}}_{px} & \hat{\boldsymbol{R}}_{py} \\ 0 & \hat{\boldsymbol{R}}_{xx} & \hat{\boldsymbol{R}}_{xy} \\ 0 & 0 & \hat{\boldsymbol{R}}_{yy} \\ 0 & 0 & \hat{\boldsymbol{A}}_y \end{bmatrix} \quad \boldsymbol{T}_{xp} \cdot \begin{bmatrix} \tilde{z}_p \\ \tilde{z}_x \\ \tilde{z}_y \\ z \end{bmatrix} = \begin{bmatrix} \hat{z}_p \\ \hat{z}_x \\ \hat{z}_y \\ \hat{z} \end{bmatrix} \tag{9.68}$$

式中，$\boldsymbol{T}_{xp}$ 为 $\boldsymbol{N}_p + \boldsymbol{N}_x$ 维正交矩阵，$\boldsymbol{N}_p$ 和 $\boldsymbol{N}_x$ 分别为参数 p 和参数 x 个数。从而有

$$\begin{bmatrix} \hat{\boldsymbol{R}}_{pp} & \hat{\boldsymbol{R}}_{px} & \hat{\boldsymbol{R}}_{py} \\ 0 & \hat{\boldsymbol{R}}_{xx} & \hat{\boldsymbol{R}}_{xy} \\ 0 & 0 & \hat{\boldsymbol{R}}_{yy} \\ 0 & 0 & \hat{\boldsymbol{A}}_y \end{bmatrix} \begin{bmatrix} p_j \\ x_j \\ y \end{bmatrix} = \begin{bmatrix} \hat{z}_p \\ \hat{z}_x \\ \hat{z}_y \\ \hat{z} \end{bmatrix} - \begin{bmatrix} \hat{v}_p \\ \hat{v}_x \\ \hat{v}_y \\ \hat{v} \end{bmatrix} \tag{9.69}$$

继续对式（9.69）后面 y 参数作 Householder 正交变换，可得

$$\begin{bmatrix} 0 & 0 & \breve{\boldsymbol{R}}_{yy} \\ 0 & 0 & 0 \end{bmatrix} \begin{bmatrix} p_j \\ x_j \\ y \end{bmatrix} = \begin{bmatrix} \breve{z}_y \\ \breve{z} \end{bmatrix} - \begin{bmatrix} \breve{v}_y \\ \breve{v} \end{bmatrix} \tag{9.70}$$

可得

$$y = \breve{\boldsymbol{R}}_{yy}^{-1} \cdot \breve{z} \tag{9.71}$$

代入（9.69），可得

$$x_j = \hat{\boldsymbol{R}}_{xx}^{-1} \cdot (\hat{z}_x - \hat{\boldsymbol{R}}_{xy} \cdot y) \tag{9.72}$$

结合（9.65）式，则可以得到参数 p。

2）信息及参数预报

考虑连续历元间参数的过程噪声，可通过状态转移矩阵 $\boldsymbol{\Phi}_0$ 将参数由 x_0 预报至 x_1。

$$x_1 = \boldsymbol{\Phi}_0 \cdot x_0 + \boldsymbol{G} \cdot w_0 \tag{9.73}$$

式中，$\boldsymbol{G}$ 为系数矩阵；w_0 为过程噪声，且满足

$$Z_w = \boldsymbol{R}_w w_0 + v_w \tag{9.74}$$

考虑当前历元先验信息、观测信息以及过程噪声，则功能函数 $J^{(1)}$ 为

$$J^{(1)} = \left\| z_0 - \tilde{\boldsymbol{R}}_0 x_0 \right\|^2 + \left\| z_0 - \boldsymbol{A}_0 x_0 \right\|^2 + \left\| z_0 - \boldsymbol{R}_w w_0 \right\|^2 \tag{9.75}$$

合并等式右边前两项可得

$$\begin{aligned} J^{(1)} &= \left\| \begin{bmatrix} \tilde{\boldsymbol{R}}_0 \\ \boldsymbol{A}_0 \end{bmatrix} x_0 - \begin{bmatrix} \tilde{z}_0 \\ z_0 \end{bmatrix} \right\|^2 + \left\| \boldsymbol{R}_w w_0 - z_w \right\|^2 \\ &= \left\| \begin{bmatrix} \hat{\boldsymbol{R}}_0 \\ 0 \end{bmatrix} x_0 - \begin{bmatrix} \hat{z}_0 \\ e_0 \end{bmatrix} \right\|^2 + \left\| \boldsymbol{R}_w w_0 - z_w \right\|^2 \\ &= \left\| e_0 \right\|^2 + \left\| \hat{\boldsymbol{R}}_0 x_0 - \hat{z}_0 \right\|^2 + \left\| \boldsymbol{R}_w w_0 - z_w \right\|^2 \end{aligned} \tag{9.76}$$

若要求解 x_1，则将功能函数 $J^{(1)}$ 中的 x_0 替换为 x_1，并令 $\boldsymbol{R}_1^d = \hat{\boldsymbol{R}}_0 \boldsymbol{\Phi}_{0.1}^{-1}$ 可得

$$\begin{aligned} \boldsymbol{J}^{(1)} &= \left\| e_0 \right\|^2 + \left\| \hat{\boldsymbol{R}}_0 \boldsymbol{\Phi}_{0.1}^{-1} \left(x_1 - \boldsymbol{G} w_0 \right) - \hat{z}_0 \right\|^2 + \left\| \boldsymbol{R}_w w_0 - z_w \right\|^2 \\ &= \left\| e_0 \right\|^2 + \left\| \begin{bmatrix} \boldsymbol{R}_w & 0 \\ -\boldsymbol{R}_1^d \boldsymbol{G} & \boldsymbol{R}_1^d \end{bmatrix} \begin{bmatrix} w_0 \\ x_1 \end{bmatrix} - \begin{bmatrix} z_w \\ \hat{z}_0 \end{bmatrix} \right\|^2 \end{aligned} \tag{9.77}$$

因此，求解 x_1 无需首先求解 x_0。式中 x_1 求解与 w_0 相关，但若要求解 x_n 则无需同时求解 $w_0,\cdots,w_{n-1}$，可通过 Householder 正交变换消去。若随机参数个数为 N_w，则对式(9.77)进行部分正交变换可得

$$\boldsymbol{T}_{Nw} \begin{bmatrix} \boldsymbol{R}_w & 0 & z_w \\ -\boldsymbol{R}_1^d \boldsymbol{G} & \boldsymbol{R}_1^d & \hat{z}_0 \end{bmatrix} = \begin{bmatrix} \tilde{\boldsymbol{R}}_w(1) & \tilde{\boldsymbol{R}}_{wx}(1) & \tilde{z}_w(1) \\ 0 & \tilde{\boldsymbol{R}}_1 & \tilde{z}_1 \end{bmatrix} \tag{9.78}$$

要使得功能函数 $\boldsymbol{J}^{(1)}$ 等于最小，则

$$x_1 = \tilde{\boldsymbol{R}}_1^{-1} \tilde{z}_1,\ \tilde{\boldsymbol{P}}_1 = \tilde{\boldsymbol{R}}_1^{-1} \tilde{\boldsymbol{R}}_1^{-\mathrm{T}} \tag{9.79}$$

扩展至一般形式，均方根滤波估计参数处理部分为

$$\boldsymbol{T}_j=\begin{bmatrix}\tilde{\boldsymbol{R}}_j & \tilde{z}_j\\ \boldsymbol{A}_j & z_j\end{bmatrix}=\begin{bmatrix}\hat{\boldsymbol{R}}_j & \hat{z}_j\\ 0 & e_j\end{bmatrix} \tag{9.80}$$

预报部分为

$$\boldsymbol{T}_{j+1}\begin{bmatrix}\boldsymbol{R}_w(j) & 0 & z_w(j)\\ -\boldsymbol{R}_{j+1}^d\boldsymbol{G} & \boldsymbol{R}_{j+1}^d & \hat{z}_j\end{bmatrix}=\begin{bmatrix}\tilde{\boldsymbol{R}}_w(j+1) & \tilde{\boldsymbol{R}}_{wx}(j+1) & \tilde{z}_w(j+1)\\ 0 & \tilde{R}_{j+1} & \tilde{z}_{j+1}\end{bmatrix} \tag{9.81}$$

式中，$\boldsymbol{R}_{j+1}^d=\hat{R}_j\Phi_{j,j+1}^{-1}$。

上述即为平方根信息滤波的时间更新—状态预报。

9.5 用户载波相位精密单点定位模型分析

采用图 9.3 中全球分布的共 49 个 MGEX 监测站数据，对不同载波相位 PPP 模型进行对比，验证各类精密单点定位模型的性能。数据时间跨度为 2014～2019 年。

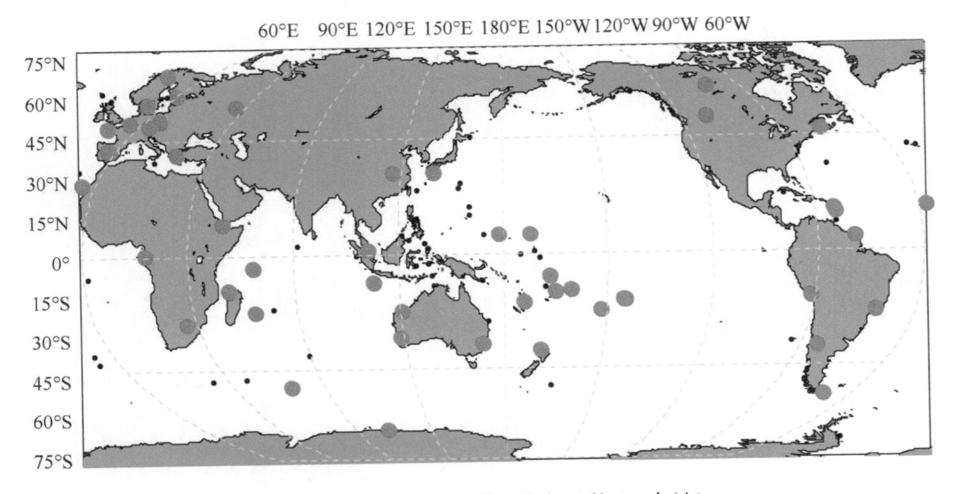

图 9.3 MGEX 监测站分布（共 49 个站）

数据处理方法分为动态处理和静态处理。其中动态处理在每个历元设定独立的坐标参数，而静态处理则在单天处理弧段内仅求解一个坐标。

9.5.1 双频精密单点定位

采用 IGS 事后轨道和钟差对以上 49 个测站进行 PPP 定位，数据时间跨度 2014 年 1 月～2017 年 1 月（每隔 30 天选取一天数据）。取每天静态 PPP 最后一个历元的定位结果作为静态定位结果，所有站所有天在三个方向上的定位误差分布见图 9.4，其各个方向及平面、三维的 RMS、STD 及最大值的统计见表 9.1。

由图 9.4 和表 9.1 可以看出，静态 PPP 结果在 N、E、U 三个方向上的定位精度分别为 3.9mm、4.0mm、9.3mm，三维坐标误差为 1.09cm，可见静态 PPP 的精度可以达到 1cm。最大误差在水平方向上不超过 3cm，高程方向上不超过 6cm。

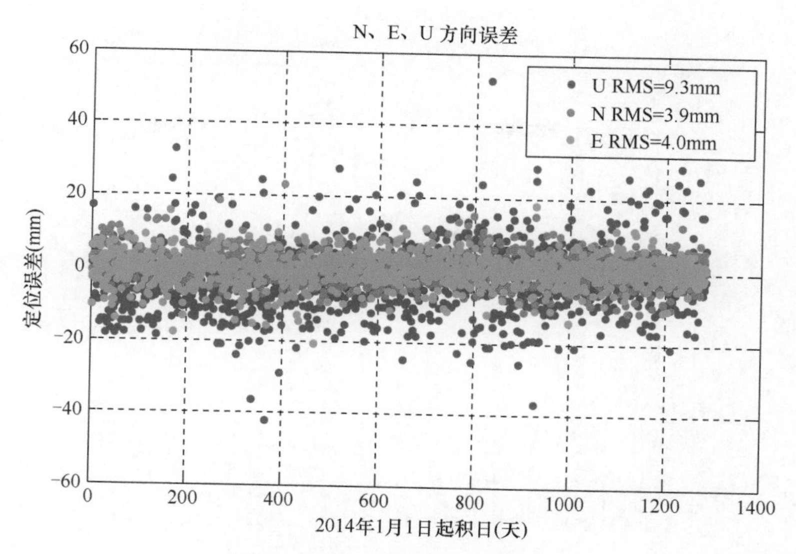

图 9.4 静态 GPS PPP 定位误差

表 9.1 静态 GPS PPP 各方向上的定位精度统计 （单位：mm）

方向	均方根	标准差	最大值
N	3.9	3.8	23.3
E	4.0	4.0	20.3
U	9.3	9.1	54.0
平面	5.6	5.5	23.5
三维	9.9	9.7	55.3

为进一步分析静态 PPP 的定位误差分布，将其定位误差按照每隔 2mm 统计其分布的百分比，图 9.5 为平面和高程误差的分布情况。可以看到，93%的平面误差在 1cm 以内，97%的高程误差在 2cm 以内。

与静态 PPP 类似，对 GPS 数据进行动态 PPP 定位。取定位 1 小时后的定位误差作为收敛后的结果，统计其后的定位误差的 RMS。所有站所有天在三个方向上的定位误差分布见图 9.6，其各个方向及平面、三维上 RMS、最小值及最大值的统计见表 9.2。

由图 9.6 和表 9.2 可以看出，动态 PPP 结果在 N、E、U 三个方向上的 RMS 分别为 1.6cm、2.5cm、5.5cm。同样分析动态 PPP 的定位误差分布，将其定位误差按照平面每隔 1cm，高程每隔 2cm 统计其分布的百分比，图 9.7 为平面和高程的分布情况。可以看到，94%的平面误差在 6cm 以内，96%的高程误差在 10cm 以内。

PPP 需要较长时间才能收敛至厘米级精度，一般情况下，1h 左右 PPP 水平定位精度才能收敛至 5cm。对以上静态和动态 GPS PPP 第 1 个小时的定位结果进行统计。每隔 5min 取其定位结果。分别统计三维误差优于 20cm 的百分比、所有站的平均三维误差。图 9.8 位这两种统计结果，可以看出，静态定位的收敛效率和精度明显高于动态，静态定位在 0.5h 内三维误差能收敛至 0.1m，动态定位则 0.5h 收敛至 0.2m，1h 后能收敛至 0.1m。

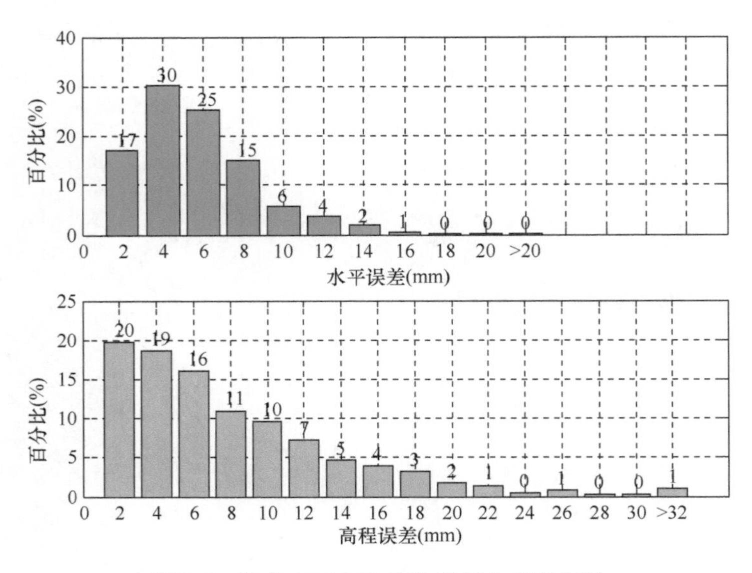

图 9.5　静态 GPS PPP 定位误差分布直方图

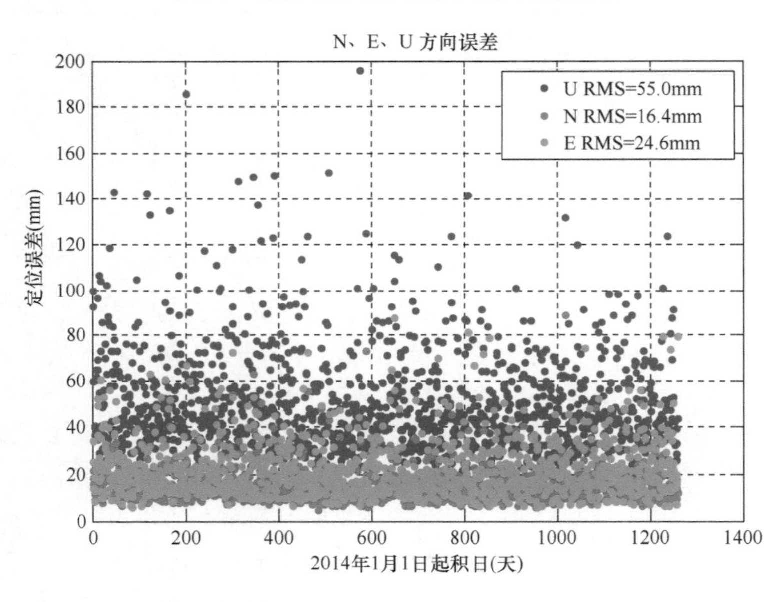

图 9.6　动态 GPS PPP 定位误差

表 9.2　动态 GPS PPP 各方向上的定位精度统计　（单位：mm）

方向	RMS	最小值	最大值
N	16.4	4.8	89.3
E	24.6	5.9	87.5
U	55.0	16.2	196.2
平面	29.7	8.4	92.7
三维	62.6	20.1	202.2

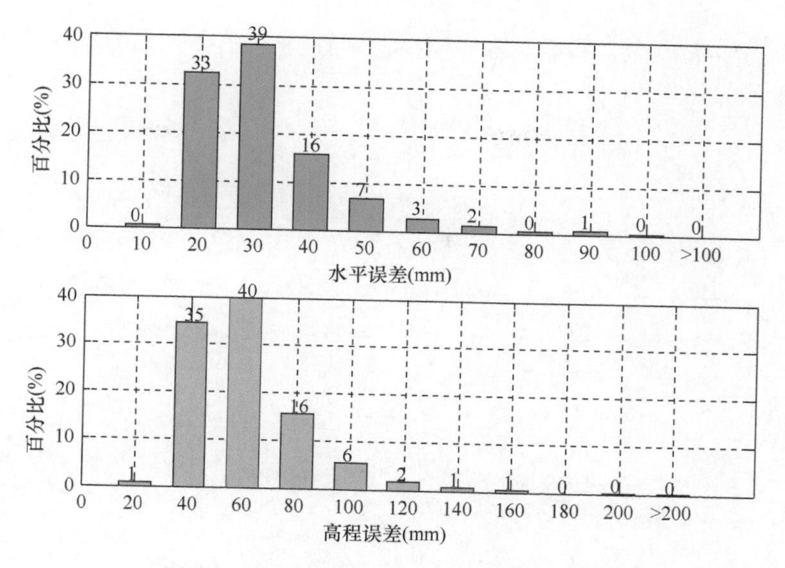

图 9.7　动态 GPS PPP 定位误差分布直方图

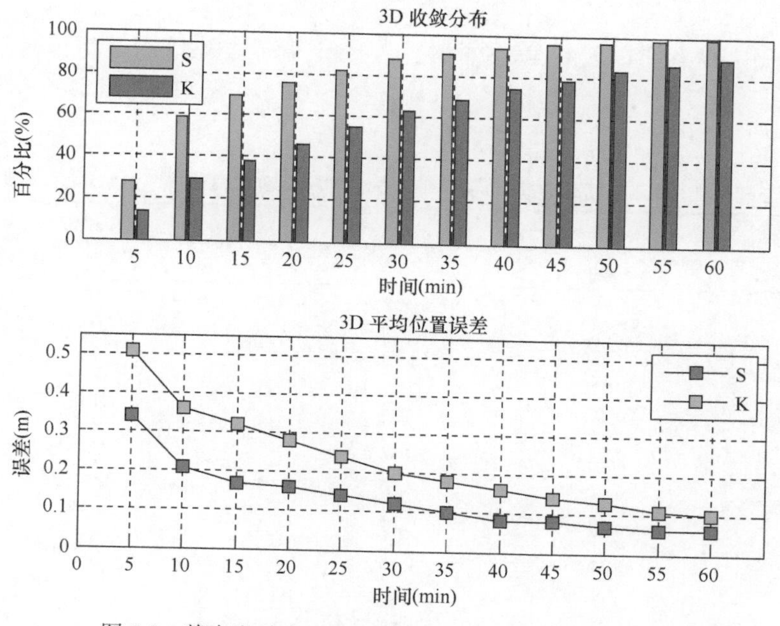

图 9.8　静态和动态 GPS PPP 第 1 个小时内定位收敛情况

S 为静态；K 为动态

9.5.2　传统单频精密单点定位

为了验证不同的电离层模型对传统单频 PPP 定位的影响，选用了 10 个 MGEX 全球跟踪站 2019 年年积日第 121 天至第 130 天共计 10 天数据，采用 IGS 事后轨道和钟差进行试验分析。设计了以下实验方案：

（1）加入常用的 Klobuchar 模型改正的静态/动态 GPS 单频 PPP 解算；

（2）加入精度较高的后处理 GIM 模型改正的静态/动态 GPS 单频 PPP 解算。

通过以上两种方案的实验，分别进行静态和动态单频 PPP 实验分析。测站 LEIJ 年积日第 121 天的定位收敛过程及与真实坐标在站心坐标系（N、E、U）三个方向上的差值如图 9.9 所示。

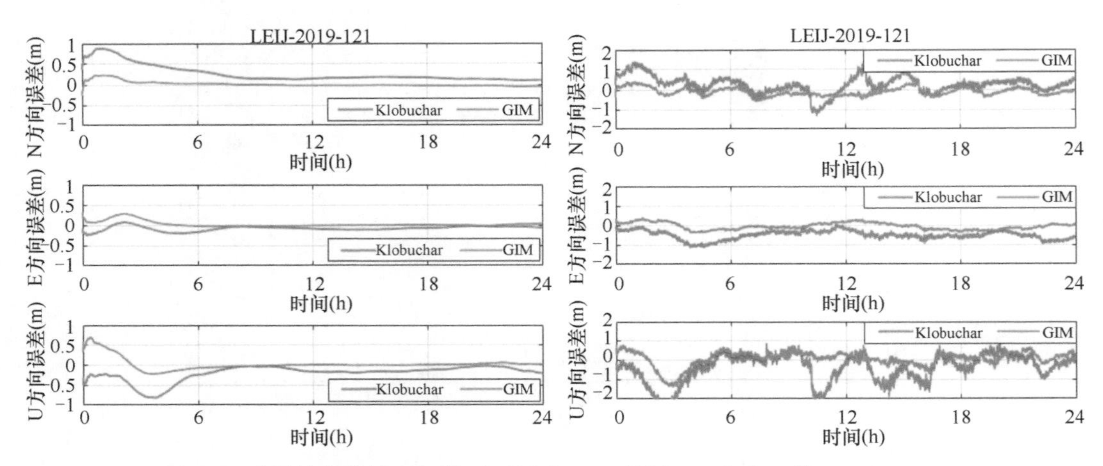

图 9.9　采用传统单频 PPP 模型，测站 LEIJ 单频 PPP 定位误差（2019121）

左图为静态，右图为动态

整理所有测站连续 10 天的实验数据结果，统计每个测站静态及动态解算坐标与真实坐标差值的三维定位误差的平均值（Mean）与均方根误差（RMS），如表 9.3 及表 9.4 所示。

表 9.3　静态单频 PPP 三维定位误差的平均值（Mean）和均方根误差（RMS）（单位：m）

测站名	方案 1		方案 2	
	Mean	RMS	Mean	RMS
BSHM	0.43	0.52	0.39	0.41
HARB	0.35	0.49	0.17	0.19
HOB2	0.48	0.53	0.49	0.51
LEIJ	0.40	0.55	0.18	0.24
MAJU	0.43	0.52	0.40	0.43
PALM	0.74	0.80	0.21	0.23
PIE1	0.36	0.47	0.26	0.29
POL2	0.48	0.55	0.24	0.27
YARR	0.26	0.34	0.23	0.24
YEL2	0.38	0.46	0.17	0.19
平均值	0.43	0.53	0.27	0.32

表 9.4　动态单频 PPP 三维定位误差的平均值（Mean）和均方根误差（RMS）（单位：m）

测站名	方案 1		方案 2	
	Mean	RMS	Mean	RMS
BSHM	1.34	1.52	0.73	0.80
HARB	1.06	1.22	0.37	0.43
HOB2	1.28	1.41	0.54	0.62
LEIJ	1.12	1.30	0.50	0.65
MAJU	0.90	1.01	0.66	0.75

续表

测站名	方案 1		方案 2	
	Mean	RMS	Mean	RMS
PALM	1.36	1.49	0.47	0.58
PIE1	1.62	1.86	0.58	0.70
POL2	1.66	1.89	0.57	0.66
YARR	0.98	1.12	0.49	0.56
YEL2	0.81	0.92	0.47	0.53
平均值	1.21	1.41	0.54	0.64

从图 9.9 以及表 9.3 和表 9.4 的综合实验结果分析，可以得到以下结论：

（1）使用不同的电离层模型各个方向定位误差都会收敛到 0 附近，基于事后 GIM 全球电离层模型的定位的收敛性及定位精度均明显好于 Klobuchar 电离层模型，表明电离层产品精度的高低对单频精密定位的影响较大。

（2）基于预报电离层产品 Klobuchar 模型的动态定位精度明显低于 GIM 模型，尤其表现在高程 U 方向。并且电离层产品精度对动态单频 PPP 的影响更为显著。

（3）尽管电离层模型改正方法在一定程度上削弱了电离层延迟的影响，但定位精度最高只能达到分米级，无法实现更高精度的定位。

9.5.3　伪距/相位半和法单频精密单点定位

为了测试伪距/相位半和法单频 PPP 的定位性能，采用以上 9.5.2 节中相同的观测数据，分别进行静态和动态单频 PPP 实验分析。计算测站收敛后单天解坐标与真实坐标的差异。图 9.10 为 LEIJ 测站在年积日第 121 天的定位结果，其中 GRAPHIC 表示半和法，同时计算了双频无电离层组合 Iono-Free 的结果作为对比。

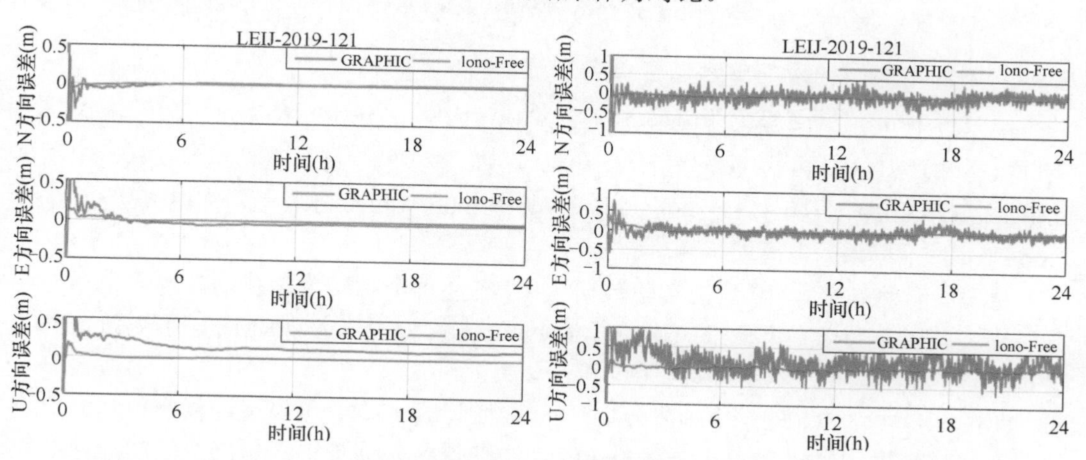

图 9.10　采用半和法单频 PPP 模型，测站 LEIJ 单频 PPP 定位误差（年积日 2019121）
左图为静态，右图为动态

整理所有测站连续 10 天的实验数据结果，统计每个测站静态及动态解算坐标与真实坐标差值的三维定位误差的平均值（Mean）与均方根误差（RMS），结果如表 9.5 所示：

表 9.5 半和法单频 PPP 三维定位误差的平均值（Mean）和均方根误差（RMS）（单位：m）

测站名	静态		动态	
	Mean	RMS	Mean	RMS
BSHM	0.09	0.10	0.25	0.30
HARB	0.06	0.07	0.25	0.30
HOB2	0.16	0.16	0.26	0.30
LEIJ	0.14	0.15	0.26	0.32
MAJU	0.05	0.07	0.28	0.33
PALM	0.07	0.08	0.32	0.38
PIE1	0.05	0.06	0.32	0.37
POL2	0.05	0.07	0.27	0.31
YARR	0.09	0.10	0.22	0.26
YEL2	0.06	0.07	0.29	0.36
平均值	0.08	0.10	0.27	0.32

从图 9.10 和表 9.5 的综合实验结果分析，可以得到以下结论：

（1）相比双频无电离层组合，半和法单频 PPP 解算的收敛时间更长，且定位噪声较大；定位精度统计上来看，半和法单频 PPP 静态定位误差约为双频无电离层结果的 10 倍，动态约为 5 倍。

（2）静态模式下，半和法单频 PPP 三维定位误差 RMS 为 0.10m；在动态模式下，三维定位精度分别为 0.32m。整体而言，半和法定位精度较高，可稳定在分米量级，这说明用伪距和载波相位组合消电离层的做法可以有效消除电离层对单频精密定位的影响。

（3）相比于传统的单频 PPP 模型，半和法单频 PPP 其定位精度得到大幅提高，在静态模式下能够接近双频组合 PPP 的精度，在动态模式下，可满足分米级定位需求。

9.5.4 附加电离层约束的单频精密单点定位

采用以上 9.5.2 节中相同的观测数据，采用 IGS 事后轨道和钟差进行附加电离层约束的静态和动态单频 PPP 实验分析。将计算收敛后单天解坐标与真值进行比较。图 9.11 为 LEIJ 测站在年积日第 121 天的定位误差，其中 Iono-Weighted 表示附加电离层约束法，Iono-Free 表示双频无电离层组合。

整理所有测站连续 10 天的实验数据结果，统计每个测站静态及动态解算坐标与真实坐标差值的三维定位误差的平均值（Mean）与均方根误差（RMS），结果如表 9.6 所示。

从图 9.11 和表 9.6 的综合结果分析，可以得到以下结论：电离层约束单频 PPP 定位的动态定位精度明显优于半和法单频 PPP，主要原因是附加电离层约束法的非差非组合观测值噪声更小，并且附加电离层约束模型在一定程度上能够精确描述电离层变化情况。

9.5.5 基于北斗四重星基增强参数的 PPP 定位

选取国内陆态网络 27 个测站在 2019 年 2 月的观测数据以及北斗四重星基增强参数，

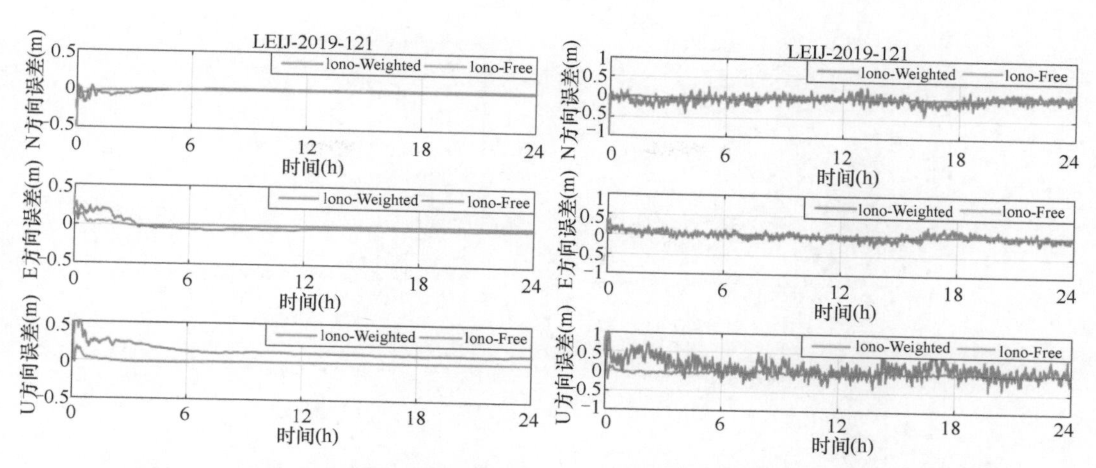

图 9.11　电离层约束单频 PPP 模型，测站 LEIJ 单频 PPP 定位误差（2019121）

左图为静态，右图为动态

表 9.6　电离层约束单频 PPP 三维定位误差的平均值（Mean）和均方根误差（RMS）（单位：m）

测站名	静态		动态	
	Mean	RMS	Mean	RMS
BSHM	0.09	0.10	0.24	0.30
HARB	0.06	0.08	0.17	0.21
HOB2	0.15	0.15	0.19	0.22
LEIJ	0.14	0.16	0.21	0.25
MAJU	0.06	0.07	0.18	0.22
PALM	0.06	0.08	0.25	0.30
PIE1	0.06	0.08	0.25	0.30
POL2	0.07	0.09	0.28	0.35
YARR	0.10	0.10	0.17	0.20
YEL2	0.05	0.06	0.22	0.27
平均值	0.08	0.10	0.21	0.26

对以上北斗星基增强双频、单频精密定位模型进行分析。采用北斗 B1、B2 和 B3 频点数据，每 6 小时一个弧段，数据处理策略同表 7.4。数据实验设计方案如下：

（1）静态双频 PPP；

（2）静态伪距/相位半和法单频 PPP；

（3）静态附加电离层约束的单频 PPP；

（4）动态双频 PPP；

（5）动态伪距/相位半和法单频 PPP；

（6）动态附加电离层约束的单频 PPP。

将每个时段第 4～6h 的定位结果作为最终结果，图 9.12 统计了 B1B3 无电离层组合和 B1 频点动态定位结果在平面和高程方向的误差分布情况。从图中可以看出，双频用户动态定位在平面上 87%优于 0.2m，高程上 90%优于 0.4m；单频用户动态定位在平面上 81%优于 0.3m，高程上 80%优于 0.4m。

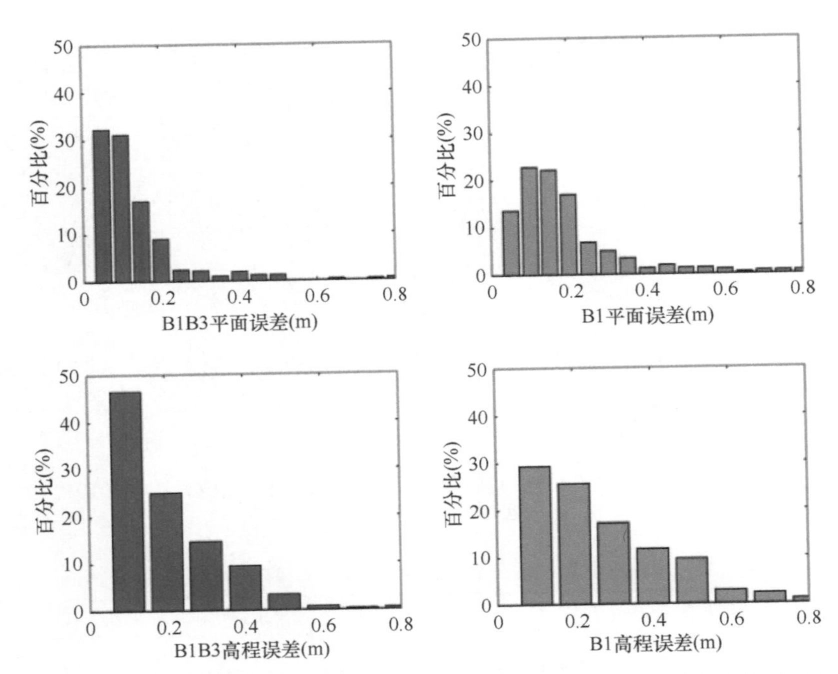

图 9.12　B1B3（左）和 B1（右）分区改正动态精密定位结果在平面（上）和高程（下）的误差分布

对所有时段的数据分区改正 PPP 定位结果进行统计，整理所有测站连续 1 个月的实验数据结果，统计各种模型下每个测站静态及动态解算坐标与真实坐标差值的三维定位误差的均方根误差（RMS），结果如表 9.7 所示。由于北斗三号没有 B2 信号，因此表中 B1B2 无电离层组合仅使用北斗二号卫星的观测数据。

表 9.7　北斗四重星基改正 PPP 定位均方根误差（RMS）统计　　（单位：m）

模型	静态		动态	
	水平	高程	水平	高程
B1B2 无电离层组合	0.10	0.18	0.15	0.20
B1B3 无电离层组合	0.09	0.10	0.12	0.15
B1 半合法	0.13	0.20	0.23	0.30
B2 半合法	0.14	0.21	0.28	0.38
B3 半合法	0.13	0.20	0.22	0.25
B1 附加电离层约束	0.13	0.20	0.22	0.27
B2 附加电离层约束	0.16	0.21	0.31	0.33
B3 附加电离层约束	0.13	0.20	0.20	0.22

从图 9.12 及表 9.7 的综合结果分析，基于北斗四重星基增强参数的精密定位性能如下：

（1）对于双频用户，静态定位平面平均精度优于 0.1m，高程优于 0.2m；动态定位平面平均精度优于 0.15m，高程优于 0.2m；并且由于北斗三号卫星也具有 B1、B3 频点，因此 B1B3 组合的精度优于 B1B2 组合。

（2）对于单频用户，附加电离层约束模型精度优于传统半合法模型。采用附加电离层模型约束模型，静态定位平面平均精度在优于 0.15m，高程约为 0.2m；B1、B3 动态定位平面平均精度约为 0.20m，高程约为 0.3m，由于没有北斗三号卫星观测值，B2 定位结果略差。受伪距电离层改正和半合法组合中伪距观测噪声的影响，单频在静态或动态模式下定位精度都低于双频用户。

（3）以上为模拟实时定位结果，基于北斗四重星基增强参数的实时精密定位情况与此基本一致。其中，北斗单频精密定位的精度与 9.5.4、9.5.5 两节基于后处理精密轨道钟差的 GPS 单频定位性能相当。

9.6 本章总结

本章介绍了 GNSS 卫星用户定位的主要模型、预处理方法、参数估计方法。介绍了伪距定位模型、载波相位精密定位模型。特别介绍了基于北斗星基增强系统的单频、双频精密定位算法；介绍了最小二乘、Kalman 滤波、均方根滤波等常用定位参数估计方法。结合大量北斗及 GNSS 实际观测数据，分析了用户定位的性能。

参考文献

曹月玲, 2014. BeiDou 区域导航系统广域差分及完好性监测研究[D]. 上海: 中国科学院大学上海天文台.

陈俊平, 2007. 低轨卫星精密定轨研究[D]. 上海: 同济大学.

陈俊平, 胡一帆, 张益泽, 等, 2017. BDS 星基增强系统性能提升初步评估[J]. 同济大学学报(自然科学版), 45(7): 10751082.

陈俊平, 王阿昊, 张益泽, 等, 2019. 北斗广域差分分米级定位的分区切换算法[J]. 测绘学报, 48(7): 822-830.

陈俊平, 王解先, 2006. GPS 定轨中的太阳辐射压模型[J]. 天文学报, 47(3): 310319.

陈俊平, 王解先, 曹月玲, 2009. IAU2000 决议对卫星轨道的影响[J]. 武汉大学学报信息科学版, 2009 (1): 81-84.

陈俊平, 王君刚, 王解先, 等, 2019. SHAtrop: 基于陆态网 GNSS 数据的中国大陆区域 ZTD 模型[J]. 武汉大学学报(信息科学版), 44(11): 15881595.

陈俊平, 杨赛男, 周建华, 等, 2017. 综合伪距相位观测的北斗导航系统广域差分模型[J]. 测绘学报, 46(5): 537-546.

陈俊平, 张益泽, 2018. 卫星导航时差测量技术[M]. 北京: 测绘出版社.

陈俊平, 张益泽, 周建华, 等, 2018. 分区综合改正: 服务于北斗分米级星基增强系统的差分改正模型[J]. 测绘学报, 47(9): 11611170.

陈俊平, 周建华, 严宇, 等, 2017. GNSS 数据处理时空参数的相关性[J]. 武汉大学学报(信息科学版), 2017, 42(11): 1649-1657.

陈俊勇, 杨元喜, 王敏, 等, 2007. 2000 国家大地控制网的构建和它的技术进步[J]. 测绘学报, 36: 1-8.

陈刘成, 胡小工, 封欣, 等, 2010. 区域导航系统实时广域差分修正模型与方法[J]. 中国科学院上海天文台年刊, 31(1): 45-53.

陈刘成, 胡小工, 韩春好, 等, 2008. 导航卫星历书参数拟合算法研究[J]. 天文学报, 49(3): 288-296.

陈倩, 2019. 缩短北斗卫星机动不可用时间的定轨方法研究[D]. 上海: 中国科学院上海天文台.

陈倩, 陈俊平, 吴杉, 等, 2020. 基于预报钟差的轨道快速恢复[J]. 测绘学报, 49(1): 24-33.

段兵兵, 2016. 多系统 GNSS 实时轨道和钟差估计研究[D]. 上海: 同济大学.

房成贺, 陈俊平, 兰孝奇, 等, 2019. 联合 BDS/GPS 的北斗广域差分实时电离层延迟格网改正方法研究[J]. 大地测量与地球动力学, 39(2): 169-177.

何峰, 2013. 北斗区域卫星导航系统空间信号精度提升[D]. 上海: 中国科学院上海天文台.

黄华, 2012. 导航卫星广播星历参数模型及拟合算法研究[D]. 南京: 南京大学.

黄华, 何峰, 刘林, 2014. 广播星历参数物理意义分析与相关性研究[J]. 宇航学报, 35(2): 171-176.

刘林, 2000. 航天器轨道理论[M]. 北京: 国防工业出版社.

唐成盼, 胡小工, 周善石, 等, 2017. 利用星间双向测距数据进行北斗卫星集中式自主定轨的初步结果分析[J]. 中国科学: 物理学 力学 天文学, 47(2): 95-105.

同济大学, 2004. 现代数值数学和计算[M]. 上海: 同济大学出版社.

万卫星, 宁百齐, 袁洪, 等, 1998. 电离层扰动的 GPS 探测. 空间科学学报, 18(3): 247-251.

王彬, 2016. BDS 在轨卫星钟特征分析、建模及预报研究[D]. 武汉: 武汉大学.

王解先, 1997. GPS 精密定轨定位[M]. 上海: 同济大学出版社.

王解先, 王君刚, 陈俊平, 2016. 基于卫星位置与速度的北斗卫星广播星历拟合[J]. 同济大学学报(自然科学版), 44(1): 155-160.

王君刚, 陈俊平, 王解先, 2014. GNSS 对流层延迟映射模型分析[J]. 天文学进展, 32(3): 383-394.
王君刚, 陈俊平, 王解先, 等, 2016. 对流层经验改正模型在中国区域的精度评估[J]. 武汉大学学报·信息科学版, 41(12): 1656-1663.
杨赛男, 2017. 北斗分米级星基增强系统关键技术研究及精度评估[D]. 上海: 中国科学院上海天文台.
杨元喜, 2006. 自适应动态导航定位[M]. 北京: 测绘出版社.
袁运斌, 2002. 基于 GPS 的电离层监测及延迟改正理论与方法的研究[D]. 武汉: 中国科学院测量与地球物理研究所.
张强, 赵齐乐, 章红平, 等, 2014. 北斗卫星导航系统 Klobuchar 模型精度评估[J]. 武汉大学学报•信息科学版, 39(2): 142-146.
张益泽, 2017. 北斗实时高精度定位服务系统研究[D]. 上海: 同济大学.
张益泽, 陈俊平, 杨赛男, 等, 2019. 北斗广域差分分区综合改正数定位性能分析[J]. 武汉大学学报•信息科学版, 44(2): 159-165.
章红平, 2006. 基于地基 GPS 的中国区域电离层监测与延迟改正研究[D]. 上海: 中国科学院上海天文台.
周建华, 陈俊平, 张晶宇, 2019. 北斗"一带一路"服务性能增强技术研究[J]. 中国工程科学, 21(4): 69-75.
周建华, 陈刘成, 胡小工, 等, 2010. GEO 导航卫星多种观测资料联合精密定轨[J]. 中国科学: 物理学力学 天文学, 40(5): 520-527.
周建华, 徐波, 2015. 异构星座精密轨道确定与自主定轨的理论和方法[M]. 北京: 科学出版社.
周建华, 徐波, 冯全胜, 2016. 轨道力学[M]. 北京: 科学出版社.
周善石, 2011. 基于区域监测网的卫星导航系统精密定轨方法研究[D]. 上海: 中国科学院上海天文台.
BDS ICD. HTTP://BEIDOU.GOV.CN/, 2019.
BENT R B, LLEWELLYN S K, SCHMID P E, 1972. A highly successful empirical model for the worldwide ionospheric electron density profile, DBA systems, Melbourne, Florida.
BIERMAN G J, 1977. Factorization Methods for Discrete Sequential Estimation [M]. New York: Academic Press.
BILITZA D, 2018. IRI the international standard for the Ionosphere[J]. Advances in Radio Science, 16: 111.
BLEWITT G, 1990. An Automatic Editing Algorithm for GPS data[J]. Geophysical Research Letters, 17(3): 199202.
BOEHM J, et al., 2008. Forecast Vienna Mapping Functions 1 for real-time analysis of space geodetic observations. Journal of Geodesy, 83(5): 397401.
BOEHM J, SCHUH H, 2004. Vienna mapping functions in VLBI analyses. Geophysical Research Letters, 31(1): L01603.
BOEHM J P, NIELL A, TREGONING P, et al., 2006. Global Mapping Function (GMF): A new empirical mapping function based on numerical weather model data[J]. Geophysical Research Letters, 33(7): L07304.
CHEN J P, WU B, HU X G, et al., 2012. SHA: the GNSS Analysis Center at SHAO, in Lecture Notes in Electrical Engineering[C]. 3rd China Satellite Navigation Conference, 213-221.
CHEN J P, WANG J G, WANG A H, 2020. SHAtropE—A regional gridded ZTD model for china and the surrounding areas[J]. Remote Sensing, 12(1): 165.
CHEN J P, WANG A H, ZHANG Y Z, et al., 2020. BDS Satellite-Based Augmentation Service Correction Parameters and Performance Assessment[J]. Remote Sensing, 12(5): 766.
CHEN J P, ZHANG Y Z, YANG S N, et al., 2015. A new approach for satellite based GNSS augmentation system: from sub-meter to better than 0.2 meter era[J]. Proceedings of the ion 2015 pacific PNT meeting, 180-184.
CHEN J P, ZHANG Y Z, ZHOU X H, et al., 2014. GNSS clock corrections densification at SHAO: from 5 min to 30 s. Science China Physics, Mechanics & Astronomy, 57: 166175.
CSNO, 2017. BeiDou Navigation Satellite System signal in space interface control document open service

signal B2a (Version 1. 0). China Satellite Navigation Office.
DAVIS J L, et al., 1985. Geodesy by radio interferometry: Effects of atmospheric modeling errors on estimates of baseline length. Radio Science, 20(6): 15931607.
DONG D, WANG M, CHEN W, et al., 2016. Mitigation of multipath effect in GNSS short baseline positioning by the multipath hemispherical map[J]. Jourmal of Geodesy, 90: 255262.
GALILEO ICD. HTTP://GALILEOGNSS.EU/GALILEO-OS-SIS-ICD/, 2015.
GAO Y, SHEN X, 2002. A new method for carrier-phase-based precise point positioning[J]. Navigation, 49(2): 109116.
GENDT G, ALTAMIMI Z, DACH R, et al., 2011. GGSP: realisation and maintenance of the Galileo terrestrial reference frame[J]. Advances in Space Research, 47(2): 174185.
GLONASS ICD. https://www.glonass-iac.ru, 2008.
GPS ICD. HTTP://WWW.GPS.GOV/TECHNICAL/ICWG/, 2012.
GRIGORIEFF R D, 1983. Stability of multistep-methods on variable grids[J]. Numerische Mathematik, 42(3): 359377.
HERN M, JUAN J M, SANZ J, et al., 2009. The IGS VTEC maps: a reliable source of ionospheric information since 1998[J]. Journal of Geodesy, 83(3): 263275.
IERS CONVENTION (2010) IERS TECHNICAL NOTE 36. HTTP://WWW.IERS.ORG/IERS/EN/PUBLICATIONS/TECHNICALNOTES/TN36.HTML/.
IRNSS ICD. HTTP://IRNSS.ISRO.GOV.IN/, 2016.
JEAN S and MARTINE F, 2006. The international celestial reference system and frame - ICRS center report for 2001-2004 (IERS Technical Note No. 34). Frankfurt am Main: Verlag des Bundesamts für Kartographie und Geodäsie.
KLOBUCHAR J A, 1987. Ionospheric time-delay algorithm for single-frequency GPS users[J]. IEEE Trans Aerosp Electron Syst, 23(1): 325331.
KUZIN S, REVNIVYKH S, TATEVYAN S, 2007. GLONASS as a key element of the Russian positioning service [J]. Advances in Space Research, 39(10): 15391544.
LAGLER K, SCHINDELEGGER M, BÖHM J, et al., 2013. GPT2: Empirical Slant Delay Model for Radio Space Geodetic Techniques[J]. Geophysical Research Letters, 40(6): 10691073.
MCCARTHY D D, PETIT Gérard, 2003. IERS Conventions (2003) (IERS Technical Note No. 32). Verlag des Bundesamts für Kartographie und Geodäsie, Frankfurt am Main.
MONTENBRUCK O, SCHMID R, MERCIER F, et al., 2015. GNSS satellite geometry and attitude models. Advances in Space Research, 56 (6): 10151029.
MONTENBRUCK O, STEIGENBERGER P, PRANGE L, et al., 2017. The Multi-GNSS Experiment (MGEX) of the International GNSS Service (IGS) Achievements, Prospects and Challenges[J]. Advances in Space Research, 59(7): 16711697.
NICOLE C, DANIEL G, DENNIS D M, et al., 2002. Proceedings of the IERS Workshop on the Implementation of the New IAU Resolution. IERS Technical Note No. 29: 1134.
NIELL A E, 1996. Global mapping functions for the atmosphere delay at radio wavelengths[J]. Journal of Geophysical Research, 101(B2): 3227.
QZSS ICD. http://qzss.go.jp/, 2013.
SAASTAMOINEN J J, 1972. Contributions to the theory of atmospheric refraction[J]. Bulletin Geodesique, 105: 279298.
SEIDELMANN P K, 2002. Comparison of “OLD” and “NEW” concepts: astrometry. IERS Techinical Note No. 29: 5152.
VDOVIN V, VINOGRADOVA M, et al., 2013. National Reference Systems of the Russian Federation used in GLONASS[C]. 8th ICG meeting, Dubai.
WU J T, WU S C, HAJJ G A, et al., 1992. Effects of antenna orientation on GPS carrier phase[C]. Astrodynamics. Astrodynamics 1991: 16471660.
WU X, ZHOU J, TANG B, et al., 2014. Evaluation of COMPASS ionospheric grid[J]. GPS Solutions, 18(4): 639649.
YUAN Y, WANG N, LI Z, et al., 2019. The BeiDou global broadcast ionospheric delay correction model

(BDGIM) and its preliminary performance evaluation results[J]. Navigation, 66(1): 5569.
ZHANG Y Z, CHEN J P, YANG S N, et al., 2017. Initial assessment of BDS zone correction[C]. China satellite navigation conference, Lecture Notes in Electrical Engineering 438: 271282.
ZUHEIR A, PAUL R, LAURENT M, et al., 2016. ITRF2014: A new release of the International Terrestrial Reference Frame modeling nonlinear station motions[J]. Journal of geophysical research, 121(8): 61096131.